土石坝技术
Technology for Earth-Rockfill Dam

2019 年论文集

水 电 水 利 规 划 设 计 总 院
中国水力发电工程学会混凝土面板堆石坝专业委员会
中国电建集团昆明勘测设计研究院有限公司　组编
水 利 水 电 土 石 坝 工 程 信 息 网
国家能源水电工程技术研发中心高土石坝分中心

中国电力出版社
CHINA ELECTRIC POWER PRESS

图书在版编目（CIP）数据

土石坝技术 . 2019 年论文集/水电水利规划设计总院等组编 . —北京：中国电力出版社，2021.1
ISBN 978-7-5198-5339-6

Ⅰ . ①土…　Ⅱ . ①水…　Ⅲ . ①土石坝—文集　Ⅳ . ①TV641-53

中国版本图书馆 CIP 数据核字（2021）第 022902 号

出版发行：中国电力出版社
地　　址：北京市东城区北京站西街 19 号（邮政编码 100005）
网　　址：http：//www. cepp. sgcc. com. cn
责任编辑：安小丹（010-63412367）　代　旭　贾丹丹　马雪倩　孟花林
责任校对：黄　蓓　常燕昆
装帧设计：郝晓燕
责任印制：吴　迪

印　　刷：三河市万龙印装有限公司
版　　次：2021 年 1 月第一版
印　　次：2021 年 1 月北京第一次印刷
开　　本：787 毫米×1092 毫米　16 开本
印　　张：22.25
字　　数：505 千字
定　　价：160.00 元

编　委　会

前言

  本论文集是由水利水电土石坝工程信息网通过甄选当年土石坝工程领域的最新学术论文，每年出版1本，以总结土石坝工程建设经验，促进专业技术交流，共享土石坝建设发展的新技术、新经验、新理念，研究土石坝建设中的新问题，为广大水利水电工作者，特别是从事土石坝工程设计、建设和运行管理的同仁们搭建一个交流和分享的平台。

  在各网员单位的大力支持下，2019年编委会征集收到学术论文90余篇，经有关专家评审，最终甄选了53篇论文出版成本论文集，相关论文包括混凝土面板堆石坝关键技术最新研究进展，新材料、新技术在土石坝工程中的运用，土石坝相关泄洪、边坡、地基处理的工程案例等，内容丰富，涵盖了工程设计、试验研究、施工技术、安全监测、建设管理、工程经济等。相信本论文集的出版发行，能为广大从事土石坝工程设计、施工、管理技术的同仁们提供有益的借鉴，为土石坝工程技术的发展起到积极的促进作用。

《土石坝技术》编委会

2019年12月

目录

试 验 研 究

安 全 监 测

施 工 技 术

其 他

工 程 设 计

黏土斜墙土石围堰在月潭水库工程中的应用

李国保[1]　高小龙[2]　陈　鹏[1]

（1　中国水电基础局有限公司

2　中国水电建设集团十五工程局有限公司）

[摘　要]　月潭水库工程主体工程施工采用河床分期导流方式，枯水期利用临时围堰挡水。经对导流方式综合规划和挡水围堰结构的设计，应用黏土斜墙土石围堰进行分期挡水，其施工简单、渗水量小、经济适用、稳定性好，通过本工程的成功实践和应用，取得了良好的效果。

[关键词]　土石围堰　黏土斜墙　设计与施工

1　概述

　　月潭水库地处新安江主源率水河中上游，坝址位于黄山市休宁县海阳镇首村下琳溪组下游约500m，是一座以防洪为主，结合城镇供水，兼顾灌溉和发电等综合利用的水利枢纽工程。施工采用河床分期导流方式，枯水期利用临时围堰挡水，具体如下：

　　一期导流的前期时段为2016年8月至10月上旬。导流标准选用5年一遇，主要进行导流明渠开挖（含发电厂房基坑开挖）以及纵向混凝土围堰的施工，河道来水由束窄的河床下泄，相应的导流流量为380m³/s。

　　一期导流的后期时段为2016年10月中旬至2017年3月。主要进行溢流坝段1～6号坝段以及消力池的施工，河道来水由左岸的导流明渠泄流，导流标准选用10年一遇，相应的导流流量为583m³/s。

　　二期导流的时段为2017年9月至2018年2月。主要进行7～11号坝段以及发电厂房的施工，河道来水由3个泄洪底孔泄流，导流标准选用10年一遇，相应的导流流量为465m³/s。

2　导流建筑物的布置形式及结构

2.1　一期前阶段导流（右岸主河床导流）

　　一期前阶段土石围堰，上游挡水位145.2m，下游144.3m。根据明渠过水公式，糙率n取0.028，边坡系数m选0.5，明渠宽度b为47m，渠底坡度为1/1000，上游进口处水深3.2m。经核算：

上游围堰进口明渠壅水高 0.20m，波浪爬高 0.1m，安全超高 0.5m，堰顶高程取 146.0m；下游围堰壅水高 0.10m，波浪爬高 0.1m，安全超高 0.5m，堰顶高程取 145.0m。

上、下游采用纵向土石围堰顺河向连接闭合，总轴线长 361m，迎水面边坡 1：2，背水面边坡 1：1.5，堰高约 5.0m，堰顶宽度 4.0m。

2.2　一期后阶段导流（左岸明渠导流）

一期后阶段上游围堰挡水位为 147.0m，下游围堰挡水位 145.4m。经计算上游和下游堰顶高分别取 148m 和 146.5m，围堰轴线长分别为 102m 和 105m，迎水面边坡 1：2，背水面边坡 1：1.5，堰顶宽 5m 和 8m（下游考虑施工道路）。

导流明渠布置在发电厂房位置，底宽 20m，左侧边坡 1：2.0，设计过流 583m^3/s，明渠总长 385m，进口高程 142.0m，出口高程 141.0m，纵底坡 $i=0.26\%$。

2.3　二期围堰

二期上游围堰设计挡水位 151.4m，下游横向围堰设计挡水位 144.8m。经计算上游和下游堰顶高分别取 152.4m 和 148m，围堰轴线长分别为 75m 和 70m，迎水面边坡 1：2，背水面边坡 1：1.5，堰顶宽上游 5m，下游结合交通为 8.0m，考虑上游围堰最大高度达到 10m，在高程 148m 位置留二级平台，平台宽 2.0m。

2.4　纵向混凝土围堰

纵向混凝土围堰布置在消力池左侧墙位置，中间段后期作为消力池侧墙的一部分，按消力池的结构设计施工。纵向混凝土围堰在一期和二期均挡水，纵向围堰堰顶高程上游段取 153.2m，中间段按消力池侧墙的设计取 151.5m，下游段取 148.0m。纵向混凝土围堰顶宽 2.0m，长 230m。

2.5　黏土斜墙围堰典型断面

黏土斜墙围堰典型断面图如图 1 所示。

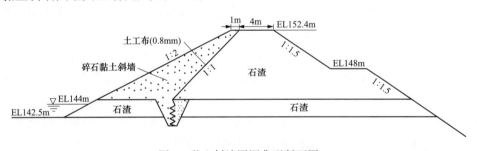

图 1　黏土斜墙围堰典型断面图

3　截流方案

3.1　截流方案及龙口位置

根据上述导流方式及导流建筑物布置，并结合施工进度安排，相应导流方式为两期三阶段，需要进行三次截流。

第一次截流时间在 2016 年 8 月上旬，围堰位于左岸，右侧河床过流，截流流量按 8

月重现期 5 年的月平均流量 45.4m³/s, 戗堤龙口设于纵向临时围堰中部, 采用立堵方式截流。

第二次截流在 2016 年 10 月上旬, 围堰位于右岸, 左侧导流明渠过流, 截流流量按 10 月重现期 5 年的月平均流量 13.42m³/s, 戗堤龙口设于右岸山体处, 采用立堵方式截流。

第三次截流时段为 2017 年的 8 月下旬, 围堰位于左岸, 采用右坝段已建泄洪底孔过流, 底孔孔口高程 145.8m, 截流水深相对较大, 截流流量按 45.4m³/s 设计, 戗堤龙口设于纵向混凝土围堰处, 采用立堵方式截流。

3.2 截流计算

三次截流相比较, 前两次均为束窄河床截流, 泄流通道相对较宽, 截流流量相对较小, 龙口流速较小, 选截流流量和水深相对较大的第三次截流进行计算。

根据施工技术资料, 泄洪底孔进口底板高程为 145.8m, 底宽 6m×3m, 由于截流期间水位未超过底孔侧墙, 经计算泄洪底孔水位—流量关系见表 1, 截流水力计算参数计算成果见表 2。

表 1 泄洪底孔水位关系—流量关系表

水位（m）	145.8	146.3	147.3	151.5
流量（m³/s）	0	9.86	27.89	51.24

表 2 截流水力计算参数计算成果表

龙口宽度（m）	45	40	30	27	20	16.5	11.5
龙口底宽（m）	28.5	23.5	15.5	10.5	3.5	0	0
龙口平均宽度（m）	36.75	31.75	27.35	18.75	11.75	8.25	5.74
上游水位 H（m）	0.35	1.34	1.87	2.14	3.21	3.93	6.10
泄洪底孔分流（m³/s）	0	0	0	0	0	1.08	2.54
龙口流量（m³/s）	45.4	45.4	45.4	45.4	45.4	44.32	42.86
龙口最大平均流速（m³/s）	0.54	0.98	1.01	1.62	1.98	2.58	1.29
龙口落差（m）	0.25	0.77	1.17	2.23	3.6	4.4	2.34

根据表 2 可知, 龙口最大平均流速发生在戗堤上口宽为 16.5m 处, 此时平均龙口流速约为 2.58m/s。龙口截流抛石最大块径可按式（1）计算

$$d=(v/K)^2/[2g(r_s-r)/r] \tag{1}$$

式中　d——石块化为球体的当量直径（m）；

　　　v——计算流速, 取 2.58m/s；

　　　K——稳定系数, 块石取 0.9；

　　　g——重力加速度, 9.8m/s²；

　　　r_s, r——块石容重和水的容重, 块石取 2.7t/m³。

计算得 d=25.43cm。当龙口合龙时采用直径为 26cm 的块石进行抛投。

4 截流及导流建筑物施工

4.1 截流戗堤施工

戗堤施工前，需要对过水侧河床进行疏浚，便于过水分流和龙口合龙；截流戗堤采用单戗立堵法，按围堰填筑进展方向分区进行逐步进占，用 20t 自卸汽车运输，推土机或装载机推料，当达到龙口位置时，改用大块石填筑，直至戗堤全线达到设计高度；龙口合龙后，在迎水面侧抛填碎石黏土防渗。

4.2 龙口合龙

合龙前，观测导流明渠进出口水位、河道流量、龙口上下游水位差、龙口流速，并对上游水情提前预报，进行合龙施工。

截（导）流前在戗堤围堰处及龙口附近按两倍用料准备石渣及块石。块石料采用 2 台 1.6m³ 挖掘机挖装，8 辆（视运距安排）20t 自卸汽车运输，堤顶安排 2 台装载机向龙口送料。

戗堤顶宽约 10m，同时可以容纳三辆自卸汽车倒料。龙口部位施工按每车位 5min 可以倒一车，每车 10m³，损失率按 20% 计算，每小时有效抛投 384m³，石渣和块石共 3060m³，需 7.9h，考虑要填筑倒车平台及不可预测因素，合龙施工按 9h 安排。

上游戗堤龙口闭气后，立即进行下游戗堤龙口合龙，最后在静水中进行黏土斜墙及围堰填筑。

4.3 围堰填筑

围堰填筑采用 1.6m³ 挖掘机装车，20t 自卸汽车运输，3m³ 装载机堰顶配合施工。

水下部分堰体采用倾填法填筑。水上部分堰体采用进占法铺料，平行围堰轴线采用错距法分层碾压。渣料每层铺筑厚 0.8m，黏土每层铺筑厚 40cm，18t 自行式振动碾碾压，碾压不到的局部采用电动夯薄层夯实。

堰坡采用 1.6m³ 反铲修坡，人工配合修整。

4.4 防渗施工

围堰防渗均采用碎石黏土斜墙铺土工膜防渗。

待堰体填筑出水面后，在围堰轴线上游位置开挖截水槽，将土膜压入槽中，静水中填碎石黏土，随堰体上升在堰体上游侧形成碎石黏土＋土工膜防渗体系。

截水槽尽量清净沟底砂砾、石渣等残留物，避免有尖石与土工膜接触破坏土工膜。用挖机将土工膜紧贴沟底铺满，不能漂浮，搭接牢固，不能损伤、穿孔。铺完铺满后用反铲向沟底送土，并压实。截水槽填筑完成后，随着堰体上升，同层填筑黏土斜墙。

堰坡清理完杂物及松动岩块后铺一层黏土并压实，然后铺土工膜，覆盖黏土，分层夯实。

横向围堰与混凝土纵向围堰相接处采用锥坡包裹墙体，适当延长堰体长度。将土工布裹方木埋入墙体 20cm，墙体外预留一定长度与堰体土工膜搭接。

5 结语

（1）水下截水槽中土工膜铺设及黏土斜墙的填筑是防渗成败的关键。施工时必须采取有效措施保证土工膜铺设到截水沟槽底部的岩石基础上，填筑的黏土能覆盖压住和压实土工膜，处理好结合带的防渗才能确保黏土斜墙的整体防渗效果。

（2）黏土斜墙土石围堰方案通过在本工程的成功实践和应用，取得了良好的效果，施工简单、渗水量小、经济适用、稳定性好。其施工工艺简单，易于操作，而且能提高经济效益，缩短工期，值得类似土石围堰工程施工中借鉴应用。

参考文献

[1] 吴耀权，冯志华. 碎石粘土斜墙铺塑料布的土石围堰工程效果 [J]. 西部探矿工程，2002，14（5）：17-18.

[2] 李光华，李仕奇. 糯扎渡水电站上、下游土石围堰设计 [J]. 云南水力发电，2009，25（6）：36-40.

[3] 路伟亭. 粘土斜墙防渗在小型水库加固中的应用 [J]. 治淮，2013（9）：53-54.

作者简介

李国保，男，高级工程师，主要从事水利水电工程施工。

高小龙，男，工程师，主要从事水利水电工程施工。

陈　鹏，男，助理工程师，主要从事水利水电工程施工。

胶凝砂砾石技术在 JLBLK 面板堆石坝工程的应用

何无产　徐　超　李阳春

（中国水利水电第十一工程局有限公司）

[摘　要]　本文对新疆 JLBLK 面板堆石坝陡坡采用胶凝砂砾石技术，从工程实际需要、胶凝砂砾石特点、现场施工情况及运用的效果进行了介绍。以供类似工程参考。

[关键词]　混凝土面板堆石坝　胶凝砂砾石　陡坡处理　应用

1　概述

JLBLK 水电站工程由拦河大坝、泄洪、引水建筑物及地面厂房等主要建筑物组成；大坝为混凝土面板堆石坝，最大坝高 146.3m。总库容 2.32 亿 m³，装机容量 140MW，属大（2）型 Ⅱ 等工程。拦河坝为 1 级建筑物。

JLBLK 面板堆石坝填筑Ⅲ区 EL676～EL710m，坝前 0-112～坝前 0-050 桩号，左岸趾板后缘边坡由于原始地形陡峭、裂隙多，倒坡开挖处理困难。如图 1 所示。在经过认真研究后，采用胶凝砂砾石施工技术来处理陡边坡。

图 1　左岸陡坡地貌

2　问题的提出

根据《混凝土面板堆石坝施工规范》（DL/T 5128—2009）规定，"两岸边坡陡于 1：0.25 或者倒坡（指与坡向呈反倾向的坡体）的岩体，必须将其开挖成不陡于 1：0.25 的边坡；陡坎（指坡高大于 5m，且坡度小于 73°的坡体）采用低标号混凝土或浆砌石将其回填成不陡于 1∶0.25 的边坡，以减少坝体沉降变形。"但多数施工情况是处于陡坡或倒坡的区域，由于坡度陡，在坝肩开挖时，从施工安全角度考虑，难于开挖，待到坝体料填筑至其坡脚附近时，利用填筑面才能进行开挖，随后进行混凝土或浆砌石回填。但此时大坝填筑正处于填筑的高峰期，回填处理与坝体填筑的矛盾相当突出：若大面积停止填筑，等陡坡（倒坡）段开挖回填后，再进行坝体填筑施工，将造成机械设备闲置，工期滞后。若将陡坡（倒坡）段区域剩下不填，需要将坝体预留顺水流的临时施工缝，对质量产生不利影响。为此，如何使陡坡处理与大坝碾压同步施工，且互不干扰，就成为研究的当务之急。受胶凝砂砾石施工技术在其他工程围堰上成功应用的启发，经过多种经济技术方案的比较，认为采用的胶凝砂砾石施工技术处理本工程的陡坡方案较为可行。

3 胶凝砂砾石施工特点和实践依据

胶凝砂砾石施工技术，是采用添加少量胶凝材料的砂砾石（包括砂、石、砾石等），加水，通过碾压（夯实）使掺加胶凝材料和水的砂砾石料从散粒体变成密实胶结体，容重提高，减少坝体沉降，还能起到防渗作用。胶凝砂砾石对骨料要求低，可就地取材，直接利用坝址河床开挖的砂卵石，及枢纽建筑物开挖的砂砾石、石渣等；水泥用量低，简化了材料配比和骨料制作。

胶凝砂砾石施工技术在我国主要应用于围堰施工，如四川飞仙关水电站一期纵向围堰、福建省宁德洪口水电站上游主围堰、福建省尤溪街面水电站下游量水堰、贵州省沿河沙沱水电站左岸大坝下游围堰等工程。胶凝砂砾石施工技术在面板堆石坝施工领域的洪家渡面板堆石坝有过成功应用。

采用胶凝砂砾石施工技术处理陡边坡，不仅可以解决边坡处理与大坝填筑的突出矛盾，还可解决因该段边坡岩石裂隙较多，趾板灌浆时大量浆液渗入大坝，造成固结灌浆耗浆严重的技术难题。

4 胶凝砂砾石的材料选择、配合比及碾压参数等确定

4.1 胶凝砂砾石材料的选择

试验所用水泥选用新疆布尔津屯河水泥有限责任公司生产的 P.O42.5 水泥。粉煤灰选用新疆石河子热电厂生产的 I 级灰，粉煤灰掺量按 50%。各材料性能列于表 1 和表 2。

表 1   P.O42.5 水泥物理力学性能

检测项目	比表面积（m²/kg）	凝结时间（h∶min）		体积安定性（沸煮法）	标准稠度用水量（%）	胶砂强度（MPa）			
		初凝	终凝			抗压		抗折	
						3d	28d	3d	28d
检测结果	407	3∶00	4∶02	合格	28.0	25.6	54.6	5.2	8.0
GB 175—2007	≥300	≥0∶45	≤10∶00	合格	—	≥17.0	≥42.5	≥3.5	≥6.5

表 2   粉煤灰性能试验结果

项目	检测结果			
	细度（%）	需水量比（%）	烧失量（%）	三氧化硫含量（%）
检测值	9.6	92	2.0	0.6
DL/T 5055—2007	≤12	≤95	≤5	≤3

试验所用砂砾石料为 JLBLK 工地 C2 砂砾石料场生产的成品过渡料，其最大粒径为 200mm。经试验检测，砂率为 30%，混合料含泥量为 2.0%，砂细度模数为 2.2。过渡料设计级配要求列于表 3。

表 3   过渡料设计级配

项目	D_{max}（mm）	小于 5mm 含量（%）	小于 0.075mm 含量（mm）
设计要求	200	19~35	>8

注　D_{max}—最大粒径。

4.2　胶凝砂砾石配合比和碾压参数的确定

胶凝砂砾石配合比的选择，即 VC 值与用水量的关系，抗压强度与胶凝材料用量的关系等。初步选定胶凝材料分别为 80、90、100kg/m³，通过对可碾性、VC 值和抗压强度的比较，最终确定胶凝砂砾石配合比见表 4。

表 4   胶凝砂砾石配合比

序号	水（kg/m³）	胶凝材料（kg/m³）	砂砾石（kg/m³）	砂率（%）	VC 值（s）	密度（kg/m³）
1	110	100	2230	30	5~10	2440

由室内试验确定的胶凝砂砾石配合比，通过现场碾压工艺试验，确定该部位胶凝砂砾石铺料厚度为 43cm（碾压厚为 40cm）。采用 18t 自行式振动碾进行碾压，根据《水工碾压混凝土施工规范》（SL 53—1994），内部碾压混凝土相对密实度大于 97% 的要求，确定碾压遍数为先静碾 2 遍，然后振动 8 遍。

4.3　胶凝砂砾石层间间隔时间的确定

根据室内胶凝砂砾石凝结时间的试验结果，初凝时间约 13h，考虑胶凝砂砾石与其他坝料平起施工。超过 13h 进行下层碾压时，层面应作冲洗处理。

5　胶凝砂砾石现场施工

5.1　填筑区域坡面清理

施工前，采用液压反铲将填筑区域边坡上的浮渣、坡积物及松动岩块清理干净。局部反铲不能到达的部位，采用人工辅助进行清理。

5.2　测量放样

根据现场实际地形，放样处需要填筑胶凝砂砾石的上下游桩号，每层填筑高程及填筑宽度边线，为填筑料摊铺提供控制边线及顶部高程。

5.3 胶凝砂砾石混凝土拌制

原材料砂砾石的计量采用通常的体积法计量，现场采用 20t 自卸汽车从 C2 砂砾料场装运合格的过渡料，一般以 2 车为一个单元进行拌制，这是一种非常简便的计量方法，其误差约在±5%，对于低强度要求的胶凝砂砾石来讲，不会造成影响。拌和水的计量直接在水表上进行读取，袋装水泥或粉煤灰以每袋的质量计量。按照先期生产性试验确定的配合比掺配胶凝材料及水。首先加胶凝材料，人工拆包，反铲进行掺配，一般拌料遍数为 6~8 遍，以混合物颜色基本均匀一致即可。最后掺配水，根据每一单元拌和料体积，按照试验配比（体积比）进行加水，等水基本浸入拌和物后，反铲反复掺拌，直至拌和物干湿均匀，以手抓细料能黏聚为辅助手段进行控制，拌和均匀的胶凝砂砾石混凝土应及时摊铺碾压。

5.4 拌和料摊铺

拌制均匀的拌和物采用 ZL-50 装载机运至施工部位进行摊铺，虚铺厚度 46cm；装载机大面摊铺平整后，人工用铁锹进行精平，特别是机械不能到达的部位，人工将拌和料摊铺到位，避免局部倒坡位置形成孔洞。摊铺过程中，严格按照测量边线进行控制，厚度不大于 43cm。摊铺宽度距岩石面 3m。

5.5 碾压及夯实

摊铺平整后的拌和料大面采用 18t 振动碾进行碾压，碾压遍数为 2+8，即 2 遍无振碾压，8 遍有振碾压，采用搭接碾，搭接宽度 50cm。振动碾碾压不到的边角部位采用液压夯板进行振实，夯实时间不小于 15s。

5.6 胶凝砂砾石在倒坡部位的施工

本工程局部存在倒坡，采用胶凝砂砾石施工技术，用振动碾碾压时同样存在不能碾压到位的现象。为此这些部位采用液压夯板夯实。经试验，采用 HC-7 型液压夯板时胶凝砂砾石，摊铺厚度 40cm，夯实时间 15s。液压夯板机械特性见表 5。

表 5　　　　　　　　　　HC-7 型液压夯板性能表

液压（MPa）	振动力（kN）	频率（Hz）	总高度（m）	质量（kg）
5~12	90~104	33~40	1.135	950

5.7 质量检测

施工过程中，对胶凝砂砾石料进行 VC 值和相对密实度的检测，并取抗压强度试件。碾压完成后，采用 MC-4 核子密度仪检测，保证相对密实度≥97%。

（1）VC 值检测 10 次，检测结果 5.5~11.2s。

（2）相对密实度检测 22 次，检测结果 97.2%~99.9%。

（3）抗压强度检测：共取样 5 组，最小值 3.4MPa，最大值 6.5MPa，平均值 4.6MPa。

（4）均匀性检测 1 组，砂浆表观密度差值 19kg/m³，小于规范要求 30kg/m³。

5.8 胶凝砂砾石施工过程照片

胶凝砂砾石施工过程如图 2~图 5 所示。

图 2　胶凝砂砾石掺配

图 3　混合料加水拌和

图 4　摊铺碾压

图 5　现场检测

6　结语

JLBLK 面板堆石坝填筑Ⅲ区 EL676m～EL710m，坝前 0-112～坝前 0-050 桩号，左岸趾板后缘边坡陡坡采用胶凝砂砾石施工技术方案，使边坡处理与大坝填筑同步施工，互不干扰，又有效地阻止了趾板固结灌浆的漏浆问题。更重要的是，必须控制好陡坡段堆石不均匀变形，胶凝砂砾石减小了边坡对坝体不均匀变形的不利影响，从而减小左右岸不均匀变形量，使坝体堆石变形模量呈梯度过渡。胶凝砂砾石施工技术在 JLBLK 面板堆石坝的成功应用，将为此技术的推广应用，提供宝贵的实践经验和参考资料。

作者简介

何无产，1972 年 11 月生，男，教授级高工，从事水利水电建筑工程，擅长碾压混凝土、土石方工程、混凝土厂房、混凝土面板堆石坝工程施工技术，施工经验丰富，现场解决问题能力强。

徐超，1980 年 11 月生，男，高级工程师，从事水利水电建筑工程。

李阳春，1989 年 2 月生，男，工程师，水利水电建筑工程。

混凝土面板堆石坝关键技术与研究进展

徐泽平[1,2]

（1　流域水循环模拟与调控国家重点实验室　2　中国水利水电科学研究院）

[摘　要]　简要回顾了中国混凝土面板堆石坝 30 多年的发展历程。从材料的级配特性、强度特性、变形特性、流变特性，以及接触面模拟、流变分析、精细化仿真计算等方面综合论述了混凝土面板堆石坝筑坝材料工程特性研究及大坝应力变形数值计算分析技术的研究进展。针对混凝土面板堆石坝的安全建设问题，从坝体渗流安全、大坝变形控制和混凝土面板挤压破坏的角度论述了混凝土面板堆石坝的筑坝关键技术。

[关键词]　混凝土面板堆石坝　材料试验　数值分析　渗流安全　变形控制　面板挤压破坏

1　概述

采用分层填筑、薄层振动碾压的堆石（或砂砾石）作为大坝主体的现代混凝土面板堆石坝已有 40 多年的历史。在当代坝工建设实践中，混凝土面板堆石坝以其优越的安全性、经济性，以及对复杂地形、地质条件的良好适应性为特征，在坝型比选中表现出很强的竞争力，并由此在水利水电工程中得到了广泛应用和迅速的发展。截至目前，全世界已建的混凝土面板堆石坝数量已接近 400 座。

现代混凝土面板堆石坝的建设始于澳大利亚的 Cethana 面板堆石坝，Cethana 面板堆石坝设计和施工中所建立的标准和方法对其后的混凝土面板堆石坝的发展产生了重要的影响。进入 21 世纪以来，国际上相继开工建设了一批坝高 200m 级的高混凝土面板堆石坝，并应用了一些新的技术手段，取得了较为丰富的成果。但部分已建 200m 级高坝工程在运行中也出现了面板挤压破坏、面板裂缝和大量渗漏等问题，这些问题集中反映了高混凝土面板堆石坝的新特征，引起了国际坝工界的普遍重视，同时也对中国的高混凝土面板堆石坝技术的发展起到了借鉴和促进作用。限于篇幅，本篇论文将主要论述中国在混凝土面板堆石坝筑坝关键技术上的进展，有关国外相关技术进展的论述可参见参考文献。

中国的现代混凝土面板堆石坝建设起步于 1985 年，以坝高 95.0m 的湖北西北口混凝土面板堆石坝为标志。1985 年，美国土木工程师协会年会在底特律召开，会议重点讨论了现代混凝土面板堆石坝的设计、施工技术和最新的工程技术实践，由 37 篇论文组成的会议论文集被称为混凝土面板堆石坝的"第一本绿皮书"，对推动全球混凝土面板堆石坝的建设具有重大影响。出席会议的中国专家带回了当时国际混凝土面板堆石坝技术的最新设计理念和工程实践，从而使中国的混凝土面板堆石坝建设得以在一个较高的起点起步。西北口大坝作为中国第一座开工建设的混凝土面板堆石坝，于 1990 年建成，而第一座建成的混凝土面板堆石坝则是辽宁的关门山水库大坝，坝高 58.5m，1988 年建成。

中国混凝土面板堆石坝的发展有两个鲜明的特点，一方面是紧跟国际先进技术水平，及时引进最新技术，并在工程实践中消化、吸收。另一方面是十分重视科学研究、技术开发和自主创新。西北口大坝作为中国混凝土面板堆石坝的第一座试验坝，被列入国家"七五"科技攻关课题，课题各研究单位针对 100m 级坝高的混凝土面板堆石坝工程开展了大量的科学试验和计算分析工作，取得了系统的研究成果。同时，编制了相关设计导则、施工规程，为混凝土面板堆石坝在中国的进一步发展奠定了基础。自 20 世纪 80 年代开始，混凝土面板堆石坝连续被列入国家"七五""八五""九五"科技攻关项目，同时，还得到了水利水电行业重点课题、国家电力公司重点项目、国家自然科学基金等不同渠道的支持。通过系统的科学技术研究工作，中国在混凝土面板堆石坝筑坝技术方面取得了大量创新成果，解决了工程实践中的关键技术难题，逐步形成了具有中国特色的混凝土面板堆石坝筑坝技术体系。

目前，中国的混凝土面板堆石坝分布遍及全国，涵盖了各种不同的地形、地质和气象条件，以及各种严酷的自然条件。据不完全统计，截至 2015 年年底，中国已建坝高 30m 以上的混凝土面板堆石坝数量约 270 座，在建工程数量约 60 座，中国的混凝土面板堆石坝数量已占全球同类坝型数量的一半以上。大量工程的建设，积累了应对各种困难情况的经验和教训，同时，也在相关技术的基础性科学问题研究方面取得了很大的发展。

在中国混凝土面板堆石坝的发展过程中，有成功的经验，但也曾出现过一些问题，其中包括青海沟后面板坝的溃坝事故，湖南株树桥面板坝的面板折断、坍陷，以及天生桥一级面板坝的面板挤压破坏等。针对这些问题和教训的总结，也从另一方面促进了中国混凝土面板堆石坝的技术进步。

从 20 世纪 80 年代起，中国工程师结合混凝土面板堆石坝工程的建设，在材料特性、数值分析和模型试验等方面进行了大量系统的科学研究，在混凝土面板堆石坝的设计理论和工程实践中取得了一系列的成果。历经 30 多年的发展，使混凝土面板坝的建设由以经验和判断为主的方式逐渐走向了经验与理论分析相结合的途径。

目前，中国的混凝土面板堆石坝建设既孕育着重大的发展机遇，又面临着巨大的技术挑战。复杂的地形、地质条件，严酷的坝址自然环境，以及坝高从 200m 级到 300m 级的跨越等，对混凝土面板堆石坝的技术发展提出了更高的要求。此外，在混凝土面板堆石坝的研究中也面临着筑坝堆石材料力学特性、坝体堆石变形机制及混凝土面板破损机理等一系列基础科学问题。在充分掌握材料工程特性的基础上，对混凝土面板堆石坝应力变形特性的准确把握与预测，是应对技术挑战和实现关键技术跨越的重要基础。本文将总结、归纳目前我国在混凝土面板堆石坝材料试验研究和数值计算分析方法上的研究进展，并重点对混凝土面板堆石坝的关键技术进行分析、论述。

2 材料工程特性研究

作为一种当地材料坝型，混凝土面板堆石坝的填筑料涵盖了十分广泛的类型，从大的类别上可划分为堆石和砂砾石两种。材料工程特性的研究是大坝建设的基础性科学问题，主要包括级配特征研究、压缩变形特性研究、强度特性研究、应力变形特性研究等。近些年来，随着高坝建设的不断发展，筑坝材料流变特性、湿化变形特性，以及干湿循环作用下的材料性质劣化等逐渐成为研究中的热点。

目前，土石材料工程特性的研究手段主要依赖于室内大型试验。自 20 世纪 80 年代以来，中国水利水电科学研究院、南京水利科学研究院、长江科学院、河海大学、清华大学等研究院所和高等院校相继研制开发了适用于粗颗粒材料的高压三轴仪、压缩仪、渗透仪、平面应变试验仪、高压三轴流变试验仪、接触面试验仪等大型试验设备，建立、形成了较为完善的室内大型试验体系。

2.1 材料颗粒级配特性

堆石料的开采通常通过爆破获得，其级配的优劣主要取决于爆破开采方法和岩体本身的结构以及裂隙的发育程度。对于堆石材料颗粒级配特征的研究，关注的重点是级配的变异性及其影响因素。就堆石料级配的变化过程而言，坝体填筑压实过程中的颗粒破碎对其级配的影响最大，颗粒破碎的程度主要取决于岩块的强度以及压实功能等因素，而颗粒级配的变异，将会直接导致堆石料工程特性的变化。因此，关于颗粒破碎的研究目前已经成为粗颗粒材料工程特性研究中的重点。

鉴于母岩材料和级配特征对于堆石压实特性的重要影响，在我国的实践中，对于高混凝土面板堆石坝提出了针对堆石材料的基本控制性指标：母岩饱和单轴抗压强度大于等于 30MPa，软化系数大于 0.7 或大于 0.8，堆石级配中小于 5mm 粒径的颗粒含量为 10%～15%，最低不能小于 5%，相应的不均匀系数应大于 15。母岩饱和单轴抗压强度小于 30MPa 的软岩堆石料也可用于修建混凝土面板堆石坝，但通常用于中低坝高的工程。需要注意的是，对于软岩材料，严重的颗粒破碎会导致压实后的实际级配与原始级配的巨大差异，使原来的堆石料变成性质迥异的另一种材料，在这种情况下，材料的级配应以压实后的实际级配为依据取用相应的设计计算指标。

砂砾石材料的级配为天然级配，而且，由于颗粒的磨圆度较高，相对于堆石材料而言不易产生由于颗粒破碎而引起的级配变化。但值得关注的是，由于砂砾石材料的级配特性还与其地质成因有着密切的关系，在某些情况下，其级配会呈现较大的离散性。天然沉积的砂砾石，其级配常呈不连续分布，甚至会产生级配的间断。因此，当采用砂砾石材料筑坝时，应对料源的级配特征做深入的调研。

2.2 材料强度特性

土石材料的强度特性是决定混凝土面板堆石坝坝坡稳定的重要因素。对于堆石等散粒体材料，其抗剪强度包括滑动摩擦和咬合摩擦两部分，而颗粒咬合摩擦又包含了剪胀效应和颗粒破碎影响，因此，堆石材料的抗剪强度应该是由颗粒间的滑动摩擦、剪胀效应、颗粒的破碎与重新定向排列所组成。

对于棱角尖锐的堆石而言，由于颗粒破碎的影响，其强度包线在相对较小的应力下即发生了弯曲，因而呈现出较为明显的非线性的特征。试验结果表明，硬岩堆石的破碎压力约为 0.8MPa，堆石的强度包线由线性转为非线性的分界应力约为 0.85MPa。对于坚硬、浑圆且级配优良的砂卵石，其颗粒破碎的问题不突出，因此，其强度包线在相对较高的应力水平下仍可保持近似的直线关系。

堆石材料非线性强度特征的描述主要有 demelo 的指数形式和 Duncan 的对数形式。

在我国的堆石坝工程计算分析中，通常采用 Duncan 对数表达式

$$\varphi = \varphi_0 - \Delta\varphi \log(\sigma_3/\mathrm{Pa})$$

式中　φ_0——当围压为一个标准大气压时的摩擦角；

　　　$\Delta\varphi$——围压相对于标准大气压增大 10 倍时的摩擦角递减量。

需要指出的是，在堆石强度的对数非线性表达式中，没有了参数 c，而参数 c 所代表的咬合摩擦部分实际上已包含在参数 φ_0 和 $\Delta\varphi$ 之中，因此，这两个参数已不再是通常意义上的内摩擦角。

中国学者通过对大量大型三轴试验成果的统计和回归分析得出，对于一般的硬岩堆石料，$\varphi_0 = 54.4°$，$\Delta\varphi = 10.4°$。

2.3　材料变形特性

堆石材料的颗粒形状为多面体，颗粒之间通常为点接触，其整体压缩性主要取决于颗粒的重新排列，同时也受母岩岩性、密度、级配等因素影响。作为一种由坚硬颗粒所组成的散粒体材料，堆石体在经过碾压后，将达到较高的密度和较小的孔隙比，从而具有较低的压缩性。碾压后的堆石体，通常都会在较短的时间内完成其压缩变形的大部分。但是对于高坝，由于堆石体承受的应力水平较高，后续的颗粒破碎和级配调整将会导致堆石体产生持续的变形。

堆石材料变形的另一个重要的特征是湿陷特性，堆石材料湿陷变形的机理主要是堆石颗粒的棱角遇水后发生软化、破碎，同时，水的润滑作用促使了颗粒的迁移与重新排列，从而导致新的变形的产生。研究表明，堆石的湿陷变形与其岩性及应力状态密切相关。通常认为，软岩堆石料的湿陷变形较大。但需要指出的是，即使是对于颗粒比较坚硬的堆石（如灰岩和凝灰岩等），浸水后的湿化变形仍不可忽视。堆石的浸水沉降变形，随密度的增大而减小，而且，其初始含水量越大，浸水沉降也会越小。

2.4　堆石材料流变特性研究

天生桥大坝是中国第一座坝高接近 200m 的高混凝土面板堆石坝工程，大坝建成后发生了较大的后期变形，引起了工程界的普遍关注。通过对观测资料的分析发现，堆石体的流变是坝体竣工后发生较大变形的主要原因之一。随后，国内相关研究机构陆续开展了对堆石材料流变特性的深入研究。沈珠江等通过对堆石料流变特性的试验研究和对已建工程实测资料的反分析，提出了一种指数衰减型三参数流变模型。梁军和刘汉龙通过大型压缩流变试验，发现堆石料的流变随时间呈指数关系衰减变化，流变特性与试样的应力水平相关。程展林和丁红顺采用应力控制式大型三轴仪研究了堆石料的流变特性，研究发现，堆石料流变量与时间的关系可以用一个九参数的幂函数表示。

随着粗颗粒材料大型试验设备研制的进展，对于堆石材料流变变形特性的研究普遍采用了试样直径 300mm 的大型三轴流变试验仪进行试验研究。通过对堆石料进行不同应力水平下的流变试验，由试验结果建立流变模型，整理得出计算参数后，即可采用数值方法分析堆石体的流变量值。目前，对于堆石流变变形的描述，普遍采用的是经验函数的方法，为简化起见多采用单项函数的方式，常用的函数形式包括指数型、幂函数型、双曲线型、对数型等。

典型的指数型三参数流变计算公式如下

$$\varepsilon = \varepsilon_f (1 - e^{-ct})$$

其中，ε 为流变，ε_f 当 $t \to \infty$ 时的最终流变量，参数 c 相当于 $t = 0$ 时第一天流变量占 ε_f 的比值。最终流变量 ε_f 与应力状态有关，体积流变（ε_{vf}）与围压 σ_3 成正比，剪切流变（ε_{sf}）与应力水平相关。

$$\varepsilon_{vf} = b \frac{\sigma_3}{p_a}$$

$$\varepsilon_{sf} = d \frac{D}{1-D}$$

式中，c、b、d 为计算参数，由试验结果得出。

程展林等提出的幂函数型九参数流变计算公式如下：

（1）堆石体轴向流变计算公式如下，c、d、η、m 为计算参数，由试验获得

$$\varepsilon_s(t) = \varepsilon_{sf}(1 - t^{-\lambda_s})$$

其中

$$\varepsilon_{sf} = \frac{c s_L}{1 - d s_L} \sigma_3$$

$$\lambda_s = \eta \sigma_3^{-m}$$

（2）堆石体体积流变计算公式如下，c_α、d_α、c_β、d_β、λ_v 为计算参数，由试验获得

$$\varepsilon_v(t) = \varepsilon_{vf}(1 - t^{-\lambda_v})$$

$$\varepsilon_{vf} = c_\alpha S_L^{d_\alpha} + c_\beta S_L^{d_\beta} \sigma_3$$

从目前的认识上看，堆石的流变与其颗粒在应力作用下的破碎直接相关，因而其体积流变、剪切流变与之所处的应力状态以及母岩的性质密切相关。随着时间的推移，堆石体流变的发展总体上趋于稳定，流变与时间的关系总体上符合衰减函数的趋势。随着应力水平和围压的增大，堆石体的流变变形量会相应增大，流变趋于停止的时间也会增加。但在试验室内，由于试样尺寸的限制，试验得到的堆石流变速率明显大于现场的原型级配材料。总体上看，目前对于堆石流变特性的研究虽然取得了一些成果，室内试验也初步揭示了堆石体流变变形的一些基本规律，但是，由于堆石材料自身的复杂性和室内试验的局限，目前对于堆石流变机理和发展规律的认识尚有待进一步地深入。目前国内普遍采用的流变计算方法是基于将堆石体变形划分为瞬时变形和流变变形这一人为假定之上，但实际情况下，堆石在荷载作用下的瞬时变形与荷载恒定不变情况下的流变变形通常是难以区分的。因此，未来的研究方向应该是基于材料试验研究而开发的综合反映材料黏弹塑性特征的分析模型。

2.5 材料特性的数值试验研究

由于室内试验在研究粗颗粒材料特性中的种种限制条件，近些年来，部分学者开始采用非连续分析方法，以颗粒的运动和相互接触为基础，从细观的尺度对材料的试验过程进行数值分析模拟，从而发展出了数值试验研究方法。

数值试验研究基于以离散元为代表的不连续分析方法，以细观颗粒为基本单元，将每

个颗粒离散为独立的有限元网格，将相邻颗粒作用在其上的接触力作为该有限单元域的外力，通过有限单元域内的显式求解，获取颗粒内部的应力和变形分布。颗粒之间则通过离散元接触算法进行分析模拟。周伟等采用罚函数法计算颗粒间的接触力，通过以颗粒间嵌入面积的大小确定接触力大小的方法，首次建立了堆石体应力变形细观模拟的随机散粒体不连续变形分析模型，并将其应用于堆石体等粗颗粒材料力学性能的研究。与常规的椭球形颗粒模拟方法不同，它采用了不规则的凸多面体模拟真实的堆石颗粒并划分网格，通过在裂缝可能发生和扩展的部位布置界面单元，并引入内聚力模型来模拟颗粒破碎。这一模型可以相对较好地反映堆石体的复杂形状和破碎行为。

数值试验研究方法可以从细观的角度模拟堆石材料颗粒接触、摩擦、移动和破碎的过程，再现堆石体的宏观力学响应，并且具有试样尺寸、边界条件调整灵活的优势，可以成为常规室内大型试验研究手段的有效补充。但是，由于堆石材料细小颗粒的绝对数量非常庞大，受计算规模的限制，数值试验方法同样也不可能模拟真实坝料的全部颗粒，其粒径小于一定尺寸的颗粒必须略去，由此造成的影响尚需进一步的比较研究。此外，在制样方法的模拟、初始应力状态的确定、颗粒性状描述、接触摩擦算法、颗粒破碎定义等方面，数值试验分析方法也不可避免地需要建立一定的假定，相关假定的影响也需要通过大量的对比试验进行深入的研究。

3 计算分析技术

中国在混凝土面板堆石坝发展过程中，从最初的开始阶段，就十分重视通过数值计算的方法对坝体及面板的应力变形特性进行分析研究，这一点与国外的做法有着显著的区别。通过计算分析预测坝体的变形性态和面板的应力状态，可以有效把握混凝土面板堆石坝的运行特征，从而为大坝的优化设计和施工调整提供技术支撑。经过30多年的发展，中国在材料本构模型的开发和计算方法的改进方面都取得了长足的进步，从而也改变了混凝土面板堆石坝仅单纯依靠经验和类比的设计模式。

3.1 筑坝材料本构模型研究

目前，在混凝土面板堆石坝数值计算分析中，堆石或砂砾石材料的本构模型主要有非线性弹性模型和弹塑性模型两种。其中，最为常用的是邓肯 E-B 非线性弹性模型和"南水"双屈服面弹塑性模型。邓肯 E-B 模型能够反映坝料应力应变的非线性和压硬性，但难以反映岩土材料的剪胀性。"南水"双屈服面模型能够反映坝料的非线性、压硬性、剪胀性和应力引起的各向异性，但由于模型假设 $\varepsilon_v - \varepsilon_1$ 呈抛物线关系，在许多情况下会夸大材料的剪胀性，从而导致计算的坝体变形偏小。

目前模型存在的最主要问题是不能合理反映粗颗粒材料的体积变形特性。粗颗粒材料在变形过程中通常伴随着颗粒破碎，颗粒破碎后会引起颗粒的调整和重新排列，从而导致堆石体体变增加，这种变化过程会在一定程度上减小材料的剪胀性。对于高坝，堆石体在高应力状态下颗粒破碎更明显，坝体的体积变形的增加也更突出，同时颗粒破碎以及级配调整的过程还会产生流变变形的问题。

根据筑坝堆石材料室内大型三轴试验的结果，并结合计算分析实践，中国水利水电科学研究院提出了针对邓肯 E-B 模型的改进处理方法，内容包括加卸载过程中切线模量的计算、剪切破坏和张拉破坏时的迭代处理、体积模量计算的限定等。通过这些处理方法的运用，使得数值计算更加稳定，计算结果也与实测数据较为接近。

南京水利科学研究院在"南水"双屈服面弹塑性模型的基础上，考虑颗粒破碎引起的能量耗散，通过分析三轴 CD 试验数据，得出颗粒破碎能耗与轴向应变之间具有较好的双曲线关系，从而建立了一个考虑颗粒破碎的堆石本构模型，其切线体积比的计算公式如下

$$\mu_t = \frac{d\varepsilon_v}{d\varepsilon_1} = 1 - \frac{\dfrac{\sigma_1}{\sigma_3} - \dfrac{dE_B}{\sigma_3 d\varepsilon_1}(1+\sin\varphi_m)}{\tan^2(45° + \varphi_m/2)}$$

式中　φ_m——机动摩擦角。

河海大学在广义塑性理论框架下，以典型高坝堆石料的试验资料为依据，提出了可以同时考虑堆石料在低围压下的剪胀性和高围压下的剪缩性的广义塑性本构模型。

大连理工大学邹德高等在 Ziemkiewicz 和 Pastor 的广义塑性理论基础上，针对堆石坝的应力特点，考虑压力相关性，对广义塑性模型的加载塑性模量、卸载塑性模量和弹性模量的计算公式进行了修正，提出了一种适用于堆石坝材料特点的分析模型。

从目前的发展看，随着对粗颗粒材料应力变形特性试验研究的不断深入，本构模型所考虑的影响因素也日趋广泛，模型的复杂性也相对增加。但是，这些复杂的本构模型是否能够真实反映工程中材料的力学行为特性，尚有待进一步的实践检验。采用多屈服面、非关联流动法则的复杂弹塑性模型目前仍面临着试验方法特殊、计算参数类比性差以及计算过程复杂等问题。在工程计算分析的实践中，邓肯 E-B 非线性弹性模型由于其参数物理意义明确、工程应用广泛，因此可以获得具有较为丰富的工程类比成果，目前仍是我国混凝土面板堆石坝数值分析的主流分析模型。

相应于各种计算模型，除需考虑模型本身是否能够正确反映材料的应力变形特征外，模型参数的确定也是影响计算分析结果的重要因素。在材料本构模型的开发中，需要关注模型参数的物理意义，只有具备充分物理意义的参数才可以在试验的基础上通过工程类比的方式分析其参数取值的合理性，或确定其数值的合理范围。目前，由于室内大型试验试样尺寸的限制，室内试验得出的模型参数与原型筑坝材料的真实参数间存在一定的差异，如何在室内缩尺试验得出的参数基础上合理确定原型材料的真实材料参数？这将是目前和未来一段时期我国面板堆石坝工程界所致力研究解决的关键问题之一。

3.2　计算方法研究

在混凝土面板堆石坝的数值分析中，中国学者除了在本构模型上进行深入研究外，还在计算分析实践中开发了新的分析方法。其中，除了常规的非线性（弹塑性）有限元分析方法外，还包括了界面接触算法、流变分析方法、精细化仿真分析方法等。

3.2.1　混凝土面板与堆石体的接触算法

混凝土面板堆石坝的结构中包含相对刚性的混凝土面板与散粒体堆石相互作用的接触面，以及面板纵缝、面板周边缝等接缝系统。混凝土面板与堆石的摩擦接触是其应力的主要来源，因此，对面板与堆石接触特性的准确模拟，是保证面板应力计算准确的重要前

提。由于接触面两侧材料性质相差悬殊，在外力作用下，通常都会表现出与连续体不同的剪切滑移、脱开分离等特殊的变形特征，在计算分析中需要采用特殊的单元来加以模拟。

早期的面板坝计算分析中，接触面的模拟常采用无厚度的 Goodman 单元模拟。这种单元由接触面两侧的两对节点所组成，单元的厚度为零，两接触面之间假想为由无数的法向和切向弹簧相连。大连理工大学邹德高等在 Goodman 单元的基础上，结合河海大学止水材料试验结果，通过对接缝模型参数的敏感性分析，提出了针对混凝土面板堆石坝接缝接触面的简化计算模型。但是，对于 Goodman 单元，由于其无厚度的特性，在实际计算分析中，很难保证单元两侧的节点不发生相互嵌入的现象，而且，法向劲度取值过大或过小对于计算的精度也会产生不利的影响。

根据实际工程的观测和室内接触面试验研究，当两种材料性质相差悬殊的介质间产生剪切位移时，一般都会在材料性质相对较弱的一面形成一个薄层的剪切带，因此，在数值计算中采用薄层接触面单元来模拟不同材料之间的接触会更接近实际情况。对于薄层接触面单元，接触面上的变形可以分为基本变形和破坏变形两部分。在正常受力情况下，单元产生基本变形 $\{\varepsilon'\}$，其材料的本构关系可以取为材料性质较弱一面的材料特性（垫层堆石料），薄层单元在计算过程中按普通实体单元参与计算。当剪应力达到抗剪强度产生了沿接触面的滑动破坏或接触面受拉产生了拉裂破坏时，单元产生破坏变形 $\{\varepsilon''\}$，破坏变形采用刚塑性假定。

对于接触面上的破坏变形 $\{\varepsilon''\}$，可以用下式表示

$$\left\{\begin{array}{c}\Delta\varepsilon''_s\\\Delta\varepsilon''_n\\\Delta\gamma''_{sn}\end{array}\right\}=\left[\begin{array}{ccc}0&0&0\\0&\dfrac{1}{E''}&0\\0&0&\dfrac{1}{G''}\end{array}\right]\left\{\begin{array}{c}\Delta\sigma_s\\\Delta\sigma_n\\\Delta\tau_{sn}\end{array}\right\}=[C'']\{\Delta\sigma\}$$

式中 E'' 和 G''——反映拉裂破坏变形和滑动破坏变形的模量参数。

在平行于接触面方向上的正应变由于受到混凝土的约束不会发生破坏，因此可取 $\Delta\varepsilon''_s=0$，相应的，$[C'']$ 矩阵中的对应元素取为 0。

接触面的总变形为基本变形和破坏变形的叠加：

$$\{\Delta\varepsilon\}=\{\Delta\varepsilon'\}+\{\Delta\varepsilon''\}=[C']\{\Delta\sigma\}+[C'']\{\Delta\sigma\}=[C]\{\Delta\sigma\}$$

目前，薄层接触面单元的模拟方法在国内的混凝土面板堆石坝计算分析中得到了普遍的应用，它可以相对较好地模拟堆石体与面板间的剪应力传递，但实际应用中也发现，接触面单元强度参数的选取对计算的结果也会有较大程度的影响，因此，未来尚需进一步通过接触面试验研究以确定接触面的非线性接触变形模式和相应的模型参数。

尽管薄层接触面单元在模拟接触面的剪应力传递和避免接触面两边介质的互相嵌入上具有一定的优势，但是，它与 Goodman 单元一样，对于接触面相互脱开和接触面大位移滑动的模拟仍无能为力。为此，国内学者在接触面计算方法上也进行了相关的研究和实践。中国水利水电科学研究院徐泽平在接触面模拟中引入了界面单元法，通过将单元的变形累积于单元界面，在离散模型中以界面元代替弹簧元，可以有效地描述接触面上的错

位、滑移和张开位移。清华大学周墨臻、张丙印基于非线性接触力学方法，通过使用拉格朗日乘子法引入接触约束得到了接触问题的计算格式，同样可以有效解决面板与堆石体接触滑移与分离的计算模拟问题。

3.2.2 堆石体流变变形分析方法

目前，国内对于堆石体流变变形的计算分析普遍采用的是经验模型的方法，认为堆石体的总应变可以分为其受到外部荷载后产生的瞬时应变和在荷载恒定条件下产生的流变应变两个部分，如以增量形式表示，即为

$$\Delta\varepsilon = \Delta\varepsilon^{ep} + \Delta\varepsilon^{creep}$$

式中　$\Delta\varepsilon^{ep}$——瞬时应变增量；

　　　$\Delta\varepsilon^{creep}$——流变应变增量。

对于瞬时应变部分，采用常规的堆石本构模型进行计算，对于流变应变部分，则采用经验型的衰减函数计算公式，如前述的指数型、幂函数型、对数型公式。

对于这样的计算方法，由于流变变形的起始时刻难于准确界定，因此，计算中均采用相对时间取代绝对时间。为充分考虑应力状态对流变量值的影响，计算中对体积变形和剪切变形采用不同的公式分别计算，即认为体积流变量和剪切流变量分别取决于围压水平和剪应力水平，不考虑两个因素间的耦合作用。在 π 平面上各方向的流变应变分量采用 Prandtl-Reuss 流动法则进行分配，即

$$\{\Delta\varepsilon^{creep}\} = \frac{1}{3}\Delta\varepsilon_v^{creep}\{I\} + \Delta\varepsilon_s^{creep}\frac{\{s\}}{\sigma_s}$$

式中　$\{s\}$——偏应力张量；

　　　$\{I\}$——单位张量；

　　　σ_s——广义剪应力。

在每一个荷载步里，将加载时间分为多个时间步，计算当前应力状态下的单元最终流变量，根据累计流变量和最终流变量计算当前时间步下的流变速率，以求得当前时间步的堆石体单元流变增量，最后把求得的单元流变增量作为初应变进行有限元增量分析。

从目前的堆石流变计算方法上看，堆石体流变变形的计算虽然可以反映堆石变形随时间的发展过程，但计算模型和计算过程仍存在一些人为的假定。瞬时变形与流变变形的划分通常会导致流变变形的起点难以判断，使用经验公式直接拟合整条试验曲线，也会使流变计算的经验公式实际上包含了瞬时变形和长期变形的总和，从而导致计算结果的偏差。未来，堆石流变的计算采取构建统一考虑瞬时变形与流变变形的计算模型将会是一个正确的发展方向，此类模型的建立需要以针对堆石流变变形规律的大量试验研究为基础。

3.2.3 大规模精细化仿真算法

在混凝土面板堆石坝的数值计算中，计算网格的数量通常不超过 50 000。但对于高坝，采用这种网格规模，每个单元高度一般会超过 10m，长度则要达到 40～50m。在这样的网格精度下，很难实现对高坝坝体应力、变形状态的准确刻画。而且，对于混凝土面板而言，由于面板的最小厚度只有 30～40cm，采用过粗的网格剖分，将使面板网格极度畸形，从而导致面板应力计算的失真。作为混凝土面板堆石坝防渗系统的主体，混凝土面

板的应力状态应该是计算分析关注的重点，但按常规的建模方式，却恰恰是混凝土面板的单元形态最差。因此，近些年来，随着计算技术的进步，在我国的高混凝土面板堆石坝的数值计算分析中逐渐开始采用精细化网格下的全过程仿真分析。通过在精细化网格建模与并行计算方法上的研究与开发，目前，混凝土面板堆石坝精细化计算的网格规模已经可以达到 100 万至 500 万单元数的规模。通过这样的精细化仿真分析，可以较为有效地估算混凝土面板堆石坝在施工期、水库蓄水期的各种加载、卸载条件下堆石体和面板的应力与变形的大小及其分布，以及材料强度发挥的程度，从而为坝料分区、断面优化、施工进度安排、运行性态预测提供依据。

4 混凝土面板堆石坝筑坝关键技术

作为一种典型的当地材料坝型，混凝土面板堆石坝的筑坝技术包含多方面的内容。其中，最关键的技术主要包括坝体的渗流安全、大坝的变形控制，以及大坝防渗系统可靠性等。

4.1 坝体渗流安全

混凝土面板和接缝止水系统是混凝土面板堆石坝防渗系统的主体，但与此同时，坝体堆石的材料分区设计，特别是面板下部的垫层区、过渡区的设计对保证大坝的渗透安全也将起到非常关键的作用。

从历史上看，混凝土面板坝的渗流控制理念经历了三个发展阶段。第一阶段主要强调以混凝土面板控制渗流为主，在这一阶段，垫层料的主要功能是起变形协调和应力过渡的作用，其颗粒级配较粗，材料渗透系数偏大。一旦面板出现裂缝或面板止水发生破坏，往往会产生严重的渗漏。20 世纪 80 年代，美国坝工专家谢拉德（Sherard）提出了将垫层料作为混凝土面板坝第二道防渗防线的建议，要求垫层料的渗透系数应满足 $10^{-3} \sim 10^{-4}\,\mathrm{cm/s}$。Sherard 的建议对混凝土面板坝的设计是一次重大突破，它进一步完善了面板坝的防渗系统，提高了大坝的防渗安全性，得到国内外大多数工程师的认可，并在工程实践中广泛应用。以此为标志，混凝土面板堆石坝渗流控制技术的发展进入第二阶段。近些年来，随着混凝土面板堆石坝坝高的增加，对混凝土面板堆石坝防渗系统可靠性和大坝渗透稳定安全的要求也日益提高。为此，徐泽平等在总结以往研究成果和针对相关工程实践的分析中进一步提出：高混凝土面板坝应综合考虑各个分区的协调保护作用，通过上游铺盖、混凝土面板、垫层区和过渡区的联合作用和相互保护，以提高大坝防渗系统的整体可靠性，并保证一旦出现破坏时防渗系统的自愈修复。这将是高混凝土面板堆石坝渗流控制理念发展的第三个阶段。

面板堆石坝渗流控制的主要目的是保证大坝的蓄水功能，确保坝体不出现过大的渗漏。同时，出于保证大坝安全的目的，在因种种原因出现坝体较大渗漏的情况下，需保证堆石各分区材料的渗透稳定，以避免堆石中细颗粒的大量流失，从而引起堆石体的附加变形，并进一步导致面板的破坏和大坝的溃决。

工程实践表明，Sherard 提出的将垫层区作为大坝第二道防渗线的建议在渗流控制理念上是正确的，但在具体落实中仍存在一些问题。例如，垫层料的渗透系数应如何取值，才能保证既起到第二道防渗防线的作用，又能保证所选材料具有较高的抗剪强度和较低的压缩性。渗透系数越小，表明防渗性能越好，但带来的问题是所选材料中小于 0.1mm 的颗粒含量过多，相应地抗剪强度降低、压缩模量减小，不利于坝坡的稳定性。另外根据室内试验，按照 Sherard 建议的颗粒组成曲线，垫层料的渗透系数并不能达到 1×10^{-4}cm/s 的要求，特别是外包线小于 0.075mm 的颗粒含量只有 8%，颗粒级配曲线偏粗，这种材料在最紧密状态下也只能达到 10^{-2}cm/s 的量级。

通常认为，堆石料的渗透特性与其小于 5mm 的颗粒含量直接相关，但是对于小于 5mm 这一部分颗粒级配更进一步的研究则相对较少。刘杰等通过对两种粒径小于 5mm 颗粒含量不同，且小于 5mm 颗粒部分级配不同堆石料的试样进行渗透试验后发现，随着小于 5mm 颗粒含量的增加，其细粒料组成的变化范围增大，致使各试样的渗透系数差别很大。当粒径小于 5mm 颗粒含量为 55%，小于 5mm 的颗粒组成不同时渗透系数可相差 2 个数量级。随着粒径小于 5mm 颗粒含量的减小，小于 5mm 的细粒料组成的可能变化范围相应减小，各试样的渗透系数也就较为接近。这一结果与砂砾石料的渗透特性相一致，即堆石料的渗透系数主要决定于小于 30% 的粒径组成，仅依靠小于 5mm 的颗粒含量并不能准确地反映土的渗透系数。

我国的混凝土面板坝垫层料级配设计小于 5mm 的颗粒含量一般在 35%～55% 之间。而谢拉德建议的垫层料级配，其小于 1mm 的颗粒含量位于 12%～34% 之间。试验研究成果表明，垫层料渗透性主要取决于细料含量，特别是 d_{20} 的粒径值，当小于 1mm 的粒径含量小于 20% 时，渗透系数将大于 10^{-3}cm/s，因此，混凝土面板坝垫层料小于 1mm 的颗粒含量应大于谢拉德的建议值（水布垭、三板溪、洪家渡和天生桥一级面板堆石坝垫层料小于 1mm 的颗粒含量一般在 20%～32% 之间）。通过对垫层料小于 1mm 的粒径含量进行优化，可以确保垫层料渗透系数能够达到 10^{-3}～10^{-4}cm/s 的要求。

对于垫层料的淤堵自愈能力，考虑紧靠面板的铺盖材料或用于修补面板渗漏的抛填土为砂质土，$d_{85}=0.2$mm，按太沙基反滤准则，$D_{15} \leqslant 4d_{85}=0.8$mm，垫层料的 d_{15} 应小于 0.8mm。

从混凝土面板坝的分区结构看，由于过渡区位于垫层区下部，施工时先铺过渡区后铺垫层区，如果垫层料与过渡料颗粒级配合适，在粒径相对较粗的过渡区与粒径相对较细的垫层区交界处将形成结构稳定的混合自滤层，可阻止垫层区中其他颗粒的流失，只要保护住某一级较大粒径的土料，就可控制其他颗粒渗透稳定。因此，为保证垫层区的渗透稳定，过渡料对垫层料应具有反滤的功能，过渡区应按垫层区反滤层的原则进行设计。

总体而言，高混凝土面板坝防渗系统的层次主要包括以混凝土面板和接缝止水为主的第一道防渗线，以过渡区保护下的垫层区为第二道防渗线，以及具备强透水性和抗冲蚀性的堆石区为排水、减压保护。从渗透稳定的角度看，面板堆石坝的上、下游堆石体具有很强的透水性，与垫层料的渗透性相比较，二者相差至少在百倍以上，面板一旦失去防渗能力，垫层将变成防渗斜墙，渗透水头大部分由垫层区承担，堆石体充足的排水能力，将使得坝体浸润线迅速降低，从而充分发挥排水、减压的作用。

4.2 坝体变形控制与综合变形协调

混凝土面板堆石坝因其结构上的特点，坝体堆石的变形对大坝的运行特性和安全有着重要的影响。对于堆石体变形的问题如未能予以足够的重视，将导致工程出现面板裂缝、止水损坏、面板挤压破坏等一系列问题。基于对混凝土面板堆石坝应力变形特性的分析与研究，以及对现代高混凝土面板堆石坝建设经验和相关研究成果的总结，徐泽平等归纳、提出了混凝土面板堆石坝变形控制与综合变形协调的新理念，其核心在于以坝体的变形控制与协调为重点，从材料选择、断面分区和施工填筑分期等方面控制坝体的变形总量，并在变形总量控制的基础上，协调坝体各区域的变形。这一新理念的主要内容包括：

（1）高混凝土面板坝变形控制的核心是堆石体的变形控制。堆石体的变形与母岩材料特性、堆石颗粒级配、压实密度，以及坝高、河谷形状系数等直接相关，堆石体的变形控制需综合考虑上述相关因素。

（2）高混凝土面板坝设计、施工应通过选择低压缩性、级配良好的筑坝堆石材料和严格控制碾压密实度以减小坝体变形总量值。

（3）高混凝土面板坝的设计应通过合理的材料分区，实现坝体不同部位、区域的变形协调。

（4）高混凝土面板坝的施工应通过填筑工序的调整，为上游堆石区提供充足的变形稳定时间。

在变形控制与综合变形协调理念中，堆石体变形总量的控制是基础，在此之上则是分区变形的综合协调。它主要包含了以下几个方面：

（1）坝体上、下游堆石区的变形协调。对于混凝土面板堆石坝，坝体上游堆石和下游堆石将协同承担蓄水期对面板的支撑作用。对于高坝，下游堆石区的变形对上游堆石区和混凝土面板有着显著的牵制作用。上、下游堆石区变形的不协调，将直接导致坝顶水平位移的增大和混凝土面板顺坡向拉应力的增加，进而产生面板水平向裂缝。因此，在高面板坝的设计和施工中，应采取工程措施避免上、下游堆石区模量的较大差异，以协调上、下游区域的变形。

（2）岸坡区堆石与河床区堆石的变形协调。对于修建于 V 形河谷或狭窄河谷中的高混凝土面板堆石坝，岸坡区堆石与河谷中心部位堆石区的变形将由于岸坡的约束作用而存在一定的差异，过大的差异变形将在岸坡段形成较大的沉降变形梯度，进而导致上游垫层区和混凝土面板的斜向裂缝。因此，对于狭窄河谷或 V 形河谷中的高混凝土面板堆石坝，一方面要通过降低坝体堆石整体变形量以减小河谷与岸坡段堆石的变形差。另一方面要在岸坡一定范围内设置高模量低压缩区，以减小岸坡段堆石体的沉降变形梯度，从而实现岸坡区堆石与河床区堆石的变形协调。

（3）混凝土面板与上游堆石的变形协调。相对于散粒体的堆石而言，混凝土面板是一个刚性结构物。在坝体自重和水荷载的作用下，面板与堆石体之间产生摩擦接触，并通过这种摩擦接触实现剪应力的传递。由于混凝土材料与堆石材料性质相差悬殊，其接触面之间经常会出现错动与脱开，这就是面板与堆石间非连续变形造成的变形不协调所致，而这种变形不协调将导致面板应力状态的恶化。因此，在设计和施工中，一方面要通过工程措施减小和降低堆石体对面板的约束作用，另一方面，要通过适当的堆石填筑超高避免混凝土面板与堆石体之间的脱空。

（4）上部堆石与下部堆石的变形协调。对于高混凝土面板堆石坝，堆石材料的流变变形将成为影响坝体和面板应力变形特性的一个重要因素。从计算分析和监测数据可以发现，由于变形的传递作用，坝体上部堆石受流变变形的影响相对较大。因此，在变形控制中还应考虑其竣工后长期变形条件下下部堆石体与上部堆石体变形的协调。工程中可采取延伸主堆石区至坝顶或在坝顶部设置高模量区的方式以协调上、下部坝体堆石的变形。

（5）堆石变形时序的协调。从堆石材料的变形特征看，堆石在荷载作用下的变形是一个随时间变化的过程。堆石体沉降完成的程度与堆石碾压后的初始孔隙率、堆石块体的抗压强度、软化系数、下伏堆石体的厚度和特性、上覆堆石压重（厚度）等有关。不同区域堆石填筑顺序的变化将有可能造成区域堆石体变形时序的不协调，从而对坝体和面板的应力变形性态产生不利影响。因此，综合变形协调的另一个重要方面是通过合理布置和调整堆石填筑顺序、设置堆石体预沉降时间，以协调坝体各区域变形稳定时间的差异，从而改善混凝土面板的应力状态。

4.3 混凝土面板挤压破坏机理分析

在 21 世纪初，国内外相继建成了一批 200m 级高混凝土面板堆石坝工程。这些工程在投入蓄水运行后，有数座大坝均出现了河床段面板顶部沿面板纵缝发生挤压破坏的问题，引起了坝工界的高度关注。

从这些工程面板挤压破坏的现象看，尽管各工程的坝高、河谷形状以及筑坝材料不尽相同，但其面板的破坏形式表现出值得关注的一致性，可见其现象背后必定存在着共性问题。总结这些面板挤压破坏现象，其共有的特征包括：

（1）面板的挤压破坏均发生在河谷部位的面板压性纵缝区。

（2）面板的挤压破坏均发生在坝顶部位。

（3）面板的挤压破坏均发生在纵缝两侧附近一个相对较窄的宽度之内。

（4）面板的挤压破坏均发生或首先发生在面板的表层。

混凝土面板是堆石体上的薄板结构，其应力变形性状直接取决于下卧堆石体的变形特性。在坝轴线方向，由于两岸堆石体发生指向河谷中心方向的位移，从而导致河床中部的面板将不可避免地产生沿坝轴线方向的挤压，这是人们已经认识到的规律。但是，根据混凝土试验成果，在长期荷载作用下，混凝土的极限压应变一般可达 3000 微应变量级。而对于高面板堆石坝，根据实测或有限元计算的面板轴向最大挤压应变一般处于 400～1000 微应变量级，因此即使考虑面板顶部相对不利的受力条件，面板沿坝轴向的抗压能力在理论上讲应该是足够的。

根据数值计算分析成果可以发现，尽管实际的面板挤压破坏发生在出现最大挤压应力的面板上，但却并未发生在计算指出的最大挤压应力位置。计算分析和面板应力监测均表明，在水库蓄水的情况下，面板沿坝轴线方向的最大压应力位于河床段面板的中部，而并非靠近坝顶的位置。

4.3.1 面板挤压破坏的机理分析

面板堆石坝在蓄水以后，由于库水压力的作用，坝体上游侧堆石体产生竖直向下和向下游的位移，使蓄水期混凝土面板呈现出向坝内凹陷的变形趋势，从而导致面板沿坝轴线方向向河谷中心位移。对于这一变形趋势，孔宪京等通过计算分析得出：蓄水期面板坝轴向高压应力区主要分布在河谷中央竖缝两侧面板之间。

堆石体在自重作用下将产生沉降位移和水平位移，蓄水以后，坝体上游面在水压力的作用下向下游位移，坝顶部整体产生向下游侧的位移趋势。在堆石自重和水荷载的共同作用下，坝顶的变形形式为一个向下游位移的弯曲曲线（如图1所示），由于岸坡的约束作用，河谷中心处向下游的位移最大。从坝体沿坝轴线方向的变形看，由于岸坡地形的作用，河床两侧岸坡处的堆石体向河谷中心方向位移，左右两岸堆石体的位移方向相反，在河床某一部位位移为零（如图2所示）。这种由岸坡向河谷中心的位移不仅取决于岸坡地形的陡缓，也与河谷的宽度、坝体的整体沉降变形和沿水流方向的变形趋势密切相关。

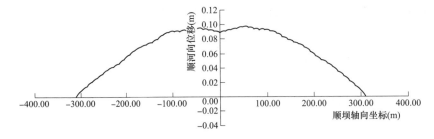

图 1　蓄水期面板顶部顺河向位移趋势（指向下游为正）

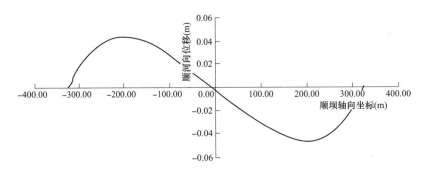

图 2　蓄水期面板顶部沿坝轴向位移趋势（指向右岸为正）

由于蓄水期坝体堆石变形形态的变化，附于其上的混凝土面板也将随之产生相应的变形。从顺河向看，面板上部随堆石向下游变形。从横河向看，通过面板与堆石之间剪应力的传递，两侧岸坡的面板向河谷中心位移。而河床中心部位的面板，由于位移受到限制，由此产生挤压应力，挤压应力的最大值就位于沿坝轴线方向位移为零的位置。挤压应力的大小，与堆石体的变形量直接相关，而是否发生挤压破坏，则取决于挤压应力的数值和混凝土的抗压能力。

由上述分析可见，面板堆石坝混凝土面板蓄水期发生挤压破坏的宏观原因是堆石的变形。偏大的堆石体变形量值，将导致岸坡面板向河谷中心位移量值的增大，同时，坝顶向下游侧位移的增加，将导致河谷中央面板变形形态的变化和面板局部的应力集中。

为深入研究蓄水期混凝土面板的变形形式和应力状态，中国水利水电科学研究院采用精细化计算方法对一个典型的面板堆石坝进行了蓄水期的应力变形计算分析，通过对混凝土面板厚度方向单元的进一步划分，可以得出面板应力沿厚度方向的变化趋势。

从计算结果可知，在水库蓄水的情况下，河谷中央的混凝土面板沿坝轴线方向呈弯曲变形趋势，尽管河谷中央的面板顶部整体上呈受压状态，但面板表层的压缩变形与底部的压缩变形在面板厚度方向存在差异，在整体弯曲变形的趋势下，面板底部存在向两侧拉开的趋势。面板顶部与面板底部的压应力存在较为明显的梯度变化，面板底部压应力减小，面板顶部压应力增大。

清华大学周墨臻、张丙印等也通过对混凝土面板单独细划网格的方式分析了蓄水期面板的受力状态。图 3 所示为面板顶部顺河向弯曲变形的示意。由于混凝土面板沿坝轴线方向是分块的，为了适应该弯曲变形曲线，面板在发生平行移动的同时，还将发生一定的转动。由图 3 可见，由于面板具有一定的厚度，当面板发生转动时，会发生在面板上表面处局部接触而下部产生脱开的情况，并从而导致在纵缝两侧面板的上表面产生强烈的挤压作用，这种接触挤压可以称之为转动挤压。

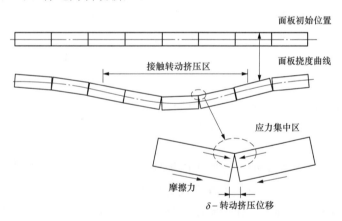

图 3　面板顶部顺河向弯曲变形特性示意图

根据对实际工程面板发生挤压破坏现象的观察，破损处的面板底部未必一定发生分离，但这种转动位移的趋势无疑是存在的。蓄水期面板沿纵缝位置的转动接触挤压效应反映了分块混凝土面板与堆石体变形相互作用的结果。当不考虑面板的转动趋势，而仅仅由于面板沿坝轴线方向的位移而产生的接触挤压可以称之为位移挤压，位移挤压主要与面板沿坝轴向位移相关。其大小主要取决于坝体在坝轴线方向相向位移的量值（如图 2 所示）。当面板随坝体堆石发生顺河向位移时，面板沿纵缝产生转动趋势，接缝处面板表面将产生应力集中现象，面板的转动位移主要与面板顶部顺河向位移量值相关（如图 1 所示）。

因此，面板纵缝处存在的接触挤压效应是造成面板挤压破坏的直接原因。接触挤压效应包括转动挤压和位移挤压两个方面的作用，前者主要取决于面板顺河向弯曲变形的发展，后者则主要和坝体在坝轴向的水平位移相关，而这两方面的位移均与堆石体的总体位移直接相关。因此，造成面板挤压破坏的宏观因素是堆石体过大的变形量值。

4.3.2 避免面板挤压破坏的工程措施

基于对面板挤压破坏机理的分析，为避免面板坝面板挤压破坏而采取的工程措施应该综合考虑堆石变形和接触挤压两方面的因素。孔宪京等根据数值计算分析，验证了在面板受压区纵缝填充低压缩模量材料的方法。徐泽平通过总结已建工程的实践经验，并结合针对面板挤压破坏机理的分析，提出了针对面板挤压破坏的综合工程措施：

（1）改善堆石的材料特性，提高堆石的压实状况（控制坝体变形的总体量值）。

（2）进一步优化坝体的断面分区（实现坝体变形协调）。

（3）合理控制坝体的填筑施工步骤和面板浇筑时机（协调堆石体与面板的变形，改善面板应力状态）。

（4）优化面板纵缝结构设计，适当采用缝间柔性填料（提高面板抗挤压能力）。

（5）严格控制面板混凝土浇筑质量（提高面板抗挤压能力）。

5 结论与展望

中国的混凝土面板堆石坝历经30多年的发展，在筑坝关键技术方面取得了令人瞩目的巨大成就，混凝土面板堆石坝在数量、坝高、工程规模、技术难度等方面均居世界前列。总结中国混凝土面板堆石坝技术的发展之路，最重要的经验就在于对基础科研的重视，同时结合具体工程实践开展有针对性的联合攻关。从30多年前的第一座混凝土面板堆石坝的实践，到世界上最高混凝土面板堆石坝的成功建设，中国经历了从引进技术，到消化吸收，直至自主创新的发展阶段。目前，传统的"经验方法"正在逐步被基于科学试验和计算分析的"经验＋理论方法"所替代，并在此基础上结合工程师的判断以作出科学的决策。

理论分析与工程实践均表明，混凝土面板堆石坝技术的核心在于坝体的变形控制与综合变形协调，基于中国面板堆石坝工程实践所凝练而成的变形控制与综合变形协调理念正确反映了混凝土面板堆石坝安全建设实质，是混凝土面板堆石坝关键技术的首要问题。

混凝土面板堆石坝变形控制与综合变形协调的基础在于对大坝应力变形特性的把握，这将依赖于对筑坝堆石材料工程特性的正确认知和计算分析技术的进一步发展。目前，工程界对于堆石材料特性和大坝数值分析技术的研究日益深入，但由于问题的复杂性，相关的研究工作仍滞后于工程建设需求。未来，在材料本构关系、颗粒破碎特性、材料特性的时效变化规律、堆石流变分析模型、材料真实参数确定，以及大规模精细化仿真分析方法等方面的研究仍需要进一步深入。

混凝土面板堆石坝的坝体渗流安全是关系大坝整体安全性的重要环节，也是面板堆石坝关键技术的重要问题。与传统的方法不同，新的设计理念重点在于强调综合发挥坝体各材料分区的功能，通过各分区渗透系数及关键粒组级配的配合，形成相互保护的综合防渗体系。面板堆石坝综合防渗系统设计的基本原则应是考虑在混凝土面板完全失效情况下，堆石体不发生导致大坝溃决的渗透破坏。

参考文献

[1] 徐泽平，邓刚．高混凝土面板堆石坝的技术进展及超高面板堆石坝关键技术问题探讨［J］．水利学报，2008，39（10）：1226-1234.

[2] Materón, B., State of Art of Compacted Concrete Face Rockfill Dams, Proceedings of Workshop on High Dam Know-how, May, 2007, Yichang：11-17.

[3] 蒋国澄．贺中国混凝土面板堆石坝 30 年（代序），中国混凝土面板堆石坝 30 年［M］．北京：中国水利水电出版社，2016.

[4] 杨泽艳，周建平，王富强，等．中国混凝土面板堆石坝 30 年，中国混凝土面板堆石坝 30 年［M］．北京：中国水利水电出版社，2016 年.

[5] 徐泽平．现代高混凝土面板堆石坝筑坝关键技术，中国混凝土面板堆石坝 30 年，中国混凝土面板堆石坝 30 年［M］．北京：中国水利水电出版社，2016.

[6] 郭熙灵，胡辉，包承纲．堆石料颗粒破碎对剪胀性和抗剪强度的影响［J］．岩土工程学报，1997，19（3）：83-88.

[7] 申存科，迟世春，贾宇峰．考虑颗粒破碎影响的粗粒土本构关系［J］．岩土力学，2010，31（7）：2111-2115.

[8] 刘汉龙，秦红玉，高玉峰，等．堆石粗粒料颗粒破碎试验研究［J］．岩土力学，2005，26（4）：562-566.

[9] McDowellG. R. . The role of particle crushing in granular materials［M］. In：Modern Trends in Geomechanics, Vienna, Austria, 2005, vol. 106.

[10] 柏树田，崔亦昊．堆石的力学性质［J］．水力发电学报，1997（3）：21-30.

[11] Duncan J. M. , Chang C. Y. , Nonlinear analysis of stress-strain for soil［J］, Journal of Soil Mechanics and Foundation Division, ASCE, 1970, 96 (SM5).

[12] 李广信．堆石料的湿化试验和数学模型［J］．岩土工程学报，1990，12（5）：58-64.

[13] 王海俊，殷宗泽．堆石料长期变形的室内试验研究［J］．水利学报，2007，38（8）：914-919.

[14] 杨键．天生桥一级水电站面板堆石坝沉降分析［J］．云南水力发电，2001（2）：59-63.

[15] 沈珠江，赵魁芝．堆石坝流变变形的反馈分析［J］．水利学报，1998，29（6）：1-6.

[16] 梁军，刘汉龙．面板坝堆石料的蠕变试验研究［J］．岩土工程学报，2002，24（3）：257-259.

[17] 程展林，丁红顺．堆石料蠕变特性试验研究［J］．岩土工程学报，2004，26（4）：473-476.

[18] 周伟，常晓林，周创兵，等．堆石体应力变形细观模拟的随机散粒体不连续变形模型及其应用[J]．岩石力学与工程学报，2009，28（3）：491-499.

[19] 徐泽平．混凝土面板堆石坝应力变形特性研究［M］．河南：黄河水利出版社，2003.

[20] 米占宽，李国英，陈铁林．考虑颗粒破碎的堆石体本构模型［J］．岩土工程学报，2007，29（10）：1443-1448.

[21] 朱晟，魏匡民，林道通．筑坝土石料的统一广义塑性模型［J］．岩土工程学报，2014（8）：1394-1399.

[22] 邹德高，徐斌，孔宪京，等．基于广义塑性模型的高面板堆石坝静动力分析［J］．水力发电学报，2011，30（6）：109-116.

[23] 邹德高，尤华芳，孔宪京，等．接缝简化模型及参数对面板堆石坝面板应力及接缝位移的影响研究［J］．岩石力学与工程学报，2009（5）：3257-3263.

[24] 殷宗泽，朱泓，许国华．土与结构材料接触面的变形及其数学模拟［J］.岩土工程学报，1994，16（3）：14-21.

[25] 周墨臻，张丙印，张宗亮，等．超高面板堆石坝面板挤压破坏机理及数值模拟方法研究［J］.岩土工程学报，2015，37（8）：1426-1432.

[26] 刘杰．混凝土面板坝碎石垫层料最佳级配试验研究［J］.水利水运工程学报，2001（4）：1-7.

[27] 徐泽平，贾金生．高混凝土面板堆石坝建设的核心理念—变形控制与综合变形协调，土石坝技术：2012年论文集，中国电力出版社，2012：25-34.

[28] 徐泽平，郭晨．高面板堆石坝面板挤压破坏问题研究［J］.水力发电，2007，33（9）：80-84.

[29] 孔宪京，张宇，邹德高．高面板堆石坝面板应力分布特性及其规律［J］.水利学报，2013（6）：631-639.

[30] 孔宪京，周扬，邹德高，等．高面板堆石坝面板应力分析及抗挤压破坏措施［J］.水力发电学报，2011（6）：208-213.

作者简介

徐泽平（1963—），男，教授级高级工程师，主要从事土石坝工程与岩土工程的科研及工程咨询工作。

古水水电站放空冲沙洞掺气减蚀研究

郑大伟　　冯业林

（中国电建集团昆明勘测设计研究院有限公司）

[摘　要]　高水头大泄量泄洪隧洞常因空蚀而遭到破坏，古水水电站放空冲沙洞最大水头175.4m，最大泄量 2100m³/s，且隧洞布置受下游滑坡堆积体影响，隧洞长度较长，底坡较小，掺气难度较大。本文对古水水电站放空冲沙洞掺气设施设计及模型试验、抗冲耐磨混凝土材料、过流面不平整度控制进行简要介绍。

[关键词]　空化空蚀　突扩突跌　抗冲耐磨混凝土　不平整度控制

1　概述

古水水电站位于澜沧江上游河段，地处云南省迪庆州德钦县佛山乡，其上游为西藏自治区境内的白塔水电站，下游梯级为乌弄龙水电站。工程开发任务以发电为主，可研阶段比选的坝址有两个，即上坝址（古水坝址）和下坝址（溜筒江坝址），根据《澜沧江古水水电站可行性研究阶段坝址、坝型及枢纽布置格局选择专题报告审查意见》，推荐方案确定为上坝趾面板堆石坝方案。枢纽布置方案为利用右岸凸岸地形布置溢洪洞、放空冲沙洞及引水发电系统。工程正常蓄水位 2265m，最大坝高 242m，水库总库容 15.39×10⁸m³，总装机容量为 1800MW，工程为Ⅰ等大（1）型。

枢纽建筑物主要由混凝土面板堆石坝、右岸溢洪洞、右岸放空冲沙隧洞、右岸引水发电系统、地面厂房及开关站等组成。

高水头的泄洪隧洞常因空蚀而遭到破坏，设计时对此应特别重视。古水水电站放空冲沙工作闸门最大水头 175.4m，无压洞流速约 30～37m/s，根据类似工程经验，无压洞流速超过 30m/s，需设置掺气减蚀设施。由于受坝址下游争岗滑坡堆积体影响，泄洪隧洞出口需布置在滑坡堆积体下游，因此隧洞长度超过 2500m，导致无压洞底坡较小，掺气难度较大。本文主要介绍古水水电站放空冲沙洞掺气减蚀设施结构布置设计及模型试验研究相关内容，以及抗冲耐磨混凝土设计、过流面不平整度要求等其他预防空蚀破坏的工程措施。

2　放空冲沙洞布置及结构设计

2.1　隧洞布置简介

右岸放空冲沙洞进口靠近电站进水口布置，洞轴线按直线布置，受争岗滑坡体的影响，洞身段从争岗滑坡堆积体以下岩体通过，出口布置在滑坡堆积体下游，处于溢洪洞与尾水洞之间的岸坡上。

放空冲沙洞由进口段、检修闸门室、有压段、地下工作闸门室、无压段及挑流鼻坎段

组成，水平总长约 2508m。进水口底板高程 2162m，设喇叭形进口。圆形有压洞段长
448m，底坡为平底坡，内径为 9.5m；检修闸门井距进口 123.8m，露天布置，闸顶高程
与坝顶高程相同，井内设有 8m×10m 平板事故检修门 1 扇。有压洞段的末端设置工作闸
门室，内设 7.5m×8m 弧形工作门 1 扇，工作闸室操作平台高程与坝顶相同，设交通洞
与坝顶公路相连。工作闸门室后为无压洞段，无压洞段长 1891.5m，底坡为 3.3%，采用
城门洞型断面型式，断面尺寸为 9.5m×16m。出口末端采用鼻坎挑流消能，挑坎高程
2096.143m，下泄水流挑入澜沧江主河槽。放空冲沙洞纵剖面图如图 1 所示。

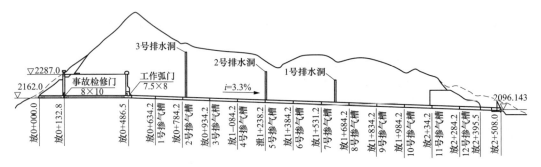

图 1　放空冲沙洞纵剖面图

2.2　掺气减蚀设施结构设计

放空冲沙洞工作闸门最大水头 175.4m，工作门孔口最大流速约 35m/s，无压洞流速
约 30～37m/s，为避免产生空蚀破坏，需布置掺气减蚀设施。古水放空冲沙洞掺气减蚀设
施包括工作弧门后突扩突跌式掺气以及无压段隧洞挑坎跌坎式掺气设施。

初拟的工作弧门处的掺气采用突扩突跌的形式，平面上两侧各扩大 1m，由 7.5m 扩
为 9.5m，立面上底部设 1.5m 的跌坎。工作弧门处掺气减蚀设施图如图 2 所示。

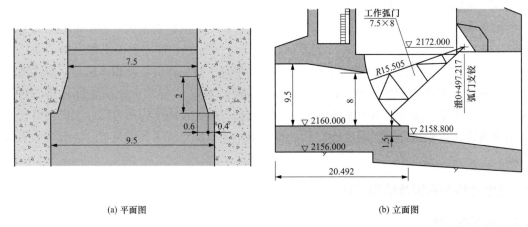

(a) 平面图　　　　　　　　　　　　　　(b) 立面图

图 2　工作弧门处掺气减蚀设施图（单位：m）

无压段每隔 150m 设置一道掺气坎和掺气井，共 12 道。初拟的掺气坎为挑坎型，坎
高 0.75m，两侧各设置 1m×1.5m 的通气井连通洞顶余幅与底坎空腔。无压段掺气减蚀
设施图如图 3 所示。

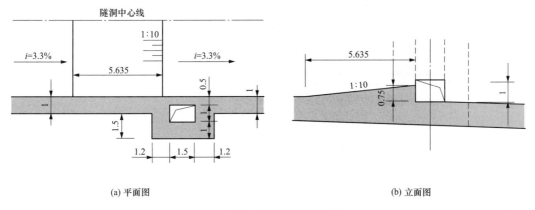

(a) 平面图   (b) 立面图

图 3   无压段掺气减蚀设施图（单位：m）

3   模型试验成果

南京水利科学研究院做了 1∶50 的模型试验对放空冲沙洞工作门突扩突跌及无压洞掺气坎的掺气效果进行了研究，并对体型进行了多种方案的优化比较。

3.1   突扩突跌研究

初拟设计方案的模型试验表明，由于水流落点与泄槽底板交角较大，水流回流明显，坎后空腔充满水体，不能形成稳定空腔，掺气效果较差。同时水流出坎后平面上均匀扩散冲击两侧边墙，在泄槽内产生严重的水翅现象。

根据回水原因，对底坎体型进行优化调整，主要思路为局部调整底坎体型，增大水流落点处的坡度，减小水流与底板交角，达到尽量减小回流的效果。共进行了 6 个方案的研究，比较了不同的斜坡位置及坡度，最终推荐底坎体型为跌坎高度 1m，后接 10m 的平坡，平坡后为 25m 的渥齐段与无压段底坡衔接。渥齐段半径分别为 31.3、84.6m。推荐跌坎体型如图 4 所示。试验结果表明当库水位为 2255～2278m 时，放空冲沙洞突扩突缩掺气坎后水流平顺，能保持有效的空腔，完全消除了空腔积水，掺气效果良好。

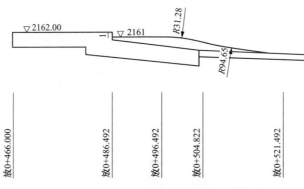

图 4   跌坎体型图（单位：m）

针对突扩引起的水翅问题，在突扩位置增加贴坡，改善侧向水流流态，以达到消除水翅的目的。针对不同的贴坡长度进行了两个方案的比较，推荐方案为贴坡长度35m，突扩宽度0.4m，坡度为1.7%，推荐突扩体型如图5所示。

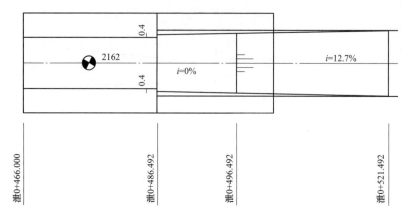

图5 突扩体型图（单位：m）

3.2 无压段掺气坎研究

初拟设计方案的模型试验表明，由于泄槽坡度过小，水流出坎后落点与底板交角较大，且空腔高度较小，极易使得回流水体充满空腔，掺气效果较差。同时出坎水流受边壁影响，落水点并不是在一条线上，而是呈现中间远两侧边墙处近，这也使得空腔变小。

针对初拟设计方案中下游泄槽坡度小，且受边壁影响导致落点不在一条直线上，水流相互挤压会加剧回流的问题，分别研究增大挑坎高度、调整落点坡度、采用"V型坎""燕尾坎"等优化方案的掺气效果。经过6个方案的比较研究，推荐采用14.34%的燕尾坎，坎高0.8m，后接12m的平坡，平坡后为10m，坡度15.3%的斜坡与无压段底坡衔接。推荐体型如图6所示。

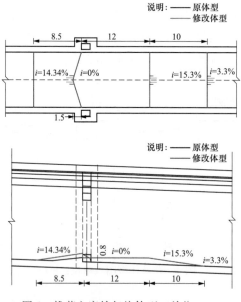

图6 推荐方案掺气坎体型（单位：m）

3.3 推荐方案试验效果

对推荐方案进行了表 1 中 6 种工况的模型试验。

表 1 放空冲沙洞模型试验工况表

序号	水库水位（m）	流量（m³/s）	下游水位（m）	备 注
1	2205.00			控泄（150m³/s）
2	2205.00	1268.81	2071.10	
3	2235.00	1698.91	2072.36	
4	2260.00	1999.03	2080.42	
5	2267.07	2082.45	2085.56	正常蓄水位
6	2270.76	2122.78	2088.32	设计水位

试验结果表明：

高水位时（工况 4、工况 5、工况 6），突扩突跌掺气坎及无压段 1 号掺气坎到 12 号掺气坎空腔均稳定无积水。工况 3 时，突扩突跌掺气坎空腔不稳定、有积水，无压段空腔稳定、有积水。工况 2 时，突扩突跌掺气坎空腔不稳定、完全积水，无压段 1 号掺气坎到 12 号掺气坎，空腔稳定、有积水。考虑到工况 2、工况 3 时洞内流速相对较小，洞内不会产生空化空蚀问题。在工况 2、工况 3、工况 4、工况 5 来流情况下，放空冲沙洞内各掺气坎，掺气浓度均大于 3%，因此掺气坎布置合理，满足设计要求。

4 其他防空蚀措施

对于高水头泄洪隧洞的空化空蚀问题，大量工程实践证明布置掺气设施对于解决空化空蚀问题是非常有效、经济、可靠的方法。除此之外，对于衬砌混凝土材料的选择、过流面的不平整度控制也是对空化空蚀影响很大的因素，国内类似工程对此均有严格的要求。

4.1 抗冲耐磨混凝土

针对抗冲耐磨混凝土，在糯扎渡水电站对以下抗冲耐磨混凝土材料进行了配合比及性能试验。

（1）高强混凝土 $C_{90}55$ 及 $C_{28}55$；
（2）硅粉+聚丙烯纤维混凝土；
（3）硅粉+玄武岩纤维混凝土；
（4）硅粉+钢纤维混凝土；
（5）HF 高强耐磨粉煤灰混凝土材料。

试验表明：加入硅粉和纤维后混凝土抗冲磨性能略好于不加抗冲磨材料的高强混凝土，但收缩变形较大，总体性能较接近。高强混凝土水化热大，绝热温升较高，温控问题突出。考虑到不加入硅粉和纤维的高强混凝土性能可以满足抗冲蚀需要，加入抗冲磨材料后，混凝土和易性差，需加大胶凝材料用量，使温控问题更加突出。综合考虑，糯扎渡水电站采用不添加硅粉及纤维的 $C_{90}55$ 高强混凝土作为泄洪隧洞抗冲蚀材料。

借鉴糯扎渡及其他水电站的经验，本阶段古水水电站抗冲耐磨混凝土采用 C50 高强混凝土，主要应用于工作闸门室、无压段及挑流鼻坎的底板与边墙下部。

4.2 过流面不平整度控制

过流边界的不平整体，会使水流与边界分离，形成漩涡，发生空蚀。国内类似大型工程均对泄洪隧洞的过流面平整度有严格的要求。借鉴其他工程经验，古水水电站对放空冲沙洞无压段混凝土的平整度要求如下：无压段混凝土表面 1m 范围内凹凸值不能超过 3mm，并应磨成不大于 1∶35 的斜坡；混凝土表面要求光滑，不允许有垂直升坎和跌坎，不允许存在蜂窝、麻面，不允许残留砂浆块和挂帘；流道体型与设计轮廓线的偏差不得大于 3mm/1.5m。

5 结论

古水水电站放空冲沙洞最大水头 175.4m，最大泄量 2100m³/s。由于受下游争岗滑坡体的影响，隧洞长度较长，一旦发生空蚀破坏，将产生严重后果。本阶段采用 1∶50 的模型试验对闸室突扩突跌及无压段掺气坎进行了研究，推荐体型在高水头情况下空腔稳定，掺气效果较好。此外借鉴其他类似工程经验，对抗冲耐磨混凝土材料及过流面不平整度控制等也提出了具体要求。

由于隧洞长度较长，导致无压段底坡较小，掺气难度较大，下个阶段将对掺气坎体型及抗冲耐磨混凝土材料做进一步的深化研究，以确保工程安全。

参考文献

[1] 吴时强，王威，王芳芳，等. 澜沧江古水水电站可行性研究阶段枢纽泄洪消能水力学模型试验研究 [R]，2016.8.
[2] 李众，杨春友，辛春红. 小湾水电站泄洪洞减小空蚀程度的保证措施 [J]. 云南水力发电，2011，27（1）：35-38.

作者简介

郑大伟（1982—），男，江苏徐州人，高级工程师，主要从事水利水电工程勘察设计工作。

冯业林（1970—），男，云南宜良人，教授级高级工程师，主要从事水利水电工程勘察设计工作。

大湾水电站工程枢纽布置设计研究

李强非[1]   刘项民[2]

（1 云南省能源投资集团有限公司   2 中国电建集团昆明勘测设计研究院有限公司）

[摘　要]　大湾水电站采用建在河床冲积层上的面板堆石坝挡水，左岸布置开敞式溢洪道，右岸布置泄洪冲沙（兼导流）洞和引水发电系统，厂房根据河道流向采弯取直增加水头，布置于右岸下游河滩。在可研及施工图阶段，随着建设条件的变化，对坝型、装机规模、消能工型式等工程布置进行了深入论证和研究，结合大湾电站地形、地质情况，最终选定枢纽布置型式，工程技术设计合理，建设条件利用较好，运行安全。

[关键词]　大湾水电站　枢纽布置　设计研究　建设条件

1　工程概况

大湾水电站位于云南省楚雄市双柏县鄂嘉镇（右岸）和楚雄市新村镇（左岸）交界处的礼社江上，为礼社江干流六个梯级开发方案中的最后一级。大湾水电站以单一发电为开发任务，无防洪、灌溉、航运、供水等其他综合利用要求。

电站挡水建筑最大坝高 43m，水库正常蓄水位 748m，总库容 $2885\times10^4\,\mathrm{m}^3$，具有日调节性能，电站总装机容量 49.8MW。工程属Ⅲ等中型工程。挡水建筑物为 3 级建筑物，永久性主要水工建筑物为 3 级建筑物，次要建筑物为 4 级建筑物，临时建筑物为 5 级建筑物。

大湾水电站首部由混凝土面板堆石坝、左岸开敞式溢洪道、右岸泄洪冲沙洞、右岸岸坡式进水口组成，厂房位于坝址下游约 7km 的礼社江右岸河漫滩上，采用地面式厂房。

2　建设条件

工程区位于扬子准地台的丽江台缘褶皱带（Ⅰ1）与唐古拉—昌都—兰坪—思茅褶皱系的苍山—哀牢山褶皱带（Ⅳ1）的交接部位，区域地质构造和地震地质背景较为复杂。全新世活动断裂—红河断裂由近场区通过，但工程场址区无晚更新世以来的活动断裂分布，根据云南省地震局批复（云震安评〔2009〕76 号文）的工程场地地震安全性评价报告，工程区场地 50 年超越概率 10%的基岩水平地震动峰值加速度为 84gal，100 年超越概率 2%的基岩水平向地震动峰值加速度分别为 184gal，相应地震基本烈度为Ⅶ度。

河床坝基冲积层厚度一般 10～30m，主要为卵、砾石混中、细砂及块石，无连续的粉细砂层及软土夹层。混凝土面板坝坝基和趾板置于河床冲积层和两岸强～弱风化基岩上，经适当工程处理后可满足趾板基础的强度及变形要求。趾板开挖边坡由松散的坡积、强风化松散岩土组成，地基和开挖边坡稳定条件均较差。坝体右岸边坡为顺向坡，开挖边坡主要为强风化岩体构成的碎裂结构边坡，稳定条件差。

引水隧洞围岩以Ⅲ类为主，成洞条件较好。进口开挖边坡为同向层状结构边坡，开挖坡度陡于岩层倾角，存在沿层面（岩性界线）产生平面滑坡的可能，应加强支护处理。调压井中部围岩以Ⅳ类、Ⅴ类为主，中部以下围岩以Ⅳ类、Ⅲ类为主，围岩类别总体较低。

厂房基础置于冲积层上，少量置于弱风化基岩上。冲积层无连续粉细砂层分布，具有较高的承载力及变形模量，进行适当处理后，冲积层可作为厂基的地基。厂房后边坡覆盖层厚度较大，下伏岩体风化卸荷强烈，边坡地质条件较差。

3 枢纽布置方案选择

根据地形地质条件和水文条件，对大湾水电站坝址、坝型、引水线路、调压井形式、厂房形式等进行了比选研究。

3.1 坝址的选择

礼社江自鱼庄河汇口至戛洒江一级电站库尾之间的河段总长约 12.5km，落差约 30m，河道坡降主要集中于此处。为充分利用河段内的水能资源，大湾电站采用混合式开发，最终选定坝址位于上游河段上，厂址位于下游河段，坝、厂址之间以引水隧洞"采弯取直"直线连接。

3.2 坝型的选择

可研阶段，在推荐坝址上先后拟定了溢流式面板堆石坝、混凝土面板堆石坝及混凝土重力坝 3 种坝型进行比选。结合当地材料坝就地取材的优点，以及集泄洪建筑于一体、减少枢纽工程的考虑，可研阶段开展了方案的设计研究，经综合比选研究，选取混凝土面板堆石坝方案。

3.3 引水建筑物布置选择

本河段两岸山势陡峻，坝、厂址相对固定，故输水线路基本采用直线连接进水口和厂房以达到节省投资的目的，输水建筑物包括进水塔、引水压力管道、调压井和压力钢管。由于调压井部位附近地形陡峻，只能设置地下调压井，根据地勘资料选择了山体雄浑的部位，并考虑和压力钢管以及厂房水流的顺畅衔接的要求，适度转折了引水线路以布置调压井。

4 枢纽布置及主要建筑物设计

4.1 面板堆石坝设计

本工程挡水建筑物为混凝土面板堆石坝。大坝属 3 级建筑物，按 50 年一遇洪水设计，1000 年一遇洪水校核。

4.1.1 坝体断面设计

混凝土面板堆石坝布置于主河床，最大坝高 44m，最大坝底宽度 143m，坝顶轴线长 175.46m。考虑交通、坝顶布置电缆沟、照明设施、人行通道等，坝顶宽度确定为 6m，坝顶设计为沥青路面。混凝土面板堆石坝上游坝坡 1∶1.4，下游坝坡 1∶1.35，下游坝坡设干砌石护坡。面板坝对坝基岩体要求相对较低。工程参照类似已建工程坝基设计原则，

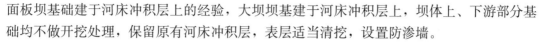

面板坝基础建于河床冲积层上的经验，大坝坝基建于河床冲积层上，坝体上、下游部分基础均不做开挖处理，保留原有河床冲积层，表层适当清挖，设置防渗墙。

4.1.2　坝体材料分区

根据面板坝的工作性能及大湾水电站坝高不高的自身特点，坝体材料分区由上游向下游分为：2A 区（垫层区）、3A 区（过渡区）、3B 区（堆石区）及面板上游的黏土铺盖 1A 区及盖重 1B 区。

3B 区（堆石区）：3B 区是坝体的堆石区，是主要的承载体，采用开挖料填筑，岩性为弱风化的板岩、砂岩。

2A 区（垫层区）：2A 区布置于面板下部，为面板提供均匀、稳定、低压缩性的优良基础。设计要求 2A 区具有半透水性，以防面板漏水时，具有一定的防渗作用，2A 区采用河床砂砾料筛分料配料填筑。

3A 区（过渡区）：3A 区布置于 2A 区下部，3A 区料经薄层碾压压实后具有低压缩性和高抗剪强度，并具有自由排水性能。3A 区采用河床砂砾料筛分料配料填筑。

1A 区（上游粉细砂铺盖区）：上游粉细砂铺盖区布置于面板上部，粉细砂填筑体外以毛石或碎石土等任意料进行填筑盖重护坡。

4.1.3　料物平衡

工程开挖料利用原则为：溢洪道开挖的弱风化、微—新岩石可作为坝体堆石料；河床砂砾石经过筛分制备为垫层料和过渡料。混凝土骨料也采用河床砂砾石料。本工程大坝堆石料、围堰堆石料除利用溢洪道工程开挖有用料，过渡料和垫层料均取自河床砂砾石。以减少工程投资，充分利用工程开挖料和天然砂砾料。

4.1.4　混凝土面板、趾板设计

混凝土趾板，依坝址区地形及地质条件，呈折线形布置，岸坡部位趾板基础建基于强风化岩石下部，河床趾板建于河床冲积层上。趾板宽度根据地基的允许渗流比降确定，且应满足《混凝土面板堆石坝设计规范》（DL/T 5016—2011）相关要求，趾板的翘头斜长段与面板在同一平面内，以便于面板的滑模施工。趾板设施工缝，缝内设膨胀止水条。趾板设单层双向钢筋。

混凝土面板按变厚设计，厚度由 0.3m 渐变至 0.5m。面板设垂直缝。面板与趾板、防浪墙及溢洪道引渠右挡墙外侧间设周边缝，缝间由上至下分别设柔性填料止水、底部铜片止水。面板分块主要从改善面板受力状态、方便施工的目的出发，垂直缝间距为 12m。面板设双层双向钢筋。

4.1.5　止水系统

周边缝：按两道止水设计，底部为铜止水片，止水铜片下设置 PVC 带并黏合在沥青砂浆垫层上，顶部填粉煤灰和粉细砂，由土工织物和穿孔镀锌铁皮固定。缝内在底部铜止水以上填塞沥青木板，以减少施工期应力集中损坏混凝土。

垂直缝：面板设垂直缝，在左、右岸坝肩附近的面板分别设张性垂直缝，其余部分面板设为压性垂直缝。垂直缝的底部均设有一道铜止水片，其下设置 PVC 带并黏合在水泥砂浆垫层上，缝面涂刷沥青乳液。

坝顶缝：防浪墙与面板顶端间设置水平接缝，接缝底部设置铜止水片，一端与面板垂直缝底部铜止水片相连，另一端与防浪墙伸缩缝中的PVC止水带铜塑接头，组成封闭系统，顶部嵌填柔性材料玛蹄脂。

其他接缝：趾板和溢洪道边墙连接段间接缝、混凝土防渗墙与连接板及连接板与趾板之间的接缝按周边缝设计。趾板宽度有变化处设有伸缩缝，伸缩缝止水设计与面板底部的垂直缝相同，并与周边缝止水构成封闭系统。

4.2 溢洪道设计

溢洪道布置于河床左岸，与左坝肩相连。溢洪道总长度为290m。溢洪道孔口尺寸为12m×17m，共两孔，闸室内设平板检修门一道。在堰顶处设工作弧门，弧门两侧为直墙。溢洪道闸室基础为弱风化板岩，岩性较均匀，闸室结构型式采用分离式。消力池底板设置了纵向结构缝，以满足混凝土温控限裂需要并简化施工，结构缝内设置键槽，以使相邻板块协同受力，防止错台，缝内不设止水，不做弹性充填。堰型为开敞式实用堰，为低堰，根据《溢洪道设计规范》（DL/T 5166—2002），堰上游面铅垂，堰顶下游堰面曲线采用WES型幂曲线，堰顶上游用椭圆曲线接竖直墙，幂曲线下游接斜坡段，再通过反弧段与消力池连接。消力池长为90m，深度为10m，底部采用矩形断面，消力池靠河床外侧采用重力式边墙结构。池后由反坡段与混凝土护坦相连接。

4.3 泄洪冲沙（兼导流）洞设计

工程泄洪冲沙洞的主要功能是施工期用于导流，运行期主要功能是冲沙以保证电站进水口前"门前清"，并可适当降低坝前泥沙淤积高程，必要时兼顾水库放空作用。泄洪冲沙洞布置于右岸山体，进口位于电站进水口下游侧，出口位于坝后约60m左右。泄洪冲沙隧洞由引渠段、事故检修闸室段、有压洞段、工作闸室段、出口明渠段组成。

泄洪冲沙洞进口底板高程结合施工导流要求选择，进口前引渠段为梯形断面。事故检修闸室段布置于进口，进口上唇采用椭圆曲线，侧墙采用圆弧曲线。闸室设事故检修门。闸室顶部平台高程与坝顶高程一致，闸室总高35m，宽12.1m。闸室顶部以上设启门排架和启闭机室。有压洞段标准断面为圆形断面。检修闸室段布置于洞身段，前后由矩形断面渐变为圆形断面。工作闸室布置于隧洞出口，分三层布置，从下到上分别为闸室井、检修平台和闸顶操作平台。工作闸室设工作弧门一扇。闸室底部上、下游侧分别设置齿槽。工作闸室段后为挑坎段。由斜坡连接反弧段而成。挑流鼻坎段面层采用抗冲耐磨混凝土。

4.4 引水发电系统设计

工程引水发电系统布置于右岸，由进水塔、引水压力管道、调压井和压力钢管组成。

4.4.1 结构布置

进水口布置于右岸冲沙洞的上游侧，采用收缩式布置，布置2孔拦污栅；拦污栅后设事故检修门；事故检修门后设兼做检修进人孔的通气孔。

引水线路的选择主要是考虑总体上以直线连接进水口和厂房，局部适度转折以使水流顺畅。经计算引水线路上需设置调压井，考虑将调压井整体布置于山体内较为合适，引水线路也因此适度调整，使调压井置于雄厚的山体中，整体埋深条件较好，同时缩短压力钢管道的长度。因此，拟定隧洞全线总长约 1.5km。引水隧洞的断面采用圆形断面，末端衔接调压井。

4.4.2　衬砌设计

根据引水隧洞实际开挖揭露地质情况，引水隧洞穿过的洞段主要为石英砂岩洞和砂质板岩洞段，大部分洞段地质条件较好，围岩类别为Ⅲ类，Ⅳ类，局部少量Ⅴ类岩体。根据其他工程经验，以及基于实际地质参数下的衬砌结构计算，对全洞段Ⅲ类围岩段进行挂活络钢丝网、喷混凝土处理，Ⅳ类局部Ⅴ类围岩采用 C25 钢筋混凝土衬砌。大湾 1.3km 长的引水隧洞，施工期工程量与可研阶段相比，节约了大量的钢筋、混凝土，以及一次支护工作量，工程经济性大幅提高。

4.4.3　压力钢管设计

压力管道最大埋深 105m，主要位于Ⅲ类围岩中，下平段最大埋深 135m，围岩类别为Ⅲ～Ⅴ类，靠近厂房段围岩条件较差，地应力场以自重应力为主。按照"渐变段——斜井——平洞"的连接方式，调压井后由渐变段接斜井，斜井后接下平段，下平段按岔管布置，后接两条支管，与蜗壳进口相连。由于内水头较高，压力管道全长拟采用钢板衬砌。根据计算，压力钢管洞段喷混凝土，钢管采用钢材，管道外包混凝土，管道根据抗外压要求，布置加劲环。

4.5　调压井设计

经过深入研究比较，提出采用螺旋式调压井设计方案，减小了开挖跨度，躲开了不利的地质构造，方便施工。

调压井布置在引水隧洞末端，阻抗孔设置在左侧，调压井采用城门洞型，螺旋形上升，上接已开挖的通风洞。采用混凝土衬砌。根据计算，按照水库正常蓄水位、校核水位及机组调度运行情况，分别计算了调压井最高和最低涌波水位，在水库校核洪水位＋机组满载运行丢弃全部负荷为最不利工况，相应的最高涌波水位比调压井顶高程低，满足要求。

4.6　厂房结构设计

厂区布置于电站坝址下游约 7km 处，右岸边岸式地面厂房属 3 级建筑物，结构安全级别为Ⅱ级，内装两台单机容量 24.9MW 的水轮发电机组。厂区枢纽自上游向下游依次布置电气副厂房、安装间、主机间、尾水建筑物和中控楼。

主厂房由主机间和安装间组成。主机间上下共分 3 层，发电机层、水轮机层和蜗壳层。安装间布置于主机间左侧。电气副厂房布置在安装间左侧，与安装间设伸缩缝分开，从下至上共分高低压配电室、主变压器室、GIS 设备层共 3 层，屋顶设出线平台。中控楼布置在主机间右侧，与主机间设伸缩缝分开，从下至上共分电气试验室、中控室、通信室 3 层。

主厂房上游侧设母线廊道接至电气副厂房底部的高低压配电室，母线廊道顶部设透平油库、柴油发电机房、排风机房等建筑物，电气副厂房左侧设公共集油井和绝缘油设备处理房，出线场布置于电气副厂房屋顶。主变压器室下游侧为回车场，接进厂公路。

5 结语

大湾水电站是礼社江流域水电梯级中最末一级电站，电站装机容量不大，但枢纽各建筑物规模并不小，同时，施工期遇到的相关技术难题也不少。随着外部建设条件的变化，大湾水电站在审定的枢纽布置格局情况下，对枢纽工程的坝型、泄洪建筑、调压井型式等方面进行了深入研究，对部分设计方案进行了优化。枢纽整体布置紧凑，建筑物型式充分适应当地地形地质条件，工程建设达到预期目标，运行安全良好。

参考文献

[1] 戴晓凤，张晓梅. 工程任务和建设必要性 [R]. 昆明：中国电建集团昆明勘测设计研究院有限公司，2010.

[2] 刘长海. 小型水库开敞式溢洪道的优化设计 [J]. 科技与创新，2017，(15)：112-114.

[3] 刘阳容，甘启娣. 水文泥沙报告 [R]. 昆明：中国电建集团昆明勘测设计研究院有限公司，2010.

[4] 李泉. 工程地质报告 [R]. 昆明：中国电建集团昆明勘测设计研究院有限公司，2010.

[5] 吕永明. 混合式开发白山抽水蓄能电站分析 [J]. 东北水利水电，2012，30 (10)：9-10.

[6] 王成菊. 遥田水电站裁弯取直工程泄洪方案优选 [J]. 湖南水利水电，1995，(2)：11-14.

[7] 代仲海. 溢流式面板堆石坝坝体溢洪道泄流特性研究 [D]. 西安理工大学，2008.

[8] 沈志刚. 自然化河床防冲工程模型试验研究 [J]. 华北水利水电大学学报：自然科学版，2001，22 (3)：79-83.

[9] 欧奕. 基础换填在堤防工程中的应用 [J]. 广东水利电力职业技术学院学报，2013，11 (1)：59-61.

[10] 王新华，龚爱民，文俊，等. 基于水足迹的云南省楚雄州水资源利用评价 [J]. 中国农村水利水电，2010，(7)：1-4.

[11] 吴加尧. 径流式电站的经济运行 [J]. 小水电，1998，(2)：21-23.

[12] 赵雄飞. 地下式调压井施工方法探讨 [J]. 水电站设计，1990，(2)：41-44.

[13] 季爱洁. 阻抗式调压井的水工设计 [J]. 云南水力发电，2014，30 (2)：43-47.

[14] 洪振国. 水电站调压井形式比选研究 [J]. 中国农村水利水电，2013，(4)：113-115.

[15] 谢兴华，王国庆. 深厚覆盖层坝基防渗墙深度研究 [J]. 岩土力学，2009，30 (9)：2708-2712.

[16] 齐桂花. 滑模施工技术在水利水电工程中的应用探析 [J]. 水利水电工程设计，2010，29 (2)：20-21.

[17] 廖碧娥. 提高抗冲耐磨混凝土性能的机理和途径 [J]. 水利水电技术，1993，(9)：25-29.

甲岩水电站竖井旋流泄洪洞设计研究

高志芹

（中国电建集团昆明勘测设计研究院有限公司）

[摘　要]　甲岩水电站右岸泄洪洞采用竖井旋流消能方式，由导流洞改建而成。本文从水力计
算、模型试验、数值模拟、结构设计等方面，论述了竖井旋流泄洪洞的设计研究。甲岩水电站
发电至今，右岸泄洪洞已安全运行数年，说明其竖井旋流设计是成功的，对类似工程有参考
价值。

[关键词]　甲岩水电站　泄洪洞　竖井旋流

1　泄洪洞概况

　　甲岩水电站右岸泄洪洞由导流洞改建而成，如图 1 所示。导流洞总长 823.421m，断面尺寸为 8.5m×12.5m，进口与河道近垂直，出口与河道交角很小，地质条件较好。为减小溢洪道的规模，充分利用导流洞，因此将导流洞改建成右岸泄洪洞。可研阶段对多种改建方案，特别是"龙抬头"方案和竖井旋流消能方案进行了技术经济比较。导流洞改建旋流式泄洪洞的进水口布置、消能效果和减少工程投资等方面均优于"龙抬头"式泄洪洞，最终泄洪洞采用竖井旋流消能方案。

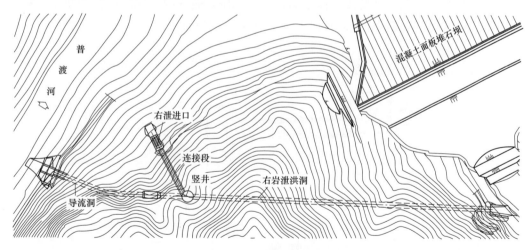

图 1　右岸泄洪洞平面图

　　竖井旋流泄洪洞进水口到竖井间的引水洞线的方向可根据地形、地质和施工条件任意选择，布置灵活。甲岩水电站地处高山峡谷，场地布置受到限制，通过竖井旋流消能改变泄流进水口方向，方便了枢纽布置，并且把进口布置在地质条件比较好的基岩上，达到了安全运行的效果。

甲岩水电站是云南省首个采用竖井旋流消能方式的电站。在泄洪洞的设计过程中，进行了水力计算、模型试验、数值模拟、结构分析，保证旋流方案的合理性和安全性。通过多年运行的验证，竖井旋流泄洪洞在甲岩水电站的应用是成功的，对类似工程有参考价值。

2 竖井旋流方案研究

2.1 参数设计

甲岩右岸泄洪洞进口设一个溢流表孔，溢流堰采用 WES 实用堰，堰顶高程986.000m，孔口尺寸为 8.0m×14.0m，设一道弧形工作闸门。后接涡室连接段，采用城门洞型断面，净空断面尺寸为 8.0m×11.0m，长度为 91.7m。右岸泄洪洞剖面图如图 2所示。

涡室是使水流起旋、加速旋转流向竖井的转换装置，是旋流竖井泄洪洞设计的关键之一。涡室直径及涡室与竖井的连接尺寸都和竖井直径有关，因此首先要确定竖井直径。涡室的直径根据经验一般可取竖井直径的 1.2~1.6 倍。为了防止旋流空腔压力过低，引起竖井壁面产生负压，可在涡室顶拱设置通气孔。

竖井直径可按式（1）初步估算

$$D=\left(\frac{Q_m^2}{g}\right)^{0.2} \tag{1}$$

式中　Q_m——最大设计下泄流量。

甲岩右泄竖井直径为 12.4m，高约 65.5m，涡室直径为 18.0m，高度约 43m。涡室和竖井间设 19.6m 高的渐变段。涡室洞顶设通气洞，通气洞采用城门洞型断面，断面尺寸为 2.5m×3m。导流洞底板高程以下设 15.6m 高的消力池。

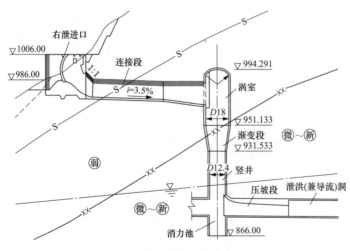

图 2　右岸泄洪洞剖面图

2.2 水力计算

按《溢洪道设计规范》（DL/T 5166—2002）中公式计算泄流能力，对应各水位的泄量见表1。

表1   右岸泄洪洞水位—泄量曲线

上游水位（m）	986.00	988.00	990.00	992.00	994.00
相应泄量（m³/s）	0	40	110	202	322
上游水位（m）	996.00	998.00	1000.00	1002.53	1004.14
相应泄量（m³/s）	466	630	818	1085	1220

起始断面水深采用 DL/T 5166—2002 中的经验公式计算，按能量方程推求诸断面的平均流速和水深。经计算，上平段最大水深为 9.33m，水面以上空间面积约占 10%，导流洞最大水深为 9.50m，水面以上空间面积约占 15.8%，满足规范要求。

2.3　水工模型试验

泄洪洞泄流能力关系曲线如图3所示。试验表明：最大泄量为 1208m³/s，比计算值略小，基本满足设计要求。

所有试验工况，没有水流自由跌落到涡室下部，水流进入涡室都能正常起旋。竖井旋流泄洪洞在最大流量时，上平段仍有较大洞顶余幅，在进入涡室处，水流不会将进口封闭。水流进入涡室后，竖井壁面都被水流覆盖。随着泄流量的减小，竖井旋流泄洪洞沿程水深逐渐减小，洞顶余幅也相应增大。各种工况下，涡室及竖井壁面的压力均为正值。竖井壁面水流空化数普遍小于0.3。

2.4　数值模拟

采用 fluent 软件对右岸泄洪洞进行数值模拟。数学模型模拟范围包括上游水库、实用堰、涡室连接段、涡室、渐变段、竖井段、压坡和导流洞段，如图4所示。

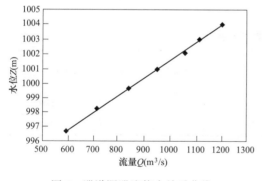

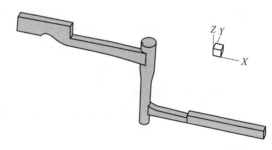

图3　泄洪洞泄流能力关系曲线　　　　　图4　右岸泄洪洞三维立体几何图形

为了与模型试验中测量结果作比较，选择正常蓄水位作为数值模拟的研究对象，利用 VOF 水气两相流的 $RNGk\text{-}\varepsilon$ 紊流模型对泄洪洞的压力特性进行数值模拟，然后把数值模拟与试验结果进行对比分析，可知数值模拟和实测点压强规律一致。其中竖井段压力分布如图5所示。

2.5　竖井结构设计

根据甲岩水电站岩体特性及隧洞受力条件，竖井结构采用复合衬砌形式，钢筋混凝土

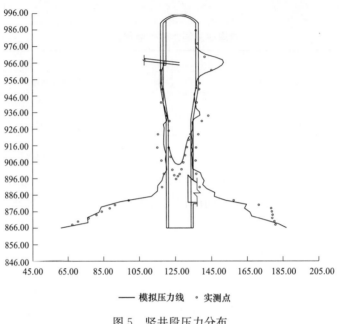

图5 竖井段压力分布

衬砌厚度为1.0m。

由于地下水位较低，最大外水压力约40m水头，竖井断面为圆形，抗外压能力较强，因此控制工况为运行工况。根据竖井内水荷载的分布规律、围岩特性和地下水分布等情况，由上而下划分竖井衬砌类型。

采用隧洞《水工隧洞设计规范》（DL/T 5195—2004）中圆形有压隧洞衬砌计算公式，竖井段计算结果见表2。

表2　　　　　　　　　　　　　　　竖井结构计算成果表

内水压力 N (kPa)	实际配筋面积 f (mm^2)	钢筋应力 σ_{si} (kPa)	钢筋直径 d (mm)	裂缝宽度 ω (mm)
800.0	1900	50 394	22.0	0.008
900.0	1900	56 694	22.0	0.021

3 结语

甲岩水电站右岸泄洪洞于2014年底建成，施工期未出现任何安全事故，2014年发电至今，经过几个汛期持续泄洪的考验，最大泄量约为600m^3/s，最长持续泄洪时间约为15天，旋流竖井运行正常。该旋流竖井为全国已建成的旋流竖井消能工中泄量最大的一个。旋流消能在甲岩水电站右岸泄洪洞的成功运用，对类似工程有参考借鉴的价值。

参考文献

[1] 赵洪明. 甲岩水电站可研性研究报告 [R]. 昆明，中国水电顾问集团昆明勘测设计研究院，2008.

［2］董兴林，郭军，杨开林，等．旋流式泄洪洞的特点及其运行可靠性分析［J］．水力发电，2003，29
（4）：33-35.

［3］刘志明，温续余．水工设计手册（第 2 版）第七卷 泄水与过坝建筑物［M］．北京：中国水利水电
出版社，2013.

［4］林崇勇．竖井旋流泄洪洞在甲岩水电站的应用［J］．云南水力发电 2013，29（5）：26-28.

［5］杨朝晖，吴守荣，余挺，等．竖井旋流泄洪洞三维数值模拟研究［J］．四川大学学报（工程科学版）
2007，39（2）：41-46.

三岔河水电站一期面板反向水压力破坏处理

杨 旭 张小刚

（中国电建集团昆明勘测设计研究院有限公司）

[摘 要] 本文重点介绍了三岔河水电站一期混凝土面板受施工期反向水压力作用，造成部分面板发生抬动错位、反向渗水、开裂、脱空等破坏；根据混凝土面板破坏的范围、型式、严重程度等采取了相应的处理措施；大坝蓄水至今已正常运行三年，为类似工程提供了可借鉴的工程经验。

[关键词] 混凝土面板 反向水压力 破坏 处理措施 封堵时机

1 工程概况

三岔河电站位于云南省保山市腾冲县猴桥镇，为槟榔江梯级的龙头水库，为二等大（2）型工程。工程采用混合式开发，开发任务以发电为主，电站装机容量 3×24MW，水库正常蓄水位 1895m，总库容 2.74 亿 m³，具有年调节性能。坝址区场地的地震基本烈度为Ⅷ度，基准期 50 年超越概率 10％基岩场地水平加速度峰值为 0.19g。

大坝为混凝土面板堆石坝，最大坝高 94m，趾板建基面高程 1806m，坝顶高程 1900m，坝顶长 331m，坝顶宽度 8m；坝体上游坝坡 1：1.4，下游坝坡 1：1.6 及 1：1.4；大坝坝体分区从上游至下游依次为垫层区（2A 区）、过渡区（3A 区）、上游堆石料区（3B）、下游堆石料区（3C）和下游排水堆石料区（3D），面板上游为铺盖区（1A）及盖重区（1B）。大坝总填筑方量约 160 万 m。

大坝混凝土面板按 12m 间距分缝，共有面板 25 块，其中河床部位面板编号为 10 号～13 号；混凝土面板厚度采用顶部向底部增厚的形式，顶部厚度 0.3m，底部厚度为 0.62m。面板混凝土强度等级 C25，抗渗等级不低于 W12，抗冻等级不低于 F100，水灰比不大于 0.5，坍落度 3～7cm；水泥采用 GB 175—85 "硅酸盐水泥、普通硅酸盐水泥"，二级配混凝土，掺 15％～25％的Ⅰ级粉煤灰和聚丙烯纤维 0.9kg/m³。混凝土面板采用双层双向配筋，每向配筋率 0.4％。

2 面板破坏的发生

大坝混凝土面板分两期施工，一期面板施工高程为 1807～1860m；大坝一期面板于 2015 年 4 月 1 日开始浇筑，5 月 17 日全部浇筑完成。6 月 11 日前业主、监理及施工单位对面板进行巡视检查，均未发现任何异常。6 月 11～6 月 23 日，工程区发生持续强降雨，河道水位大幅上涨。6 月 24 日降雨减小，施工方准备面板表层止水施工，对河床趾板段坝前积水进行抽排，抽排后发现 12 号面板与河床趾板交接处有抬动变形错位现象，如图 1 所示，经测量右侧（靠 13 号面板）抬动 6cm，左侧（靠 11 号面板）抬动 4cm，且右侧拐角及 12 号面板底部周边缝有反向渗水溢出，其流量在 0.3L/s 左右；6 月 24 日后陆续发现 12 号、13 号、14 号面板有裂缝产生，均为水平向贯穿性裂缝，其中 12 号面板有 5 条，13 号面板有 2 条，14 号面板有 3 条，裂缝分布高程为 1820～1836m。

图 1   12 号面板上抬破坏照片

3   原因分析

大坝于 2013 年 11 月 26 日开始填筑，2014 年 9 月 20 日大坝整体填筑至 1860m 高程，大坝一期面板于 2015 年 4 月 1 日开始浇筑。大坝一期填筑完成至一期面板开始浇筑，大坝坝体沉降时间超过 6 个月；浇筑一期面板前大坝各项监测数据表明，大坝沉降已趋于收敛；因此可基本排除大坝坝体变形导致面板破坏的可能性。

经参建各方讨论分析，面板破坏的主要原因：河床段面板高程较低，布置于河床部位的反向排水管封堵时间过早，在尚未进行坝前盖重料回填压重前，遭遇持续强降雨导致下游河道水位大幅上涨，面板上下游形成反向水头差过大，在反向水压力的作用下，导致面板发生抬动错位等破坏。

4   处理方案

基于处理方案应不致对工程及工期造成较大影响，处理方案分为两步：一期处理方案和二期处理方案。

4.1   一期处理方案

12 号面板发生抬动错位，底部接缝多处有渗水溢出，且渗水量随下游水位降低呈逐渐减小趋势；由于面板后反向水压力得以释放，面板暂时处于安全状态。一期处理方案主要处理破坏最为严重的 12 号面板，并根据 12 号面板部分凿除后的揭露情况进一步制定处理方案。

具体方案：根据 12 号面板抬动位移情况，确定对 12 号面板底部范围变形部位进行凿除，为保证后期新老混凝土缝面良好接合，要求凿除部位的缝面型式为"楔型"缝面。面板凿除时，顺坡向上、下两层钢筋须保留长度 1m 以上，以确保新老面板混凝土结合面形成的施工缝，钢筋过缝。为避免下部面板凿除可能会造成上部面板向下滑动的不利影响，面板凿除分左右各半幅分期施工。在凿除前首先从面板中间位置切割，然后按左、右两侧各 6m（各一幅）宽来处理，按要求处理完一幅，面板混凝土满足强度要求后，再进行另一幅施工。

4.2 二期处理方案

2015 年 7 月，12 号面板底部右半幅（靠 13 号面板侧）凿除后，如图 2 所示，揭露的情况为：挤压边墙坡面往坝前有轻微抬动变形；12 号与 13 号面板交接处的铜止水 T 型接头左侧周边缝有撕裂渗水点，在焊缝左侧 3cm 处有一长 20cm 的撕破口，周边缝 F 型铜止水发生错动变形；垂直缝 W 型铜止水完好，未发生明显变形，但下部 4m 范围止水与 13 号面板脱空 0～2cm；距 13 号面板 T 型接头 3.3m 和 6m 处周边缝铜止水鼻子处各有一砂眼渗水点。

2015 年 8 月，12 号面板底部左半幅（靠 11 号面板侧）凿除后，揭露的情况为：挤压边墙坡面往坝前有轻微抬动变形；垂直缝 W 型铜止水完好，未发生明显变形，但下部 4m 范围止水鼻子与 11 号面板脱空 0～2cm；距 11 号面板 T 型接头 0.11m 及 1.1m 处周边缝铜止水各有一砂眼渗水点，1.35m 处周边缝铜止水翼缘有长约 1cm 裂缝。

2015 年 8 月，对一期面板进行脱空检测，检测总面积约 11 854m²。检测成果为：第 11 号、12 号、13 号面板底部（河床趾板）以上斜长 2m 范围内存在脱空或不密实现象。

图 2　12 号面板底部破坏照片

根据 12 号下部面板凿除后揭露的具体情况及裂缝、面板脱空检测成果，二期处理具体方案：

（1）修复破损铜止水，重新浇筑 12 号面板混凝土（凿除段）。

（2）对 12 号面板（凿除段）底部破坏的垫层料进行清除，并用特殊垫层料重新补填分层夯实。

（3）裂缝处理意见：大于等于 0.2mm 裂缝采用化学灌浆处理，表层增加防渗盖片封闭；小于 0.2mm 裂缝表层增加防渗盖片封闭。

（4）对面板脱空部位进行回填灌浆处理。

5 处理效果

面板处理于 2015 年 10 月施工完成，工程于 2015 年 11 月下闸蓄水（一期），12 月首台机组投产发电；在完成大坝二期填筑及面板浇筑后，2016 年汛期，水库蓄水至正常蓄水位 1895m 高程。

本工程面板堆石坝建成蓄水后三年，量水堰实测最大渗流量为 11.2L/s，大坝各项监测指标正常，证明针对面板破坏采取的处理方案是可靠的。

6 结语

混凝土面板堆石坝河床段面板底部高程，一般低于下游坝基高程。由于垫层料的渗透系数较小，为半透水性，地形的高差使水流通过坝体渗透到坝基内，在坝前形成反向水压力；另外面板施工时坝前基坑抽水也有可能形成反向水压力。一旦反向水压力增大到垫层坡面无法承受的程度，超过垫层容许破坏比降时，即会导致垫层坡面被反向水压破坏或者面板抬动、挤压等破坏。

根据天生桥一级混凝土面板堆石坝的试验成果表明：当面板浇筑前，出现反向渗压情况下，水平宽度 3m 的垫层，能承受的反向水头仅有 3.6～4.2m，超过即有可能产生管涌破坏。根据国内外面板堆石坝发生垫层或面板破坏的案例显示，破坏发生时，面板上下游反向水头差多在 3.5～5m。因此，施工期面板上下游反向水压力对面板堆石坝的不利影响应引起参建各方的充分重视，建议如下：

（1）坝体施工期必须采取有效的坝体排水和减压措施，以降低反向水压对垫层或面板的破坏，在不影响表层止水等的施工前提下，布设高程应尽可能降低。尤其对河床段趾板高程与后部坝基高差较大、河床坡降较小、坝基排水不畅的工程，应予以高度重视。

（2）施工期反向排水管的封堵时机应合理选择。面板浇筑后，须待面板混凝土达到一定强度后方能进行面板表层止水的施工，在此期间尚不能进行坝前铺盖及盖重的施工，铺盖及盖重对面板和坝体的坝前土压力尚不能形成，因此反向排水管的封堵应选择在面板表层止水施工完成以后进行封堵，封堵后应立即进行坝前铺盖及盖重的施工，迅速对面板和坝体形成反压；同时，封堵时宜避开强降雨天气，停止大坝施工用水并加大大坝下游的抽排水力度。

参考文献

[1] 杨玲，王飞，文俊，等．阿墨江三江口水电站混凝土面板堆石坝坝体计算 [J]．云南农业大学学报，2009，24（1）：123-127.

[2] 吴政连，陈正聪．泗南江水电站混凝土面板堆石坝接缝止水设计与施工 [J]．云南水力发电，2009，25（增刊）：31-33.

[3] 杨再宏，孙怀昆，李强非．龙马水电站混凝土面板堆石坝设计与实践 [J]．云南水力发电，2010，26（1）：11-14.

[4] 顾亚敏．苏家河口水电站混凝土面板堆石坝设计 [J]．中国水力发电年鉴，2007：202-204.

［5］刘项民．马鹿塘水电站二期工程面板坝设计［J］．中国水力发电年鉴，2006：191-193．

［6］王志远，邢华，沈慧．瓦屋山大坝面板在施工期承受反向水压力后的异常性态［J］．中国大坝协会2013学术年会暨第三届堆石坝国际研讨会论文集，2013：811-820．

［7］张朝辉．柏叶口水库混凝土面板堆石坝施工期坝体排水［J］．山西水利科技，2011，（4）：10-11．

［8］王舜立，柴喜洲，薛香臣，等．盘石头一期面板反向水压力裂缝及其处理［J］．水利水电技术，2009，40（6）：59-61．

［9］高小阳．三板溪水电站面板堆石坝反向排水系统的设计与施工［J］．贵州水力发电，2005，19（6）：33-35．

［10］王海秋，曲晓辉．双沟大坝反向排水及封堵技术应用［J］．吉林水利，2012，（5）：22-24．

作者简介

杨旭，男，高级工程师，从事水利水电工程设计工作。

糯扎渡水电站大型机组顶盖供水设计研究及实践

姚建国[1]   王秀花[2]

（1   中国电建集团昆明勘测设计研究院有限公司

2   昆明理工大学理学院）

[摘 要] 糯扎渡水电站装设九台 650MW 混流式水轮发电机组。为保证机组的长期安全稳定运行，经研究分析，技术供水系统设计中采用了顶盖取水技术并应用成功，不仅取得了良好的经济效益和社会效益，还对其他类似工程建设提供了有价值的借鉴作用。

[关键词] 大型机组 顶盖供水 设计 实践 糯扎渡水电站

1   电站概况

糯扎渡水电站位于云南省普洱市思茅区和澜沧县交界处的澜沧江下游干流上，系澜沧江中下游河段规划八个梯级中的第五级，是一个以发电为主，并兼有防洪、改善下游航运、渔业、旅游和环保作用并对下游电站起补偿作用的特大型水电工程。电站主厂房为地下式，厂内装设 9 台单机容量 650MW 混流式水轮发电机组。电站以 500kV 一级电压接入南方电网运行，在系统中担任调峰、调频和事故备用任务，是电力系统的主力电站。电站按无人值班（少人值守）设计。

电站主要特征参数为：正常蓄水位 812m，调节库容 113.35×10⁸ m³，最大水头 215m，加权平均水头 198.95m，额定水头 187m，最小水头 152m，装机容量 9×650MW，保证出力 2406MW，年利用小时数 4088h，多年平均发电量 239.12×10⁸kWh。

2   机组主要参数

（1）水轮机主要技术参数见表 1。

表 1   水轮机主要技术参数

项 目	1～6 号水轮机	7～9 号水轮机
型式	立轴混流式	立轴混流式
型号	HL147-LJ-720	HL147-LJ-740.8
转轮直径 D_1（m）	7.2	7.408
额定水头（m）	187	187
额定流量（m³/s）	381	380
额定出力（MW）	660	660
额定效率（%）	94.42	95.03
额定转速（r/min）	125	125

续表

项　目	1～6号水轮机	7～9号水轮机
飞逸转速（r/min）	230	229
吸出高度（m）	−10.4	−10.4
生产厂家	哈尔滨电机厂有限责任公司	上海福伊特水电设备有限公司

（2）水轮发电机主要技术参数见表 2。

表 2　　　　　　　　　　水轮发电机主要技术参数

项　目	1～6号发电机	7～9号发电机
型式	立轴半伞式	立轴半伞式
型号	SF650-48/14500	SF650-48/14580
额定容量（MW）	650	650
额定电压（kV）	18	18
额定电流（A）	23 168	23 168
功率因数	0.9（滞后）	0.9（滞后）
额定频率（Hz）	50	50
相数	3	3
额定转速（r/min）	125	125
飞逸转速（r/min）	250	250
生产厂家	东方电气集团东方电机有限公司	天津阿尔斯通水电设备有限公司

（3）机组冷却用水量及水压见表 3。

表 3　　　　　　　　　　机组冷却用水量及水压

项　目	1～6号机组	7～9号机组
上导轴承用水量（m³/h）	50	42
推力轴承用水量（m³/h）	400	250
下导轴承用水量（m³/h）	80	57
空冷器用水量（m³/h）	1200	1120
水导轴承用水量（m³/h）	10.8	30
总用水量（m³/h）	1740.8	1499
供水压力（MPa）	0～0.4	0～0.4

3　顶盖取水在其他电站的应用情况

混流式水轮机在正常运转时，转动部分（转轮）和固定部分（顶盖）之间的间隙将产生漏水。如果不排除这部分漏水，会使水轮机的轴向水推力大大增加，增加推力轴承的负荷，一般在转轮上冠设排水孔或在顶盖上设排水管将漏水排至尾水管内，以降低水推力。把通过止漏环间隙已废弃的漏水加以利用，引出作为机组冷却用水，就称为顶盖取水。

从 20 世纪 70 年代末开始，我院就开展了水轮机顶盖取水的研究和试验工作，并在西洱河、鲁布革、漫湾、天生桥一级等多个电站应用成功，受到了运行单位的欢迎。表 4 为这些电站的运行资料和实测数据。

表 4　　　　　　　　　使用顶盖供水电站的运行及测试情况表

电站名称	装机容量（MW）	水头范围（m）	机组冷却需水量（m³/h）	实测供水量（m³/h）
西洱河一级	3×35	208～345	343	305～370
西洱河二级	4×12.5	102～121	97.4	
西洱河四级	4×12.5	100～122	97.4	88.8～120
绿水河	3×15	295～315	132	167～238
鲁布革	4×150	295～373	410.4	509～635
漫湾	5×250	83～100	988	864～1008
天生桥一级	4×300	83～143	1123	

除云南省外，其他省部分电站也有采用顶盖取水并获得成功的经验。通过国内数十个电站大、中型混流式水轮发电机组顶盖取水的应用实践，尽管各自经验不尽相同，但一般都有以下共同特点：①水质好：混流式水轮机上止漏环间隙一般为 1～3mm，且水流通道曲折，水流通过止漏环的微小间隙，过滤效果较滤水器好，水质清洁，是一种相当理想的机组冷却水源；②节能环保：顶盖取水纯属废（漏）水利用，不额外消耗水能和电能，设备少，投资省，经济效益好；③运维方便：采用顶盖供水后供水泵等设备运行时间大幅缩短，减少了事故环节和检修维护工作量；④可靠性高：顶盖取水与机组运行同步，供水可靠，自动化水平高。

顶盖取水供机组冷却用水纯属废（漏）水利用，不消耗水能和电能，水质好，设备布置简单，是机组冷却供水很好很可靠的水源。所以我们在糯扎渡水电站设计中提出将顶盖取水作为机组冷却供水的一个独立水源，与水泵供水互为备用，这一方案有利于简化整个机组供水系统，减少维护检修工作量，减少运行费用，提高机组运行可靠性。

4　顶盖取水结构及可行性分析

4.1　顶盖取水结构要求

水轮机转轮旋转时，由于离心力等的作用，顶盖下腔外侧止漏环出口处压力要比顶盖下腔内侧主轴附近的压力高，为保证顶盖取水压力，顶盖取水口应设置在止漏环出口处。结合本电站顶盖取水要求，为避免取水过多，影响效率和顶盖取水压力，转轮上冠采用不开泄水孔的结构形式，将上迷宫环漏水全部由顶盖排水管引出，顶盖取水口设置在上止漏环后离旋转中心较远处，并设有密封取水腔。

止漏环间隙的大小不仅影响漏水量、效率、轴向水推力，而且对机组运行稳定性有较大影响。因此在结构设计上应综合考虑间隙值的大小对顶盖取水、效率、轴向水推力、机组稳定性的影响，合理的选择间隙值。经综合分析并结合制造厂结构设计要求，1～6 号水轮机止漏环间隙取 3mm，7～9 号水轮机止漏环间隙取 2.5mm。

4.2 顶盖取水计算

顶盖内的水来自转轮前，因此转轮进口的水压力是顶盖取水的基础。以我国哈尔滨大电机研究所编写的《水轮机设计手册》一书中"止漏环装置设计"的基本公式为准，以哈电和上海福伊特提供的模型资料和机组参数为依据，分别对最大水头、额定水头和最小水头时水轮机顶盖取水的水量和水压进行计算。

经计算，1～6号水轮机顶盖取水流量变化范围为2738～3042m³/h，水压变化范围为35.4～67.93m；7～9号水轮机顶盖取水流量变化范围为2268～2546m³/h，水压变化范围为35.42～67.92m。计算结果表明，采用顶盖取水可以满足机组冷却用水的水量和水压要求。

4.3 顶盖取水与机组效率

水轮机的功率损失包括容积损失、机械损失、水力损失。根据水轮机厂家提供的资料，经计算，1～6号水轮机最大水头、额定水头和最小水头时上止漏环容积损失分别为0.47％、0.42％、0.52％，7～9号水轮机最大水头、额定水头和最小水头时上止漏环容积损失分别为0.38％、0.35％、0.44％。传统设计的机组这部分漏水只能作为废水处理，顶盖取水正好利用了这部分间隙漏水，不仅不影响机组效率，而是间接地提高了水轮机的容积效率。

4.4 顶盖取水与轴向水推力

混流式水轮机的轴向水推力由上冠水压力引起的轴向水推力和由叶片、下环、转轮出口等的水压力引起的轴向水推力两部分组成，前者和顶盖是否取（排）水、取（排）水方式及取（排）水量有关。对于某一水轮机在一定工况下，上冠的轴向水推力随顶盖排水量的增加而减少已被模型试验和真机运行所证实。苏联布拉茨克水电站研究报告中指出，上冠排水孔（或顶盖取水管）面积 F_1 和上冠止漏环间隙面积 F_2 之比 $m = F_1/F_2$ 从4.296降到2.148时，上冠水压力引起的轴向水推力增加1.7568倍。东方厂在宝珠寺水电站顶盖取水模型试验中也发现 $m = 1.766$ 比 $m = 0$ （顶盖不排水）时顶盖内压力降低25％～30％。

为使顶盖压力适当，排水量又不太多，合理选择顶盖取水口尺寸和数量尤为重要。经计算并结合布置要求，1～6号水轮机设置4根DN350顶盖排水管，7～9号水轮机设置6根DN300顶盖排水管，其总过流面积分别为止漏环间隙面积的6.6倍、7.5倍，满足水轮机结构设计要求。

5 顶盖取水及技术供水系统设计

5.1 顶盖供水方式

顶盖供水方式有间接供水和直接供水两种。间接供水是将机组顶盖取水的供水管路引到高位蓄水池，蓄水池再通过管路向机组各冷却器分别供水，这种供水方式的优点是取水与用水隔离分开，便于调节，提高了用水的稳定性；缺点是增加了管路长度和水力损失，对于糯扎渡这样的地下厂房，管路布置有一定难度，并且需增加一个大水池，地下厂房内难以找到合适的位置布置，投资比直接供水方式高。直接供水是将机组顶盖取水的供水管路直接与用水设备总供水管相连，其管路短，水力损失小，布置方便，且取水量与机组负荷的变化趋势一致，随其增加而增加，随其减小而减小，具有自动调节功能；缺点是取水压力不稳定，稳压较困难。经综合分析比较，糯扎渡水电站的顶盖供水采用直接供水方式。

5.2 稳压措施

顶盖取水压力除了随机组负荷的变化而变化外，还与下游尾水位的变化密切相关。糯扎渡水电站顶盖取水采用直接供水方式，如何保证用水设备有较为稳定的供水压力，也是顶盖取水必须要解决的问题。

顶盖取水稳压措施有两种方案可考虑：①设置稳压管，即在顶盖取水总供水管上接出一根稳压管，压力的变化靠稳压管自行调节；②设置自动阀，即在顶盖取水管上装设一个安全泄压阀，当顶盖取水压力过高时安全泄压阀自动打开排水，当压力降低到规定值时，阀门自动关闭，保证设备和管路的安全运行。

方案①的优点是简单可靠，但对于糯扎渡水电站这种垂直埋深 200 多米的地下厂房，稳压管布置非常困难。如果把稳压管直接引至洞外，管路太长；如果稳压管出口设在洞内，顶盖压力按 0.5MPa 估算，稳压管口高程约为 640m，高于厂房顶拱高程，还必须设一个水池，并把稳压管溢出的水排至洞外。另外，糯扎渡水电站尾水调压室的最高与最低水位相差约 23m，水位变幅大，稳压管出口高程不易确定。

方案②的优点是管路短、布置简单，安全泄压阀的压力整定值可根据不同季节尾水位的高低进行调节，可保证用水设备较为稳定的用水压力。与方案①相比，设置安全泄压阀要增加设备投资，并要求所选的阀门具备调节范围大、性能好、控制精确及使用寿命长等特点。

经综合比较分析，糯扎渡水电站顶盖供水稳压措施采用安全泄压阀方案。在顶盖取水管上装设一个安全泄压阀，安全泄压阀出口管路引至尾水管。当顶盖取水压力超过规定值（约为 0.5MPa）时，安全泄压阀自动打开向尾水排水泄压，保证设备和管路的安全运行；当压力降低到规定值以下时，安全泄压阀自动关闭。

5.3 技术供水系统设计

糯扎渡水电站机组冷却供水对象包括空气冷却器、上导轴承、推力轴承、下导轴承和水导轴承，每台机组总用水量为 1740.8m³/h（1～6 号机组）、1499m³/h（7～9 号机组）。

根据糯扎渡水电站的水头范围和现行水电站机电设计规范，确定机组冷却供水采用单元供水方式，设有水泵供水和顶盖取水两种方式。水泵供水设有两路（互为主备用），水源均取自尾水管，两路取水分别经供水泵、自动滤水器加压过滤后向机组供水。水泵供水和顶盖取水作为两个独立的水源接到在机组供水总管上，两种供水方式互为主备用。顶盖供、排水的转换通过电动三通阀切换实现，使用顶盖供水时，电动三通阀切换到供水位，将止漏环漏水引至技术供水总管作为冷却用水；使用水泵供水时，电动三通阀切换到排水位，将止漏环漏水排至下游尾水。

糯扎渡水电站机组技术供水系统设计如图 1 所示。

5.4 监视和控制

自动化元件及监视、发信等仪表是实现电站自动化的基本元件。为提高糯扎渡水电站

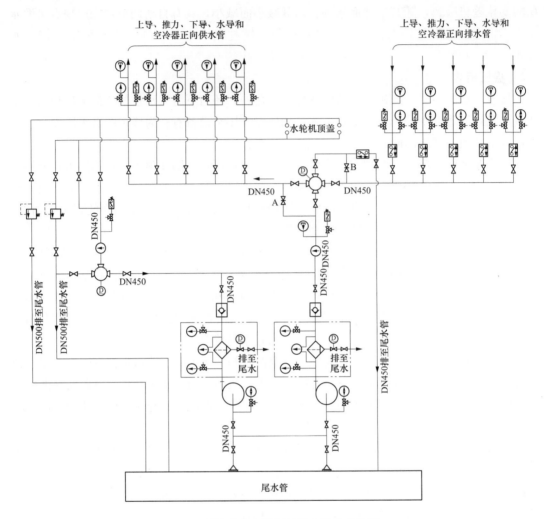

图 1　糯扎渡水电站机组技术供水系统图

顶盖供水系统的可靠性，采取监视控制手段是必须的也是必要的。除设置上冠压力监测，顶盖取水管压力及流量监测，空气冷却器、推力轴承、上下导轴承、水导轴承冷却器供水压力、温度、流量监测等监测项目外，还设置了顶盖取水管压力过低、过高发信号，空气冷却器、推力轴承、上下导轴承、水导轴承温度过高发信号等报警装置。这些装置的应用，将使顶盖供水系统在实际运行中得到有效的监视和控制。

6　顶盖供水试验及应用情况

2012 年 8 月糯扎渡水电站第一台机组投入商业运行，2014 年 6 月最后一台机组投入商业运行。自 2015 年开始，电厂组织进行了机组顶盖取水试验，试验结果表明，顶盖取水水量、水压和机组运行各项技术指标均达到机组运行要求。目前，电站九台机组的取盖取水均已投入使用。

表 5 为糯扎渡水电站 2 号机组顶盖供水试验数据，试验水头为 165m，机组最高负荷

为 550MW。

表 5 　　　　　　　　　　　　　　　 2 号机组顶盖供水试验数据表

机组出力	MW	空载	20	50	100	200	250	300	350	400	450	500	550
技术供水总管流量	m³/h	845	1063	1161	1290	1711	1884	1896	1944	2017	1981	1879	1995
技术供水总管压力	MPa	0.21	0.22	0.25	0.27	0.39	0.43	0.43	0.45	0.47	0.47	0.44	0.48
顶盖供水管压力	MPa	0.22	0.22	0.25	0.27	0.39	0.43	0.44	0.46	0.47	0.47	0.44	0.48
上导瓦最高温度	℃	47.5	47.7	47.8	47.9	47.9	47.7	47.7	47.7	47.7	47.8	47.8	48.0
下导瓦最高温度	℃	43.4	43.4	43.4	43.2	42.7	41.6	41.6	41.6	41.8	41.7	41.9	41.8
推力瓦最高温度	℃	70.1	70.1	70.4	70.6	72.2	74.5	74.6	74.8	74.9	75.1	75.3	76.1
水导瓦最高温度	℃	57.5	57.5	57.8	57.6	56.8	55.0	55.3	55.0	55.1	54.6	55.2	55.2

7　结束语

糯扎渡水电站每台机组设两台配套电机功率为 355kW 的冷却供水泵,按照电站年利用小时数 4088h 计算,九台机组一年要耗费电能约 1340 万 kWh。采用顶盖取水作为机组冷却供水方式,每年可节约电能约 1340 万 kWh,按上网电价 0.21 元/kWh 计算,每年可节约运行费用约 280 万元。另外技术供水泵的日常维护与检修工作量大为减少,节约人力资源和社会成本,具有明显的经济效益和社会效益。

顶盖取水供机组冷却用水纯属废(漏)水利用,水质好,不消耗水能和电能,是一种节能环保的技术供水方式。糯扎渡水电站 650MW 机组采用顶盖取水并成功应用,填补了顶盖取水在特大型机组应用的技术空白,对其他类似工程建设提供了有价值的借鉴作用。

参考文献

[1] 姚建国,朱惠君,武赛波,等.糯扎渡水电站水力机械设计的主要特点 [J].水力发电,2012 (9):79-82.

[2] 武赛波.顶盖取水技术在天生桥一级电站的应用 [J].云南水力发电,2002 (18):83-86.

[3] 李政,燕翔,王选凡.糯扎渡水电厂大型机组顶盖取水试验 [J].华电技术,2016 (11):7-10.

[4] 李政,李鑫,张岗.顶盖取水在巨型机组中的应用.云南电力技术 [J].2016 (12):45-46.

[5] 丁文华,徐本强,李鑫.顶盖取水技术在巨型水轮发电机组上的应用 [J].云南水力发电,2016 (5):164-167.

[6] 朱丽辉,武赛波.小湾水电站顶盖取水试验研究.大电机技术 [J].2013 (2):63-66.

作者简介

姚建国 (1970—),男,云南师宗人,教授级高级工程师,主要从事水电站水力机械设计及技术管理工作。

漫湾水库泥沙淤积发展规律及对下游水沙情势影响分析

石雨亮　　何成荣　　梅志宏

（中国电建集团昆明勘测设计研究院有限公司）

[摘　要]　利用漫湾水库运行以来的多次实测资料，对水库的库容损失、干支流淤积形态、淤积分布进行了详细分析；从水库来水来沙情况、水库汛期运行水位等方面分析了导致水库库容损失增加、坝前淤高发展加快的原因；根据下游水文站实测水沙资料，初步分析了漫湾水电站运行对下游水沙情势的影响。

[关键词]　水沙情势变化　水库淤积　漫湾水库

1　漫湾水库概况

1.1　水库特性

漫湾水库为河道型水库，回水与上游小湾水电站衔接，长约 60km，建库前原始河道纵比降为 1.8‰。正常蓄水位 994m，建库前相应库容 9.20 亿 m^3，库沙比 24，属泥沙问题严重型水库。

漫湾水电站水库正常蓄水位为 994m，对应库容 9.20 亿 m^3；小湾水电站投产前死水位为 982m（小湾水电站投产后为 988m），死库容 6.63 亿 m^3（982m），调节库容 2.57 亿 m^3（以上库容均为天然情况下库容），小湾水电站投产前设置汛期（6～9 月）排沙限制水位 985m（2006 年调整为 988m），小湾水电站投产后取消汛期排沙限制水位。

1.2　水文泥沙特征值

漫湾水电站坝址流域面积为 11.45 万 km^2，流域内径流以降雨补给为主，冰雪融水补给较少。漫湾水电站坝址下游约 14km 有戛旧水文站，该站流域面积 11.46 万 km^2，与漫湾坝址流域面积相差不大，是设计的基本依据站，该站的径流、泥沙等成果可直接用于漫湾坝址。根据漫湾水电站初步设计，坝址径流系列为 1953 年 6 月—1983 年 5 月，坝址处多年平均流量为 1230m^3/s，汛期 6～10 月水量占全年水量的 71.32%，输沙率系列为 1953—1982 年，坝址多年平均悬移质输沙率为 1491kg/s，悬移质沙量 4704 万 t，含沙量 1.21kg/m^3。汛期 6～10 月占全年来沙量的 95.8%，平均含沙量 1.60kg/m^3。多年平均推移质量为 150 万 t。

2　水库淤积现状及影响分析

根据 1979、1996、2000、2003、2005、2009、2014 年历次库区实测地形资料，从水库库容变化、干流淤积情况、支流淤积情况等方面分析水库泥沙淤积发展情况，并从来水

来沙情况、水电站运行情况及小湾水电站施工、运行影响等角度分析淤积发展原因。

2.1 库容变化

根据历年实测库区地形成果，统计水库历年库容变化情况，漫湾水电站历年库容变化如图 1 所示。从图 1 可以看出，漫湾水库的正常蓄水位以下库容、死库容和有效库容在逐年减小，并且正常蓄水位以下库容和死库容的损失幅度较大且基本同步，大部分淤积在死库容以内，有效库容损失幅度相对较小，说明该水电站水库采用"蓄清排浑"的运行方式是比较有效的。自小湾水电站 2009 年投产以来，受小湾水库拦沙影响，漫湾水库库区泥沙淤积明显减缓，死库容稍有减少。这主要是由于小湾水电站拦沙后，下泄沙量明显减少，同时由于下泄沙均为细颗粒泥沙，因此仅在流速很小的水库坝前段和中段才能落淤。这一点可从水库淤积纵剖面变化看出，漫湾水库历年实测纵剖面图、小湾水电站投产后漫湾水库实测纵剖面对比分别如图 2、图 3 所示。

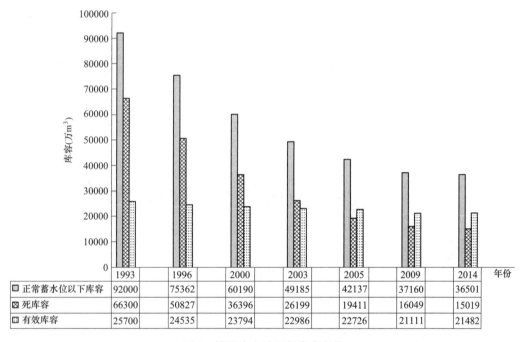

	1993	1996	2000	2003	2005	2009	2014
正常蓄水位以下库容	92000	75362	60190	49185	42137	37160	36501
死库容	66300	50827	36396	26199	19411	16049	15019
有效库容	25700	24535	23794	22986	22726	21111	21482

图 1 漫湾水电站历年库容变化

2.2 干流泥沙淤积分析

（1）干流淤积纵剖面。统计漫湾水库历年实测干流横剖面深泓点，并绘制水库干流淤积纵剖面图（见图 2）。从淤积纵剖面可以看出，水库淤积形态为典型的三角洲淤积，洲顶逐年抬高并向坝前推进；到 2014 年，三角洲顶坡比降约为 0.115‰、前坡比降约为 2.03‰、洲顶高程约为 981.8m，三角洲洲顶距离坝址约 17km，漫湾水库尚未达到冲淤平衡。初设阶段预测 15 年后淤积纵剖面与 2009 年实测（电站实际运行约 15 年）成果相差较大，在坝前段尤为明显，受实际来水来沙条件及电站实际运行水位的影响，除此段外实测淤积面要高于初设预测成果。

（2）来水来沙条件分析。从来水来沙条件看，1993 年后，由于漫湾水库蓄水，夏旧

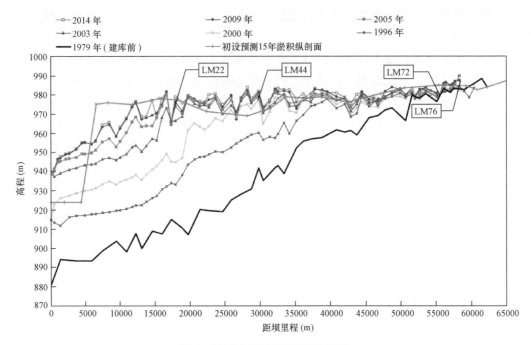

图 2　漫湾水库历年实测纵剖面图

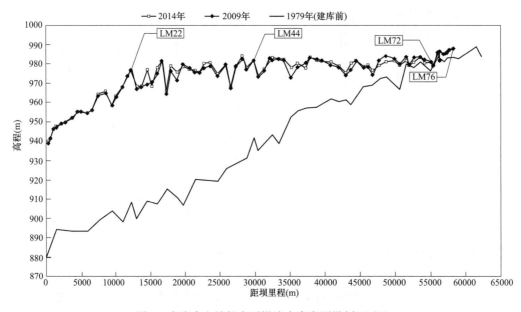

图 3　小湾水电站投产后漫湾水库实测纵剖面对比

站流量、沙量已不是天然状况，因此计算过程中采用水量平衡以及水沙相关的方法对戛旧站 1993 年以后水沙成果进行了还原。戛旧水文站历年水沙过程线如图 4 所示，戛旧水文站 1953～2013 年系列与 1953～1982 年系列多年平均流量均为 1230m³/s，基本没发生变化；沙量由 4704 万 t 增加至 5284 万 t，增加 12.3％；至 2009 年小湾投产前，漫湾水电站

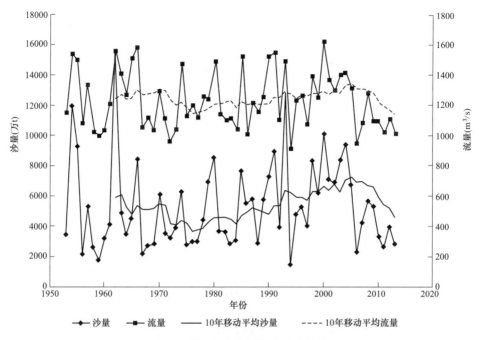

图 4　戛旧水文站历年水沙过程线

投产以来 1993—2008 年多年平均入库沙量 6467 万 t，与初设时坝址多年平均沙量 4704 万 t 相比，增加 37.5%。20 世纪 80 年代开始，随着经济建设的发展，流域的生态环境破坏日益严重。一方面地方经济为求发展，生产经营活动往往以牺牲生态为代价，如过度开荒、采矿等；另一方面，一些国家、省级重点工程的开工建设不可避免地加剧了水土流失，从而导致戛旧水文站沙量有所增加。在 2000 年左右沙量增加尤为明显，这与大理—保山高速公路、大理—漾濞公路分别于 1998、1999 年开工建设有一定关系。小湾水电站的建成，将上游绝大部分来沙均拦截在库内，漫湾水电站入库沙量明显减小。因此，自小湾水电站投产以来，漫湾水库冲淤变化明显减小。

（3）运行水位分析。从漫湾水电站运行水位来看，其初设要求水库采用"蓄清排浑"的运行方式，汛期 6～9 月时将库水位降低至汛期运行水位 985m（2006 年抬高为 988m、2009 年小湾投产后为正常蓄水位 994m）运行，降低泥沙淤积面高程，在淤沙库容大部分损失之后，将汛期主要沙峰的泥沙排出库外；10 月份开始蓄水至正常蓄水位 994m。但是历年水电站实际运行中汛期运行水位均高于设计值，漫湾水电站历年运行水位过程线如图5 所示，水库运行水位的抬高，抬高了下游河床侵蚀基准面，从而导致库区实际淤积量较设计成果增加，淤积面高程也较设计成果有一定抬高。

（4）干流典型横剖面分析。从建库前至 2014 年干流横剖面的对比情况看，坝前段、库中段剖面淤积严重，库尾段剖面淤积相对较少；各剖面基本上为平淤，滩槽明显的剖面主槽淤积厚度大于滩地淤积厚度。坝前段的剖面呈现逐年淤积且淤积层次分明，小湾投产后淤积明显减轻，坝前段历年横剖面（LM22）如图6 所示；库中段的剖面呈现逐年淤积，

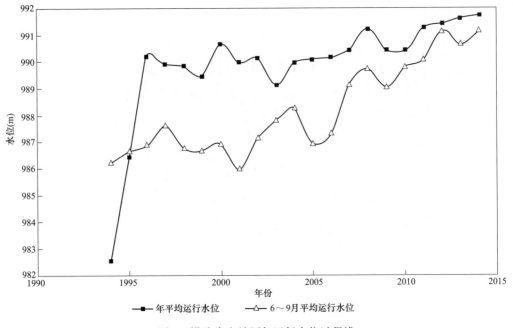

图 5　漫湾水电站历年运行水位过程线

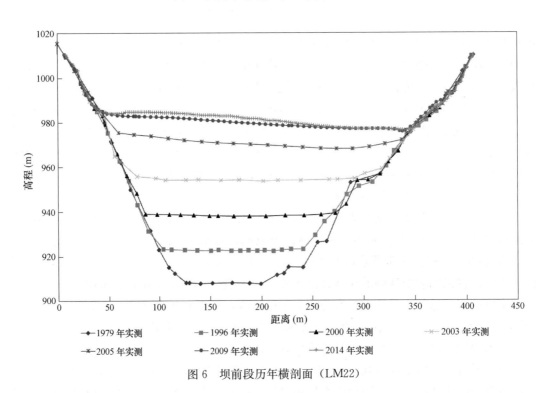

图 6　坝前段历年横剖面（LM22）

但近几年开始淤积高程变化不大，约 981m，库中段历年横剖面（LM44）如图 7 所示；库尾段淤积相对较少，小湾投产后断面稍有冲刷库尾段历年横剖面（LM72）如图 8 所示；靠近小湾坝址的剖面由于小湾施工影响变化较大库尾段历年横剖面（LM76）如图 9

所示。

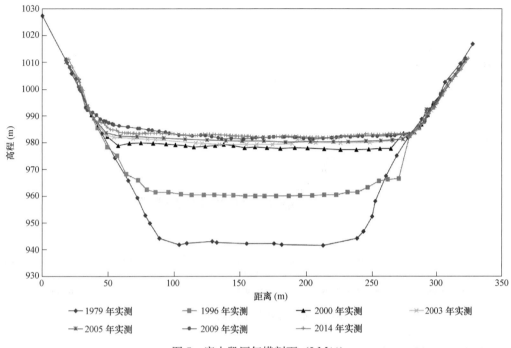

图 7　库中段历年横剖面（LM44）

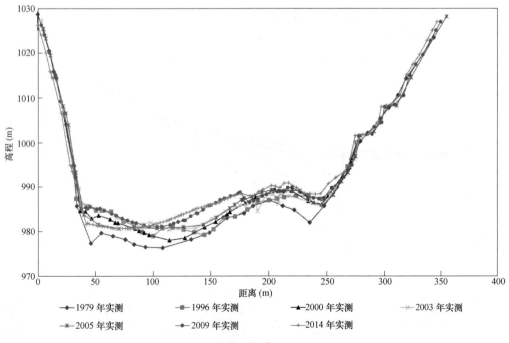

图 8　库尾段历年横剖面（LM72）

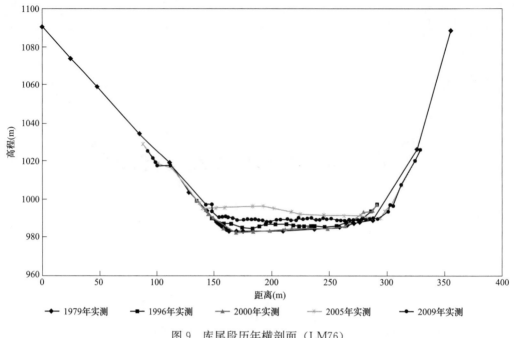

图9 库尾段历年横剖面（LM76）

2.3 支流泥沙淤积分析

漫湾水库库区支流较少且流量较小，仅在库中有一条稍大的支流公郎河，该支流汇口距离漫湾坝址约21km。根据历次实测剖面资料对支流公郎河泥沙淤积进行分析，支流公郎河实测纵剖面如图10所示。

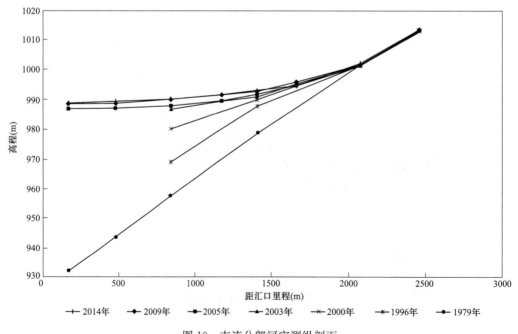

图10 支流公郎河实测纵剖面

从图 10 可看出，公郎河呈锥体淤积形态，锥体淤积末端位于 LMG3 剖面，淤积高程基本不变，河口处淤积高程逐年抬高，锥体淤积比降逐年变缓，建库前至 2009 年（图 10 中 1979～2009 年）依次为 3.60%、2.64%、1.77%、1.24%、1.11%、1.00%（LMG1～LMG3 河段），2014 年与 2009 年相比基本未发生变化；2005 年淤积面与 2003 年对比基本上没有变化，说明公郎河在 2003 年左右已基本达到平衡，但 2009 年较 2005 年淤积面又发生了一定程度的抬高，其与 2006 年以后汛期运行水位抬高有关，同时也受到了祥临公路施工的影响；由于公郎河库容、库沙比较小，水库很容易达到冲淤平衡，水平段淤积高程主要受近年水库汛期运行水位影响，而蓄水以来长时段平均汛期运行水位对水平段淤积高程影响较小，至 2009 年公郎河已经达到冲淤平衡。

2.4 下游水沙情势变化

根据漫湾坝下戛旧水文站实测水沙资料，分析漫湾水电站运行对下游河段水文、泥沙情势的影响。

漫湾水电站仅具有不完全季调节能力，电站运行对于河道年平均流量影响微乎其微，仅对水量年内分配有影响，对径流的影响主要体现在"蓄丰补枯"。在小湾水电站投产前，漫湾水电站对对水量年内分配影响较小；小湾水电站有产后，由于水库具有不完全多年调节能力，导致下游戛旧水文站水量年内分配变化明显，枯期水量增加、汛期水量减小、水量年内分配更加均匀，上游水电站投产前后戛旧水文站水量分配变化如图 11 所示。

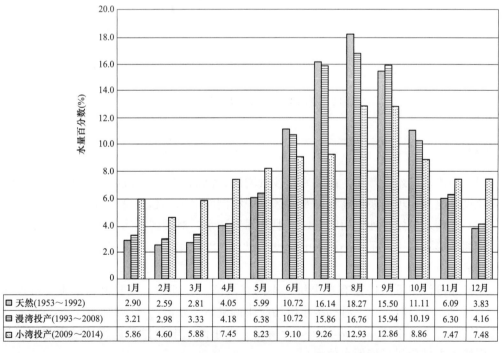

	1月	2月	3月	4月	5月	6月	7月	8月	9月	10月	11月	12月
天然(1953～1992)	2.90	2.59	2.81	4.05	5.99	10.72	16.14	18.27	15.50	11.11	6.09	3.83
漫湾投产(1993～2008)	3.21	2.98	3.33	4.18	6.38	10.72	15.86	16.76	15.94	10.19	6.30	4.16
小湾投产(2009～2014)	5.86	4.60	5.88	7.45	8.23	9.10	9.26	12.93	12.86	8.86	7.47	7.48

图 11　上游水电站投产前后戛旧水文站水量分配变化

从戛旧站 1964～2014 年实测悬移质沙量看，上游水电站运行对沙量影响十分显著。漫湾水电站投产前，1964～1992 年戛旧水文站多年平均悬移质沙量为 4714 万 t；漫湾水电站投产后，水库拦沙作用比较显著。截至小湾水电站投产前，1993—2008 年戛旧水文站多年平均悬移质沙量为 1732 万 t，在此期间漫湾水电站多年平均入库悬移质沙量 6467 万 t，水库拦沙率约为 73%；小湾水电站投产后，2009—2014 年戛旧站多年平均沙量进一步减小为 156 万 t，仅为漫湾投产前戛旧站沙量的 3.3%，在此期间漫湾水电站总淤积量仅 659 万 m³，每年淤积量仅为 132 万 m³，可见大部分泥沙均被上游小湾水库拦截。戛旧水文站历年实测沙量分配变化如图 12 所示。

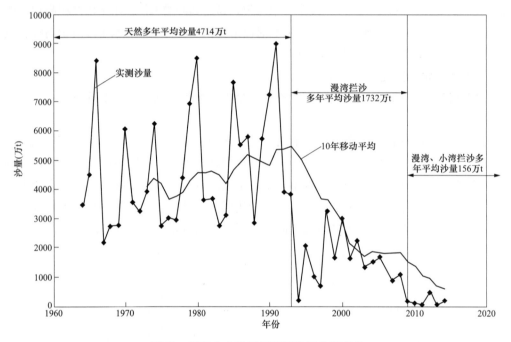

图 12　戛旧水文站历年实测沙量分配变化

3　结语

（1）小湾水电站投产前，由于入库沙量增加、汛期运行水位较高，漫湾水库泥沙淤积速度比设计值高，坝前淤积高程以及库区淤积纵剖面也远远超过设计值。

（2）小湾水电站拦沙作用明显，下泄基本为清水，对缓解漫湾库区淤积将起到积极影响；实测地形资料也显示，小湾水电站投产以来，漫湾库区泥沙淤积很少，小湾水库拦沙作用明显。

（3）澜沧江中下游已建有功果桥、小湾、漫湾、大朝山、糯扎渡、景洪等 6 座水电站，实际排沙运行时，上下游梯级水电站应协调进行。就漫湾水电站而言，实际运行过程中应紧密结合上游小湾水电站实际运行情况，当小湾水电站排沙运行，出库含沙量较高时，漫湾水电站应尽可能低水位运行。

（4）漫湾水电站仅具有不完全季调节能力，其运行对河道年平均流量影响微乎其微，仅对水量年内分配有影响，对径流的影响主要体现在"蓄丰补枯"。在小湾水电站投产前，漫湾水电站对水量年内分配影响较小；小湾水电站具有不完全多年调节能力，调节能力强，其投产后导致下游戛旧水文站水量年内分配变化明显，枯期水量增加、汛期水量减小、水量年内分配更加均匀。

（5）漫湾水库拦沙作用比较显著，小湾水电站投产前漫湾水库拦沙率约为 73%；小湾水电站投产后，上游大部分泥沙均被小湾水库拦截，漫湾水库淤积量及出库沙量明显减少，下游戛旧水文站来沙量仅为漫湾水电站投产前戛旧站沙量的 3.3%。

参考文献

[1] 中国水利学会泥沙专业委员会. 泥沙手册 [M]. 北京：中国环境科学出版社，1989.
[2] 涂启华，杨赉斐. 泥沙设计手册 [M]. 北京：中国水利水电出版社，2006.
[3] 张瑞瑾. 河流泥沙动力学（第二版）[M]. 北京：中国水利水电出版社，2002.
[4] 谢鉴衡. 河床演变及整治 [M]. 北京：中国水利水电出版社，1997.
[5] 韩其为. 水库淤积 [M]. 北京：科学出版社，2003.
[6] 朱鉴远. 水利水电工程泥沙设计 [M]. 北京：中国水利水电出版社，2011.

作者简介

石雨亮（1982—），男，天津市人，高级工程师，主要从事工程泥沙及河道水力学研究工作。

桩板式挡土墙在高回填边坡支护工程的应用

何 奔 李双宝 鲁 宏

（中国电建集团昆明勘测设计研究院有限公司）

[摘 要] 桩板式挡土墙是由抗滑桩和桩间挡板等构件组成的支护结构，广泛应用于填方边坡支挡及工程滑坡治理等领域。以泸州市金能移动能源产业园西北段高填方边坡为例，通过分析场地地质条件和平面布置，介绍了桩板墙应用于高回填边坡支护的方案设计原则和结构计算方法。

[关键词] 桩板式挡土墙 高填方边坡支护 应用

泸州金能移动能源产业园项目位于四川省泸州市高新区，项目用地面积为 298 937m²，总建筑面积 201 595m²。场地总体地势东南高西北低，最高点位于场地东南侧，高程 321m；最低点位于场地西北侧，高程 270m，最大高差 51m。受项目规划红线和土石方平衡条件限制，场地平整后在西北侧形成了土质高填方边坡，边坡平面沿规划道路呈弧线型，总长约 550m，最大坡高约 25m，在项目红线范围内无法自然放坡至稳定坡比，为保证场地内建筑物和道路的安全，通过综合对比研究，将桩板式挡土墙应用于西北度填方边坡支护。

1 地层岩性特征

据地面调查及钻探揭露，场地内出露地层主要为第四系全新统人工堆积层（Q_4^{ml}）素填土、第四系全新统残坡积层（Q_4^{el+dl}）和侏罗系上统遂宁组基岩层（J_3sn）地层。

素填土以黏性土为主，混含砂、泥岩碎块，厚度为 0.60～25.20m，为近期形成的人工回填土，回填时间小于一年，广泛分布于场地。第四系全新统残坡积层（Q_4^{el+dl}）为粉质黏土，软塑～可塑状，无摇振反应，稍有光泽，干强度中等，韧性中等，主要分布于拟建场地冲沟及斜坡地段，厚度为 0.55～12.70m。

基岩为侏罗系上统遂宁组（J_3sn）砂质泥岩。以黏土矿物为主，含暗色矿物和少量绿泥石团块，薄～中厚层状，泥质结构，块状构造，局部为条带状构造，含砂质较重，偶夹砂岩薄层，广泛分布于场地。边坡各岩土层物理力学参数见表1。

表1 边坡各岩土层物理力学参数

岩土层	重度		内聚力		内摩擦角		承载力特征值（kPa）
	天然（kN/m³）	饱水（kN/m³）	天然（kPa）	饱水（kPa）	天然（°）	饱水（°）	
素填土	18.50	19.00	3	0.00	24.00	23.00	50
粉质黏土	24.20	24.50	19.90	18.50	8.97	8.00	120
强风化泥岩	25.00	25.20	200.00	100.00	30.00	27.00	300
中风化泥岩	24.50	25.50	600.00	350.00	31.50	28.50	1500

2 边坡处理方案研究

2.1 边坡处理原则和思路

西北侧为高填方土质边坡，填土以黏性土为主，物理力学参数仅为 3kPa。场地外侧规划有绕城道路，根据总平面布置，场地西北侧长约 150m 边坡高达 25m，场内道路外缘距用地红线最小距离仅 14m，无法自然放坡，必须考虑支挡结构。用地红线距绕城路边缘最小距离约 29m。

为避免与绕城路边坡处理产生冲突，坡面处理考虑以下原则：在项目红线内侧设置马道平台，马道平台高程根据现状地形确定为 270.5m，平台以外属绕城路边坡处理范围，以内属本项目边坡处理范围。

对于重力式挡墙方案，根据该部位地质情况，挡墙基础需要置于 262～267m 高程，挡墙最大高度将超过 20m，不具有技术经济性。同时挡墙基础较深，距离已施工建筑物较近，已不具备基础开挖的施工条件，因此重力式挡墙在技术和经济上均是不合理的。

根据以上方案分析、现场施工条件和地质情况，拟采用的桩板式挡土墙方案。采用连续旋挖灌注桩布置，桩径 2.5m，桩中心距 2.8m。

2.2 桩板墙布置方案

产业园西北部回填边坡处理须满足产业园道路、建筑物平面布置和场地高程的要求。桩板式挡墙平面布置如图 1 所示。

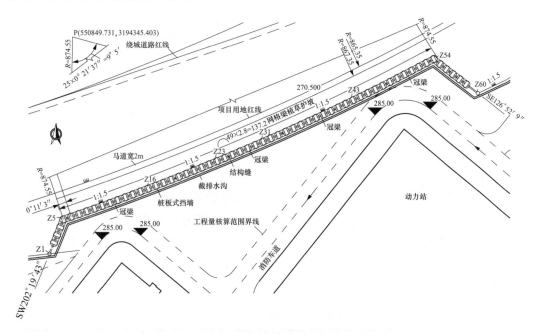

图 1 桩板式挡墙平面布置

共布置 60 根抗滑桩，抗滑桩 Z5～Z47 沿 $R=874.55$m 圆弧等间距布置，抗滑桩中心距为 2.8m。

抗滑桩地下部分采用圆形截面旋挖钻孔灌注桩，桩径2.5m；地上部分为矩形截面，截面尺寸1.1m×2.2m。抗滑桩混凝土强度等级为C30。抗滑桩桩底嵌入泥岩地层深度应占总桩长1/3。旋挖桩顶部设承台梁，柱顶设冠梁。

3 桩板墙结构设计

桩板墙结构作为安全储备计算时未考虑承台梁及冠梁。根据设计方案，桩顶高程为285.0m，桩底应嵌入强风化和中风化泥岩深度应占总桩长1/3。使用理正岩土程序，选取抗滑桩桩长最大剖面进行桩板墙结构计算。桩长最大剖面地层分布见图2。

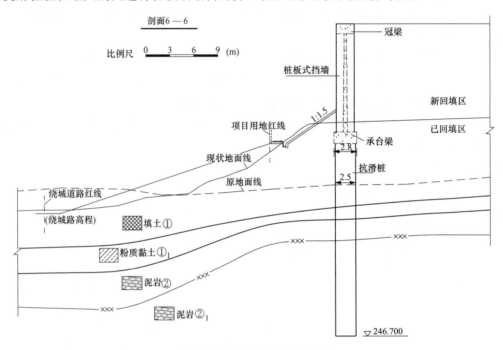

图2 桩长最大剖面地层分布

3.1 计算参数

计算剖面中，抗滑桩总桩长为38.3m，地下部分的旋挖桩长23.8m，其中泥岩地层内嵌入深度为14.6m。桩底支撑条件为铰接，土反力计算方法使用m法。桩板墙结构计算参数见表2，其中地基系数取值参考《建筑边坡工程技术规范》，其余参数取自勘察报告。为模拟施工机械和交通荷载对桩板墙的影响，在坡顶设置宽度为6m，高度为3m，距坡顶边缘距离为1m的换算土柱。

表2 桩板式挡土墙结构计算参数

参　数	数　值	单　位
桩总长	38.3	m
基岩嵌入深度	9.5~15.2	m
截面类型	圆桩	—

续表

参　数	数　值	单　位
桩径	2.5	m
桩间距	2.8	m
挡土板厚度	0.3/0.4/0.5	m
地震烈度	6 度	—
填土层地基系数	1.9	MN/m^4
粉质黏土地基系数	1.9	MN/m^4
强风化泥岩地基系数	10	MN/m^4
中风化泥岩地基系数	40	MN/m^4

3.2　抗滑桩内力计算结果

根据相关要求，应取滑动剩余下滑力与主动岩土压力两者中的较大值进行桩板式挡土墙设计。

根据计算结果，在滑动剩余下滑力作用下，抗滑桩最大弯矩为 32 970kN·m，部位距桩顶 21.7m，最大剪力为 5278kN；部位距桩顶 28.4m，最大土反力为 825kPa；部位距桩顶 26.2m，即强风化砂质泥岩顶部，桩顶位移 126.1mm。在主动土压力作用下，抗滑桩最大弯矩为 36 631kN·m，部位距桩顶 23m，最大剪力为 6167kN；部位距桩顶 29m，最大土反力为 825kPa；部位距桩顶 26.2m，即强风化砂质泥岩顶部。主动土压力引起的抗滑桩内力、位移和土反力较大。

3.3　抗滑桩配筋计算结果

根据抗滑内力计算结果进行抗滑桩配筋计算。其中地下圆桩部分配筋为非均匀配筋。根据计算结果，受拉区配筋面积 $A_{sr}=51\,854mm^2$，受压区配筋面积 $A'_{sr}=10\,371mm^2$，箍筋 $A_{sv}/s=2095mm^2/m$。

地上矩形截面部分最大弯矩 17 596kN·m，最大剪力为 3585kN。配筋计算结果为受拉区纵筋 $A_s=26\,968mm^2$，受压区纵筋 $A'_s=4840mm^2$，箍筋 $A_{sv}/s=1827mm^2/m$。

4　监测设计

桩板墙防护区域布置六个表面变形监测点，分别位于抗滑桩 Z5、Z14、Z26、Z38、Z50、Z57 桩顶旁，以监测桩顶水平位移。选择抗滑桩 Z11、Z28、Z44 布置钢筋计，监测抗滑桩钢筋应力水平。等间隔选取 5 根抗滑桩，采用声波透射法检测抗滑桩桩身质量，桩身断面布置 4 根声测管。

5　结论

通过分析泸州金能移动能源产业园地质条件、场平布置和结构计算，将桩板式挡土墙应用于西北部填方边坡支护，满足了产业园布置的要求，保证了该部位高填方边坡的稳定和安全，创造了可观的经济效益，为类似工程提供了借鉴。

参考文献

［1］袁雪琪 . 边坡设计中桩板式挡墙的实践运用研究 ［J］. 低碳世界，2018（8）：42-43.

［2］谢雪梅 . 柱板式挡土墙在边坡支护中的应用 ［J］. 建筑安全，2018，33（5）：28-30.

［3］李怀珠 . 分析当前桩板式挡土墙的设计与应用 ［J］. 山西建筑，2015，41（23）：61-62.

作者简介

何奔（1990—），男，硕士，工程师，研究方向为结构工程设计与研究。

燕子山风电场边坡危岩治理设计简述

李 舸[1]　王健林[1]　黄光球[2]　刘春雪[3]　张 杰[1]

（1　中国电建集团昆明勘测设计研究院有限公司　2　国电广西新能源开发有限公司

3　桂林电器科学研究院有限公司）

［摘　要］　针对燕子山风电工程边坡处遗留的危岩，根据危岩可能存在的破坏机理，经地质调查、抗滑稳定敏感性分析，拟定危岩综合处理措施；在施工过程中，及时跟进优化方案，保证了该治理工程的安全经济。

［关键词］　燕子山　风电　危岩治理　边坡

1　工程概述

广西燕子山风电场位于桂林恭城县境内，安装 33 台单机容量为 1500kW 的风电机组。场地属于高山丘陵地貌，地势较高，风电场场址区地震烈度 6 级，地质条件较好。根据风力发电机机位布置，新建进场及场内道路总长约 50km。

由于风电场内地形较陡，道路沿线边坡岩体质量较好。由于道路工程建设难度大，场内主线道路主要采取爆破开挖方式，部分路段边坡在爆破后形成倒悬体。为此，参建各方对存在安全隐患的部分进行了逐一排查，并分析确定了危岩处理方案。

2　危岩地质条件及边坡失稳模式判别

根据地质勘察结果，场址区场地岩土层自上而下分为 3 层。第 1 层为粉质黏土；第 2 层为砾石土，为中至上更新统坡洪积成因；第 3 层为硅质砂岩，地质年代属寒武系水口群。

经现场排查，安全隐患最大的危岩共有 3 处，分别位于主线道路 K2＋500（4 号危岩体）、K2＋140（5 号危岩体）及 K1＋176（6 号危岩体）处。危岩处岩体主要为第 3 层硅质中～微风化砂岩，该岩层为中厚层状构造，灰黑色，岩石颜色新鲜，岩体较完整，坚硬，强度高，结构面和结构体基本未受破坏，岩体基本质量级别为 Ⅱ 级。

采用中国水利水电科学研究院开发的岩质边坡稳定分析程序—YCW 软件，对各危岩处边坡面的失稳模式进行分析。

2.1　3 号线 K2＋500 处危岩（4 号危岩体）

4 号危岩体的危险源离地面约 10m，岩体倒悬于边坡顶部，垂直坡面方向岩体沿层理分为三块。该段坡面分布主要结构面为节理面，共三组：①NW85°，SW70°，走向近似边坡走向，裂面起伏、粗糙，地表张开约 5～10cm，充填泥、岩屑，间距 30～50cm，延伸一般大于 2.0m；②NE40°，⊥，裂面平直、粗糙，无充填，间距约 1m，延伸一般为 2～

5m，最长约 10m；③NW70°，NE20°～25°，裂面平直、粗糙，无充填，间距约 1m，延伸一般为 2～5m，最长约 10m。

该路段边坡倾向为 NW293°，开挖边坡按 1∶0.3 放坡，倾角 73°。

经分析，各组节理及其组合均未落入滑动区或倾倒区，除危岩体倒悬存在安全隐患外，该段边坡的整体稳定性好，坡面不会产生结构面切割组成的楔形体破坏。

4 号危岩体及 4 号危岩体边坡整体失稳模式分析分别如图 1、图 2 所示。

图 1　4 号危岩体

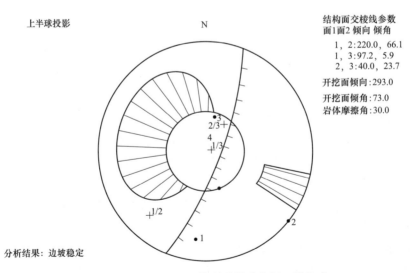

图 2　4 号危岩体边坡整体失稳模式分析（单位：°）

2.2　3 号线 K2＋140 处危岩（5 号危岩体）

5 号危岩体呈巨厚层状倒悬于边坡上部，离地面约 3m。该坡面处主要结构面为节理面，共两组：①NW15°，NE45°，顺坡向节理，裂面起伏、粗糙，延伸一般大于 10.0m；②NE45°，NW30°，裂面起伏、粗糙，无充填，延伸一般为 2～5m。

该路段边坡倾向为：SW243°，开挖边坡按 1∶0.3 放坡，倾角 73°。

经分析，节理及其组合均未落入滑动区或倾倒区，除危岩体倒悬存在安全隐患外，该段边坡的整体稳定性好，坡面不会产生结构面切割组成的楔形体破坏。

5 号危岩体及 5 号危岩体边坡整体失稳模式分析分别如图 3、图 4 所示。

图 3　5 号危岩体

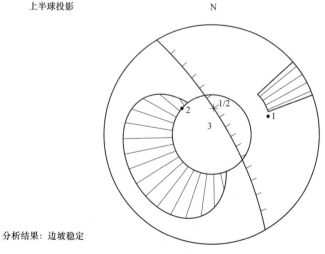

图 4　5 号危岩体边坡整体失稳模式分析（单位：°）

2.3　3 号线 K1＋760 处危岩（6 号危岩体）

6 号危岩体倒悬于边坡上部，离地面约 15m，从侧面看自稳条件尚可，但从其正下方可看到该危岩体被裂缝面分成了上下叠压的三块。坡面处主要结构面为节理面，共两组：①NW15°，NE45°，顺坡向节理，裂面起伏、粗糙，延伸一般大于5.0m；②NE45°，NW30°，裂面起伏、粗糙，无充填，延伸一般为1～3m。

该路段边坡倾向为：SW183°，开挖边坡按1∶0.3放坡，倾角73°。

经分析，节理及其组合均未落入滑动区或倾倒区，除危岩体倒悬存在安全隐患外，该段边坡的整体稳定性好，坡面不会产生结构面切割组成的楔形体破坏。

6号危岩体侧视图及正面仰视图分别如图5、图6所示，边坡整体失稳模式分析如图7所示。

图5　6号危岩体侧面图

图6　6号危岩体正面仰视图

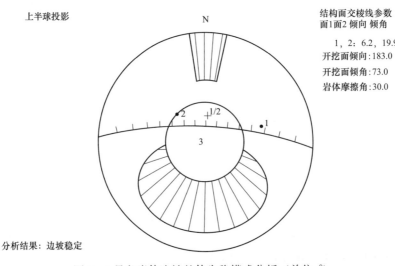

图7　6号危岩体边坡整体失稳模式分析（单位：°）

3 危岩抗滑稳定分析

3.1 计算及参数

经边坡失稳模式分析，4～6 号危岩处边坡整体稳定性均较好，各点处仅需针对危岩体进行抗滑稳定分析，确定危岩体处理方案即可。

抗滑稳定计算采用抗剪断公式计算，抗滑稳定计算岩体参数见表 1。

表 1　　　　　　　　　　抗滑稳定计算岩体参数

岩体类型	容重(kg/m³)	岩体		结构面		材料分项系数	
		f'	c'(MPa)	f	c(MPa)	a	b
花岗岩	2.6×10^3	1.30	3.0	0.75	0.1	1.2	3.0

采用刚体极限平衡方法计算危岩体的稳定安全系数。由于上述危岩体无法进行地勘详查，不能判断各危岩内部的拉裂面延伸情况，因此对拉裂面的连通情况进行了敏感性分析。危岩体受力分析如图 8 所示。

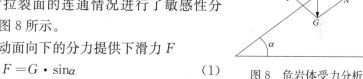

图 8　危岩体受力分析

图 8 中，重力沿滑动面向下的分力提供下滑力 F

$$F = G \cdot \sin\alpha \quad (1)$$
$$G = \rho V g \quad (2)$$

式中　G——块体重力；

　　　α——岩面倾角；

　　　ρ——块体密度；

　　　V——块体体积。

抗滑力 F' 主要由块体与岩面连接段和裂缝段间摩擦力及黏聚力决定：

$$F' = N'f_1 + Lc_1 \quad (3)$$
$$N' = G \cdot \sin\alpha \quad (4)$$
$$f_1 = \frac{f}{a}\xi + \frac{f'}{a}(1-\xi) \quad (5)$$
$$c_1 = \frac{c}{b}\xi + \frac{c'}{b}(1-\xi) \quad (6)$$

式中　f，f'——结构面及岩体抗剪参数；

　　　c，c'——结构面及岩体黏聚力；

　　　a，b——材料分项系数，取 $a=1.3$、$b=3.0$，对抗剪参数偏安全地折减；

　　　L——块体滑动面的总面积（包括岩桥连接段和裂缝段）；

　　　ξ——连通率（滑动面上裂缝面积占总滑面面积的比率），取 $0.1～0.9$。

3.2 危岩体抗滑稳定验算

各危岩体体型参数见表 2。

表 2   各危岩体体型参数

危岩体	岩面角 α（°）	体积（m³）	底面积（m²）	平均宽度（m）
4 号	63	4767	328	10.6
5 号	57	392	79	8.2
6 号	63	1239	113	9.3

将危岩体折算为单位宽度进行抗滑稳定计算，由于 6 号危岩体后部没有发现拉裂面，抗滑稳定计算方法不适用，因此未计算该危岩体的抗滑安全系数。

经分析，对于 4 号危岩体，当岩体后部裂缝（即潜在滑动面）连通率为 0.9 时，块体与岩面接触面 90% 不黏连，危岩抗滑稳定安全系数为 0.73，小于 1.0，因此岩体不能自稳。随着岩体后部连通率的减小，岩体安全系数逐渐增大，危岩安全系数为 1.0～3.2。

对于 5 号危岩体，即使在裂缝面连通率达 0.9，抗滑稳定安全系数最小为 1.63，仍大于 1.0。因此可初步判断，5 号危岩体不会出现滑移坠落。

4、5 号危岩体抗滑稳定安全系数见表 3。

表 3   危岩体抗滑稳定安全系数

危岩体	连通率	抗滑力 F'(N)	下滑力 F(N)	滑力差值（N）	安全系数
4 号危岩体	0.9	7 576 832.18	10 418 700.68	−2 841 868.50	0.73
	0.8	10 806 139.55	10 418 700.68	387 438.88	1.04
	0.7	14 035 446.93	10 418 700.68	3 616 746.25	1.35
	0.6	17 264 754.30	10 418 700.68	6 846 053.63	1.66
	0.5	20 494 061.68	10 418 700.68	10 075 361.00	1.97
	0.4	23 723 369.05	10 418 700.68	13 304 668.37	2.28
	0.3	26 952 676.43	10 418 700.68	16 533 975.75	2.59
	0.2	30 181 983.80	10 418 700.68	19 763 283.12	2.90
	0.1	33 411 291.17	10 418 700.68	22 992 590.50	3.21
5 号危岩体	0.9	1 623 552.75	1 108 883.46	514 669.29	1.46
	0.8	2 574 867.78	1 108 883.46	1 465 984.32	2.32
	0.7	3 526 182.81	1 108 883.46	2 417 299.35	3.18
	0.6	4 477 497.84	1 108 883.46	3 368 614.39	4.04
	0.5	5 428 812.88	1 108 883.46	4 319 929.42	4.90
	0.4	6 380 127.91	1 108 883.46	5 271 244.45	5.75
	0.3	7 331 442.94	1 108 883.46	6 222 559.48	6.61
	0.2	8 282 757.97	1 108 883.46	7 173 874.51	7.47
	0.1	9 234 073.01	1 108 883.46	8 125 189.55	8.33

4 危岩治理设计及方案实施

4.1 4 号危岩体治理方案

考虑到 4 号危岩体的抗滑稳定安全系数在后部裂缝面连通率较大时不满足安全要求，对该危岩体采取预应力锚索加固的方案。

锚索从危岩体侧面穿入，锚索方位角与危岩面侧面夹角 30°，下倾 15°，这样既能给危岩体提供向上的阻滑力，同时又能穿过危岩体间的缝面，提高危岩块体间的摩擦力。

采用 1800kN 级全黏结锚索，单根锚索长度 $L=25$m，共 6 根，呈梅花形布置。经计算，锚索内锚固段取 6m。4 号危岩体锚索布置如图 9 所示。

4.2 5 号危岩体治理

5 号危岩体的自稳条件稍好，为提高该岩体的抗滑稳定安全储备，对该岩体采取了锚索加固处理。采用 1800kN 级全黏结锚索，单根锚索长度 $L=28$m，共 4 根，下倾角 15°，锚索内锚固段取 6m。5 号危岩体锚索布置如图 10 所示。

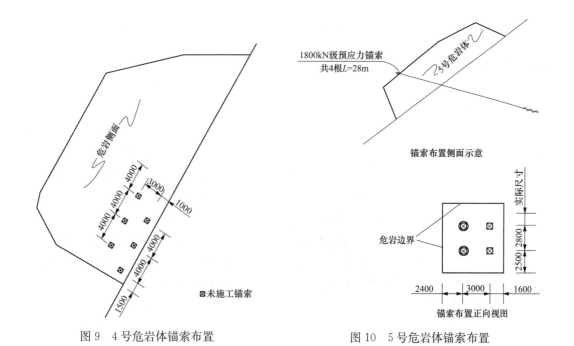

图 9　4 号危岩体锚索布置　　　　图 10　5 号危岩体锚索布置

4.3 6 号危岩体治理

对于 6 号危岩体，考虑到其下方是进升压站的必经之路，为确保运行人员的人身安全，决定采取预裂爆破法对该点进行卸荷。6 号危岩体左视、右视卸荷线分别如图 11、图 12 所示。预裂爆破从上至下的方式进行，按照自然层面分两步进行，先对块体①沿自然层面进行预裂爆破清除，再对块体②沿自然层面进行清除，保留块体③。

图 11 6 号危岩体左视卸荷线　　　　图 12 6 号危岩体右视卸荷线

4.4 施工期方案优化

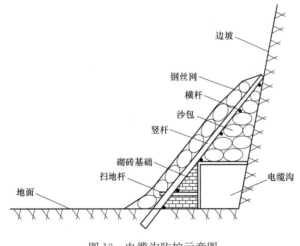

图 13 电缆沟防护示意图

在实际施工前，针对危岩下部道路的边坡坡脚集电线路预埋沟制定了专项防护方案，以保证在危岩清挖中巨石可顺防护坡缓冲滑落至电缆沟外侧。危岩爆破处理完成后，再将防护措施拆除。电缆沟防护示意如图 13 所示，方案具体措施如下：

（1）将电缆沟外侧采用 Mu10 红砖及 M10 水泥砂浆砌筑并养护，砌筑坡面与地面夹角为 45°～60°，并预埋与地面平行的扫地杆。

（2）电缆沟上平铺沙包，与所在位置水泥砂浆坡面角度一致，砌筑坡面与地面夹角为 45°～60°。

（3）选用粗壮木材搭设立杆，与横杆及其斜杆搭成构架置于沙包内。各杆间采用铅丝绑扎不小于 3 道，间距不大于 0.6m。

（4）构架外再次敷以沙包，外层用钢丝网绷紧，避免发生滑落。

（5）在进行危岩清挖时，及时清除防护坡面的巨石，以免堆积过重而滑塌。

5 小结及建议

通过现场地质调查、边坡失稳模式判别及危岩体抗滑稳定分析，设计不同的危岩体失稳模式，并提出了治理措施。同时，施工期间对方案进行了优化，确保了治理措施的施工。

值得注意的是，随着国内风电项目的开发，山地风电场工程建设难度逐渐加大，场内道路边坡问题也日益突出。参建各方应在项目建设前期充分重视，对危险性大的路段，施工方案宜遵循"弱开挖、强支护"的原则，既降低施工对山体的扰动，也可通过减少人工边坡的范围，降低后期工程边坡的环（水）保措施费，有效节约资源，实现风电场工程的绿色文明施工。

作者简介

李舸（1987—），汉，河北秦皇岛人，工程师，本工程设计总工程师，主要从事新能源项目岩土工程设计和咨询工作。

王健林（1986—），汉，贵州遵义人，工程师，本工程设计副总工程师，主要从事新能源项目地质勘察、设计和咨询工作。

黄光球（1984—），汉，广西来宾人，工程师，主要从事新能源工程管理和咨询工作。

刘春雪（1988—），汉，吉林白城人，助理工程师，主要从事新能源工程管理和咨询工作。

张杰（1976—），汉，云南昆明人，教授级高级工程师，主要从事新能源工程管理和咨询工作。

小湾水电站右岸边坡危险源综合治理

柴余松

（中国电建集团昆明勘测设计研究院有限公司）

[摘　要]　根据地质调查报告的相关成果及边坡稳定控制标准，对危险源进行了分类和定义，参考其他类似工程的治理措施，采用定性和半定量的分析方法，并结合现场施工条件，提出技术可行、合理经济的工程措施。

[关键词]　小湾水电站　边坡　危险源　综合治理

1　概述

小湾水电站工程位于云南省大理白族自治州南涧彝族自治县和临沧市凤庆县交界的澜沧江中游及其左岸主要支流黑惠江交汇点下游 1.5km 处。该工程以发电为主兼有防洪等综合利用任务，是澜沧江中下游河段八个梯级电站的"龙头"水库工程，是澜沧江中下游河段规划八个梯级的第二级，属大（1）型一等工程。小湾水电站采用双曲混凝土拱坝挡水，最大坝高 294.5m，水库正常蓄水位 1240m，水库校核水位 1242.51m，总库容 $150\times10^8 m^3$，调节库容 $99\times10^8 m^3$，总装机容量 4200MW，保证有功功率 1778MW，多年平均发电量 $190\times10^8 kW\cdot h$。工程于 2002 年 1 月 20 日正式开工建设，2009 年 9 月 19 日实现首台机组投产发电，2010 年全部机组投产发电。

小湾水电站开工建设以来，各类工程边坡均整体稳定，运行正常。由于岸坡地形陡峻，物理地质现象发育，加上自然条件和风化卸荷的影响，工程开口线以外的自然边坡易产生边坡"局部不稳定体"，其所在位置相对较高，在诱发因素作用下失稳会对其下方的建筑物和人员安全构成严重威胁。在自然条件下（尤其在降雨或大风等作用下），开口线以外的自然边坡可能以崩塌、坠落、滑落等破坏模式发生，进而可能造成工程区内的人员伤亡和财产损失。将自然边坡受到破坏产生的强卸荷松弛岩体（危岩体）、危石、孤石（群）、松散堆积体及滑坡堆积物等定义为危险源。

2011 年 7 月 23 日 19：00 左右，小湾水电站遭受强暴雨天气，造成电站运行区内多处山体滑坡。右岸 500kV 开关楼交通洞以上边坡发生局部滑坡，造成右岸上坝公路堵塞，消防供水管道、生活供水管道、高低位消防水池水位计信号传输线路破坏。此次滑坡造成了较大的经济损失，影响了电厂的正常运行。滑坡后右岸上坝公路现场如图 1 所示。

经现场查勘，小湾水电站右岸 3～5 号山梁 1245m 高程以上边坡危险源需要综合治理的区域位于右岸上坝公路以上、500kV 开关楼与地面控制楼之间，该区域属于枢纽工程区设计范围以外，表层岩体风化严重，未采取系统支护加固处理措施。在雨季和大风天气下，该区域已发生过岩体坍塌、落石等事故，对下方上坝公路交通造成了重大威胁。该区域危险源分布高程为 1298～1798m，水平范围约为 300m，右岸 3～5 号山梁边坡危险源综合治理范围示意图如图 2 所示。

图 1　滑坡后右岸上坝公路现场

图 2　右岸 3～5 号山梁边坡危险源综合
治理范围示意图

2　边坡危险源综合治理区基本条件

2.1　地形条件

根据危险源调查分布结果，治理区整体范围为 3～5 号山梁，高程 1245～1800m。3～5 号山梁之间为豹子洞干沟，为明显的山梁夹冲沟地形。总体地形从上往下逐渐变陡，大致以 1430m 高程为界，1430m 高程以上范围整体地形坡度 30°～50°，1245～1430m 高程范围整体地形坡度 50°～60°。

2.2　地表岩土体特征及其分布

1430m 高程以上植被覆盖较好，地表以坡积层、崩塌堆积层为主。1245～1430m 高程则以基岩出露为主，部分为坡积层和崩塌堆积物所覆盖。

1430m 以上 3 号山梁区域以坡积层覆盖为主，碎石土、砂质粉土混少量崩塌块石，基岩出露较少，在豹子洞干沟侧陡坡段可见部分基岩成片出露区，岩体破碎，节理裂隙发育。5 号山梁区域则多为崩塌堆积、坡积混崩塌堆积分布，1585m 高程以上以坡积碎石土为主混崩塌堆积块石，1585～1430m 高程则以崩塌堆积大块石为主，其豹子洞干沟侧区域部分基岩出露，岩体节理裂隙较发育，完整性一般，部分为坡积层覆盖区，以砂质粉土为主，混少量块石。

1245～1430m 高程范围内 a 号、b 号、d 号 3 个小山梁区块均以基岩出露为主，坡面少量薄层坡积层分布，其中 a 号、b 号小山梁区块基岩节理一般发育，岩体相对完整；d 号小山梁区块节理裂隙发育，岩体破碎；c 号、e 号两个小山梁区块相对复杂，坡积层、崩积层、基岩均有分布。c 号小山梁区块 1340～1370m 高程段为崩塌堆积大块石集中分布段，1245～1340m 则多为基岩出露，岩体完整性一般。e 号小山梁区块薄层坡积含碎石沙质粉土分布较多，沿山脊线和小冲沟部分基岩出露，另外山脊线部位 1315～1365m 高程多为崩塌块石堆积。

2.3 植被分布情况

综合治理区植被分区属于滇中北亚热带滇青冈、栲类、云南松区。区内植被类型主要分为亚热带针叶林、阔叶林、灌丛、灌草丛四大类，其分布存在从高往低依次序垂直分带分布的规律。另外综合治理范围内植被分布受地形控制和人类工程活动影响较大。总体来讲，缓坡地段植被覆盖情况相对较好，陡坡地段基岩出露，植被较差；综合治理区从上往下地形坡度逐渐变陡，植被亦逐渐稀疏。区内植被覆盖情况分为以下 5 类：①植被茂密区，为茂密针叶林、阔叶林覆盖；②植被较好区，为针叶林、阔叶林覆盖；③植被稀疏区，为疏朗的针叶林、阔叶林和部分灌草丛所覆盖；④植被差区，为部分灌丛、灌草丛所覆盖；⑤人工边坡区，无植被覆盖。

2.4 边坡危险源的形成条件和影响因素

边坡危险源的形成是多种内部因素和外部因素综合影响的结果，内在因素是危险源形成的物质基础，主要有地形地貌、地层岩性和地质构造等；外部因素主要对内在因素起作用，是危险源破坏失稳的诱发因素，主要包括降雨、地下水、地震、风化作用、卸荷作用、植物和人为因素等。内外因素相互作用，决定了危险源的形成与发展。

3 危险源稳定性评价标准

3.1 定性评价标准

环境边坡危险源有土质及岩质，现阶段通过定量计算来判别其稳定性状态的方法还不是很成熟。很多危险源由于边界条件确定困难，没有办法通过定量计算来判别其稳定性状态，同时现有的定量计算方法大多对边界条件采取概化处理，也使得稳定性系数计算存在片面性。因此，大多数危险源的稳定性评价以现场定性判别为主，遵循工程地质类比法的思想，根据地质专业提供的危险源调查报告的结论，得出危险源野外稳定性判定标准。危险源野外稳定性判定标准见表 1。

表 1　　　　　　　　　　　　危险源野外稳定性判定标准

稳定状态	评 判 因 素		
	边坡坡度	边界条件特征	变形、破坏特征
不稳定	>60°	岩体主控结构面全部张开，部分充填岩屑等，结构面不利组合完备，完全与母体分离，部分倒悬；孤块石底部架空且前缘陡坡临空或底部为松散坡积砂土层	新近变形、破坏迹象明显，岩体倾倒变形，产状偏转或滑移变形；孤石或孤石群下覆第四系受淘蚀，受压岩块破碎变形
欠稳定	45°~60°	岩体主控结构面普遍张开或连通率高，部分充填岩屑等，结构面不利组合完备，部分次要结构面断续张开；孤块石底部架空且前缘临空或底部为坡积砂土层	新近变形、破坏迹象局部明显，岩体有小幅度的产状偏转、滑移；孤块石下覆第四系局部受淘蚀等

续表

稳定状态	评 判 因 素		
	边坡坡度	边界条件特征	变形、破坏特征
基本稳定	30°～45°	岩体主控结构面张开度较小，结构面不利组合较完备，四周有张开或断续张开的结构面，部分结构面连通率较低；孤块石底部无架空或支撑岩块较稳固	无明显处于临界状态的变形破坏迹象，无新近变形破坏迹象
稳定	<30°	岩体结构面多闭合或断续张开，基本无充填，主控结构面连通率较大，不利组合，多不完备；孤块石嵌入坡积层中或底部为密实坡积层或前缘缓坡	无明显处于临界状态的变形破坏迹象，无新近变形破坏迹象

对于体积较大、边界条件明确的危险源，其稳定性计算以定性判别结合定量计算确定，定量计算主要参考现有规范中关于危岩体稳定性计算及稳定性程度的有关规定。必须说明的是，由于认识程度有限，定量计算评价未能将各种破坏现象的判断依据尽述其中，具体危险源的评价应根据具体情况进行分析，不同危险源系统都有各自的特点，各种因素对其稳定性的影响程度也不一样，因此其稳定性评价较为复杂，定量计算只作为辅助判别手段。

3.2 综合治理区危险源稳定性整体评价

根据地质专业调查成果，区内危险源以孤石（群）、危石、危岩体类危险源为主，高位覆盖层类危险源分布少。总体来讲各类危险源现场情况复杂多样，边界条件难于概化，以工程地质类比辅以适当的定量计算评价其稳定性是比较合适的，各类危险源的稳定性状况分析遵循上述评价标准。

现场调查结果表明：小湾水电站枢纽区右岸 3～5 号山梁 1245m 高程以上高位边坡共分布危险源 146 处（区），其中 1430m 高程以上分布 74 处，1245～1430m 分布 72 处（区）。从危险源的规模上看，危险源体积大于 5000m³ 的有 1 处（区）、1000～5000m³ 的有 2 处（区）、100～1000m³ 的有 26 处（区）、10～100m³ 的有 57 处（区）、小于 10m³ 的有 60 处。通过对危险源的稳定性分析和量化判断，查明调查区稳定性差的危险源有 76 处（区），基本稳定的危险源有 70 处（区）。

4 边坡危险源综合治理措施

边坡危险源防治的常规工程措施可分为主动加固治理和被动防护两类。主动加固治理的技术措施包括支撑、锚固、封填与嵌补、灌浆、挂网喷护、串联锚固、SNS 主动防护系统、排水及清除等。被动防护的技术措施包括拦石墙、拦石栅栏、落石平台、落石槽、遮挡（明洞或棚洞）、SNS 被动防护系统以及森林防护技术等。各类防护措施适用于不同类型的危险源，应根据危险源的具体发育特征、场地施工条件等针对性选用。对孤石

（群）类危险源通常采取串联、支撑、SNS 主动防护网、封填与嵌补、人工清理等并结合 SNS 被动防护系统措施处理；对高位覆盖层类危险源一般可采用生物治理（植被覆盖），并结合 SNS 主动防护网处理；对危石、危岩体类危险源一般主要采取锚固、SNS 主动防护系统、支撑等并结合 SNS 被动防护系统措施处理。通过对调查区地形地质条件、危险源分布状况、工程设施布置的分析可知，该区域危险源综合治理防护对象主要为右岸交通通行安全，重点是右岸坝顶公路交通通行安全。对坝顶公路增设交通明洞，并对 1245～1430m 高程局部大型、不稳的孤石采取主动防护措施，1430m 高程以上的综合治理方案对已有设施进行适当加固、完善为主。

4.1 右岸坝顶公路交通明洞布置方案

右岸坝顶公路交通明洞布置于地面控制楼附近至 5 号山梁处，覆盖了受 1245m 高程上部危险源威胁路段，总长度为 265m，明洞与开关楼交通洞连接处设置分岔口。明洞断面建筑限界系根据《公路隧道设计规范第二册　交通工程与附属设施》（JTG D70/2—2014）拟定，采用净高 702.4cm、净跨 850cm 的圆拱直墙形，在运输大件时可短时管制交通，让运输大件车辆从路面中央行驶通过。明洞每隔 20m 设置一道结构缝，缝宽 2cm，缝内设一道橡胶止水，缝面填充聚乙烯闭孔泡沫防水板。考虑承受的外部荷载及落石下坠的冲击力，明洞采用 60cm 厚的钢筋混凝土衬砌，同时顶部回填 80cm 厚的素土，以减轻落石对明洞的损害。明洞靠江测设置采光通风孔，孔尺寸为 3m×3.17m，净距为 3m。根据危险源现场实际情况和防护对象，同时考虑经济因素，明洞承受的外部荷载（包括落石下坠的冲击力）取 80kN/m，经结构计算后，明洞衬砌内外侧均采用 ϕ25@200 的环向受力筋及 ϕ16@200 的纵向分布筋。为提高明洞基础部位的地基承载力，在明洞底部两侧各设置两排砂浆锚杆 ϕ25，总长度为 3m，外露 1m，间距 1m，梅花型布置。

为减少落石越过明洞坠入下部水垫塘的概率，在明洞顶部靠江测设置 5m 高的 SNS 被动防护网。

4.2 1245～1430m 高程危险源治理方案

根据现场危险源分布情况，对 1245～1430m 高程局部大型、不稳的孤石采用素混凝土嵌补孔洞、SNS 主动防护网及锚筋桩加固等主动防护措施。

4.3 1430m 高程以上危险源治理方案

考虑清坡清运施工难度较大、安全问题突出且清坡及爆破施工可能对目前稳定边坡产生不利影响等原因，不宜开展大范围清坡及爆破。因此 1430m 高程以上（即 3 号山梁区、5 号山梁区、沟心区等）的综合治理方案对已有设施进行适当加固、完善，要求对原凤小公路从凤山隧道进口至豹子洞沟沟心段挡墙及被动防护网进行检查，对破损部位进行修复。开关楼后方边坡 1430m 高程附近部分危险源将采用适当的加固措施，加固措施同样采用主动防护网和锚筋桩进行加固。

5 结语

由于边坡危险源边界条件复杂，无法采用定量的计算方法进行精确计算。因此，在本次综合治理完成后，建议加强日常巡视和监测，发现异常情况及时上报，并根据实际情况

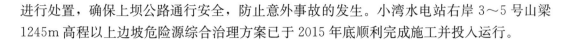

进行处置，确保上坝公路通行安全，防止意外事故的发生。小湾水电站右岸 3～5 号山梁 1245m 高程以上边坡危险源综合治理方案已于 2015 年底顺利完成施工并投入运行。

参考文献

[1] 周新国，郭波，汪志刚．小湾水电站右岸自然边坡危险源发育特征及分布规律［J］．科学家，2017 （8）：11，29.

作者简介

柴余松（1980—），女，苗，贵州余庆人，高级工程师，主要从事水工建筑物设计工作。

甲岩水电站进水口优化设计及应用

高志芹

（中国电建集团昆明勘测设计研究院有限公司）

[摘 要] 甲岩水电站进水口地形较陡，岩体较完整，可研阶段确定采用岸塔式进水口。施工图阶段根据现场地形和地质条件，对进水口进行了设计优化调整，进水口闸门部分改为井挖，采用竖井式进水口。优化调整后的进水口体型更符合工程实际，结构更安全合理并节约了工程投资，对类似工程具有参考借鉴意义。

[关键词] 甲岩水电站 进水口 优化设计 边坡

1 工程概况

甲岩水电站工程位于云南省昆明市禄劝县则黑乡。水库为Ⅱ等大（2）型工程，正常蓄水位 998.00m，相应库容 $1.62 \times 10^8 m^3$。电站属Ⅲ等中型工程，装机容量 240MW。枢纽工程由拦河坝、左岸溢洪道、左岸泄洪冲沙（兼放空）洞、右岸泄洪（兼导流）洞、左岸引水发电系统等组成。

电站进水口位于左岸，可研阶段初选体型采用岸塔式进水口。施工图阶段根据现场地形和地质条件，对进水口进行了设计优化，调整为竖井式进水口。优化后的进水口体型更符合工程实际，结构更安全合理并节约了工程投资，对类似工程具有参考借鉴意义。

2 引水发电系统进水口可研阶段布置

2.1 进水口地质条件

进水口位于一凹地形，地形坡度 32°，凹槽部位地表主要为坡崩积层，厚度为 15～25m。凹槽两侧有基岩出露，岩层为澄江组（Z_ac）的砂岩，岩层产状 N20°～W25°，NE20°～30°。进水口部位岩体中未发现Ⅱ级及以上断层，揭露到 F_2Ⅲ级断层及一些Ⅳ级层间断层、挤压面，岩体中层理面发育，基岩岩体结构主要为镶嵌状结构。进水口部位全、强风化岩体仅局部发育，厚度一般较小，第四系覆盖层以下即为弱风化岩体；强卸荷岩体一般仅分布于局部的浅表部位，卸荷岩体水平埋深一般为 40～50m。进水口边坡为顺向坡。

2.2 进水口布置

由于进水口地形较陡、岩体较完整且稳定，可研阶段经初步比选采用岸塔式进水口。岸塔式进水口为背靠岸坡的塔形结构进水口。

岸塔式进水口剖面如图 1 所示。塔体混凝土量约 1.5 万 m^3。

进水口底板高程为 950.0m，塔身尺寸（长×宽×高）为 35.887m×22.5m×58.5m，顶部平台高程 1006.00m。进水口前沿设斜拦污栅，倾角 75°，拦污栅尺寸为 3～4.5×17.5m。进水口设一扇检修事故闸门，检修事故门孔口尺寸（宽×高）为 7.0m×8.0m。

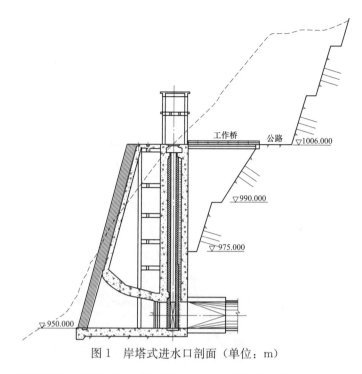

图 1　岸塔式进水口剖面（单位：m）

由于进水口地形较陡，开挖边坡高度约 130m，开挖量达约 8 万 m^3。进水口开挖平面及最大开挖剖面分别如图 2、图 3 所示。

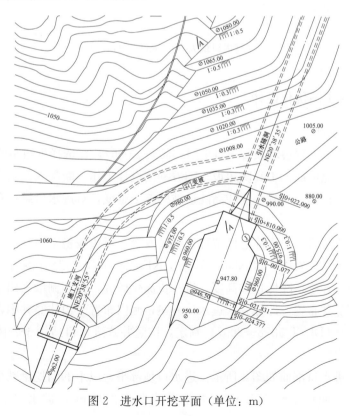

图 2　进水口开挖平面（单位：m）

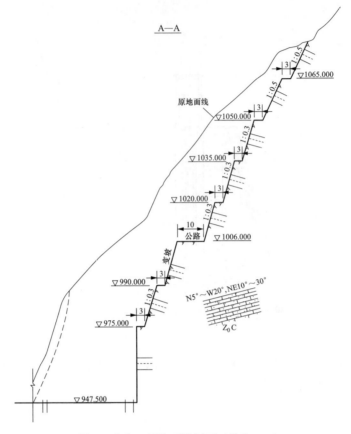

图 3　进水口最大开挖剖面（单位：m）

3　电站进水口施工图优化设计

3.1　进水口优化设计

依据《水利水电工程边坡设计》（DL/T 5353—2006），在选择枢纽布置方案和建筑物设计时，应尽量避免形成人工高陡边坡。随着勘测设计工作不断深入，基本资料以及实物地质勘探资料不断充实，为减小险峻高陡边坡的施工难度，对进水口结构布置及其边坡进行了优化设计。

经进场施工道路揭示，岩体总体节理裂缝较发育，对边坡稳定不利，高边坡支护量较大。岩体产状近水平，岩层产状 N20°～W25°，NE20°～30°，对竖井围岩稳定有利。为充分利用地形、减小开挖、降低边坡高度、进一步深化研究，拦污栅墩采用岸塔式布置，事故检修闸门采用竖井布置，即竖井式进水口方案，闸门布置于山体竖井中，依据《水电站进水口设计规范》（DL/T 5398—2007）判定，该竖井式进水口适用于岩体完整、稳定且便于对外交通的岸坡。

闸门竖井式进水口剖面如图 4 所示，进水口顶部平台以下的明挖量减少，进水口后边坡高度仅约 40m，明挖量约 5 万 m^3，开挖量减少约 3 万 m^3；进水口结构混凝土量约

6600m³，混凝土量减少约 8400m³，大大节约投资且降低施工难度，保障运行安全。

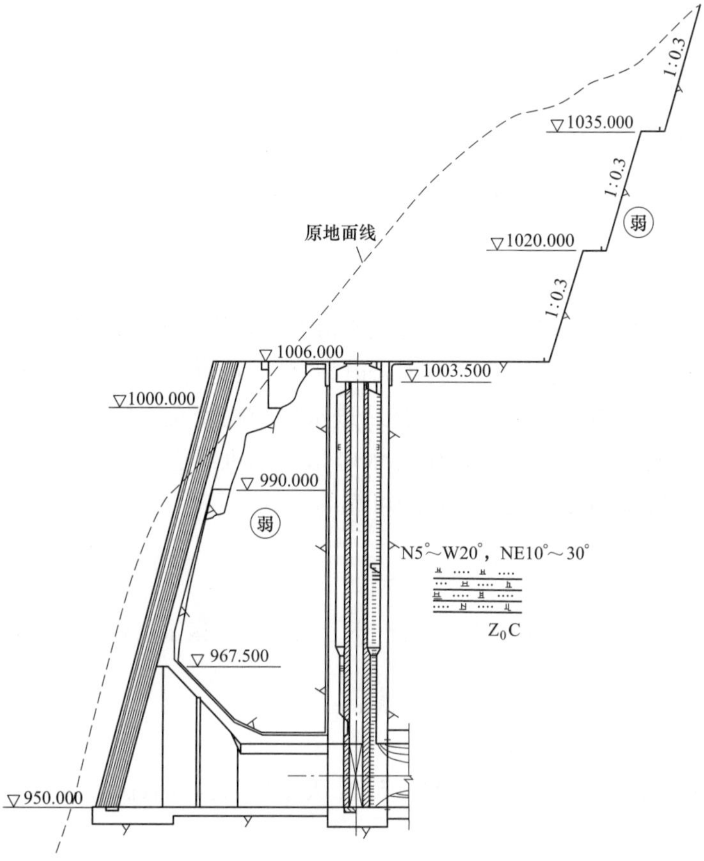

图 4　闸门竖井式进水口剖面（单位：m）

3.2　进水口稳定分析

　　进水口拦污栅墩依托山体布置，事故检修闸门采用竖井布置。从进水口的受力情况看，正常运行时进水口位于水库中，对进水口稳定的不利荷载仅为风浪压力，坝址位于河湾处，风浪压力较小。因此，各种工况作用下不存在抗滑和抗倾覆稳定问题，闸室稳定满足要求，仅验算地基承载力。经计算，可得出各种工况作用下地基应力，进水塔地基应力计算见表 1。

　　进水口基础置于弱风化砂岩中，地基允许承载力为 4.0MPa。由表 1 中可见，地震工况最大应力仅为 0.5MPa，地基承载力满足要求。

　　事故检修闸门井为竖井结构，竖井部位为矩形断面的垂直井筒。在运行期内外水平衡，在施工期和检修时，由于是前止水，只有外水作用为最不利工况。选取不同高程多个断面，采用理正软件进行计算，经计算受力和裂缝宽度均满足规范要求。

　　为确保进水口安全，塔基布置了基础锚杆，拦污栅墩混凝土墙与边坡连接处布置了锚杆，增加了进水口的安全裕度，确保优化后的进水口结构安全。

表 1 进水塔地基应力计算

计算工况	计算水位（m）	地基应力（MPa）		备注
		上游最大应力	下游最大应力	
空 库		0.25	0.4	—
运行期	998.00	0.01	0.2	正常蓄水位
地 震	998.00	0.03	0.5	正常蓄水位

4 结语

施工图阶段，根据进水口实际揭露的地质情况，岩体节理裂隙较发育，岩体产状近水平，为避免高边坡，减少工程投资，对甲岩电站进水口进行了优化调整，电站进水口由岸塔式调整为竖井式。对本工程来说，调整后进水口结构安全，施工难度降低并节约了投资，对类似工程具有参考借鉴意义。甲岩水电站全部机组已于 2014 年 6 月底投产发电，至今运行正常，实践证明优化设计是合理可靠的。

参考文献

[1] 赵洪明，等. 甲岩水电站可研性研究报告［R］. 昆明，中国水电顾问集团昆明勘测设计研究院，2008.
[2] 王仁坤，张春生. 水工设计手册（第 2 版）第 8 卷 水电站建筑物［M］. 北京：中国水利水电出版社，2013.
[3] 杨欣先，李彦硕. 水电站进水口设计［M］. 大连：大连理工大学出版社，1990.

糯扎渡水电站调压室优化设计及应用

高志芹

（中国电建集团昆明勘测设计研究院有限公司）

[摘　要]　由于糯扎渡水电站调压室规模巨大，为适当控制地下洞室开挖规模、降低施工难度，通过水力过渡过程数值分析和模型试验优化调压室体型，并论证了合理利用导流洞减小调压室断面尺寸的可行性，对类似电站具有借鉴作用。

[关键词]　调压室　导流洞　水力过渡过程　优化设计

1　引言

糯扎渡水电站位于云南省普洱市思茅区和澜沧县交界处的澜沧江下游干流，是澜沧江中下游河段梯级规划"二库八级"电站的第五级。该水电站属大（1）型一等工程。该工程以发电为主，并兼有下游景洪市的城市、农田防洪及改善下游航运等综合利用任务。水库总库容 237.03 亿 m^3，电站装机容量为 5850MW（9×650MW）。枢纽建筑物由心墙堆石坝，左岸开敞式溢洪道，左、右岸泄洪隧洞，左岸地下引水发电系统，导流工程等组成。

为有效利用调压室改善水轮机负荷变化时的运行条件及系统供电质量，糯扎渡水电站布置有三个地下调压室，采用"三机一室一洞"的布置方式，即三条尾水支洞汇入一个调压室，每个调压室接一条尾水隧洞。

在可行性研究阶段，该工程选用圆筒式调压室，三个调压室井筒内径均为 33m，净高 89.5m，这将在地下形成大规模的洞室群，给施工带来一定的难度和安全隐患。为了减小尾水调压室规模、降低施工难度、确保施工安全，在招标设计阶段结合利用 2 号导流洞对尾水调压室进行了优化设计。通过水力过渡过程研究，验证了优化设计方案的合理性，论证了利用导流洞减小调压室断面尺寸的可行性，对类似电站具有借鉴作用。

2　调压室优化设计方案

尾水调压室平面布置示意如图 1 所示。由于 1 号尾水隧洞后段与 2 号导流洞相结合，为利用 2 号导流洞优化调压室创造了条件。

经过对 2 号导流洞初步分析，可将堵头向上游移动，利用该段导流洞容积对调压室进行优化，并在靠近堵头处设置通气孔。优化方案初步确定为利用 2 号导流洞长度约 230m，即导流洞堵头向上游移动约 230m，1 号调压室井筒内径由原来的 33m 优化至 28m，2 号、3 号调压室井筒内径由原来的 33m 优化至 30m。

调压室设计采用圆筒结构，顶拱为球面，下部设置阻抗孔。三个尾水调压室在井筒上部连通，设置连通上室，连通上室内布置驼峰堰。调压室剖面示意如图 2 所示。

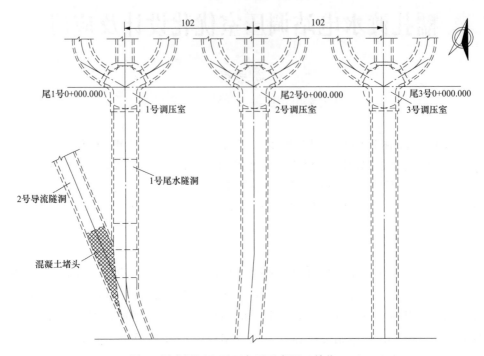

图 1   尾水调压室平面布置示意图（单位：m）

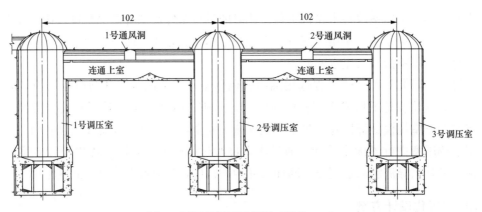

图 2   调压室剖面示意图（单位：m）

3   水力过渡过程研究论证

由调压室、尾水隧洞、导流洞组成的地下洞室群较为复杂，为确定优化方案是否可行，需进行水力过渡过程研究。

3.1   数值计算

数值计算研究内容主要是尾水调压室稳定断面面积核定、大波动水力过渡过程计算、小波动水力过渡过程计算、水力干扰分析等。

根据《水电站调压室设计规范》（DL/T 5058—1996），调压室的稳定断面面积按托马准则计算并乘以系数 K 决定。经计算，1 号调压室稳定断面：$214.216m^2$，直径 16.5m；2 号调压室稳定断面：$241.8m^2$，直径 17.5m；3 号调压室稳定断面：$233.609m^2$，直径 17.2m，系数 K 均大于 1，满足规范要求。经各种工况的计算，优化方案的大波动计算结果、小波动计算结果、水力干扰分析均满足要求。

其中 2 号导流洞对调压室水位的影响结果如下：由于 2 号导流洞的高程比较低，一般不会对调压室的最高水位有影响，下游高尾水位时，导流洞的水体在通气孔中上下波动，通气孔面积很小，导流洞对调压室最高水位几乎没有影响。因此，施工导流洞的作用主要体现在对调压室最低水位的影响。另外为改善 2 号导流洞中水体流态，防止尾水隧洞中进气，在 1 号尾水隧洞和 2 号导流洞交岔口上游侧设置阻流板，阻流板示意如图 3 所示。

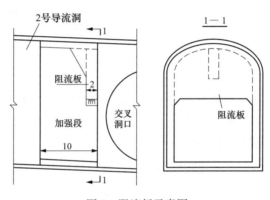

图 3　阻流板示意图

计算表明：导流洞对提高调压室最低水位的作用是十分明显的。在相同调压室断面积的条件下，导流洞可以提高调压室最低水位约 6m；在满足淹没深度条件下，导流洞至少能减小调压室断面积 10% 以上。导流洞内的水位高于导流洞洞顶高程，因此 2 号导流洞中的气体不会进入 1 号尾水隧洞，满足设计要求，优化方案可行。

3.2　模型试验

模型试验主要内容包括量测尾水调压室各种可能工况的最高、最低涌浪及波动过程；根据大波动各工况试验结果和 2 号导流洞洞内流体的流态和洞内气体的波动，适当优化导流洞的结构。本文重点对 2 号导流洞的试验结果进行说明。

在电站大波动过程中，由于 2 号导流洞内的水体对 1 号尾水洞有较好的补水作用，因此，1 号尾水调压室内的水位波动振幅明显减小。为了保证 2 号导流洞在较低的下游尾水位时，导流洞中的气体不进入尾水隧洞，并有比较大的安全裕度，在 1 号尾水洞和 2 号导流洞交岔口上游侧的 2 号导流洞洞顶设置阻流板，以期改善导流洞中的流态和阻止气体进入下游尾水隧洞。

通过模型试验观察，2 号导流洞内部各测点的压力变化过程与调压室的水位波动过程是一致的，各测点的最小压力的发生时间与调压室最低涌浪的发生时间比较一致，并且控制工况完全相同。阻流板能够完全阻止所有工况下 2 号导流洞中的气体进入下游 1 号尾水隧洞，阻流板后水体无翻滚，亦没有气体卷入。在导流洞阻流板上游处，随着 1 号调压室内水体的波动，导流洞内水体被推向上游或下游，虽然内部也有夹气现象，但在波动过程中，气体完全可以顺利地由通气孔最终排出。

模型试验与数值计算的结论一致，即导流洞对抬高尾水调压室最低涌浪作用较明显，因此利用导流洞优化调压室是可行的。

4　调压室优化设计应用实践

施工阶段，项目业主单位积极协调施工单位，在设计单位的技术指导下，按照优化设计方案精心组织施工调压室地下洞室群，共计减少开挖量约 4 万 m³，减少混凝土衬砌量约 2 万 m³，取得了良好的经济效益。糯扎渡水电站首台机组于 2012 年投产发电，调压室投入运行，至今安全正常运行，实践证明调压室优化设计是合理可靠的，优化设计应用价值明显。

5　结语

调压室是地下引水发电系统中重要的建筑物。糯扎渡水电站调压室直径大，施工难度大，因此有必要对调压室优化进行研究。结合调压室、尾水隧洞、导流洞的布置，经过数值计算和模型试验研究证明：利用导流洞来减小调压室面积是可行的。实践运行证明调压室优化设计是合理可靠的，并获得较好的应用价值，对其他电站具有借鉴作用。

参考文献

[1] 张宗亮，袁友仁，赵洪明，等 . 糯扎渡水电站可行性研究报告 [R]. 昆明：国家电力公司昆明勘测设计研究院，2003.

[2] 华东水利学院 . 水工设计手册　第七卷　水电站建筑物 [M]. 北京：水利电力出版社，1988.

[3] 赖旭，陈玲，何伟，等 . 糯扎渡水电站过渡过程数值计算报告 [R]. 武汉：武汉大学水利水电学院，2007.

[4] 赖旭，陈玲，王丹伟，等 . 利用导流洞减小调压室断面积数值仿真 [J]. 武汉大学学报（工学版），2008，41 (5)：5-9.

[5] 赖旭，王丹伟，何伟，等 . 糯扎渡水电站尾水调压室设计优化水力学模型试验研究报告 [R]. 武汉：武汉大学水利水电学院，2007.

[6] 王丹伟，赖旭，刘兴宁，等 . 利用施工导流洞优化尾水调压室体型试验研究 [J]. 水电能源科学，2008，26 (4)：97-100.

黄登水电站工程金属结构设计与布置

尹显清　贾海波　王处军

（中国电建集团昆明勘测设计研究院有限公司）

[摘　要]　本文介绍了黄登水电站泄水建筑物、引水建筑物、尾水建筑物和导流建筑物四个系统的金属结构设备的设计、布置及操作条件，并简述闸门和启闭机设备的操作运行。

[关键词]　黄登水电站　金属结构　设计与布置　操作运行

1　工程概况

黄登水电站位于云南省怒江州兰坪县内，为澜沧江上游河段规划中的第六个梯级，其上游与托巴水电站衔接，下游梯级为大华桥水电站。该电站以发电为主，电站建成后可发展旅游、库区航运，改善流域环境，促进地区社会经济与环境协调发展。

黄登水电站正常蓄水位 1619m，死水位 1586m，正常蓄水位相应的库容为 15.49 亿 m^3，具有季调节能力，校核洪水位 1622.73m，总库容 16.7 亿 m^3。最大坝高为 203m，装机容量 1900MW。本工程为大（1）型，工程等别为一等。电站坝址距营盘镇公路里程约 12km，距兰坪县城约 67km，距昆明市约 631km。

黄登水电站金属结构设备根据水工枢纽布置分为泄水建筑物、引水建筑物、尾水建筑物、导流建筑物四个系统。整个电站共设有闸门及拦污栅 49 扇，门槽及拦污栅槽埋件 70 套，各类启闭机 17 台。

2　泄水建筑物闸门及启闭设备的设计与布置

泄水建筑物闸门及启闭设备系统包括溢洪道表孔闸门及启闭设备，左、右泄洪放空底孔闸门及启闭设备。

2.1　溢洪道表孔闸门及启闭设备

溢洪道是本工程的主要泄洪设施之一，布置在坝身，共分为三孔，设有表孔检修闸门和表孔工作弧门。

2.1.1　溢洪道表孔检修门

溢洪道表孔共设 3 孔 1 扇检修闸门。闸门孔口尺寸（净宽×高）为 15.0m×21.0m，堰顶高程 1598.00m，底槛高程 1597.646m，设计水头为 21.522m，总水压力 35 517kN。闸门为平面滑动钢叠梁型式，下游止水。门叶总高度为 21.84m，分七节制造、运输，在现场连成三大节，其中上面四节每两节连成一大节，另外三节连成一大节。闸门的操作条件为静水启闭，启门时先动水提起上面一大节门叶，形成一个小开度，通过两大节门叶节间的间隙对检修门和工作门之间的空腔进行充水。待充水平压后，再分别静水提起两大节门叶。闸门平时的存放及检修均在位于溢流坝段右端的储门槽内进行。闸门为双吊点，采用 2500kN 的双向坝顶共用门机带液压自动抓梁操作，该门机坝上扬高为 13m（自动抓梁下部吊轴中心至坝顶），总扬程为 90m。

2.1.2　溢洪道表孔工作弧门

检修闸门后设 3 孔 3 扇表孔工作弧门。闸门孔口尺寸（净宽×高）为 15.0m×21.0m，堰顶高程 1598.00m，底槛高程 1597.262m，设计水头为 22.5m，总水压力 38 216kN。闸门为两斜支臂、主横梁、圆柱铰的露顶式弧形闸门，门叶总高度为 22.5m，分 8 节制造、运输，现场拼装。闸门的操作条件为动水启闭，局部开启以控制流量，局部开启时要求避开闸门的振动区。闸门为双吊点，每扇闸门采用 1 台（套）2×4000kN、最大行程为 10m 的上翘式液压启闭机进行操作。液压启闭机的油缸一端设置在闸墩上，另一端和闸门吊轴连接。每套启闭机配置一套泵站，每套泵站设备用的油泵电动机组的控制方式按现地手动、现地自动和远方自动三种方式进行设计。启闭设备设置工作、备用双电源，另配有柴油发电机作为应急电源。

2.2　左、右泄洪放空底孔闸门及启闭设备

溢洪道表孔旁一左一右布置左、右泄洪放空底孔。左、右泄洪放空底孔进口设有 2 孔 1 扇事故门，事故门后设有 2 孔 2 扇弧形工作门。

2.2.1　左、右泄洪放空底孔事故门

该事故门共设 2 孔 1 扇，左、右泄洪放空底孔共用 1 扇门叶。闸门孔口尺寸（净宽×净高）为 5.0m×11.0m，底槛高程 1540.00m，设计水头为 79.0m，总水压力 43 684kN。闸门为平面滚轮钢闸门，上游止水。门叶分节制造、运输，现场拼装。拼装好后锁定在门槽顶部。因该底孔承压水头高、水流流速大，故整个底孔均进行了钢衬护加强。为防止高速水流对底槛以及侧门槽过流段的冲击，埋件采用了Ⅱ型门槽。闸门的操作条件为动闭静启，当其后的工作弧门发生事故时，闸门通过加重动水关闭。启门时先打开门叶上的充水平压装置充水平压后，再静水启门，启门水位差不大于 5m。闸门为单吊点，采用 2500kN 双向坝顶共用门机带液压抓梁起吊。该门机轨上扬高为 13m（自动抓梁下部挂点中心至坝顶），总扬程为 90m。

2.2.2　左、右泄洪放空底孔弧形工作门

左、右泄洪放空底孔事故门后设有 2 孔 2 扇弧形工作门。闸门孔口尺寸（净宽×净高）为 5.0m×8.0m，底槛高程 1540.00m，设计水头为 79m，总水压力 35 461.3kN。闸门为两直支臂、主横梁、圆柱铰的潜孔式弧形闸门，采用常规水封。门叶分节制造、运输，现场拼装。闸门的操作条件为动水启闭，关门时需由启闭机施加下压力。闸门为单吊点，每扇闸门采用 1 台 3200/1000kN（启门力/闭门力）、工作行程为 10.3m 的摇摆式液压启闭机启闭。其泵站设备用的油泵电动机组的控制方式按现地手动、现地自动和远方自动三种方式进行设计。液压启闭机及其油箱，泵站和电气设备均布置在位于孔口上方的启闭机房内。启闭设备设置工作、备用双电源，另配有柴油发电机作为应急电源。

3　引水建筑物闸门及启闭设备的设计与布置

引水系统布置在左岸，引水洞由塔式进水口、压力钢管等组成。进水口采用单管单机

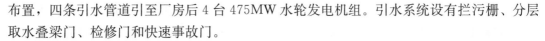

布置，四条引水管道引至厂房后 4 台 475MW 水轮发电机组。引水系统设有拦污栅、分层取水叠梁门、检修门和快速事故门。

3.1 拦污栅

进水口拦污栅槽布置为前后两道，前面一道为工作栅槽，其后为检修栅槽。每条引水管道用混凝土隔墩分为 5 孔，工作栅槽共有 20 孔，设备用栅叶 20 扇；检修栅槽共有 20 孔，设备用栅叶 5 扇。栅后为 20 孔连通式结构，当部分拦污栅被污物堵塞时，对应机组可互通引水，减少因污物堵塞而停机的可能性。拦污栅孔口尺寸（净宽×净垂直高）为 3.2m×55m，底槛高程 1558.00m，设计水头为 4.0m，栅条净距为 200mm。拦污栅为垂直式、滑道支承。栅叶分节制造、运输、现场拼接。采用提栅方式清污，当某扇工作栅由于污物较多造成堵塞需要清污时，将备用栅放置在该工作栅后面的备用栅槽内，然后提起工作栅进行清污。拦污栅为单吊点，采用 2500kN 双向双小车进水口共用门机上的 1250kN 副小车带抓梁起吊，副小车轨上扬高为 16m（自动抓梁下部挂点中心至坝顶），总扬程为 75m。检修拦污栅叶平时锁定在拦污栅、分层取水叠梁门储门槽内。

3.2 分层取水叠梁门

为满足电站取表层暖水发电，解决低温水下泄的问题，利用拦污栅检修栅槽并兼作取水叠梁闸门槽，四台机组共设 20 扇平面叠梁闸门。叠梁闸门孔口尺寸（净宽×净高）为 3.2m×27m，底槛高程 1558.00m，设计水头为 10m，总水压力 8640kN。闸门为平面滑动钢闸门。每扇叠梁闸门由 9m 高的三节叠梁组成，节间设有对位装置，每节叠梁由三节运输单元组成，三节运输单元在闸门安装现场焊接为一体。为防止缝隙过水引起闸门振动，在闸门门叶上游设反向支承和下游设止水，并设侧导向。侧水封为 P 形橡胶水封，底水封为板形橡胶水封。叠梁闸门采用 2500kN 双向双小车进水口共用门机上的 1250kN 副小车及配套的液压抓梁操作启吊，闸门的操作条件为在动水状态下启闭。叠梁闸门在不使用时存放于拦污栅、分层取水叠梁门储门槽内。

3.3 进水口检修门

拦污栅后共设有 4 孔 1 扇检修闸门。闸门孔口尺寸（净宽×净高）为 7.0m×12.0m，底槛高程 1560.00m，设计水头为 59.00m，总水压力 45 484kN。闸门为平面滑动钢闸门，下游止水。门叶分节制造、运输、现场拼接。闸门的操作条件为静水启闭，当其后的事故门需要检修时，闸门静水关闭。启门时先打开门上的充水平压装置充水平压后，再静水启门，启门水位差不大于 4m。闸门为单吊点，采用 2500kN 双向双小车进水口共用门机上的 2500kN 主小车带液压抓梁起吊，主小车轨上扬高为 14.5m（自动抓梁下部挂点中心至坝顶），总扬程为 70m。闸门平时的存放及检修均在位于进水口坝段的储门槽内进行。

3.4 进水口快速事故门

进水口检修闸门后共设 4 孔 4 扇快速事故闸门。闸门孔口尺寸（净宽×净高）为 7.0m×11.5m，底槛高程 1560.00m，设计水头为 59.00m，总水压力 43 804kN。闸门为平面滚轮钢闸门，下游止水。门叶分节制造、运输、现场拼接。闸门的操作条件为动闭静启，闸门平时悬挂在孔口上方 0.5m 处，当引水隧洞或机组发生事故时，闸门利用门顶水柱在动水下快速关闭，闭门时间初定为 3min 以内。启门时先打开门上的充水平压装置充水平压后，再静水启门，启门水位差不大于4m。闸门采用通气孔补排气。闸门为单吊点，每扇闸门采用1台3000/6300kN（启门力/持住力）、工作行程为12.5m的液压启闭机带拉杆启闭。每台液压启闭机设1套泵站，每套泵站设备用的油泵电动机组的控制方式按现地手动、现地自动和远方自动三种方式设计。启闭设备设置工作、备用双电源，另配有柴油发电机作为应急电源。液压启闭机的油箱，泵站和电气设备均布置在位于坝顶平台的泵房内。

4 尾水建筑物闸门及启闭设备的设计与布置

由于在机组尾水检修门的检修平台上，每两孔检修门之间均设置有混凝土隔墩。混凝土隔墩的高度限制了闸门的通过，故每台机组尾水管的出口均配置了一套检修闸门，4台机组共设有4孔4扇机组尾水检修门。每2台机组尾水管的出口在尾水调压室汇集后，合并为1条尾水洞。在每个尾水洞出口用混凝土隔墩分为2孔，考虑施工期的挡水需要，每个孔口均配置了一套尾水洞出口检修门，2条尾水洞共设有4孔4扇尾水洞出口检修门。

4.1 机组尾水检修门

闸门孔口尺寸（净宽×净高）为10.0m×15.0m，底槛高程1440.00m，设计水头为50m，总水压力64 729kN。闸门为平面滑动钢闸门，上游止水。门叶分节制造、运输，现场拼装。拼装好后锁定在门槽顶部。闸门的操作条件为静水启闭，当机组需要检修时，闸门静水关闭。启门时先打开充水阀充水平压后，静水启门，启门水位差不大于2m。闸门为双吊点，采用2×2000kN台车式启闭机带液压自动抓梁起吊，启闭机扬程为60m。

4.2 尾水洞出口检修门

闸门孔口尺寸（净宽×净高）为5.8m×15.0m，底槛高程1454.00m，设计水头为38.732m，总水压力27 818kN。闸门为平面滑动钢闸门，下游止水。门叶分节制造、运输，现场拼装。拼装好后锁定在门槽顶部。闸门的操作条件为静水启闭，当尾水洞需要检修时，闸门静水关闭。启门时先提起最上节门叶一个小开度，通过门叶节间的间隙对尾水洞进行充水。待平压后，再静水启门，启门水位差不大于2m。闸门为单吊点，采用2000kN单向门机带液压抓梁起吊。该门机轨上扬高为5m（自动抓梁下部挂点中心至平台顶部），总扬程为38m。

5 导流建筑物闸门和启闭设备的设计与布置

右岸布置两条导流隧洞，分别为1号和2号导流洞。1号导流洞进口用混凝土隔墩分为2孔，每个孔口均设置一套封堵闸门；2号导流洞进口设置一套封堵闸门，出口设置一套弧形工作门，该弧形工作门承担1号导流洞下闸封堵后向下游供水的任务。2号导流洞弧形工作门门叶在下闸前最后一个汛期前的枯期安装。在安装该门前，先将2号导流洞封堵门下闸挡水，待完成对2号导流洞弧形工作门的安装和2号导流洞的检修后，再分别提起2号导流洞封堵门和工作门。在2号导流洞工作门完成向下游供水的任务后，先将其下闸关闭，再将其前面的封堵门下闸挡水。

5.1　1 号导流洞封堵闸门

闸门孔口尺寸（净宽×净高）为 8.0m×20.5m，底槛高程 1473.00m，设计挡水水头为 146.00m，总水压力 226 580kN。闸门为平面滚轮和滑块双支承钢闸门，下游止水。门叶分节制造、运输，现场拼接。拼装好后锁定在门槽顶部。埋件设计考虑了高速水流和泥沙对底槛以及侧门槽过流段的冲击、磨损。由于施工导流期较长（过流期为 4 年），为避免门槽被破坏设有门槽保护装置。闸门的操作条件为不大于 27m 水头动水下门封堵，提门水头不大于 28m。由于该闸门下闸水头和挡水水头相差较大，所以采用了滚轮和滑块双支承。当闸门下闸时，利用滚轮支承减小摩擦力，以减少加重块及卷扬机容量；当闸门下闸完毕，门前水位上升到一定高度后，轮轴失效，闸门利用滑块支承。这种双支承闸门有效地利用了滚轮的低摩擦和滑块的高承压性能，大大降低了滚轮的承载力、闸门的加重块质量和启闭机的容量，从而节省了工程投资。闸门为双吊点，每扇闸门采用 1 台 2×3200kN、总扬程为 45m 的固定式卷扬机操作。该封堵闸门为一次性设备，即下闸成功后不再提起。

5.2　2 号导流洞封堵闸门

闸门孔口尺寸（净宽×净高）为 8.0m×11.14m，底槛高程 1477m，设计挡水水头为 142m，总水压力 135 060kN。闸门为平面滑动钢闸门，下游止水。门叶分节制造、运输，现场拼接。拼装好后锁定在门槽顶部。埋件设计考虑了高速水流和泥沙对底槛以及侧门槽过流段的冲击、磨损，采用了 II 型门槽。在安装其后的工作门前，先在不大于 13m 水头下动水关闭该闸门；待完成其后工作门的安装和 2 号导流洞的检修后，再对其在不大于 13m 水头下小开度提门，以对其与工作门之间的空腔进行充水。待平压后，再静水启门至门槽顶部后锁定。

该封堵闸门待其后的弧形工作门完成向下游供水的任务并下闸后，再在静水条件下下闸封堵。闸门为双吊点，采用 1 台 2×2000kN、总扬程为 85m 的固定式卷扬机操作。该封堵闸门为一次性设备，即下闸成功后不再提起。

5.3　2 号导流洞出口弧形工作门

闸门孔口尺寸（净宽×净高）为 7.0m×9.0m，底槛高程 1473.00m，设计挡水水头为 92m，总水压力 74 524.8kN。闸门为两直支臂、主横梁、圆柱铰的潜孔式弧形闸门，采用常规水封。门叶分节制造、运输，现场拼接。该闸门主要承担 1 号导流洞下闸封堵后向下游供水的任务，其操作条件为动水启闭，局部开启，关门时需由启闭机施加下压力。闸门为单吊点，采用 1 台 4000/500kN（启门力/闭门力）、工作行程为 14.5m 的摇摆式液压启闭机启闭。液压启闭机及其油箱，泵站和电气设备均布置在位于孔口上方的启闭机房内。该工作闸门为临时性设备，即当该工作闸门和 2 号导流洞封堵闸门都下闸成功后其不再使用。

6　结语

黄登水电站金属结构设计与布置充分考虑了电站运行的检修、维护等需要，且目前电站所有机组均已发电，金属结构设备均已投入运行，运行状况良好。

参考文献

[1] 王处军. 云南澜沧江黄登水电站可行性研究报告 [R]. 昆明勘测设计研究院有限公司，2013.

[2] 杨兆福. 水工金属结构 [M]. 北京：水利电力出版社，1989.

[3] 刘细龙，陈福荣. 闸门与启闭设备 [M]. 北京：中国水利水电出版社，2003.

[4] 陈绍蕃. 钢结构设计原理 [M]. 北京：科学出版社，2005.

[5] 汪云祥，沈燕萍. 液压启闭机设计及应用 [M]. 北京：中国水利水电出版社，2015.

[6] 水电站机电设计手册编写组. 水电站机电设计手册 [M]. 北京：水利电力出版社，1988.

作者简介

尹显清（1976—   ），男，四川富顺人，高级工程师，主要从事水利水电工程金属结构设计工作。

黄登水电站 1 号导流洞封堵闸门关键设计技术简介

易 春 丁 波 王处军

(中国电建集团昆明勘测设计研究院有限公司)

[摘 要] 本文就黄登水电站 1 号导流洞超高水头平面封堵闸门的结构布置、高水头下闸减小摩阻力及承受超大水压力的支承布置设计、过流时间长的条件下门槽段的保护措施等几个影响导流洞封堵闸门运行功能和安全经济性能的关键方面进行了精心的设计与研究,在设计过程中采用了许多针对性的解决措施,提出了超高水头导流洞平面封堵闸门关键设计布置的思路、方法,可供其他类似项目的参考。

[关键词] 黄登水电站 导流洞封堵闸门 闸门结构 高水头下闸 支承布置设计 门槽保护装置

1 概述

黄登水电站坝址位于云南省兰坪县营盘镇境内,是澜沧江古水(含库区)～苗尾规划河段的第五级水电站。坝址地理坐标为东经 99°07′11″,北纬 26°33′35″,上游与托巴水电站衔接,下游与大华桥水电站衔接。

电站以发电为主,是兼有防洪、灌溉、供水、水土保持和旅游等综合效益的大型水利水电工程。黄登水电站正常蓄水位为 1619.00m,其相应库长约 88km,相应库容为 $15.49 \times 10^8 m^3$;校核洪水位为 1622.73m,其相应库容为 $16.7 \times 10^8 m^3$,调节库容为 $8.28 \times 10^8 m^3$,水库具有季调节性能。枢纽布置方案大坝为碾压混凝土重力坝,最大坝高为 203m,左岸布置地下厂房,装机容量 1900MW。

黄登水电站采用全年导流,导流隧洞共两条,均布置于右岸。1 号导流隧洞进口高程为 1473.0m,洞身长 1121.959m,洞身为方圆型断面,断面尺寸为 16m×20m;2 号导流隧洞进口高程为 1477.0m,洞身长 1298.138m,洞身为方圆型断面,断面尺寸为 8m×11m,隧洞底坡为 $i = 0.30\%$,出口 7m×9m 的弧门控制,压坡段长 25m,出口底板高程 1473.0m。

2 1 号导流洞封堵闸门关键设计

黄登水电站 1 号导流洞进口设置了两孔两扇封堵闸门,闸门型式为潜孔式平面焊接钢闸门,孔口尺寸为 8m×20.5m(净宽×净高),设计下闸后挡水水头高达 146m,承受的总水压力高达 226580kN,且要求闸门能够在 27m 水头下动水下闸关闭孔口,封堵 1 号导流隧洞,实现黄登水电站下闸蓄水的目标。是整个黄登水电站挡水水头最高、承受总水压力最大、门槽过流时间最长的金属结构闸门。对比目前拟建和已建成投产的若干超大型水电站的导流封堵闸门技术参数指标（参见表1），可以得出黄登水电站1号导流洞封堵闸门的技术参数指标是相当高难度的，居于目前国内国际超大型水电站同类金属结构闸门的最高水平，关系着整个黄登水电站是否能够按照施工进度计划按期实现1号导流洞安全下闸封堵，水库蓄水发电及保证库区下游安全的目标。对于设计者来说，意味着其具有巨大的风险和挑战性，难度高、责任重大。因此，设计者对如下几个影响封堵闸门运行功能和安全经济性能的关键方面进行了精心的设计与研究，在设计过程中采用了许多针对性的解决措施。

黄登水电站1号导流洞进口封堵闸门参数如下：

孔口形式：	潜孔式
孔口尺寸：	8.0m×20.5m
孔口数量：	2孔
闸门数量：	2扇
底槛高程：	1473.0m
设计挡水水头：	146m
设计下闸水头：	＜27m
设计启门水头：	＜28m
总水压力：	226 580kN
支承型式：	主轮＋滑块
操作条件：	小于设计下闸水头动水下门 小于设计启门水头动水启门
启闭机形式：	2×3200kN固定卷扬式启闭机
启闭机容量：	2×3200kN
启闭机数量：	2台
起升速度：	1.48m/min
起升高度：	45m

表1　　　　　　　　　　国内外拟建及已投入的部分导流洞封堵闸门参数

电站名称	孔口尺寸（宽×高，m×m）	挡水水头（m）	下闸水头（m）	支承型式
澜沧江黄登	8.0×20.5	146	＜27	定轮＋滑块
澜沧江小湾	7.5×19.5	72	＜11	滑道
澜沧江糯扎渡	8.0×21.5	119	＜20	滑道
金沙江金安桥	8.0×19.5	111	＜13.1	滑道
金沙江阿海	8.0×18.5	121	＜17.83	滑道
金沙江梨园	8.0×19.5	96	＜11.23	滑道
金沙江观音岩	6.0×15.0	114	＜18.57	滑道
普渡河甲岩	8.5×13.0	114	＜3.62	滑道

续表

电站名称	孔口尺寸（宽×高，m×m）	挡水水头（m）	下闸水头（m）	支承型式
拟建缅甸丹伦江滚弄	7.5×19.5	76	<11.1	滑道
拟建缅甸瑞丽江三级	8.0×14.0	112	<12.0	定轮＋滑块
老挝南欧江 6 级	11.0×19.5	76	<6.76	滑道
老挝南欧江 7 级	8.0×11.4	124	<3.0	滑道

2.1 闸门设计

根据上序专业下达的设计任务书的相关功能要求及输入的设计参数指标，黄登水电站1号导流洞封堵闸门考虑采用平面焊接钢闸门，下游止水，为了便于制造、运输和现场安装，闸门分为 7 节制造、运输，各节在现场均采用左右两个销轴连接，把 7 节闸门串接成为一个整体。闸门主要结构采用 Q345 板材焊接，节间连接销轴和与启闭机连接的吊轴采用 40Cr 合金结构钢锻造，轴径为 $\Phi250$mm。闸门除最顶节高度为 2750mm 外，其余 6 节高度相同，均为 3100mm。闸门总高度为 21 350mm，闸门总宽度为 10 000mm，闸门总厚度为 2100mm，闸门的止水宽度为 8120mm±2mm，止水高度为 20 560mm±2mm。主支承和反向支承间距均为 9000mm±2mm，侧轮间距为 7720mm±3mm。除底节闸门因布置底止水及底缘倾角要求以及顶节闸门布置顶止水和闸门吊耳的需要而不同外，其他 5 节闸门为了简化设计、制造、安装工艺，均采用了相同的结构形式。顶节闸门受水压力最小，为了节约工程量，简化制造加工难度，采用了二根焊接工字型断面主梁。中间 5 节均采用了三根焊接工字型断面主梁，主梁等间距布置，简化加工制造工艺，降低成本。各节在顶、底部设置了相同的槽钢 36a 作为顶、底次梁。主梁间为了简化闸门结构未考虑设置次梁。各节闸门均由主梁上翼缘与闸门面板焊接，由面板、主梁、纵隔板、顶、底次梁共同组成闸门门叶主承力框架结构，并将承担的水压力通过闸门边梁传递给主轮及支承滑块，最终传递到门槽主轨和门槽混凝土闸礅上面。闸门结构以受力最大及接触水流流态最复杂的底节闸门作为控制计算对象。一般动水关闭的闸门底主梁到底止水的倾角要求应大于 30°，以便于底缘水流的充分补气。而黄登水电站 1 号导流洞封堵闸门如果考虑满足底倾角大于 30°，由于承受的总水压力非常大，主梁高度较高，则会造成底主梁距离闸门的底缘距离过远，闸门底部区格过宽，以此为控制区格计算，闸门面板将会过厚，如果闸门面板取为各区格厚度不一，那么对于一次性使用的导流封堵闸门来说，均会增加成本，导致不经济。同时，底主梁的荷载也会明显偏大于其余二根主梁，也会不经济，也给主支承轮的布置带来了很大的困难。故设计中经综合比较，考虑了一种最简单经济的布置设计方案：将底主梁与闸门底缘间距适当缩小，在满足三根主梁等间距布置以便布置主轮及滑块支承结构和简化制造加工工艺，降低成本的基础上，为了满足闸门底缘充分补气的要求，在底节闸门的三根主梁腹板上的每一个横向区格均开设 $\Phi200$mm 的通气孔，在闸门底缘入水流态比较复杂紊乱时，能通过未入水区格的通气孔向闸门底缘补气。对于各个通气孔，由于是在闸门主梁的腹板上开设，客观上削弱了主梁结构，采用了设置加劲环结构进行加强。

2.2 闸门主支承设计

常规导流洞封堵闸门由于下闸时均考虑在较安全的枯期，来流量较小，下闸水头均不高，一般为10m以下，个别超大型工程采用了其他安全措施手段后，下闸水头可控制在20m以下。黄登水电站1号导流洞封堵闸门由于上序专业要求闸门能够在27m水头下动水下闸关闭孔口，封堵1号导流隧洞，实现黄登水电站下闸蓄水的目标。且设计下闸后挡水水头高达146m，承受的总水压力高达226 580kN。这就给金属结构封堵闸门设计带来了很大挑战，假如采用常规导流洞封堵闸门的滑动支承方式，经计算即使采用国内最高强度高承载力的复合滑道材料，其滑道线荷载值也无法满足相关要求。而且滑动摩擦力巨大，导致闸门在设计下闸水头下靠自重下门关闭困难。要求的配套启闭机更是容量巨大，这将大大增加工程造价。故采用常规滑动支承的闸门方案不成立。如果考虑采用作为闸门的主支承，虽然滚动摩阻力远小于滑动摩阻力，可以解决闸门在设计下闸水头下的自重下门关闭问题，也可以大幅降低启闭机容量。但是经计算，采用滚轮主支承，每个轮子的承压力将大于8000kN，这在国内目前的材料及加工制造水平也是无法做到的。采用链轮闸门方案，通过多个主轮及分散主轮荷载的履带，可以降低每个轮子的荷载，同时由履带均匀分布轮子荷载至主轨上，也可改善主轨的荷载受力条件。该种链轮闸门已成功运用于国内东江、天生桥一级、漫湾、小湾电站的超高水头大荷载平面闸门上，有丰富的成功使用经验。但是链轮闸门对门槽、门叶的材料、制造、加工、安装精度要求均非常严苛，往往造成成本造价是普通平面滚轮闸门的数倍，将其运用于临时性一次使用的导流封堵闸门上是非常不经济的。在设计黄登水电站1号导流洞封堵闸门时，设计者考虑采用了一种不同于以上各方案的非常规设计方案：采用定轮加钢滑块组合的主支承方式。主轮与主轨的接触面高于钢滑块与主轨的接触面3mm，在设计下闸水头下由于水压力作用定轮支承先于钢滑道与主轨接触，闸门由滚轮运行下闸，这时下闸水头仅为27m，滚轮的荷载不大，轮子材料及制造安装完全没有问题，同时由于采用了滚动摩擦，大大降低了摩阻力，实现了闸门可以依靠自重下门关闭，也大大降低了所配备的启闭机容量，大大降低了工程投资。但下闸成功后，导流洞封堵关闭，水库开始蓄水，水位上升，闸门所承受的水压力将不断增加，当闸门挡水水头超过43m以后，主轮轴将无法承受增大的水压力荷载，产生弹性变形，而这时设置在各节主轮间的钢滑块将与主轨接触，和变形的主轮一起承担起传递水压力荷载至主轨和闸墩上的任务。导流封堵闸门为一次性使用，闸门下闸后将不再启门，变形的主轮不会对导流封堵闸门的使用功能造成影响。此种设计已在天生桥一级水电站工程导流洞封堵闸门中有过成功的工程运用先例。同时，在瑞士COLENCO公司为缅甸瑞丽江三级水电站导流洞进口封堵闸门所作的相关设计中也采用了这一方案。

2.3 门槽设计

黄登水电站1号导流洞封堵闸门根据水工导流洞进口整体体型布置，设置为窄高型的潜孔孔口，下游止水，上游孔口顶部与水工的进口曲线捏合，下游门楣处采用1∶19.8的压坡过渡与门后导流洞顶部衔接。导流封堵闸门门槽按照常规布置将选择为全钢衬的Ⅱ型门槽过水断面。因该导流隧洞过流时间长达四年以上，设计时考虑将门槽过流断面采用一种门槽保护装置对过流门槽的两侧进行保护，如此则传统的Ⅱ型门槽反而使下游门槽的斜坡与门槽保护装置的钢结构存在一个转折过渡的折角，不利于消除水流的边界突变。故舍弃了常规的Ⅱ型门槽结构，直接采用Ⅰ型门槽与门槽保护装置配合组合。即采用一种焊接钢结构填平两侧门槽段所固有的凹槽，与门槽的上游反轨和下游主轨的过流面搭接在一起，整体形成一个平顺的过流表面，使门槽两侧与隧洞洞壁基本处于同一平面上，水流在通过门槽段的两侧时不存在常规门槽存在的明显的水流边界突变，防止门槽段因边界突变导致的空蚀破坏现象。门槽保护装置在门槽底槛，门楣，主、反轨等埋件安装完毕后再放入门槽孔口过流段，门槽保护装置采用背面设置抓钩与门槽埋件上预设的抓钩轨道配合，并设置了拦沙水封结构，以便既可固定住门槽保护装置使其与主、反轨的过流面构成同一个过流平面，保护住设置在门槽主、反轨内侧凹槽里的水封工作面，主支承工作面，侧、反向导向工作面等与闸门结构紧密配合的重要工作面，避免其在长期的导流期内受到水流冲刷及泥沙磨蚀等的影响，以及可能存在的泥沙、悬移质等堆积在门槽凹槽内，妨碍封堵闸门下闸。又可以在导流结束后封堵闸门下闸前的枯水季低水位条件下，方便的采用临时起吊设备将门槽保护装置从门槽孔口内移除，可以进行门槽的探摸检查及封堵闸门下闸工作。门槽主轨采用工字型断面铸造，材料为ZG35CrMo，具有较高的强度来承受封堵闸门下闸后所承担的巨大水压力荷载。主轨的过流边及水封座板边、保护门槽导轨边均采用了Q345钢板与1Cr18Ni9组焊的结构，组焊结构与铸钢件采用螺栓组合来接成为一体化的主轨，既发挥了各自材料的特点又便于制造施工。门槽设置了反轨及侧向护板，其上设置有闸门反、侧向的导向装置运行工作面，保证封堵闸门门槽的安装精度以及控制封堵闸门下闸运行时的反向、侧向位置。反轨及侧向护板上还设置了保护门槽侧向钩子及滑槽，用来固定及限位保护门槽。反轨、侧向护板、底槛结构、门楣结构、保护门槽全部采用了方便制造、安装的Q345焊接组合断面结构。使门槽段所有过流面均在钢衬结构防护之下，提高了过流面的表面光洁度及抗冲刷磨蚀性能，同时也保证了门槽段施工安装精度及门槽强度，方便与封堵闸门的运行配合。

3 结语及建议

目前，黄登水电站1号导流洞封堵闸门已于2017年11月10日按照既定计划顺利下闸封堵。经现场检查，相关各项指标正常。闸门下闸顺利，止水效果良好。达到了预期的设计目的。

通过设计黄登水电站1号导流洞封堵闸门，有如下体会及建议：

（1）导流洞封堵闸门虽然是一次性使用的临时设备，各方往往对其重视不够。但其实却是一个水电站工程金属结构设备中极其重要的关键设备，它关系着一个工程能否顺利实现下闸蓄水发电，还关乎着下游库区人民生命及财产的安全。必须引起高度重视，从工程的前期及总体导流方案布置就要充分认识到其功能实现和安全的重要性。采用合理、可行、经济的导流布置方案、水工体型设计、下闸封堵方案及合理可行的设置相关参数指标。切不可轻视大意，盲目冒进。下闸方案准备、下闸前的检查探摸及应急预案设置、应急设备、物资材料的准备应提前进行，有条件时可提前进行相关预演。

（2）导流洞封堵闸门门槽往往是一个水电项目中过流时间最长的门槽，在导流期内一直承受水流的冲刷、磨蚀等各种不利因素的考验。因此，从导流洞的土建总体过流体型布置及金属结构门槽设计均应考虑以上的恶劣使用条件，采取稳妥可靠的工程措施确保在整个导流期内门槽结构及土建闸墩的完好无损，为成功下闸创造基本条件。还应考虑备用的下闸封堵措施，以防止一旦导流洞封堵闸门下闸出现意外，造成损失。门槽保护装置提出孔口的时间应尽量靠近封堵闸门下闸时间，以缩短门槽段无保护过流时间。从国内及国际上的一些工程实例来看，已不仅仅是依靠一道封堵闸门来下闸封堵，而是考虑采用两道封堵闸门的备用措施，大大提高下闸封堵的安全性。导流洞弧门动水启闭的安全性要远大于平板闸门，而且弧门的门槽水力学条件远优于平板闸门门槽，导流期长期过流水流条件好，弧门局部开启条件也优于平板闸门，在蓄水初期可参与调蓄下泄流量，控制水位，释放生态流量等。虽然表面看来增加了工程投资，但运行的安全性、灵活性大大提高了，从工程总体投资风险效益评估来看是非常值得的。

参考文献

[1] 王处军 . 云南澜沧江黄登水电站可行性研究报告 [R]. 昆明：昆明勘测设计研究院有限公司，2013.

[2] 杨兆福 . 水工金属结构 [M]. 北京：水利电力出版社，1989.

[3] 刘细龙，陈福荣 . 闸门与启闭设备 [M]. 北京：中国水利水电出版社，2003.

[4] 陈绍蕃 . 钢结构设计原理 [M]. 北京：科学出版社，2005.

[5]《水电站机电设计手册》编写组 . 水电站机电设计手册 [M]. 北京：水利电力出版社，1988.

[6] 曹平周，朱召泉 . 钢结构 [M]. 北京：科学技术文献出版社，1999.

[7] 俞良正，陶碧霞 . 钢闸门面板试验主要成果及建议 [J]. 水力发电，1986，(10)：31-42.

作者简介

易春（1968—　），男，河南省信阳市人，教授级高级工程师，主要从事水利水电工程金属结构设计工作。

工程建设与管理

大渡河流域水能高效开发与利用成套
关键技术研究与实践

段　斌　陈　刚　邹祖建　邓林森　马方平　郭金婷　彭旭初

（国家能源大渡河流域水电开发有限公司）

[摘　要]　流域水电开发在我国能源发展布局中占很大比重。为了高效利用水能资源，实现绿色和谐发展，流域水电开发相应的规划、建设、调度和技改等成套技术难题亟待解决，依托我国第五大水电基地——大渡河流域的瀑布沟、大岗山、猴子岩、龚嘴、双江口等项目，通过系统研究和实践，提出了流域水电和谐开发新理念，创新了水电工程多种坝型筑坝技术，探索出流域统一调度和老旧电站可持续发展的新路，首创了从规划、建设到调度、技改的大型流域水能高效开发与利用成套关键技术，其成果应用于大渡河梯级水电工程建设和电站运行，取得了非常显著的经济和社会效益。

[关键词]　大渡河　流域　水能　高效利用　和谐开发　关键技术

1　引言

　　水力发电将水能转化成电能，是水能利用最主要的方式。我国是世界水电资源最丰富的国家，也是开发难度最大的国家之一。水电发展十三五规划公布，我国水电年发电量占世界的25%，是世界最大的水电生产和消费国。水电作为我国第二大常规能源和最大的清洁可再生能源，在保障国家能源安全、履行《巴黎协定》、建设美丽中国等方面发挥着不可替代的特殊作用。然而，我国水电开发程度仅37%，远低于世界发达国家75%以上的平均水平，发展前景十分广阔。我国水电资源集中于大江大河，流域水电开发在我国能源发展布局中占很大比重，目前我国主要大型流域包括长江上游、金沙江、怒江、雅砻江、大渡河、黄河、南盘江、红水河、乌江、雅鲁藏布江，这十大河流干流水电资源总规模约3.8亿kW，占全国水电资源技术可开发量的近2/3。受资源禀赋限制，近年来我国80%的水电开发向流域中上游深山峡谷、地质复杂、气象多变、环境敏感的地区推进，面临的关键难题是：地质灾害频发、安全隐患较大、质量控制困难、运行管理水平不高，迫切需要开展流域水能高效利用与开发关键技术研究。依托我国第五大水电基地——大渡河流域的瀑布沟、大岗山、猴子岩、龚嘴、双江口等项目，开展了流域水能高效开发与利用成套关键技术研究与实践。

2 大渡河流域概况及特点

大渡河是我国大型流域的典型代表，其干流全长约1062km，天然落差4175m，规划布置梯级电站28个，总装机容量27 000MW，年发电量1158亿kWh。大渡河流域是国家十三大水电基地之一，是长江流域防洪体系的重要组成部分。大渡河流域梯级电站群建设与运行具有如下特点：

（1）地震地灾多发。大渡河流域地形地质条件复杂，河床覆盖层厚度普遍在50～120m，2212处已勘探的较大地质灾害隐患点分布在流域多个梯级，多个地震断裂带穿过大渡河流域且最近距离坝址仅4km，坝址处最大设计地震加速度达0.557cm/s^2，为同类世界第一，流域安全面临较大挑战。

（2）水情气象复杂。大渡河全流域面积77 400km^2，年径流量470亿m^3，流域地处青藏高原与四川盆地过渡地带，上游草原草甸延展广阔、中下游高山峡谷纵横交错，地形地貌极其复杂。同时受太平洋副热带高压、青藏高压、西伯利亚高压及西南暖湿气流等几大典型天气系统交替影响，气象变化机制及规律在目前技术条件下难以全面掌握。该流域是全球气象水情预报难度最大的区域之一。

（3）高坝大库众多。大渡河流域梯级电站群的拦河大坝涵盖了心墙堆石坝、面板堆石坝、拱坝、重力坝、闸坝等主要坝型，最大坝高达到312m，在世界已建在建工程中处于首位；水库类型包括多年调节、年调节、季调节、周调节、日调节、径流式等多种类型，库容最大的瀑布沟水库库容达54亿m^3，流域总库容超过150亿m^3，可储存约1000个西湖水量。这对电站群安全、优质建设要求很高。

（4）电站机组型式多样。大渡河流域梯级电站群机组类型包含轴流式、混流式、贯流式、冲击式等水电机组所有常用类型，集中控制的机组台数达到41台，且老设备已运行超过40年，新设备刚开始投入运行，机组数量多且老旧程度不一，运行和检修难度大。

（5）电站分布点多面广。大渡河流域梯级电站群的水电开发方式包括坝式、引水式、混合式等多种方式，规划梯级电站共28个，目前在建和已建电站17个，分布在大渡河干流约850km的河段上，地处四川3州2市12县（区），开发运营主体相对较多。这使得电站群的安全、高效管控难度很大。

3 水电规划理念与开发方式

移民安置和环境保护越来越成为流域水电开发需要重点关注的事项，传统的开发理念难以协调好经济效益、移民安置、环境保护三者之间的关系，迫切需要创新开发理念和思路。大渡河作为我国第五大水电基地，沿岸人口众多、民族特色鲜明、文化底蕴深厚，其开发条件受到自然环境和社会环境的极大制约，其面临的流域开发难题具有典型性和代表性。

3.1 流域水电和谐开发新理念

在流域水电开发新形势下，按照做好移民、环保工作的新要求，系统提出了以合理开发利用水能资源、水电开发与环境协调友好、水电开发与社会和谐发展为主要特征的流域水电和谐开发全新理念，并成功应用于大渡河流域水电开发。一是优化了流域规划，使规划的梯级数量由 17 个调整为 28 个，装机容量增加 4440MW，移民人数减少 9.05 万人，淹没耕地减少 2.89 万亩（大渡河干流水电开发 3 次规划部分指标对比见表 1），大渡河流域水电规划和规划环评获得各方高度肯定。二是协调了水电开发与社会和谐，双江口、猴子岩水电站正常蓄水位主动降低 10m，保护了松岗、丹巴藏碉群等民族文化遗产，保留了部分天然河段和移民安置环境容量。三是统筹了水电开发与环境保护，在大渡河枕头坝一级、沙坪二级水电站建成了国内大型流域首批鱼道，研发了岷江柏、红豆杉等珍稀植物移栽技术，切实保护了流域生态环境。大渡河正在成为我国大型流域和谐水电开发的典范。

表 1　　　　　　　　　大渡河干流水电开发 3 次规划部分指标对比表

名称	流域首次规划 （1977~1990 年）	流域规划调整 （2001~2004 年）	流域规划优化 （2005~2013 年）	目前较首次 规划变化情况
梯级数量	17	22	26	+9
装机容量（MW）	2150	2340	2594	+444
年均发电量（亿 kWh）	1019	1123	1158	+139
涉及人口（万人）	21.69	13.23	12.64	−9.05
淹没耕地（万亩）	6.27	3.43	3.38	−2.89

注　淹没人口、耕地数量按照相同的基准年进行同比测算。

3.2　流域规划河段分级开发方式

针对流域水电规划多目标决策问题，在满足项目技术、经济、移民、环保等指标的前提下，寻求经济效益与环境保护、移民安置三者的非劣转换关系，利用多目标决策模型 $MAX\{f=[f_1(X), f_2(X), f_3(X)]\}$，合理设置移民、环保、效益等因子和决策目标，选出综合效益最大的均衡解，从而确定最优的流域水电规划方案。利用该模型进行了河段开发方式研究，在大型流域首次实施了分级开发，将巴底、老鹰岩、枕头坝、沙坪等河段原本规划的单个梯级开发分别优化为两个梯级，减少了水库淹没和环境影响，促进了流域水电和谐开发。

4　多类型高坝筑坝关键技术

随着水电开发的不断深入，水电工程可选坝址面临地形地质条件复杂、覆盖层深厚、地震烈度高等技术难题，高坝筑坝技术亟需突破，以实现工程建设与生态环境的和谐友好。

4.1　建在深厚覆盖层上的 200m 级心墙堆石坝筑坝技术

瀑布沟大坝高 186m，覆盖层深 77.5m，存在宽级配砾石土料的选择利用、深厚覆盖层的地基处理、高水头大流量深窄河谷泄洪消能等重大技术难题，在国内首次将当地黏粒含量 4.6% 的宽级配砾石土用作大坝心墙防渗材料，拓宽了建坝材料的适用范围，生态和经济效益显著；首次采用两道大间距高强度低弹模的刚性混凝土防渗墙，以"单墙廊道式＋单墙插入式"与心墙连接，创新了基础防渗体系（如图 1 所示）；在国内首创了翻转扭曲挑坎的变底岸坡岸边溢洪道和缓底坡长泄洪洞新型掺气设施,解决了高水头、大泄量、窄河谷、环境特殊条件下的消能抗冲和掺气减蚀难题。

图1　瀑布沟大坝防渗墙剖面示意图

4.2　强震区高拱坝抗震安全技术

　　大岗山双曲拱坝高210m,地处特高震区,设计地震动峰值加速度高达557.5cm/s²,为200m级特高拱坝世界之最,远远超出规范和已有抗震设计经验,拱坝抗震安全问题十分突出。系统研究了拱坝抗震分析方法,首次进行了大坝混凝土全级配弯拉动态性能试验,揭示了大坝混凝土动力特性新规律,为抗震规范修订提供了依据;提出并实施了保证大坝安全的综合抗震措施,通过体形优化、布设梁向抗震钢筋、首次设置坝体横缝阻尼器等,保证了特强震区高拱坝抗震安全;实施了微震监测,首次在水库蓄水及大坝初期运行期,通过微震监测与数值分析相结合技术,为探讨坝体、坝基及坝肩的应力变形特性及变化规律提供了新途径。

4.3　建在狭窄河谷和深厚覆盖层上的高面板堆石坝筑坝技术

　　猴子岩为目前世界坝基河床覆盖层开挖最深(75m)、坝址河谷宽高比最小(1:1.25)的200m级混凝土面板堆石坝。为妥善解决深基坑开挖技术难题,提出了围堰防渗墙造孔质量控制新标准,确保了深薄防渗墙效果;为有效处理狭窄河谷堆石坝体填筑碾压施工期"拱效应",创新提出了超出规范规定的堆石体压实设计指标;开发并运用了深切、狭窄河谷大坝填筑碾压GPS质量监控系统,显著提升了大坝施工质量。大坝填筑完成并蓄水运行后,混凝土面板裂缝少于每1000m²4.0条,坝体最大累计沉降量占坝高0.53%,为国内外同等规模面板坝中最小。

4.4　300m级心墙堆石坝筑坝技术

　　针对坝高312m的双江口水电站心墙堆石坝筑坝技术难题,提出了坝体及坝基变形控制与稳定分析理论和方法、坝体结构型式及分区设计、坝体动力反应分析及抗震措施、大坝及厂房防渗体系布置、土料开采运输与自动化掺合、极高地应力区深埋大型地下洞室群围岩稳定分析及岩爆预测、深山峡谷区高坝大库泄洪消能设计等关键技术,实现了工程建设有序实施,推动了世界超高土石坝筑坝技术的发展。

5 梯级电站智能一体化调度关键技术

在电站建成后，需要优化流域调度来提高水能利用率。目前调度工作面临气象水文预报准确率低、洪水资源化难度大、电力市场环境复杂、梯级水电负荷不匹配、依赖人工经验、调度效率低等问题。

5.1 流域水情气象智能预测预报技术

通过总结大型流域复杂因素对强降雨预报精度的影响规律，提出了面向大渡河流域的短期数值预报最优化参数组合预报方案以及中长期降雨趋势分析方法（其中流域四层预报区域配置如图 2 所示），创立了梯级水电调度的多时间尺度气象水情预报模式，研发了水电行业首套水情气象智能预测预报应用系统，实现了多时间尺度的自适应气象预报。降雨预报空间分辨率（3km）较目前通用分辨率（25km）大为提高，5mm 以上降雨 24h 定时定点定量预报准确率达到 0.77，较常规提高 30%。

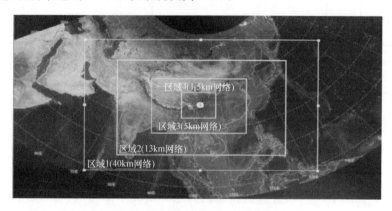

图 2 流域四层预报区域配置图

5.2 流域中小洪水辨识及洪水资源化技术

针对传统洪水调度模式粗放、洪水资源化程度低的现状，总结了大型流域不同量级洪水的时空分布及演进规律，建立了中小洪水拦蓄预泄风险控制模型。根据大渡河流域的径流分布特性，编制了季/年调节水库汛末提前分期蓄水方案，并对瀑布沟水库进行实时预报调度，挖掘水库防洪、发电潜力，提升了流域水能利用及洪水资源化水平。

5.3 基于知识推理技术的大型流域调度决策方法

创立了梯级电站优化调度案例库和知识库，提出了历史调度案例所蕴含的通用调度规则的提取方法，建立了流域梯级电站智能调度决策及评价模型，开发了智能调度系统（如图 3 所示），提高了流域梯级电站的调度智能化水平。发明了基于压力式、浮子式、雷达式水位计的稳定可靠数据采集装置；取得了电能量自动采集、生产数据综合自动填报、生产指标过程自动评价等软件著作权；发明了大型溢洪设施闸门应急控制系统，首创了大型水电站溢洪设施远方操控和应急自主调节。

5.4 流域梯级水电站一键调度技术

首次研发了以分层控制原理为基础的集控侧梯级 EDC 厂间负荷实时分配策略及求解

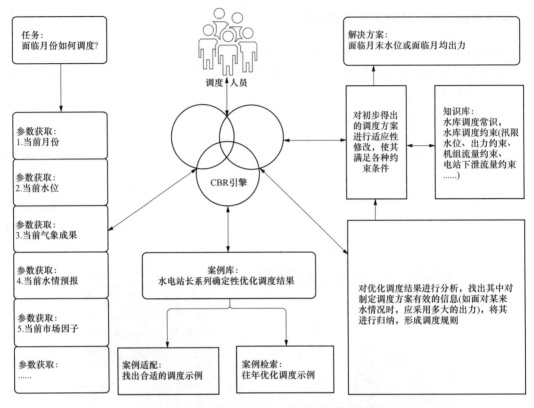

图 3　融合知识推理技术的调度决策流程图

流程成套技术，提出了厂间联合躲避振动区方法。研究了瀑布沟、深溪沟、枕头坝三站 AGC 联合运行所涉及的实时调度问题，提出了一种厂网协调模式下的梯级 EDC 控制策略。建立了一套以径流式电站水位为主要控制对象、以梯级整体效益最大化为目标的梯级水电站厂间负荷实时分配控制模型，引入工程化算法对模型进行了快速求解，并通过瀑布沟、深溪沟、枕头坝一级共 3 座大型梯级水电站应用实践，完成了该技术的安全、技术和经济性验证。

6　老旧机组增容改造关键技术

保持机组长期安全高效运行，持续发挥电站效益，是水电开发的永恒主题。20 世纪我国投产了约 77 000MW 水电站，受建造条件制约和运行年限影响，众多老旧水电站普遍存在着水量利用不充分、水能转化效率降低、安全可靠性下降等诸多问题。

6.1　基于系统工程理论的电站增容改造技术

以整体优化为目标，统筹协调各环节，综合平衡各变量，平稳推进并全面完成了龚嘴水电站 7 台、铜街子水电站 4 台机组增容改造，单机容量分别由 100MW 增至 110MW、由 150MW 增至 175MW，总装机容量增加 170MW，机组加权平均效率分别提高 7%、4%。不仅显著提升了设备健康水平，而且通过提高机组引用流量和机组效率，大幅提升了水能资源利用率，解决了电站引用流量与流域新投电站不匹配的问题，满足了库群联合经济调度的要求，取得了年均增发电量 9.2 亿 kWh 的显著效益，探索了老旧水电站可持续发展新路径。

6.2 机组安全经济运行系列技术

龚嘴机组增容改造项目前后经历了引进国外转轮技术、解决国外技术遗留问题、自主研发新转轮三个历史阶段。实践过程中，不仅通过自主创新攻克了国际知名水电设备制造商多年未能解决的水轮机顶盖磨蚀穿孔重大技术难题，而且通过联合攻关有力推动了国内水轮机设计制造水平对国际先进水平的赶超。铜街子机组增容改造项目通过借助数字仿真性能预测、全模拟模型试验等先进技术手段，有效化解了水轮机吸出高度不能改变、转轮公称直径无法增大、通流部件不能作较大的改动等诸多不利因素，实现了单机增容 25MW，创造了当时轴流转桨式机组最大单机增容容量的纪录。此外，在近 20 年的增容改造历程中，先后创造发明并成功应用了转子磁极绝缘快速修复升级、发电机中性点接地变压器小电抗补偿、轴流转桨式机组主要水机部件整体联吊（如图 4 所示）以及单活塞三腔气动复位式制动器等专利技术，填补了行业空白。

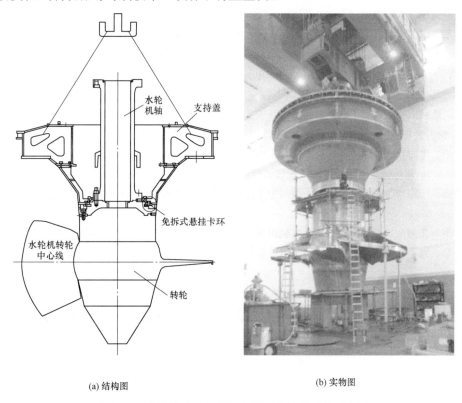

(a) 结构图　　　　　　　　　　(b) 实物图

图 4　轴流转桨式机组主要水机部件整体联吊示意图

7 结语

为了科学开发和利用水能资源，实现绿色和谐发展，流域水电开发相应的规划、建设、调度和技改等成套技术难题亟待解决。依托我国第五大水电基地——大渡河瀑布沟、大岗山、猴子岩、龚嘴、双江口等项目，通过系统攻关，首创了从规划、建设到调度、技改的大型流域水能高效开发与利用成套关键技术。通过该成套技术在大渡河流域水电开发过程中的实践，解决了大型流域水电开发规划的关键问题，促成了大渡河干流 28 级开发方案获得政府审批；攻克了宽级配砾石土作防渗体这一难题，形成了一套强震区高拱坝抗震安全技术体系，攻克了深窄河谷面板堆石坝施工技术难题，为筑坝技术发展积累宝贵的经验，大力推动了 200m 级高坝筑坝技术进步，填补了 300m 级高坝筑坝关键技术空白；构建了国内外首套覆盖流域梯级电站群预报、调度、评价等主要电力生产环节的高效调度体系，实现了流域水电梯级电站群安全、高效调度；形成了成熟的老旧机组增容改造技术体系，为大中型水轮发电机组增容改造提供了宝贵经验和技术支持。随着基于"云大物移智"的智慧化技术全面应用，以及智慧企业理念下管控模式的深入实践，大渡河流域水能高效开发与利用成套关键技术将会不断完善，并将发挥更大的作用。

参考文献

[1] 国家能源局 . 水电发展"十三五"规划［R］. 北京：国家能源局，2016.
[2] 涂扬举，李善平，段斌 . 智慧工程在大渡河水电建设中的探索与实践［A］. 水库大坝高质量建设与绿色发展［C］. 我国大坝工程学会 2018 学术年会，郑州，2018.
[3] 段斌，王春云，严军，等 . 大渡河梯级水电开发方式科学优化浅析［J］. 水电能源科学 . 2012，30（2）：155-158.
[4] 段斌，陈刚 . 和谐理念下的大渡河水电开发关键技术问题［A］. 水库大坝建设与管理中的技术进展［C］. 我国大坝协会 2012 学术年会，成都，2012.
[5] 涂扬举 . 瀑布沟水电站建设管理探索与实践［J］. 水力发电，2010（6）：12-15.
[6] 段斌 . 300m 级心墙堆石坝可研阶段筑坝关键技术研究［J］. 西北水电，2018（1）：7-13.
[7] 梁楚盛，邹祖建，黄炜斌，等 . 大渡河中下游梯级水电站模拟优化运行研究［J］. 水力发电，2017，43（3）：98-101.
[8] 耿清华，张海滨，冯治国 . 水轮发电机组智慧检修建设探析［J］. 水电与新能源，2016（9）：8-12.
[9] 涂扬举，郑小华，何仲辉，等 . 智慧企业框架与实践［M］. 北京：经济日报出版社，2016.

作者简介

段斌（1980—），男，四川北川人，工学博士，高级工程师，主要从事水电工程建设技术和管理工作。

紫坪铺大坝趾板裂缝处理

王 磊

（中国水利水电第十二工程局有限公司）

[摘 要] 主要介绍紫坪铺水利枢纽大坝趾板混凝土裂缝处理的施工方法。

[关键词] 紫坪铺大坝 趾板混凝土 裂缝处理 施工紫坪铺

1 工程概况

趾板是布置在防渗面板的周边，坐落在河床及两岸基岩上的混凝土结构。趾板与面板通过设有止水的周边缝共同作用，形成坝基以上的防渗体，封闭地面以下的渗流通道，形成一个完整的防渗体系。其主要作用是保证面板与坝基间的不透水连接；作为地基灌浆的盖板；作为面板滑模施工的开始工作面。趾板是钢筋混凝土面板堆石坝结构的重要组成部分，其施工质量的好坏，直接影响到整个工程的安全。

整个趾板共分 45 块，其中河床 7 块，左岸 17 块，右岸 21 块。趾板为一厚为 1.0～1.6m，宽为 12.0～6.0m 的钢筋混凝土刚性建筑物。紫坪铺大坝趾板于 2003 年 6 月 1 日开始浇筑第一方混凝土，于 2004 年 12 月 23 日浇筑完毕。趾板帷幕灌浆结束后，对趾板表面进行了彻底的清理，并组织质检员和试验室人员对趾板表面混凝土裂缝进行了全面的检测。大坝趾板检测 45 块，裂缝宽度大于等于 0.2mm 的有 66 条，还有部分表层龟裂缝。趾板混凝土裂缝的产生是由诸多因素造成的，趾板裂缝大部分属于表面浅层裂缝。对趾板裂缝的处理主要以防渗为主要目的，并兼顾恢复趾板的整体性要求。

2 趾板裂缝处理

2.1 趾板处理技术要求

（1）EL.780m 以下趾板裂缝处理。

1）对宽度大于等于 0.2mm 的裂缝，全部进行化学灌浆，然后在裂缝表面粘贴 GB 防渗材料。

2）对宽度小于 0.2mm 的裂缝，在裂缝表面粘贴 GB 防渗材料处理。

3）对所有的贯穿裂缝必须进行化学灌浆处理后，表面粘贴 GB 防渗材料。

（2）EL.780m 以上趾板裂缝处理。趾板 EL.780m 高程以上裂缝的处理参照 EL.780m 以下趾板裂缝处理。同时，为确保趾板裂缝处理达到美观平整，趾板裂缝表面不用 GB 盖板覆盖，采用在裂缝表面涂刷 XH 聚合物处理。

2.2 趾板裂缝处理施工

（1）对 EL.780m 以下趾板裂缝宽度大于等于 0.2mm 的裂缝和贯穿性裂缝全部进行

化学灌浆处理。

1）缝面处理。裂缝处理前，先对裂缝面进行封堵处理，具体处理方法如下：

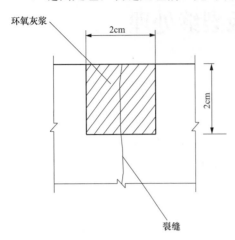

图1 对裂缝面进行封堵处理

沿裂缝方向，将缝面凿成一个深度和宽度均为2cm左右的"U"形槽，将槽清理干净，并用喷灯将其表面烤干，然后用环氧灰浆将"U"形槽进行封堵，并将表面抹平，如图1所示。

2）灌浆管的布置。灌浆孔采用手提式冲击钻打孔，孔的方向参见灌浆孔打设示意图，孔距为20cm，孔径为14mm，灌浆孔的深度以保证打穿裂缝面为准。灌浆孔打完后，在孔内埋设灌浆管，灌浆管采用直径为8mm的钢管，灌浆管埋设后用环氧灰浆封堵孔口并固定灌浆管，灌浆管出露长度为5cm左右。

灌浆孔的布置及打设如图2所示。

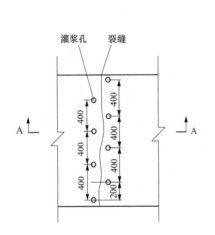
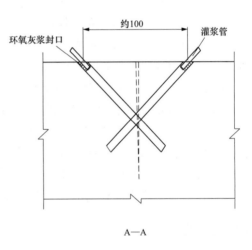

图2 灌浆孔的布置及打设示意图（单位：mm）

3）灌浆材料。灌浆材料采用HW和LW水溶性聚氨酯灌浆材料，HW的强度较高，主要用于裂缝化学灌浆，且无毒；LW弹性好，主要用于防渗堵漏。该材料由国家电力公司华东勘测设计院研制并生产。HW浆材物理力学性质见表1。

表1　　　　　　　　　　　　　　　　HW浆材物理力学性质

浆液类型	黏结强度（MPa）			抗压强度（MPa）	轴心抗压（MPa）	黏度（MPa·s）	与钢筋间的握裹力（MPa）	遇水膨胀率（%）	相对密度	凝胶时间
	干燥	饱和面干	水下							
HW	2.8	2.4	1.3	>10	7.7	100	3.1~3.45	2~4	1.1	数分钟至数十分钟

续表

浆液类型	黏结强度（MPa）			抗压强度（MPa）	轴心抗压（MPa）	黏度（MPa·s）	与钢筋间的握裹力（MPa）	遇水膨胀率（%）	相对密度	凝胶时间
	干燥	饱和面干	水下							
HW+5% 丙酮	2.1	1.7	1.0	—	—	25	—	—	—	—
HW+5% 二甲苯	2.1	1.9	1.0	—	—	40	—	—	—	—

4）灌浆材料的配方。

灌浆浆液的配比见表 2，环氧灰浆的配比见表 3。

表 2   灌浆浆液的配比

HW	LW	丙酮
100	50	30

表 3   环氧灰浆的配比

环氧主剂（6101 号）	二丁酯	丙酮	乙二胺	水泥	细砂
100	10	10	12	适量	适量

注　以上配比中，均以 kg 为单位。

5）主要工艺

a. 认真检查裂缝，并在裂缝面割开封堵槽，用环氧灰浆封堵。

b. 在裂缝两侧用手提式冲击钻打设灌浆孔。

c. 在灌浆孔内埋设灌浆管，并用环氧灰浆将灌浆管与灌浆孔之间的缝隙封堵。

d. 用压气法检查各灌浆孔之间的串通情况。

e. 用灌浆泵向缝隙内灌注 HW 和 LW 混合液，视裂缝开度、进浆量情况，灌浆压力控制在 3～4kg/cm^2。灌浆顺序由下而上，由深到浅，当邻孔冒纯浆后，将其堵住，继续灌浆，所有邻近孔都出浆液后，堵住继续稳定 15min 后停止灌浆，再移至邻孔继续灌浆。

f. 待浆液固化后，拆除灌浆管，灌浆管管口用环氧灰浆封堵。

g. 灌浆工作结束后，对施工作业面进行清理，保证面板表面整洁干净。

（2）对 EL.780m 以下趾板裂缝宽度小于 0.2mm 的趾板裂缝采用表面粘贴 GB三元乙丙复合板处理。

粘贴 GB 三元乙丙复合板如图 3 所示。

1）基面处理：用钢丝刷、凿子除去裂缝两侧各 20cm 范围内的油渍、浮土、砂浆皮及其他表层杂物，并用磨光机将混凝土表面

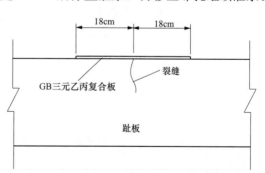

图 3　粘贴 GB 三元乙丙复合板

打毛。对于局部不平整的麻面处，用磨光机打磨平整。最后冲水用刷子刷洗干净，用汽油喷灯烘干后立即进行下道工序，以防止表面再受污染。

2）涂刷 SK-Ⅱ 底胶。

a. SK-Ⅱ 底胶为 A、B 双组分黏接剂，使用配合比为 A∶B＝10∶3（质量比）。

b. 配料时按确定的配合比计量掺配，用黑色胶皮桶及硬制拌料铲搅拌均匀。

c. 刷完 SK-Ⅱ 底胶后一般静停 20～30min，再粘贴 GB 填料，具体可视现场温度而定，以连续三次用手触拉涂刷后的底胶，以能拉出细丝，并且细丝长度为 1cm 左右断时的时间为最佳粘贴时间。

3）粘贴 GB 复合板：采用宽度为 36cm，厚度为 0.8cm 的 GB 三元乙丙复合板，撕去 GB 复合板上的防粘保护纸，对称的粘贴在裂缝两侧。粘贴过程中排出空气，铺展平整，用力压紧密实，使其与混凝土面粘贴紧密，并用柔性工具对边缘进行封边。每隔 5m 和搭接转弯处用 20cm 长 50×5mm 的角钢加 ϕ12mm 膨胀螺栓固定，当裂缝长度小于 5m，且无搭接转弯时，则在两端用角钢加膨胀螺栓固定。

4）GB 复合板之间的接头采用对接，对接接头长度 20～30cm，搭接面清干净，干燥后按压密实，若温度较低 GB 黏性不够，可使用喷灯对复合板表面的 GB 和待粘贴面加热，再进行粘贴。

（3）EL. 780m 以上趾板裂缝处理。趾板 EL. 780m 高程以上裂缝的处理参见 EL. 780m 以下的趾板裂缝处理。同时，为确保趾板裂缝处理达到美观平整，趾板裂缝表面不用 GB 盖板覆盖，采用裂缝表面涂刷 XH 聚合物处理。XH 聚合物主要由 XHA 和 XHB 两种材料组成，施工时，两种料的比例为 A∶B＝100∶1，混合搅拌均匀后，掺加一定数量的普通硅酸盐水泥和白水泥即可拌制成 XH 聚合物溶剂。

XH 聚合物的主要质量指标详见表 4。

表 4 　　　　　　　　　　　　　XH 聚合物的主要质量指标

序号	项 目	单位	质量指标
1	XHA 液比重	g/mL	1.093
2	XHA 液固份含量	%	47
3	XHB 液固份含量	%	30
4	XHB 液比重	g/mL	0.92
5	抗拉强度	MPa	＞3.5
6	黏结强度	MPa	＞3.0
7	抗折强度	MPa	≥7.4
8	抗压强度	MPa	≥33.8
9	抗渗性		＞1.2

储存期：半年

XH 聚合物施工操作比较简便，施工人员易掌握技术要领。施工时，先将缝面混凝土用砂轮机打磨并清理干净后涂刷 XH 聚合物即可，每条缝表面涂刷两道 XH 聚合物。在施工过程中，需要注意的是，为保证处理后的混凝土裂缝面与老混凝土面的颜色一致，XH 聚合物在拌制时，应事先进行试验，以确保拌制出来的 XH 聚合物的颜色与老混凝土颜色一致。同时，在施工时，一定要保持缝面干燥，涂刷 XH 聚合物后，要防止缝面被水冲刷。

3 裂缝处理结果

紫坪铺大坝趾板裂缝采取缝内打孔灌浆，缝口封闭，表面防护等综合措施处理后，取得了良好的效果。经业主、质量监督站、设计、监理各方进行联合验收未发现裂缝区域有渗水现象。另外，2005 年 7 月又对整个趾板进行了一次全面检查，未发现有裂缝区域有渗水现象和裂缝扩展情况。

4 结语

趾板裂缝采用 HW、LW 灌浆后，起到了充填裂缝、恢复趾板整体性的预期目的。同时，缝面采用粘贴 GB 三元乙丙复合板和涂刷 XH 聚合物更加加强了裂缝区域的防渗能力。采用这种综合方法处理趾板裂缝是有效和成功的，值得推广应用。

作者简介

王磊，工程师，水电十二局第五分局党委书记。

浅谈砂石加工和混凝土生产系统
分包队伍的安全管理

周一峰　　周春天

（中国水利水电第十二工程局有限公司）

[摘　要]　本文介绍绩溪抽水蓄能电站砂石料加工系统及混凝土生产系统建安及运行工程项目部，如何加强分包队伍的安全管理。

[关键词]　砂石加工混凝土生产　分包队伍　安全管理

1　引言

绩溪抽水蓄能电站 Q4 标工程负责绩溪抽水蓄能电站砂石料加工系统及混凝土生产系统建安及运行，为绩溪抽水蓄能电站工程各标段提供合格的砂石料及混凝土。如何有效地对砂石料加工系统、混凝土生产系统建安及运行队伍进行安全管理，减少事故的发生，规避安全风险，确保砂石料加工系统及混凝土生产系统的安全运行，是 Q4 标项目部必须面临的问题。如果放松对分包单位的安全管理，那么将会对砂石料加工系统及混凝土生产系统建安工程的实施和生产运行，埋下巨大的安全隐患。

现就绩溪抽水蓄能电站 Q4 标项目部加强分包队伍的安全管理做如下介绍。

2　保证分包队伍的合法性和专业性

在砂石料加工系统及混凝土生产系统工程前期，项目部首要任务是把好分包队伍引进关，强化事前控制，保证分包队伍的合法性和专业性。

（1）审查分包队伍的安全生产许可证，不得使用无安全生产许可证的单位。企业未取得安全生产许可证的，不得从事生产活动。

（2）审查分包单位的法定代表人证件、法人授权委托书、特殊工种证件以及安全管理制度等内容。

（3）审查调研分包单位承担类似的砂石料加工系统及混凝土生产系统建安及运行工程的经历，以及拟投入本工程的相关人员从事类似工程的管理、建安、运行及维护的经历。人的不安全行为的主要原因有工作知识的不足或工作方法不适当，技能不熟练或经验不足；引进的外包队伍其人员是具有丰富砂石料加工系统及混凝土生产系统管理、运行和维护经验的队伍，那么将极大地降低人的不安全行为，有效地预防安全事故的发生。

3　充分发挥分包单位的管理作用

加强分包单位的管理，充分发挥分包单位的管理作用，提高作业人员的安全意识，是消除安全隐患，减少安全事故的有效措施。

（1）促使分包单位形成自身的安全管理体系并纳入融合至 Q4 标整个工程的安全管理体系之内，对砂石料加工系统及混凝土生产系统的运行维护的骨干人员派送至公司教培中心进行安全生产知识培训，合格取证后作为兼职安全生产管理人员，确保一定比例的安全管理力量。

（2）严格执行三级安全教育和日常培训制度。三级安全教育是安全生产教育的一个重要内容。凡新进场人员和调换工种人员，必须进行三级安全教育（即项目经理部教育、工区教育和班组教育）并经考核合格后，方准安排生产岗位。分包单位每周安全学习时间不少于一个小时，学习安全生产的基本知识、规章制度，为加强学习效果，学习的方式可多种多样，如观看视频案例分析、现场实际安全操作演练及班前安全教育等。项目部不定期抽查分包单位的安全学习开展情况，保证安全培训的效果。

（3）严格执行安全技术交底。系统的建安施工前或系统运行、检修前，项目部的技术人员对有关安全施工的技术要求及检修技术要求向作业班组、作业人员作出详细说明，并有双方签字确定。安全技术交底是对作业运行人员上岗前的最基本的培训，通过技术交底后，作业运行人员将会参与直接施工或运行检修，因此，上岗前的安全技术交底是有效杜绝各类违章、了解生产系统中的危险因素、提升作业运行人员安全意识的非常有效的措施。

4　保证有针对性的安全投入

安全是需要投入的，只有在达到一定的投入后才可能控制物的不安全状态，而物的不安全状态正是系统建安施工事故中最直接、最重要的原因，只要控制了物的不安全状态，砂石料加工系统及混凝土生产系统建安及运行过程中的安全事故就会大大地降低。砂石料加工系统主要由粗碎车间、中碎车间、筛分车间、制砂车间等组成，而各车间的物料输送采用皮带机输送，因此系统特点是破碎机械设备、皮带输送设备多，那么在安全投入上要有针对性地充分考虑加强安全防护，加强设备的维护保养管理，控制设备的不安全状态。

由于分包单位为了多获取利润，往往将效益增长点建立在降低安全投入上，导致现场安全设施不到位，人身安全得不到保障。因此项目部把督促和控制分包单位做好施工现场的安全防护、安全防护用具和防护设施的采购更新、安全操作规程的落实、安全生产条件的改善作为一项常抓不懈的工作，并将安全措施费用真正落到实处。

5　落实各项监督管理到位

为提高安全管理水平，降低安全风险，项目部首先加强对分包单位的监督检查力度，检查可分为日常检查、突击检查以及阶段性检查等，通过检查发现和处理砂石料加工系统及混凝土生产系统中的安全隐患；对分包单位的三级安全教育开展、安全学习培训和安全班前会的开展、安全技术交底、特种作业人员持证上岗等进行不定期的抽检；检查完毕，每个季度对分包单位的专兼职安全员通过考核兑现安全奖励，通过奖惩手段体现安全管理的权威性。其次，建立分包单位的年度安全评价档案，做好日常管理考核资料的积累，对分包单位安全管理状况和能力进行年度安全业绩评定；对于不能满足砂石料加工系统及混凝土生产系统安全管理要求，现场控制力低下，违章现象突出的安全管理人员，可以直接清退出场。最后，对于分包单位的安全管理，项目部安全管理人员要做到"三当"。"当教师"，当分包单位的安全管理不能满足砂石料加工系统及混凝土生产系统安全生产要求时，要帮助他们建立管理体系，对他们的专兼职安全人员进行传帮带，逐步提高分包队伍自身的管理水平。"当医生"，项目部生产和安全管理人员每天深入现场，对砂石料加工系统及混凝土生产系统的工艺流程、现场设备分布情况了然于胸，及时发现并指出生产系统及分包单位现场存在的安全问题，督促分包单位进行整改。"当法官"，安全管理必须严格落实，奖罚分明，"三违"必罚，确保安全管理的严肃性。

6　营造安全文化氛围

企业安全文化是企业一定时期安全活动创造的安全生产及劳动保护的观念、行为、环境、物态条件的总和，体现为每个人、每个单位、每个群体对安全的态度、思维程度及采取的行动方式。安全文化是安全生产及管理的基础和背景、理念和精神支柱，一经形成，对安全生产的影响就具有惯性和持久性。浓厚的安全文化，能促使人们在生产活动中，自觉地、主动地采取安全行为，化解安全风险，保障安全。

项目部通过各种手段，不断完善安全文化建设，营造浓厚安全氛围，形成良好的安全生产环境，使分包单位服从项目部的安全管理，自觉接受项目部母公司的安全文化。

第一，加强安全文化理论的宣传，使分包单位员工在心理、思想和行为上形成我要安全的意识，使"严守规程"成为员工的基本素养，使"关注安全、关爱生命"成为员工的基本理念，从被动地抗拒性地接受"规程"转变为主动地自觉地遵守"规程"，才能够有效控制事故的发生，进一步筑牢安全生产的坚固防线。第二，主要从观念文化、物态文化、管理文化、行为文化四个方面入手，提高分包单位员工安全素质，确保砂石料加工系统及混凝土生产系统的安全运行。

（1）建设预防为主、我要安全的安全观念文化。安全文化最基本的内涵就是人的安全意识。要保证人的行为、设施和生产环境的安全性，更好地预防事故的发生，就需要从人的基本素质出发，项目部通过安全月活动、宣传贴画和标语、安全知识竞赛和组织观看安全视频等形式多样的活动，提高分包单位员工的安全意识。

（2）建设稳定可靠、标准规范的安全物态文化。良好的安全物态是安全生产的必要保障。确保安全投入，完善安全设施，是建设安全物质文化的基础。

（3）建设健全完善、政令畅通的安全制度文化。不断地充实完善各项安全规章制度，不折不扣地执行安全规章制度就是创建和推行安全文化的过程，也是企业安全管理价值观逐步具体化的传播过程。

（4）建设规范有序、遵章守纪的安全行为文化。安全行为文化是安全文化的重要方面，也是建设安全文化的主要目标。抓行为文化建设必须把培养员工良好行为当作基础性的工作，并提到重要位置来抓。

7 结语

项目部与分包单位是相辅相成的一个整体，是一种唇齿相依的关系；大家为了一个共同的目标：确保砂石料加工系统及混凝土生产系统的安全运行，生产出合格的砂石料和优质的混凝土而协同合作；只有共同加强安全生产管理，才能确保各项工作的安全顺利进行，进而完成安全生产的目标。

绩溪抽水蓄能电站砂石料加工系统及混凝土生产系统建安及运行工程从 2013 年 9 月 1 日开工至 2019 年 5 月 3 日，已安全生产 2100 天，建安工程期和生产运行期均未发生安全责任事故。

回龙抽水蓄能电站机组下导轴承甩油原因分析及处理

孙江耘

（中国水利水电第十二工程局有限公司）

[摘　要]　回龙抽水蓄能电站机组下导轴承自发电运行以来一直存在甩油现象，导致发电机下挡风板、风洞、水车室以及水轮机顶盖有多处积油，给设备的安全带来隐患，运行维护极不方便，5S工作存在很大难度，油位降低也会导致瓦温升高，严重影响了机组的稳定运行，下导油槽甩油急需解决。本文就回龙电站2号机组下导轴承甩油现象进行原因分析，并介绍了治理方案及治理效果。

[关键词]　下导甩油　油槽　回龙电站

1　概述

回龙抽水蓄能电站位于河南省南阳市南召县城东北 16km 的岳庄村附近，距负荷中心南阳市 70km。电站安装 2 台单机容量为 60MW 的混流可逆式水泵水轮机组，发电机变压器采用单元接线，发电机出口、主变压器高压侧设断路器，发电机出口电压为 10.5kV。机组抽水工况启动方式采用变频装置启动为主，背靠背启动为备用方式。

水轮发电机下导轴承是水轮发电机轴承的重要部件，由导轴承瓦、支柱螺栓、套筒、座圈、滑转子和油冷却器等主要部件组成。主要承受转子机械不平衡力和由于转子偏心所引起的单边磁拉力，其主要作用是防止轴的摆动。

2　问题的提出

回龙抽水蓄能电站两台机组，其中 2 号机组下导轴承甩油严重，产生较大油雾渗漏情况，在水车室能看到油滴掉在水车室的设备上，下导风洞墙上的混凝土被油浸透，特别是大小修结束后首次开机运行，下导即产生严重的渗油情况，严重影响了设备及环境卫生，给下导运行造成了不稳定隐患。2 号机组检修结束后，运行一周，下导油位就会下降大约 10mm。运行一段时间后，必须补油，从第一次小修到第二次小修间隔时间内，多次补油，补油量大约有 5 桶 1000L 之多。

3　第一次改造

3.1　产生甩油的原因

3.1.1　下导油槽内挡油管结构不合理

下导油槽内挡油管是分瓣组成，瓣与瓣在组合缝处用螺栓连接，形成下导油槽内挡油管，合缝立面筋板在机组运行中改变了透平油运动方向，即透平油运动方向由圆周运动改变为沿立面筋板向上轴向运动。下导油槽内挡油管外径为 $\phi650mm$，而组合立面筋板外径为 $\phi695mm$，机组额定转速为 750r/min，则做圆周运动透平油的线速度约 31.4m/s，由于内挡油管组合缝立面筋板存在，内挡油管与下导轴领之间做圆周高速运动的透平油，受内挡油管立面筋板阻挡而改变运行方向，透平油顺内挡油管立面筋板往上溢出内挡油管上面，再由发电机大轴甩出飞溅到水车室。另外，内挡油管组合缝密封不严，透平油渗出集结成油滴，也会甩到水车室。

3.1.2 挡油环及封油环设计位置偏低

原下导油槽内挡油管上的挡油环及封油环设计位置过低（原封油环中心高程为 435m，略高于下导轴承中心高程，即比设计正常油位高程高出 10mm），在机组运行中，内挡油管立面筋板处透平油线速度 31.4m/s，由于挡油板位置过低，使高速运行的透平油改变方向后打在高速旋转的下导轴领内侧，一部分沿下导轴领内侧向上运动，另一部分沿下导轴领内侧向下运动，向上运动部分将会溢出内挡油管上沿面，甩至水车室。

3.1.3 下导轴领内侧表面粗糙度达不到要求

下导轴领浸泡在下导透平油中，并做圆周运动，下导轴领内侧圆周面加工表面粗糙度达不到设计要求（规范要求不大于 $0.08\mu m$），机组运转时，将在下导内挡油管与下轴领之间形成无数微型油泵，提高了下导内挡油管与下轴领之间的运行油位，而且油面波动幅度大，油温又高，易形成油雾，当油遇到温度低的大轴时，凝集成油滴甩到水车室。

3.1.4 下导油槽内挡油管安装工艺达不到设计要求

内挡油管与下导轴领安装时，其同心度及内挡油管组合安装圆度达不到设计要求，将形成偏心，即形成偏心泵，在机组运行中内挡油管与下导轴领之间油位升高，油流不稳定易形成油雾，最终甩到水车室。2 号机组的摆度超标，表显示为 0.11mm（规范要求 0.02mm/m，约 0.08mm），致使其同心度及内挡油管组合安装圆度达不到要求，也是甩油比 1 号机组严重的主要原因。

3.1.5 油槽盖板处存在间隙

下导轴承油槽盖板是用"树脂"材料制成，其有很好的弹性，因此，虽然在油槽与盖板之间加有密封垫，但在压紧连接螺栓后，由于盖板的弹性，其不能很好的压紧密封垫而产生翘曲，从而使盖板与油槽密封处有间隙，当机组运转起来后，油或油雾通过该间隙溢出，积到下风洞地板上，一段时间后再顺着缝隙滴到水车室里。

3.1.6 梳齿式密封失去效能

由于运行日久，作密封用的油毛毡失去弹性，这样使得油雾从轴承与大轴之间的间隙冒出，在下风洞凝结，并顺着地板缝隙滴到水车室里。且梳齿密封齿间间隙不均匀，容易引起油气流激振，油雾飘出，密封效果较差。

3.2 处理方案

3.2.1 降低油位

起初，在设计、安装、监理及施工人员的共同研究下，为了减少机组下导轴承甩油问题，把下导轴承的运行油位在设计油位的基础上降低了约 60mm，下导轴承油位高度由原来的 425mm 调整至 365mm，观察记录显示，甩油有所减少，轴承瓦温也符合设计要求。

3.2.2 内挡油管处理

（1）提高内挡油管封油环和挡油环高度。对内挡油管进行改造，原有的螺栓连接改为焊接的方式，有效解决了合缝立筋板对油循环的影响。采用人工打磨方法，在现场降低下导轴领内侧圆周表面加工粗糙度。提高内挡油管封油环和挡油环高度，使封油环上端面距内挡油管上端面 25mm（原距离为 80mm），封油环上端面与呼吸平压孔下沿同一高程，封油环高度由原 150mm 改为 80mm，封油环下端面高出下导正常设计油位（下导中心高程）70mm，并在新加装的挡油环和封油环喷防锈漆。

（2）检查下导内挡油圈圆度。检查内挡油圈圆度，并将它调整达到设计要求，调整下导内挡油管与下导轴领的同心度，并使其达到设计要求。在 2 号机组大修期间，对下机架水平进行了处理，解决了下导内挡油管与下导轴领的同心度问题，减小了机组各部位的摆度，从而大大减小了甩油现象。

3.2.3 加装油挡装置

机组小修过程中，在下机架上装设了一套下导油挡装置，该油挡在盆内设有缓冲吸油材料层，解决了形成油雾的主要问题。在轴上固定一甩油环，将内挡油圈处甩出的油拦住，并甩到油挡内，即使有少量的油或油雾到达油挡与大轴之间的密封处，也将遭到随动密封装置的拦截。

3.2.4 更换油槽盖板及密封盖

将下导油槽盖板更换为接触式密封盖，这种轴承盖板的密封齿沿圆周为多等分结构，每瓣均能与轴形成径向跟踪，径向前进量 1mm，后退量 3mm，因此在转轴偏心运行时，可以自动跟踪实现无间隙运行，因而使油雾无冒出现象。另外，油槽盖板也更换为铝合金材料，密封更加紧密，解决了透平油外甩的问题。

3.3 处理结果

2 号机组经过技术改造处理后，虽改善了下导内挡油管与下导轴领的同心度，改善了内挡管结构，改善了油槽中透平油路径，降低下导轴领内侧圆周的表面粗糙度，在机组运行中内挡油管与下导轴领之间做圆周运动的透平油方向不改变，也改善了透平油从内挡油管上端面溢出的情况，但是机组甩油情况还是存在，从下导改造初衷来看，这次改造效果还是可以肯定的。

4 第二次改造

4.1 原因分析

因第一次改造后，仍有甩油现象产生，究其原因，还有以下两个方面：

（1）下导滑转子泵孔及滑转子上部均压孔影响。根据立式水轮发电机总体布局，下导轴承滑转子的内外径尺寸和额定转速早已确定，回龙 2 号机组下导滑转子泵孔为圆周分布 12 个 $\phi20mm$ 的圆孔，下导滑转子上部圆周分布 6 个 $\phi10mm$ 的均压圆孔。机组在高速转动时，做圆周运动的透平油的线速度约 31.4m/s，油或油雾极有可能从滑转子泵孔和均压孔中溢到内挡油管与滑转子间隙内，当油量过大，不能及时回油时，透平油会顺内挡油管立面往上溢出内挡油管上面,油甩出飞溅到水车室。

(2)回油不顺畅。回龙 2 号机组下导瓦结构包括稳油板、瓦系统、托板及绝缘板,使得油槽分为上下两部分(绝缘板与滑转子间隙为 5mm)。为了防止出现从滑转子泵孔和均压孔产生甩油的情况,考虑封堵部分泵孔。如,当机组运行一段时间后,由于回油不顺畅,稳油板上部的油温度相对于稳油板下部的油温度,会有一个温差,这样会产生上部热油,下部冷油的两个环境,油温升高,更容易产生油雾和甩油现象,使得下导瓦处于不稳定、不安全的运行环境。

4.2 优化方案

4.2.1 封堵泵孔及均压孔

(1)将原来下导滑转子 12−ϕ20 泵孔封堵 1/3(如图 1 所示),即封堵 4 个泵孔,封堵材料选用 Q235B,直径 ϕ19 的圆柱,长度 15mm,4 个封堵均匀布置在圆周位置,封堵位置不能超过滑转子外圆表面,保证点焊牢固,避免运行时甩出。

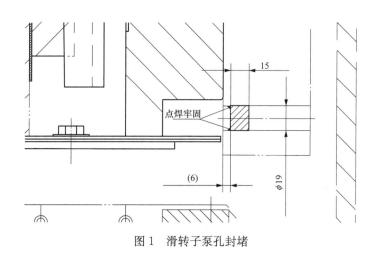

图 1　滑转子泵孔封堵

(2)将下导滑转子上部 6−ϕ10 的均压孔封堵 4 个(如图 2 所示),封堵材料选用 Q235B,

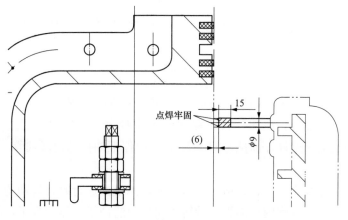

图 2　滑转子均压孔封堵

直径 $\phi 9$ 的圆柱，长度 15mm，封堵位置不能超过滑转子外圆表面，保证点焊牢固，避免运行时甩出。

4.2.2 增加可靠回油路径

（1）在下机架座圈原有 $10-\phi 30$ 回油孔的正下方 55mm 的位置重新攻钻增加 $10-\phi 50$ 的回油孔（如图 3 所示），进而改善油槽内回油不顺畅的问题。

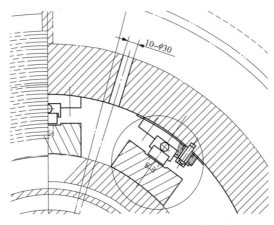

图 3　机架座圈回油孔布置

（2）在下导瓦的托板和绝缘托板上钻 $10-\phi 62$ 的通孔，圆周均布，分布半径 $R510$，此孔攻钻在相邻两块导瓦中间位置，并安装 $10-\phi 60 \times 4$ 不锈钢管 06Cr19Ni10 长 135mm。漏油管上端距导瓦中心线以下 30mm，设计复核后，建议管路的顶部加工一个 $45°$ 的斜角对油流比较有利，管路的坡口向圆心（如图 4 所示）。

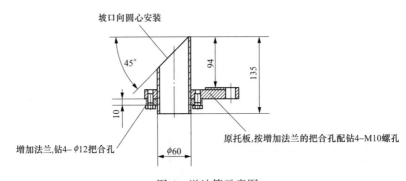

图 4　溢油管示意图

此溢油管路安装后（装配如图 5 所示），让部分热油经此管回流至油冷却器，而且也保证了经过下导瓦的油量，机组运行时控制导瓦的温度在合理的范围内。下导改造优化后，下导油位调整至原始设计油位，即 425mm，以保证油位超出溢油管。

4.3　优化效果

下导滑转子泵孔及均压孔各封堵 4 个情况下，机组在运行时，运动的透平油或油雾从滑转子泵孔和均压孔中溢到内挡油管与滑转子间隙内的油量明显减少了，间隙内的积油可

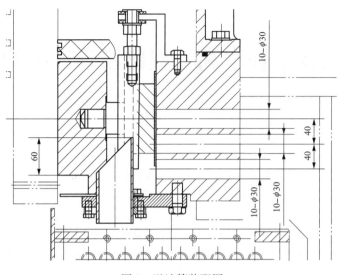

图 5　溢油管装配图

以及时回流，改善了透平油顺内挡油管立面往上溢出的情况。下导瓦托板溢油管的安装，很好地解决了因封堵油回流孔而造成回油不畅通的问题，也使得油槽上环境中的热油更好的回流至冷却空间内，而且也保证了经过下导瓦的油量，机组运行时控制导瓦的温度在合理的范围内。经过一段时间的运行，巡检记录显示，下导甩油问题得到了有效改善。

5　建议

下导轴承经过两次改造，有效地解决了下导甩油的问题。对于下导甩油问题，究其根本原因是下导油路不畅通造成。

建议安排充足的检修周期，更换下机架，新机架的结构将针对目前下机架的甩油情况进行调整，改变机架的座圈结构形式及尺寸，进而保证油槽内油路顺畅，避免下导轴承甩油。

6　结语

经过技术改造处理后，机组下导在正常油位运行时，下导内挡油管与下轴领之间的透平油油面平稳，透平油不会往上跑而溢出内挡油管，且油槽上环境中的热油更好的回流至冷却器，下导回油路径变得通畅，而且也保证了经过下导瓦的油量，使下导轴承得到充分润滑，保证透平油黏度，降低下导轴承温度及油度，避免了油雾形成，真正解决机组下导严重甩油问题，大大减少机组的维护工作量，净化了水车室环境，延长机组下导轴承的使用寿命，确保机组安全稳定运行，同时消除了因甩油对下游的污染，保护下游生态环境，提高了电厂的安健环管理水平。

信息化技术在水利工程建设管理中的应用

周 政 白 雪

（中国水电基础局有限公司）

[摘 要] 水利工程是一项惠民的工程，可以给国家的水资源使用率起到提高的作用，水利工程的特点主要是工程量巨大，并且投资金额大，为此，针对水利工程的有效管理是非常必要的。信息化技术涉及了很多的现代化技术，需要将水利工程管理和信息化技术有机地结合起来，不但让水利工程的管理进行了优化，同时也让信息化技术的适用范围有所扩大。本文将分析在水利工程建设管理中信息化技术的实际应用，同时阐述信息化技术运用于水利工程存在的问题，提出针对性的措施。

[关键词] 信息化 水利工程 信息技术

1 引言

目前，伴随着社会的进步和发展，大量的新技术不断的应用在人们的日常生活和生产中。信息化技术来自 20 世纪中期，截止到目前信息化技术应用于社会各个行业中。在水利工程管理过程中应用信息化技术，是当下信息化技术的一种新探索形式，一般水利工程在施工周期上很长，并且工程量和投资金额很大，就需要将信息化技术进行有效的管理，将水利工程管理和信息化技术有机地结合，我国的水利工程管理的实际效率才能有所提升，让这项利国利民的工程效果有所发挥出来。

2 信息化技术运用于水利工程管理的意义

2.1 水利工程管理的物力得到节省和消耗

水利工程建设是一项非常复杂的工程，在前期设计规划上要综合分析多种方面的因素，由于施工周期长同时施工的难度系数很大，在整个建设中会消耗量很大的人力、物力和财力，在水利工程管理中应用信息化技术，可以让信息化技术的高效率有所发挥出来，同时在整个水利工程管理过程中，可以将工程的各个部分都采取统筹和规划。例如，进行前期的设计规划上，信息化技术给管理者提供了很多方面的帮助，要将当地的基地进行综合的分析，其中包含：当地的地质情况、水文地理、自然景观和民族文化等，要将前期的规划做到科学、合理化，选择合适的施工方案。进行施工环节，实际应用信息化技术，分析信息化技术的计算能力，选择科学的施工方式，同时还可以将施工中容易出现的突发情况进行预料，让管理者选择适合的应对措施。

2.2 水利工程管理的效率有所提高

结合水利工程的自身特点，尤其是在信息化技术的支持下，可以将水利工程管理的整体效率大大提高。一般情况下，大型的水利工程都是出于野外和城市的郊区，环境相对恶劣，工作人员在管理和维护方面受到影响，由于工程辐射的面积很大，工作人员的维护管理上出现了不合理的问题。在实际的水利工程中应用现代化技术，可以让传感器设备针对水利工程采取实时的监测，传感器设备所测量的数据通过计算机采取分析，让水利工程中存在的问题及时的发现，同时管理者就能利用数据针对出现的问题采取处理和解决，避免危险事故的发生。利用信息化技术，水利工程的管理人员可以在计算机系统的指导下提供科学、合理的管理措施。

2.3 水利工程管理本身的功能性进行优化

水利工程是一项利国利民的工程，目的就是让水资源得到充分的利用，同时避免因为水造成一定的事故和危害，这就是水利工程项目的实际作用。进行水利工程建设中，将工程的管理和信息化技术相结合，需要将水利工程管理自身的功能性进行优化，针对评估和统一采取分析，将数据进行修正，水利工程的实际功能才能得到提高。

3 信息技术在水利工程施工管理中的重要性及现状

3.1 信息技术在水利工程施工管理中的重要性

在水利工程施工管理过程中应用信息化技术，不仅可以让施工数据收集工作和分析工作实现精细和系统，同时针对施工技术可以做出有效的评估和分析，让水利工程施工管理可以得到质量的控制，管理者的管理工作也需要加强，将工作效率大大提高。一般情况下，水利工程的实际施工相对复杂，同时施工周期很长，在投资的规模上很大，为此，要加强信息化技术管理，让水利工程管理资源可以实现合理的优化和配置，将水利工程施工管理做到合理化，另外，施工管理中的人力、财力都能得到大幅的降低，更好的将水利工程建设的成本进行有效的管控。

3.2 信息技术在水利工程施工管理中的发展现状

从发展的角度看水利工程建设，是目前我国经济建设中一项重点的内容。经过长期的发展，水利工程的类型很多，例如，大坝和水库都是水利建设等项目。目前，在全国的农村，都将水利工程当做一项经济发展的重点工作，最大的原因就是水利工程建设能够让农村地区的经济和农业生产有所增长。现阶段，我国的农村地区在地质条件上有很大的差异，为此进行水利工程建设中，要将影响的因素采取综合性的分析，需要加以重视，同时要进行控制，给水利工程提供技术的支持和帮助，下面是结合水利工程施工发展的问题，主要是存在三个方面：

第一种就是外部条件。外部条件主要是地质条件和天然气候条件等，例如，在地质条件很差的地区，软土地地基多，进行水利建设过程中就会有很大的影响，这些都是进行水利建设中最容易出现的问题，为此，要针对地基采取加固的措施，将地基出现塌陷的情况进行防治和预防，让施工的进度能够正常的开展。

第二种就是施工技术方面。施工的整体质量是施工技术所直接决定的，施工技术可以将施工质量大大提升，将施工中出现的问题有所降低，确保在相对的时间内完成施工的任务。目前，在水利工程施工中，采用传统的方式已经满足不了当下发展的需求，为此，就要将水利工程的质量有所提高，要采用信息化技术，当下在水利工程施工管理中信息化技术的应用已经得到了充分的体现，例如，计算机仿真技术、遥感技术等。信息化技术和水利工程管理是属于两个不同的行业和专业，将二者进行有机的结合，就要有基础的理论知识作为支撑，就要求水利工程管理人员要具备专业的信息化技术，同时要掌握一定的技能，另外，需要一支优秀的团队，才能更好的将信息化技术应用在水利工程建设中。

进行水利工程建设过程中，信息化技术的实际应用需要强化，让水利工程信息技术能够得到科学的判断。在实际的工程建设中结合不同类型的信息技术，针对资源信息采取采集、传输和存储等，同时要制定出合理的施工方案。另外，需要将水利工程施工自动化管理加以关注。在水利工程建设中，要针对信息急速、物联网技术等进行应用，让水资源的使用率大大提升，水利工程的自动化管理和远程监控得以实现，水资源才能得到充分的利用。

4 信息化技术在我国水利工程建设管理中的应用

4.1 网络技术及通信技术的应用

确保水利工程信息的准确和可靠性，同时要进行高速的传播，其中通信技术和网络技术就起着十分重要的作用。通信技术和网络技术进行有机地结合才能连接到水利工程的不同地域，让水利工程中的各种信息资源得到充分的利用。另外，网络技术不但能传输信息量很大的数据，还可以让水利数据、三维模型和图像等进行互换。使用通信技术和网络技术，让数据资源在存储方面的管理得以健全。水利工程云计算 IaaS 平台系统架构图如图 1 所示。

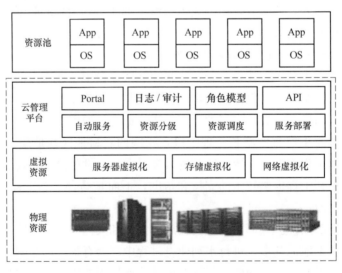

图 1　水利工程云计算 IaaS 平台系统架构图

4.2 地理信息技术的应用

进行水利工程建设过程中，要利用地理信息技术将三维空间图形进行有效地获取，针对地理动态信息要采取及时的分析，信息获得后要针对模式进行技术的分析，要利用空间数据和数据分析技术。另外，地理信息技术最大的优势就是能够将信息进行综合的处理，同时可以采取空间分析和动态预测，这不仅是我国水利工程管理建设中最核心的一项技术，也是当下比较先进的信息化技术。与此同时，地理信息技术可以针对信息采取有效的管理，尤其是在防灾减震上发挥着十分重要的作用。目前，我国的很多部门都是使用地理信息技术完成信息图纸的绘制，将各个省、自治区和直辖市等水利结构全部做到了连接，可以让水利资源的目标都实现了共享，让水利工程的得到有效地监督和管理，将我国的水利工程建设在科学性上大幅提升，防止有重复建设的问题发生，不但让建设成本大大降低，还将我国的水利工程建设有所推进。

4.3 卫星定位技术的应用

目前，我国的卫星定位技术已经发展了数十年，最大的优势就是可操作性很强，传输速度上很快并且数据很可靠，应用的领域和行业比较广泛。其中卫星定位技术不会因为天气的情况受到影响，可以让三维坐标在很短的时间里就能实现，可以提供水利建设中需要的各种信息，例如，地理、空间信息等，在操作上非常简单。目前，在我国的水利工程建设中，卫星定位技术是一项十分重要的技术，由于卫星定位在技术上不会遭到天气的影响，同时在定位上比较精准，和无线电定位技术进行比较，具有先进的科学性。另外，要采用卫星定位技术针对地质水文作业采取检测，如果出现灾情，就需要进行定位，采用通信技术和网络技术，将指挥中心做到及时的联系，要针对灾情采取实时的监控，同时要进行有效的预防工作，保证人们在日常生产、生活上正常的开展，让社会的经济能够稳定的发展。

5 信息化技术的未来前景

5.1 水利工程信息化不断地促进

进行水利工程信息化建设中，重点工作就是让信息化技术得到大幅的提升。我国最早建立的抗旱防汛指挥中心，就是使用信息化技术，针对生态建设、环境建设和抗旱防汛等方面采取有效地管理，另外，在水利工程建设中要采用动态的信息化管理，针对检测数据采取精准的分析，可以使用查询，传输等，将水利工程信息化水平提升。

5.2 专业模型技术为信息化技术提供支持

进行水利工程建设中，信息化技术给重大决策提供了重要的参考。水利部门进行旱情、灾情和水情的信息采集过程中，就需要采用各种专业的模型技术采取分析（例如，水源水质方面、旱情方面、环境评估等），才能获得相关的数据。目前，随着专业模式技术的不断完善和改进，给信息化技术奠定了一定的基础。

5.3 专业应用软件的开发与应用方面需要加强

目前，在互联网时代下，应用软件可以让水利工程建设的整体质量和效率有所提升。政府部门需要在水利工程软件的开发上加以重视，要给予政策和资金的支持和帮助。与此同时，要从水利工程管理的特点处出发，需要使用互联网技术和计算机技术，要发挥出水利工程管理中的优势，将水利工程管理软件的开发重点工作进行明确化，让水利工程管理软件发挥出自身的专业性。另外，需要将水利工程管理工作人员的计算机操作水平和技能提升，要将水利工程管理的软件优势充分地发挥出来。需要重点注意的是，要将水利工程项目管理和软件开发的实际使用进行有机的结合，计软件开发软件更好地服务于水利工程项目，做到针对性，管理软件的各项功能才能更实用和全面。

6 结语

综上所述，在现代农业生产和人们的日常生活中，水利工程施工建设是一项非常重要的项目，为此，在水利工程施工管理水平上需要强化，要将信息化技术充分的得到利用，同时水利工程施工管理要做到系统和全面，让工程项目的质量做到监督，才能让我国的水利工程施工管理工作更好的得到进步。目前，在水利工程管理中应用信息化技术还有很多的问题出现，为此，就需要在信息化技术的实际开发和利用上加强，要将信息技术的重复率降低，另外，要结合我国的水利工程发展具体情况，选择先进的应用软件，才能让我国水利工程施工管理工作有序地开展，更好的发展。

参考文献

[1] 彭巧巧. 我国水利工程质量监管问题探讨［J］. 水利规划与设计，2013（11）：47-49.

[2] 赵东雅. 信息化技术在水利工程建设管理中的应用［J］. 电子技术与软件工程，2017（03）：261.

[3] 王维成，吴茂云，李玉梅. 水利信息化建设促进水利现代化［J］. 水利技术监督，2014（03）：38-40

[4] 双学珍，张智涌. 信息化技术在水利水电工程施工管理中的应用现状及发展方向［J］. 科技展望，2014（19）：8.

[5] 吴庆林. 信息技术在水利工程建设管理中的应用［J］. 水利规划与设计，2014（07）：8-10.

[6] 段建才. 信息技术手段在水利工程建设管理中的应用［J］. 中小企业管理与科技（中旬刊），2016（4）：59-60.

[7] 张荣. 水利工程管理中存在的问题与对策研究［J］. 水利技术监督，2011（04）：35-36，39.

[8] 武建，高峰，朱庆利. 浅谈大数据技术在水利信息化建设中的应用［J］. 水利发展研究，2015，15（9）：63-66.

[9] 杨永聪. 信息化技术在水利工程施工管理中的应用及发展［J］. 中国标准化，2018（10）：134-135.

[10] 吉祖湛. 强化水利工程施工安全管理措施［J］. 水利规划与设计，2016（02）：69-72.

[11] 程卫祥. 水利工程管理现代化与精细化分析［J］. 水利技术监督，2016（03）：22-24.

[12] 吴苏琴，解建仓，马斌，等. 水利工程建设管理信息化的支撑技术［J］. 武汉大学学报（工学版），2009，42（1）：46-49.

[13] 王宗海. 水利工程施工成本控制与管理［J］. 水利技术监督，2015（05）：38-40.

[14] 刘忠岳. 信息化技术在新时期水利工程管理中的分析［J］. 山东工业技术，2016（02）：78.

客土喷播技术在水库坝肩石质边坡处理中的应用

李国保　王秀英

（中国水电基础局有限公司）

［摘　要］　客土喷播是一项兼顾边坡防护和环保功能于一体的生态防护技术，本文结合客土喷播技术在月潭水库工程坝肩石质边坡处理中的成功实践，简要介绍了客土喷播技术的工艺方法、控制要点及取得的良好效果。

［关键词］　客土喷播　水库坝肩　石质边坡　应用

1　概述

月潭水库地处新安江主源率水河中上游，为Ⅱ等大（2）型工程，最大坝高 36.6m。坝肩石质边坡主要岩性为千枚状粉砂岩，开挖坡比为 1∶0.5，边坡支护采用砂浆锚杆、边坡挂网和客土喷植防护措施。设计主锚杆 $\phi16@3m \times 3m$（$L=3m$）、次锚杆 $\phi14@3m \times 3m$（$L=1m$），挂网 14 号镀锌铁丝网@50×50，喷植防护 0.1m 厚，喷坡防护面积 28 680m^2。

客土喷播技术是一种整合土壤学、植物学、生态学理论的生态防护技术，通过团粒剂使客土形成团粒化结构，加筋纤维在其中起到类似植物根茎的网络加筋作用，从而造就有一定厚度的具有耐雨水、风侵蚀，牢固透气，与自然表土相类似或更优的多孔稳定土壤结构，并将其混合草种喷播到岩石边坡上，孕育植物生长，形成边坡防护层，能有效抵抗风蚀和雨水冲刷，防止水土流失，美化生态环境。

2　施工工艺

石质边坡客土喷播施工工艺流程为：边坡清理→测量放线→锚杆施工→挂网施工→湿润坡面→喷播客土→养护。

2.1　边坡清理

自上而下清除边坡表面松散石块、垃圾、杂草及有害物质。对于光滑岩面，沿坡面水平方向开挖一定深度的沟槽增糙，以利于喷播客土的附着。

2.2　测量放线

利用莱卡 TS06 型全站仪在坡面上测放出控制点，使用水平仪及卷尺依据控制点，在坡面上按纵横 3m 间距测放出主锚杆孔位，再依据主锚杆孔位间入放出次锚杆孔位。

2.3　锚杆施工

按设计孔深采用风钻配 42mm 钻头造孔，成孔时保证钻进角度垂直于坡面，造孔完成后随即采用高压风水枪将孔内岩屑冲洗干净，然后将孔口封堵密实，防止在施工过程中石硝等杂物落入孔中。严格按照试验确定的配合比拌制砂浆，砂浆在现场拌制，采用浆机将砂浆灌入孔内，砂浆注满后立即插入锚固筋。锚固筋在加工厂制作成型，根据设计孔深下料，保证锚杆安放后端头外露于坡面 10cm。锚杆注浆后，在砂浆凝固前，不得敲击、碰撞和拉拔锚杆。

2.4　挂网施工

三维植被网采用 14 号镀锌铁丝网@50×50，自上而下放卷施工，搭接宽度不小于 100mm，四周埋入坡面长度应符合设计要求。挂网施工时将锚固钢筋外露端从中间位置回折以便于将植被网固定，确保植被网紧贴坡面。边坡挂网如图 1 所示。

图 1　边坡挂网

2.5　湿润坡面

喷播前在坡面上应提前充分洒水 $1 \sim 2$ 次，保持坡面湿润，渗透深度不得小于 15cm。坡面充分湿润且无明显水迹后进行喷播施工。

2.6　喷播客土

2.6.1　材料

（1）草灌种子：选择适合于当地气候条件、易于生长的草籽和灌木种子，用种原则采用草灌结构，多草种多灌种混合，种子用量不低于 $50g/m^2$。本工程选用狗牙根、高羊茅、糖蜜草、紫花苜蓿、多花木兰、紫穗槐、银合欢、格桑花等。

（2）土壤：土壤是客土基质材料的主要组成部分，在选择土壤时应以壤土类的中壤土为主，即物理性黏粒占 $30\% \sim 40\%$，物理性沙粒占 $55\% \sim 70\%$。因为这类土壤黏度适中，利于喷浆工作。过沙的土壤喷浆时不易阻管，但土壤黏力不够，容易后期分裂与剥离；过黏土壤，因黏性大，喷浆时容易阻管，影响工程进度。中壤土是植物生长最合适土壤。

（3）肥料：优先选用经过沤制的农家有机肥，就近农家畜牧养殖场采购。掺入适量的速效肥、长效肥，增加客土肥力，提供植物生长所需营养。

（4）添加剂：基层黏结剂选用喷播专用材料黏合剂（胶粉），即是水融性聚合物，经稀释的稳定剂在需处理的土地上喷洒后，形成人工合成的网络，可以提高土壤的黏滞力和水分的渗透力。稳定剂选用由特殊沥青乳剂和凝结剂构成的高分子聚合物，保障客土的团粒结构的稳定性，防止土壤受风雨侵蚀破坏。保水剂吸水倍数在 100 以上，水分丰裕时吸收水分，天气干燥时为植物提供水分。植物性纤维料选用锯木糠。

（5）水：选择无污染水源，就近从率水河中抽取。

2.6.2 拌制

在边坡侧面靠近冲沟的▽162m 平台处设置客土拌制站。

利用粉碎机将土壤粉碎，经过 20mm 的方孔筐网筛分，筛除大颗粒石块、土块或杂木，防止进入喷射机造成堵管。粉碎好待用的土料堆下铺彩条布，防止污染。

人工将土壤铲入搅拌机的料斗，同时按经喷播试验的配比，放入草籽、肥料、添加剂等进行搅拌，充分混合，形成均匀的团料状土壤混合料。混合草籽用量每 1000m² 不少于 50kg。客土混合料参考配合比见表 1，客土拌制如图 2 所示。

表 1 客土混合料参考配合比（质量）

土	有机肥	速效肥	长效肥	保水剂	稳定剂	黏结剂	纤维料
90	10	0.1	0.15	0.1	0.2	0.15	适量

图 2 客土拌制

2.6.3 喷播

客土喷播与拌制同时作业，拌制好的混合料直接进入喷射机料斗，启动空压机和水泵，再启动喷射机进行喷播作业。喷播分两次进行，首先喷射不含种子的基层混合料，喷射厚度 9cm，达到一定强度后，进行第二次含种子的混合土，最终喷射平均厚度不小于 10cm。

喷射时，喷射角度与受喷面垂直，喷嘴与受喷面距离控制在 0.6～1.2m 范围内。在坡面自上而下进行喷播，纵向按"S"形运动。严格控制风量、风压，准确控制用水的线流量，保证枪口风压 0.3～0.5MPa。

喷射过程根据喷射机的压力、坡面形状、地质情况随时调整喷射角度和距离，注意死角部分及凸凹部分要喷满，保证客土喷射厚薄均匀。客土喷播如图 3 所示。

图 3   客土喷播

2.7   养护

喷播后及时用无纺布进行覆盖，以防止水流对坡面及种子的冲刷；还起到保水、保温作用，以利于草种的生长，无纺布覆盖后用"U"形钉固定。

草种出芽以及幼苗期，根据天气情况及时进行喷水养护，保证草种出苗前及幼苗生长阶段始终保持坡面湿润。浇水养护时必须采用雾状喷洒方式，防止水量过大造成客土和草籽被冲刷破坏。

播完成后 20～30 日，对坡面植物进行检查，对损坏严重、生长不理想的部位，要适时补种或补喷同规格同品种的植物。

在植物逐渐生长过程中，适时追施肥料和防治病虫害。病虫害防治以预防为主，出苗后随时观察有无病虫害，一经发现及时喷洒农药。

3   质量控制要点

（1）做好坡顶位置截水沟的设置，防止降雨时地面汇水冲刷坡面，造成坡面破坏。在清理坡面时，将坡面转角及棱角处修整为弧形，便于喷播客土的稳定。

（2）三维植被网铺设需紧贴坡面，张拉紧并与锚杆牢固连接。坡面不平整的部位，可在网面上，按 3m×3m 网格型布置 $\phi 6$ 盘条，与锚杆焊接，压实网面，以保证不因网变形而影响植坡安全生长。

（3）植物应选择适合于当地气候条件、根系发达、耐旱易成活、易于生长、病虫害少的草灌品种。根据植物对不同环境的生长要求，适当调整种子配比，比如加入在当地收集的野花和野草种子，因地制宜，能达到很好的效果。

（4）加强养护管理，洒水做到勤洒少洒，浇水时，掌握好喷枪角度，不得直对苗木喷射，往远处喷水应使喷枪与地面呈 45°角，近处喷水应用手控制出水口，使水流散雾；夏季地表温度在 30℃以上或气温在 25℃以上的中午应禁止浇水。

（5）喷播完成后 20～30 日，要对坡面植物进行全面检查，适时补种或补喷，适期对植物进行叶面施肥和病虫害防治。

4 工程效果

月潭水库坝肩开挖形成的岩质边坡，通过采取客土喷播技术施工后，草本植物边坡覆盖率达 100％，即达到了边坡防护的目的，又恢复了生态环境，美化了景观，岩质边坡防护和绿化均取得了良好的效果，为后期库区旅游综合开发奠定了良好的基础。坝肩边坡喷播施工前后效果对比如图 4 所示。

图 4　坝肩边坡喷播施工前后效果对比

5 结语

客土喷播作为一项兼顾边坡防护和环保功能于一体的生态防护措施，技术工艺简单、施工方便、机械化程度高，能大大降低施工成本，在短时间内恢复植被覆盖，绿化美化边坡，与传统的边坡防护措施相比，在生态效益和经济效益等方面均具有明显的优越性。

参考文献

［1］王玲．客土喷播技术对高速公路石质边坡防护的运用［J］.现代园艺，2017（10）：203-203.
［2］王冰．岩石边坡客土喷播技术探讨［J］.科技信息，2011（09）：644，659.
［3］王学伟．岩质边坡客土喷播生态复绿施工技术［J］.科技信息，2010（3）：296-297.

作者简介

李国保（1976—），男，本科，高级工程师，主要从事水利水电工程施工。
王秀英（1977—），女，统计师，主要从事水利水电工程施工资料统计。

Google Earth（全球地理信息系统）软件在引黄灌溉龙湖调蓄工程中的应用

谢长福

（中国水电基础局有限公司）

[摘　要]　Google Earth（全球地理信息系统）软件是一款风靡世界的全球地理信息系统，是由 Google 公司开发的一款虚拟三维地球仪软件，通过它可以浏览全球一般的城市，甚至小城镇也能显示，同时还能显示周围的山川、河流、湖泊、海洋等实时地理信息。通过它可以判读、标注所熟悉地域上的水利工程体系，做到宏观、实时、准确，从而使管理效率进一步提高。作为水利工程施工管理人员，有必要熟练掌握这种功能强大而又直观便捷的工具，并将其灵活地运用于工作之中，不仅可大大提高工作效率，提高工程管理水平，而且可以实现工程的"可视化管理"，可以说是工程技术人员的好帮手。本文从郑州引黄灌溉龙湖项目中对谷歌地球软件的应用性进行论述、总结。使得该软件能够更广泛的应用到其他工程项目中，给工程带来更多的便利。

[关键词]　Google Earth　郑州龙湖工程　虚拟地球仪软件　在线地图服务　工程应用

1　引言

（Google Earth，GE）是一款 Google 公司开发的虚拟地球仪软件，它把卫星照片、航空照相和 GIS 布置在一个地球的三维模型上。Google Earth 于 2005 年向全球推出，被"PC 世界杂志"评为 2005 年全球 100 种最佳新产品之一。用户们可以通过一个下载到自己电脑上的客户端软件，免费浏览全球各地的高清晰度卫星图片。由于它和真实的地球物理信息做了匹配，也就是说它的地形、海拔、经纬度信息和 GPS 输出的信息是完全重合的，所以它对民用来说，还是有很高的实用价值。通过它不仅可以免费浏览全球各地的高清晰度卫星图片，而且还可以根据用户自己的需求来实现各种行业的目的需要。

2　Google Earth 软件简介

Google Earth 软件的主界面如图 1 所示。

（1）搜索面板（Search panel）：查找位置或行车路线、管理搜索结果。

（2）显示 P 隐藏侧边栏（HidePShow sidebar）：单击这个图标可以显示或隐藏侧边栏（搜索面板、地标面板、层设置面板）。

（3）添加地标（Placemark）：单击这个图标来标注指定的位置。

（4）多边形（Polygon）：用来绘制多边形。

（5）路径 P 线（Path）：用来绘制路径或线条。

（6）影像贴图（Image Overlay）：将外来的图片贴到 Google Earth 中。

（7）录制浏览（Browse through webcontent）：用来录制浏览路径。

（8）测量工具（Measure）：测量距离或面积。

（9）邮寄（Email）：将当前视图或图像用电子邮件发送给别人。

（10）地标面板（Places panel）：用来定位、保存、组织和重游地标。

（11）层设置面板（Layers panel）：用来关闭、显示兴趣层。

（12）状态栏（Status bar）：显示经纬度坐标、海拔和图像。

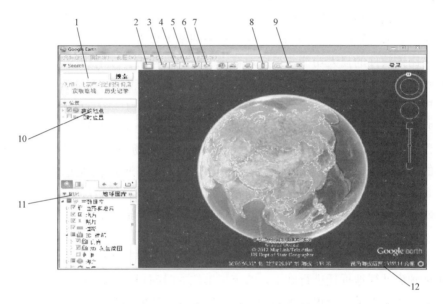

图 1　Google Earth 软件的主界面示意图

Google Earth 在国内的个人和行业中最主要的应用在于为用户提供不断更新的卫星图像及不断完善和新添各种功能以满足用户需求，在工程施工方面已经广泛地应用到了公路测量设计、铁路勘察设计、地质勘察等工程行业的中，其主要应用在以下几个方面：

（1）应用于公路、铁路前期的勘测、线路选择。由于国家地形图更新速度较慢，导致在进行一些公路和铁路规划和前期勘测、线路选择过程中，现场施工工作量庞大。Google Earth 软件的推出，给这些工作带来了极大的方便，同时对道路的优化启动了积极的作用，节约了工程投资。

（2）应用于地理教学课程中。Google Earth 软件未推出以来，学生在上地理教学课时。由于课本承载的内容比较生硬和书面化，大多数学生对这门课程兴趣不大；自从应用 Google Earth 软件以后，学生通过 Google Earth 的诸多功能，学到了许多书本上学不到知识，大大地增强了学习兴趣。

（3）应用于工程测绘。主要应用于工程断面测绘、现场地形图测绘、控制网优化设计、非涉密控制点成果资料管理及其他应用等。

3 Google Earth 软件在郑州引黄灌溉龙湖调蓄工程中的应用

与其他的行业一样，Google Earth 软件通过众多的科技工作者和软件技术人员的钻研和努力，越来越广泛的应用到了水利工程施工中去，下面简要介绍 Google Earth 软件在郑州引黄灌溉龙湖调蓄工程施工中的应用。

郑州引黄灌溉龙湖调蓄工程是河南省郑州市郑东新区"十年建新区"的战略目标，也是郑东新区规划建设的点睛之笔，它的建设有着重要的导向作用和示范效应。它的具体位置为：东风渠北、魏河南、森林公园以东、107 国道辅道以西。工程建成后，它的蓄水位将达到 85.5m，仅水域面积就达 $5.6km^2$，仅次于杭州的西湖。龙湖湖体平均水深 4.5m，最大水深为 7.5m，总库容约 $2680m^3$。龙湖整个调蓄工程占地约 $5.8km^2$，约 8700 亩。本工程通过引用该软件的强大功能，很好地解决了施工过程中存在的一些问题，为工程项目的顺利实施启动了一定的关键作用，主要体现在以下几个方面：

（1）短时间内全方位的了解现场的实际情况。龙湖工程于 2010 年 10 月 14 日中标后，按照业主要求于 10 月 16 日开工，这么短的时间组织工程施工，时间紧、任务重，且由于防渗墙工程的施工轴线长，项目管理人员无法一一进行现场查看，如何把这 $5.8km^2$ 征迁面积真实的反映在征迁人员面前成为首要难题，项目部通过拓宽思路和视野，发现 Google Earth 软件能够很好的解决这个问题。项目部借助该软件，形象的将防渗墙轴线反映在 Google Earth 影像中，让全体管理人员对整个防渗墙施工有了一个全方位的了解，同时也为项目的决策起到了一定的作用。

（2）能够有效合理的指导征地拆迁工作。龙湖调蓄工程占地约 $5.8km^2$，约 8700 亩，从工程中标到启动征地拆迁进行施工，给施工单位的时间很少，因此，在征地拆迁方面很难给征地拆迁协调人员一个很直观的印象，造成征迁工作滞后且没有条理性。如何寻找征地拆迁的突破口，成为项目部征地拆迁的难题，后来，项目部借助 Google Earth 软件后，通过 Google Earth 上该区域的卫星图片，迅速直观的帮助征地拆迁人员了解项目实地情况，项目部通过对这个软件的应用，给征地拆迁人员提供了现场实地情况（相当于现场直播），给施工企业在征地拆迁决策过程中也带来极大好处，项目部通过采取先易后难的办法，逐渐的解决了施工过程中的征地拆迁。

（3）实现了工程施工现场施工设备最优化管理。龙湖调蓄工程共有防渗墙轴线 13.32km，成槽工程量约 51 万 m^3，土方开挖工程量 975 万 m^3。施工高峰时，共投入大型液压抓斗 36 台、装载机 7 台、吊车 7 台、挖掘机 47 台、推土机 18 台、自卸车 246 台。这么多施工设备怎样调配才能保证设备避免出现闲置和发挥最大功效是，项目部借助 Google Earth 软件，合理地将每台施工设备安排在合理的工作面上，同时为每台设备量身制订了详细的施工计划，通过采取这些措施，项目部创造了月完成防渗墙成槽 10 万 m^2 的施工纪录，土方开挖也完成月土方开挖 140 万 m^3 的开挖量。

（4）更加出色的进行工程施工的汇报、演示。在进行工程施工汇报和演示时，由于到访或参观的领导没有足够的时间对项目工程进行逐一检查或查看，这时就可以通过 Google Earth 把清晰的卫星图片加以处理应用到汇报演示当中。这里仅列举经常用到的情况：最常用的方法就是通过编程或者利用现成的软件（如 Get Screen 等）来下载该项目沿线的卫星图片（这一步甚至可以通过截图软件或者 Google Earth 拷屏的办法得到）。图像下载下来以后，在 CAD 软件中打开工程施工的方案图或路线图，然后通过插入栅格图像的方式，把卫星图像显示在 CAD 中；然后把加载的图片经过位置校正、比例缩放、旋转、裁切等处理，形成一张清晰、美观、实用的包含各种线路的方案示意图。这样，就会给方案示意图、汇报演示图片增色不少。当然，为了使汇报演示的效果更好，我们还常常需要以动画或者 PPT 等形式将项目展示出来，具体为在 Google Earth 里添加项目的相关图片、文字、表格及视频等内容并加以强调，这样，在汇报时往往就能事半功倍，能起到很好的效果。

（5）对整个工程进行"可视化"管理。Google Earth 软件分为免费版和专业版，免费版的 GoogleEarth 上的卫星照片一般都是 1～3 年前拍摄的，照片的更新也只能是分期分批地进行。因此它的图片信息是不可能做到实时更新的。通过付费购买专业版的 GoogleEarth 软件，就能看到卫星最新拍摄到的图像。同时，根据您的要求，Google 公司能够为您所提供您所需要的实时卫星图片，这样一来，就实现了工程的"可视化"管理，大大提高了工程技术管理水平。

4 Google Earth 软件在其他方面的应用

Google Earth 不仅应用在像郑州引黄灌溉龙湖调蓄工程这样的工程施工中，目前还广泛的应用到了石油、房产、通信、海事、物流、电力、城市规划、交通、旅游、商业、农业、水文、水土保持、生态和环境保护、国土资源管理、土地利用分类、城市生态环境质量、社会公共事业和公众教育与服务等方面。当然，它的应用价值还远不仅如此，其优势更在于作为一款优秀的可视化软件和三维演示平台在各领域中应用。在这方面，通过查阅相关资料，倪子强和孙玉龙等分别做了较好的应用尝试。

5 结语

（1）作为水利工程施工管理人员，有必要熟练掌握这种功能强大而又直观便捷的工具，并将其灵活地运用于工作之中，不仅可大大提高工作效率，提高工程管理水平，而且可以实现工程的"可视化管理"，可以说是工程技术人员的好帮手。

（2）随着科学技术的发展，Google Earth 软件在旅游、环境监测、交通管理、土地规划等其他方面有更强的优势，和其他软件硬件结合（如 GPS、GIS）更显示其强大的实用价值，例如：①能够知道具体地点的精确位置，Google Earth 本身会显示经纬度，因此只要在 Google Earth 上找到具体的地方，就能够知道它的经纬度，从而输入到 GPS 中；②如果用 GPS 记录了某个地方的位置，也可以在 GoogleEarth 找到它；③通过高分辨率的卫星影像可对全球的资源、环境、社会、经济的现状和变化进行了解，其意义是十分重大的。

（3）在一定程度上，还具有重要的战略意义。随着该产业的发展和用户的增长，它将改变人们原有的思维模式和操作方式，在管理决策、土地利用规划、防灾减灾、区域或城市生态规划、环境保护等应用领域中，以及在信息科学、地球科学和生物学等科学研究领域中，都将大有可为，到时那候它的应用范围会更广，效果会更好。

参考文献

［1］韩皓．Google Earth 在铁路勘测设计前期工作中的应用［J］．铁道勘察，2010，01（04）：9-11.

［2］范文娟．Google Earth 在地理教学中大显身手［J］．地理教育，2008，01（1）：64-66.

［3］钟春红．Google Earth 在水利水电测绘中的应用［J］．地理空间信息，2011，9（5）：53-55.

［4］倪子强，胡传明．Google Earth 在电力通信光缆管理中的应用［J］．电力系统通信，2008，29（2）：50-53.

［5］孙玉龙，茅志兵，陈明明，等．Google Earth 在航标监控系统中的应用［J］．交通与计算机，2007，25（6）：98-101.

［6］王焕改，马春丽，叶友龙，等．Google Earth 在石油勘探中的应用［J］．物探装备，2007，17（4）：306-308.

［7］李云星，张坤．Google Earth 在地质灾害信息管理中的应用［J］．湖南理工学院学报，2007，20（2）：81-83，88.

［8］倪忠云，雷方贵，杨武年，等．Google Earth 在成都市功能分区研究中的应用［J］．国土资源科技管理，2007，24（4）：121-124.

作者简介

谢长福（1982—），男，高级工程师，主要从事水利水电工程施工工作。

BIM 技术在抽水蓄能电站全生命期的应用研究

渠守尚　潘福营

（国网新源控股有限公司）

[摘　要]　智能抽水蓄能电站是数字化技术、智能监控监测设备和互联网技术的深度融合，BIM 技术的应用是建设数字化电站的基础。BIM 技术在智能电站全生命周期的运用，能够很好地解决管理中的诸多问题，明显提高建设单位在工程管理的信息化水平和效率，具有显著的经济效益、社会效益和环境效益。

[关键词]　BIM 技术　数字化　三维模型　应用

1　引言

近年来，BIM（建筑信息模型）技术在建筑工程领域中的应用越发广泛，能够有效提高建筑效率，因此，建筑信 BIM 技术在我国建筑工程项目中的应用越来越广泛，BIM 的应用价值体现的越来越突出。伴随着全球能源结构转型和能源消费革命，抽水蓄能电站在保障大电网安全，提高系统灵活调节和促进新能源发展方面发挥越来越重要的作用。但由于工程规模庞大、建设结构复杂，抽水蓄能工程面临着巨大的考验。BIM 技术的出现给工程的高质高效提供了更加可靠的担保。通过 BIM 技术可以将整个电站生命周期展示出来，并且将电站各个部分、各个系统呈现出来。但由于国内 BIM 技术发展环境不佳、相关制度缺失等问题，导致 BIM 技术在抽水蓄能电站工程中的应用频频受阻。以我国 BIM 技术在抽水蓄能工程中的应用现状为基础，从安全管理、进度管理、质量管理、成本管理、物料管理、协同管理等方面，分别介绍 BIM 技术在抽水蓄能电站项目管理中的应用，分析其推广的主要障碍，以期从实践角度提出相关解决对策和建议。

2　BIM 技术的概念

BIM 即建筑信息模型（building information modeling），是以建筑工程项目的各项相关信息数据作为模型基础，进行建筑模型的建立，通过数字信息仿真模拟建筑物所具有的真实信息。BIM 技术经过 21 世纪的近 10 年在全球工程建设行业的实际应用和研究，已经被证明是未来提升建筑业和房地产业技术及管理升级的核心技术。我国工程建设行业从 2003 年开始 BIM 技术在实际工程项目中的应用实施及研究工作。

BIM 技术的核心内容：①数字化电子模型，以真实的项目数据作为依托，建立的建筑模型；②项目技术管理平台，为项目全生命周期提供有效的技术支持。基于上述两个核心内容，BIM 技术在抽水蓄能电站建设过程中合理且高效的应用，使工程项目的质量、进度、成本得到了相应的保障。

BIM 是一种多维模型信息集成技术，可以使参与方在模型（数字虚拟表现的真实抽水蓄能电站环境）中操作信息和信息中操作模型，从而实现在电站全生命周期内提高工作效率和质量，以及减少错误和风险的目标。

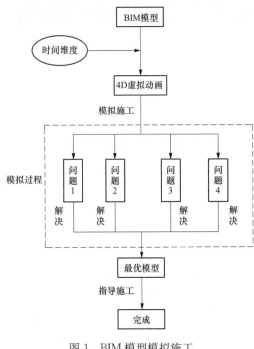

图 1　BIM 模型模拟施工

（1）数据协同性。通过平台的数据管理，以数据库的方式集中 BIM 模型数据，使项目的各参建方通过该平台使用和共享该工程数据，实现各专业的及时沟通，协同工作。

（2）现实模拟性。通过计算机辅助设计软件，利用 BIM 工程数据对设计和施工的各项指标的现实应用进行模拟，如施工场地布置模拟、数字化加工、施工方案及施工工艺模拟等。或者通过碰撞检测及时发现工程存在的问题，及时纠偏，消除隐患，减少和避免工程损失。施工模拟如图 1 所示。

（3）模型可视化。通过对模型的轻量化处理，以数据模型的形式展示出来，而这种可视具有互动性、可反馈性，大大提高了模型浏览及协调管理的速度。对于相关工作的协调也具有一定的现实意义。BIM 技术有效地避免了二维图纸在数据处理上的弊端，可视化的管理相比传统的参数化管理而言，显得更加简便、直观。

3　BIM 技术在抽水蓄能建设中的优势及应用现状

BIM 技术的应用，能够以构建虚拟模型的方式，将二维的理念带入到三维模型当中，来为工程提供数据与信息支撑。随着信息技术的发展，BIM 技术在建设中的应用越发广泛。

3.1　BIM 技术的优势

应用 BIM 技术能够提高工程管理的有效性与及时性，便于第一时间处理工程突发问题，结合现实情况制定切合实际的处理方法，以保证电站工程得以顺利施工；能够提高电站工程资源的利用率，减少资金投入，保证项目单位的经济效益，推动项目单位得以更好地发展；施工过程中，能够缩短工程周期，提高工作效率，加快工程进度，并保证施工质量；能够将建设单位、设计单位、施工单位与监理单位各方都放在同一平台，能够实现建筑信息模型的充分共享，以便于实现工程项目的可视化与精细化。

3.2　BIM 技术现阶段应用状况

随着 BIM 技术在工程建设行业被普遍认可，已成功应用于多项大型项目的建设，目前 BIM 技术主要由项目管理和设计单位在以下几个方面运用：

（1）设计建模。BIM 技术自引进国内，其应用以设计建模为主，尤其是对一些大规模、高难度项目更是不可或缺。目前，抽水蓄能电站均要求进行三维设计，包括结构建模、设备建模、模拟分析等。利用 BIM 技术进行 3D 模型设计和图像生成，进行不同种类模拟分析操作能够准确表达建筑各元素特征，将建筑结构信息直观反映出来；可以从多个角度进行观察，有助于对建筑设计的理解，易于优化设计图，减少设计错误。

（2）碰撞检测。碰撞检测是 BIM 技术的广泛应用之一，在抽水蓄能电站中，其优势更为显著，已成功运用于工程项目中。如仙居、洪屏电站等，利用 BIM 技术对管道、设备进行建模，通过三维可视化功能，进行地下厂房管线、结构布置等之间的碰撞检测，从而优化设计图，协调碰撞冲突，可以显著减少碰撞危害，提高工作效率及工程质量。

（3）工程量计算。BIM 模型涵盖了所有信息数据，也包含了工程所需建筑材料的信息参数，如外形尺寸、型号类别、市场价格、所处位置等。通过 BIM 建立模型，可以读取、汇总、统计相关数据信息，并生成材料清单，完成工程量计算，这样可以减少计量偏差，降低建设成本，提高投资预算的准确性。

（4）工程出图。BIM 在设计阶段建立三维模型，通过参数设置实现所有信息参数化，根据三维模型自动生成二维图，直接得到立面图、平面图、剖面图、详图等，还可以根据需要生成透视图。BIM 技术可以很好地将设计方案进行设计图分解，对于需要修改的设计图，只需要在整个建筑模型中直接修改，不需要逐一对每个设计图进行调整，便可以自动出图，不仅可以提高工作效率，而且可以准确地供施工人员使用。

4 建设单位 BIM 应用情况

项目单位作为抽水蓄能电站项目的建设管理和运维单位，其工作职责贯穿于抽水蓄能电站的全生命周期。在建设单位的 BIM 管理中，从设计开始，利用 BIM 技术深化设计，提高设计质量水平，从源头上保障了项目建设的成本投入和质量安全。在施工中的 BIM 技术应用，能有效地保障工程项目的顺利施工，为后期的运营维护提供了有力保障。

（1）以 BIM 平台的数据管理为手段，对项目精细化管理。精细化管理就是对项目建设的过程管理，通过数据的传递和反馈，建设单位能对项目进行有效地监管。相比传统的 BIM 技术而言，建设单位的 BIM 技术应用及价值体现，关键在于需要一个成熟的管理平台，来真正实现建设单位对项目管理的强化。

（2）以价值管理为诉求，明确各方要求，充分发挥建设单位的主体优势。建设单位的 BIM 价值管理关键在于利用 BIM 技术的管理价值，而不是 BIM 技术的应用上。建设单位需通过对各方 BIM 实施控制，将交付的标的物作为评定指标，进行 BIM 实施管理。

（3）以全过程管理为核心，实行事前准备、事中控制、事后监督的精确管理。全过程管理关键在于对设计指标的控制，对施工质量、进度、安全的把控等来实现项目的全过程管理。通过对各个环节的有效控制，利用 BIM 技术，保障项目的顺利实施，实现项目开发的目标，最终完成并交付。

5 抽水蓄能电站全生命周期中应用 BIM 技术

抽水蓄能电站项目管理的生命周期，是指工程项目自项目前期准备至项目结束全过程，包括三个阶段：项目可研决策阶段、项目施工阶段和运行阶段。BIM 信息的创建贯穿于建设项目工程，是对建筑生命期工程数据的积累、扩展、集成和应用过程。项目单位作为项目的发起人，其职责贯穿于项目的全过程，但在项目的各个阶段其侧重点又有不同。主要体现在以下阶段：

5.1 可研决策阶段

在项目早期，BIM 的模型可视化，为项目的编制提供了合理性建议，为项目的可行性研究报告提供了强有力的技术支持。BIM 的参数化，为建设单位的决策提供了有效的参考，通过相关的数据分析，可得出相应数据结论，如性能、经济指标等。

5.2 项目施工阶段

在可研决策阶段产生的数据模型，在项目的实施阶段和使用阶段得到了很好的表达和实现。根据建设单位的设计要求，随着设计方案不断地推敲与深化，数据不断更新和扩展，以直观的方式反馈到建设单位。BIM 技术的应用，使模型的变化，形成前后对比，实现了方案的比选。

在施工阶段的方案实施，BIM 的现实模拟性得到了很好的体现，为实现项目的质量管理、进度管理、安全管理，甚至是投资管理，提供了有力的技术保障。对于质量和安全管理来说，BIM 技术实现了模型与现场实际的信息关联，形成了实质性的可视化质量和安全管控。在进度和投资管理中，通过 BIM 技术深化施工工艺，优化相关技术措施，对整个过程进行精细化施工，以管理促进度。结合 BIM 技术特点，将投资信息与时间进度在 BIM 数据中良好结合，从而实现施工进度和保障投资的有效控制。

5.3 项目运行阶段

通过上述有效的管理，投入使用的建筑实体质量是有保障的，基于 BIM 的数据关联，在运行维护的过程中，也更加方便快捷，大大地降低了维修维护的费用。

6 BIM 技术在建设单位应用的对策

在设计、施工阶段即建立 BIM 模型，在运行维护阶段可直接应用前期建立的数据，避免重复建立数据的浪费，也可减少整合数据时因格式而产生的冲突问题。

6.1 项目管理信息交换

在 BIM 的抽水蓄能电站项目信息管理过程中，各参与方采用不同信息管理系统，随着工程建设项目的推进，信息数据不断增加，信息之间的时效关联将成为最大问题。在 BIM 数据库里，建立建设单位数据表、设计单位数据表、施工单位数据表、设备供应单位数据表和监理单位数据表，各单位对各自信息进行实时分类存储，在 BIM 数据库系统里集约、汇总来自各参与方的不同信息数据。当各单位对信息进行建立、修改、更新等操作时，与 BIM 模型关联的视图和文档会自动更新，保持信息数据一致性，并设置信息提醒功能，及时反馈给其他参与方，做到以更迅速的方式进行信息传递和交流，实现同步多方操作，通过 BIM 平台实现信息实效传递及实时管理控制。BIM 模型数据组织结构如图2 所示。

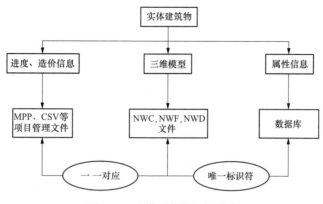

图 2　BIM 模型数据组织结构

6.2　参建各单位数据协同

基于 BIM 的项目管理模式，各参建单位在数据库平台上协同工作。在传统管理模式下，任何一方由于实际施工情况变化，需要进行设计、施工等变更，或者某方对各种文件进行提交、审批审核和使用时，通常要通过书面形式或者口述形式完成。而通过网络方式，可以将 BIM 系统各方形成互联形式，根据预先定义好的权限，按需进行办公，构成各方独立又相互协同的工作模式。在 BIM 数据库系统制定协调修改功能和协同功能，任何一个地方发生变更，或者某方进行资料提取、使用时，可以通过数据库平台进行操作，形成各方协同办公。同时，通过 BIM 形成无纸化办公模式，项目管理者借助 BIM 系统平台功能可以完成电子文档签名、批注、审核等工作。如此一来，不仅避免了各方之间信息交流不及时的缺点，而且提高了各方工作效率，节省了大量资源，为后续项目的顺利进行提供了保证。

6.3　BIM 数据共享

BIM 就是一个数据资料库，它整合了来自每个参建单位的各种信息，同时，以文件形式进行网络传送，参与各方均有该数据库设定的使用权限，并具有对各自数据资料录入、修改、更新或者删除的权限。例如设计单位对自己的数据表具有读、写、修改、删除、提取等权限，而对其他专业数据表不具备写、修改、删除的权限，最终实现各方数据之间的访问、调用和共享，满足不同建筑工程项目、不同专业的数据存储和使用需求。在 BIM 数据平台上，提供基于互联网的数据共享模式，实现不同距离范围的访问需求，可以进行数据存储、数据管理、数据交换等，查看项目管理阶段性建筑构件、建筑物等相关属性，既避免了工作人员在不同软件之间相同信息的录入工作，又减少了人员操作失误的问题，保证数据资料的准确性、一致性和时效性，达到参建各方共享数据、获取有效数据资料的效果。

7　BIM 技术项目管理中推广应用的建议

BIM 技术在抽水蓄能电站全生命周期的运用，明显提高了工程建设管理的信息化水平和效率，具有显著的经济效益、社会效益和环境效益。在工程建设管理中项目单位是推动 BIM 发展的中坚力量。

7.1 加大推广力度

BIM实质是项目信息和数据的集成综合体，参与各方可以共享所有信息数据，实时进行项目综合管理，从而带来一定的效益。建设单位、设计单位、施工单位、监理单位等各个参与方最大限度地接受并使用BIM技术，推动该技术的推广；同时，国家需要扶植该技术的推广，加快制定相关标准，建立健全相应法律法规，不断完善行业机制，进一步推动BIM技术的项目管理协同化发展进程。

7.2 加快开发和标准建设

理论上可以将数字化信息与BIM进行无缝连接，但由于BIM最终要实现电子信息、数据相互交换、直接访问与统一管理，以及基于网络数据库操作平台的统一交换系统和标准，因此给实际操作带来了很大的难度。现阶段，我国已经完成一些交换标准，在此基础上，还需要加快开发和编制数据交换系统和相关标准，统一各专业标准，通过互联网技术平台实现信息、数据交换、协同和共享。

7.3 加强人才培养

根据BIM技术专业知识和水平的要求，高等院校需要加强对BIM技术人才的培养，紧跟行业市场需求，积极开设相关专业课程，提高专业人才培养质量，培养出一批既懂BIM知识，又懂互联网信息技术的应用型综合人才，为抽水蓄能发展提供合格的专业人员，从而推进BIM技术项目管理协同化的健康发展。

7.4 加强合同管理

尽管BIM技术发展日趋成熟，相关法律法规日益完善，但BIM应用时也存在诸多风险，如法律风险、技术风险、成本风险等。所以在项目初始BIM技术的应用就应以明确的合同形式、规范和标准予以体现，以此来约束各参建各方的实施行为。在项目决策时，业主方就应予以明确，将BIM技术作为项目管理的工具，在招投标阶段，就应在相应条款中明确参建各方都应具有BIM应用实施的能力，在施工合同中，应明确BIM的考核，保证BIM技术的实施应具有其价值。

随着数字化抽水蓄能电站建设的推进，数字化施工管控技术已经在抽水蓄能电站建设领域大规模运用。在抽水蓄能项目全生命周期中，很好地解决了诸多问题，明显提高了项目单位在工程建设管理的信息化水平和效率，具有显著的经济效益、社会效益和环境效益。

参考文献

[1] 刘凯. BIM技术在水利水电工程可视化仿真中的应用 [J]. 电子技术与软件工程，2017 (16)：68.
[2] 傅蜀燕. 基于三维BIM_WebGIS技术的区域数字水库构建 [J]. 长江科学院院报，2018 (4)：123-136.

作者简介

渠守尚（1964—），男，硕士，河南通许人，教授级高级工程师，主要研究方向：水利水电工程建设管理、工程安全监测技术等。

潘福营（1971—），男，硕士，河北唐山人，教授级高级工程师，主要研究方向：工程项目管理、施工技术等。

堆石混凝土替代浆砌石混凝土的应用实践

渠守尚　　潘福营

（国网新源控股有限公司）

[摘　要]　堆石混凝土（rock filled concrete）施工技术是利用自密实混凝土的高流动性能，使自密实混凝土填充到堆石的空隙中，形成完整、密实、有较高强度的混凝土。通过在宝泉工程浆砌石重力坝中的应用，证明该技术具有工艺简便、施工效率高、质量均匀稳定等特点，能够有针对性的解决砌石混凝土技术中存在的问题。

[关键词]　浆砌石坝　堆石混凝土　施工技术　质量控制

1　引言

在太行山南麓，当地块石料资源比较丰富，水利水电工程施工大量使用浆砌石混凝土。由于砌石是筑坝的主要材料，能够就地取材，同时减少了水泥用量，能够较好的避免混凝土重力坝筑坝时水化热过高的问题。浆砌石混凝土的施工方法虽然在一定程度上能够大大减少水泥等胶凝材料的用量，但是施工速度较慢，施工质量不易保证，难以适应现代化施工技术的要求。为了保证施工质量和加快施工进度，在宝泉电站浆砌石混凝土施工时引进了堆石混凝土施工方法。

2　堆石混凝土简介

大坝建设技术进步主要是施工方式和材料的改进，碾压混凝土坝、混凝土面板堆石坝等技术进步都是由于施工技术重大革新的结果。堆石混凝土技术是由清华大学水利水电工程系发明并获得国家发明专利授权的新型大体积混凝土施工技术。

2.1　自密实混凝土——堆石混凝土技术的基础

自密实混凝土（self-compacting concrete，SCC）是指在浇筑过程中无需施加任何振捣，仅依靠混凝土自重就能完全填充至模板内任何角落和钢筋间隙的混凝土。在传统的坍落度试验中，自密实混凝土能够达到 260mm 以上的坍落度、600mm 以上扩展度，并且没有离析、泌水现象的发生；可以通过坍落扩展度试验和 V 形漏斗试验的检测来保证自密实性能。

2.2　堆石混凝土（rock filled concrete）

堆石混凝土采用初步筛分的块石直接入仓，然后浇筑自密实混凝土，利用自密实混凝土的高流动性能，使得自密实混凝土填充到堆石的空隙中，形成完整、密实、有较高强度的混凝土。

3　堆石混凝土施工技术要求

为使施工技术人员在堆石混凝土的施工、质量控制等环节正确应用堆石混凝土技术，根据现场实际情况，参照有关施工技术规程规范分别从原材料选取、专用自密实混凝土的配合比设计及性能检测方法、堆石混凝土材料性能检测方法、专用自密实混凝土的生产与运输、堆石混凝土施工、堆石混凝土的温度控制和防裂、堆石混凝土质量控制等方面制定了堆石混凝土施工技术要求。

3.1 自密实混凝土配合比设计的试验确定

自密实混凝土的配合比是根据设计对混凝土自密实性能和强度等级的要求，在尽量保证自密实混凝土的和易性、抗离析性和流动性的前提下通过试验确定的。为了保证工程质量，在实际应用时自密实混凝土的强度等级高出堆石混凝土建筑物结构一个强度等级，以保证建筑物结构强度和整体质量的稳定性。如堆石混凝土建筑物结构强度等级为 C15，则可按 C20 强度等级设计自密实混凝土，依此类推。采用自密实混凝土替代常态混凝土结构时，应采用同强度等级。根据已进行的有关堆石混凝土和自密实混凝土的大量试验，结合宝泉工程现场的实际情况，提出适用于替代浆砌石的堆石混凝土建筑物结构强度配合比设计。

由于自密实混凝土无需振捣，仅靠其自重填充密实，因此自密实混凝土工作性能的检测方法与常态混凝土不同，主要采用坍落度、坍落扩展度试验和 V 形漏斗试验进行检测。通过试验得到的坍落度、坍落扩展度以及 V 形漏斗通过时间等三项指标须满足的范围。自密实混凝土坍落度试验坍落扩展度以及 V 形漏斗通过如图 1 所示。

图 1 自密实混凝土坍落度、坍落扩展度试验和 V 形漏斗通过试验

3.2 原材料要求

堆石混凝土中堆石的材质、物理力学指标及规格应满足施工图规定的浆砌块石要求，尽量采用粒径在 300mm 以上的块石，300～150mm 的块石含量不得超过 10%，150mm 以下的块石含量不得超过 5%，最大粒径以运输、入仓方便为限且不宜超过 1.0m。

自密实混凝土是堆石混凝土的主要填充胶结材料，具有流动性能好并且不离析的特点，无需振捣，依靠自重填充密实的一种新型建筑材料。自密实混凝土采用一级配骨料，水泥宜采用普通硅酸盐水泥，标号不得低于 32.5，同时掺加高含量粉煤灰和专用外加剂（高性能减水剂）。

3.3 施工方法

堆石混凝土施工是采用初步筛分的块石直接堆放入仓，然后浇筑自密实混凝土，利用自密实混凝土的高流动性能，使自密实混凝土填充到堆石的空隙中，形成完整、密实、有较高强度的混凝土。

3.3.1 堆石入仓

仓面清理干净后，按正常设计基础要求验收合格后，堆石方可入仓。对于粒径超过 1000mm 的大块石，宜放置在仓面中部，以免影响堆石混凝土表面。

堆石入仓可采用机械或人工的方式，自然堆放即可，应尽量避免块石与模板的直接接触，确保块石与模板间有超过 2cm 的保护层间距。

在已浇筑完成的混凝土上进行堆石入仓时，下层混凝土的强度须达到 7MPa 以上，同时尽可能保证堆石入仓过程不对下层混凝土产生较大的冲击，以免在下层低龄期混凝土内部产生微裂缝，对大坝造成早期损伤。

3.3.2 模板支立

模板应具有足够的刚度和强度，自密实混凝土产生的侧压力按 2.5 倍水压力计算，应保证模板的密封性，最大缝隙不应超过 1mm，或使用厚 30cm 以上的砌石混凝土墙代替模板。

3.3.3 混凝土拌和

使用现场混凝土拌和系统进行自密实混凝土生产试验，试验前应对自密实混凝土进行一次预拌试验。拌和自密实混凝土须采用卧轴强制式搅拌机，由于自密实混凝土具有较大的黏性，搅拌容量为标准容量的 80%，搅拌时间每盘 90s。搅拌顺序如下：投入全部原材料干拌 20s，加入水和减水剂搅拌 70s 放料。

拌和系统称量设备的精度要求应符合普通混凝土的相关规定，其中外加剂的称量误差不得超过 0.01kg。应及时根据现场砂的含水率变化由技术人员对用水量进行调整，加水时根据砂的含水情况预留部分水，而后视情况加入。

3.3.4 自密实混凝土浇筑

自密实混凝土拌制完成后须进行坍落扩展度及 V 形漏斗试验检测，确认合格后方可进行浇筑。

（1）应根据批准的浇筑分层分块和浇筑程序进行施工。在对称结构周边浇筑自密实混凝土时，应使自密实混凝土均匀上升，在斜面上浇筑自密实混凝土时应从最低处开始，直至保持水平面。

（2）浇筑自密实混凝土时，严禁在仓内加水。如发现混凝土和易性较差，应采取加强措施（如添加外加剂、重新拌和等），以保证质量。

（3）在浇筑过程中浇筑点应均匀布置于整个仓面，其间距不得超过 3m；必须在浇筑点的自密实混凝土填满后方可移至下一浇筑点浇筑,浇筑顺序应做到单向顺序,不可在仓面上往复浇筑。

(4) 在完成浇筑后若表面的块石较少,可利用石料筛选剩余的小块石抛入仓面进行平仓工序。

(5) 除表层混凝土外,每仓混凝土浇筑自密实混凝土时,浇筑顶面应留有块石棱角,块石棱角的高度高于自密实混凝土顶面约 50mm 左右。完成浇筑后应对混凝土表面进行定时的洒水养护。

4　堆石混凝土施工质量控制要点

在宝泉工程大量使用了堆石混凝土施工替代浆砌石施工,根据实际施工情况,要保证工程质量,需要从块石、自密实混凝土拌制、模板和浇筑方法几方面进行控制。

4.1　堆石质量

在施工过程中为保证堆石混凝土的质量与经济性,必须对块石的粒径进行严格的控制,建议粒径 50cm 以上和粒径 30cm 左右的块石搭配使用,同时块石的最小粒径不得小于 15cm。这样既能够保证填充密实度又能够有效地降低成本。

4.2　自密实混凝土生产的质量控制

堆石混凝土质量控制的核心在于自密实混凝土生产环节的质量控制,虽然自密实混凝土的配合比是通过试验得到的,但是在实际生产中会因为骨料含水量的变化、原材料称量精度以及原材料性能稳定性等问题而在自密实性能上产生较大的波动。因此除了对自密实混凝土生产的关键环节加以严格控制外,还应对混凝土生产的技术人员进行相关的培训。

4.3　模板质量

理论计算自密实混凝土所产生的侧压力时须按照 2.5 倍以上水压力,因此用于自密实混凝土的模板必须具有足够的刚度以防止模板变形,还必须具有坚固的支撑来抵御较大的侧压力防止跑模。不仅如此还须保证一定的密闭性,不允许超过 1mm 的缝隙存在,否则将会出现漏浆的问题。如果不要求光滑平整的混凝土外观,可采用砌石墙作为模板,该方案具有如下好处:成本低廉,具有足够的刚度和强度,不易发生跑模、漏浆等问题,能够有效地利用堆石入仓的时间和现场的人工。

浆砌块石墙模板可作为结构的一部分,浆砌块石墙可采用水泥砂浆或细石混凝土砌筑,采用水泥砂浆砌筑,砌石坝采用 M10 浆砌 60 号块石,其他部位采用 M7.5 浆砌 60 号块石;采用细石混凝土砌筑的强度等级等技术标准应不低于堆石混凝土强度等级等技术标准,施工技术要求按浆砌块石施工技术要求执行;浆砌块石墙的厚度应不小于 30cm。

4.4　浇筑质量控制

在自密实混凝土的浇筑方式上,结合工程实际情况,建议使用反铲在仓面上直接浇筑或者使用吊车加吊罐配合软管直接浇筑。这样的浇筑方式既经济又能够满足施工要求。采用泵送(或溜槽)时应保证浇筑的连续性,不得中断,如不可避免的出现中断时,中断间隔时间不得超过 45min,否则应对初凝的自密实混凝土作处理,在未处理前不得再次入仓。

自密实混凝土应保持浇筑的连续性,同一天(昼夜)连续浇筑时,上层仓和下层仓间隔时间一般控制在 2~4h 内,可以堆石入仓。当上下仓时间间隔超过 6 个小时,应按施工缝处理。施工缝的间歇时间为:正常情况下混凝土浇筑完毕一天以后人和汽车可在仓面上活动,在混凝土浇筑完毕两天以后方可进行下一仓堆石入仓;若遇到气温较低等特殊因素导致自密实混凝土强度龄期增长缓慢时应根据混凝土的实际强度调整相应的时间。

4.5 堆石混凝土检测

堆石混凝土应根据规范要求,采用钻孔取芯检测其抗压强度,挖坑容重检测,进行了钻孔压水试验的检测透水率,反映出了堆石混凝土良好的密实性。堆石混凝土挖坑容重检测如图 2 所示。

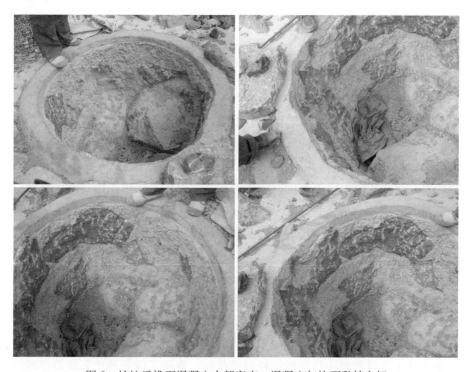

图 2　挖坑后堆石混凝土内部密实、混凝土与块石黏结良好

浆砌石重力坝工程堆石混凝土抗压强度共检测 64 次,容重检测 3 次,检测方法和频次均满足规范要求,堆石混凝土挖坑容重检测数据见表 1。进行了两个钻孔压水试验的检测,平均透水率为 1.33Lu,该值反映出了堆石混凝土良好的密实性。

表 1　　　　　　　　　　堆石混凝土挖坑容重检测数据

试验项目	1 号坑数据	2 号坑数据	平均值
胶凝材料密度（kg/m³）	2310	2310	2310
石料密度（kg/m³）	2770	2770	2770
胶凝材料体积率（%）	44.3	45.5	44.9
石料体积率（%）	43.9	46.5	45.2

试验项目	1号坑数据	2号坑数据	平均值
砌体干密度（kg/m³）	2439	2440	2490
砌体空隙率（%）	9.8	8.9	9.9
合格标准	砌体干密度大于2350kg/m³		

根据《水工混凝土施工规范》（DL/T 5144—2015）和设计相关质量评定标准，通过上述检测成果分析，判定堆石混凝土强度满足要求，质量合格。

5　堆石混凝土的性能特点

堆石混凝土施工过程简单，最大限度地降低了混凝土仓面的施工人员和机械工作量，现场控制管理更加简便易行；堆石混凝土避免了混凝土振捣密实的过程，消除了人为的不利干扰，施工质量和稳定性更加容易保证。

堆石混凝土施工工艺简单，能够提高大仓面混凝土的施工效率、缩短工期；堆石混凝土使用了大量块石作为原材料，降低了综合成本；单位体积堆石混凝土的水泥含量少，因此水化温升小，温控比较容易；堆石混凝土具有大块岩石稳定堆积构成的骨架，具有优良的体积稳定性，体积收缩小；堆石混凝土可减少或免除凿毛工序，提高施工速度。

堆石混凝土技术主要用来替换宝泉工程中的砌石工程以及部分大体积混凝土部位，使用该技术能够有效地提高工程的工程进度和工程质量的稳定性，同时降低综合成本。

6　结语

堆石混凝土施工技术能够有效保证工程质量、提高工效、降低成本，可以替代浆砌石混凝土，在大体积、低标号素混凝土施工中具有很强的优势。相对于浆砌石混凝土和常规混凝土而言，堆石混凝土技术极大地减少了水泥等胶凝材料的用量，从而有效地降低了水电工程混凝土施工建设过程中的能量消耗与碳排放，取得了较好的生态效益、经济效益以及社会效益。

参考文献

[1] 金峰，安雪晖，石建军，等 . 堆石混凝土及堆石混凝土大坝 [J]. 水利学报，2005，36（11）：1347-1352.

[2] 秦政 . 高自密实性堆石混凝土的试验分析 [J]. 云南水力发电，2016，34（4）：62-65.

[3] 郑庆喜 . 堆石自密实混凝土在水库重力坝施工中的应用分析 [J]. 水利建设与管理，2016，（3）：30-36.

[4] 李启善 . 大龙潭水库除险加固工程堆石混凝土工艺试验 [J]. 工程与建设，2012，26（5）：637-638.

[5] 李华，李玲波 . 堆石混凝土技术在水库大坝施工中的应用 [J]. 中国新技术新产品，2013（17）：60-61.

作者简介

渠守尚（1964—），男，硕士，河南通许人，教授级高级工程师，从事水利水电工程建设管理工作．

潘福营（1971—），男，硕士，河北唐山人，教授级高级工程师，主要研究方向：工程项目管理、施工技术等。

开源 GIS 架构下的水库综合管理系统设计与实现

梁国峰[1] 胡奇玮[1] 白晙文[2] 杨念东[1] 杨海文[1] 孟 欢[1]

(1 华能澜沧江水电股份有限公司景洪水电厂

2 中国电建集团昆明勘测设计研究院有限公司)

[摘 要] 近年来，在"互联网＋"的大背景下开源项目发展迅速，越来越多的开发者共享自己的智慧结晶，开源 GIS 技术也日渐成熟，它便捷、开放、低成本、功能齐全的特点使其备受青睐。本文将开源 GIS 开发技术应用于水利行业，基于 Cesium 开源三维框架、GeoServer 开源 GIS 服务、PostgreSQL 开源空间数据库，设计了一套三维 WebGIS 开发方案，实现了水库综合管理系统的搭建。

[关键词] 开源 GIS Cesium GeoServer PostgreSQL

1 开源工具选型

1.1 Cesium 开源三维框架

Cesium 是一款轻量级的开源三维 GIS 开发框架，它提供了基于 JavaScript 语言的开发包 CesiumJs，支持快速搭建虚拟地球 Web 应用，并在性能，精度，渲染质量以及多平台，易用性上都有高质量的保证。

Cesium 使用 WebGL 作为图形渲染引擎，不需要安装任何插件就能在支持 HTML5 标准的浏览器上运行。它的框架主要分为四层：

（1）Core（核心层）：作为 Cesium 的最底层，主要由基本的数学原理、模型、算法组成，包括向量、矩阵、曲面、投影等。

（2）Renderer（渲染器）：该层对 Web GL 进行了封装，能完成 3D 数据的渲染。

（3）Scene（场景）：该层是用于放置图形元素的空间。

（4）Dynamic Scene（动态场景）：该层为最高层，可用来描述包含时间属性的动态对象，进行动画展示。

1.2 GeoServer 开源 GIS 服务

GeoServer 是 OpenGIS Web 服务器规范的 J2EE 实现，可以快捷的发布地图数据服务，允许用户对特征数据进行增、删、改、查。概括来说，GeoServer 是一个遵循 OGC 开放标准的开源的 WFS-T、WMS 服务器。本次开发主要用 GeoServer 发布栅格数据及 PostGIS 数据。

1.3 PostgreSQL 开源空间数据库

PostgreSQL 是一种对象-关系型数据库管理系统，是目前最重要的开源数据库产品之一，PostGIS 是 PostgreSQL 的一个扩展，增加了存储管理空间数据的能力，是最著名的开源 GIS 数据库之一。

2 三维 WebGIS 开发方案设计

2.1 系统概述

景洪电站水库是澜沧江干流水电基地中下游河段"两库八级"规划中的第六级,水库库容 11.4 亿 m³,最大坝高 108m,坝顶总长 704.5m,与小湾、糯扎渡水电站联合运行时年设计发电量 87 亿 kWh,项目概算总投资 101 亿人民币。

系统针对水库管理的业务特点,在开源 GIS 架构下,将各类水库管理信息集成到"一张图"上,通过丰富的三维 GIS 部件支撑人图交互。系统采用快捷、便利的方式为管理人员提供所需信息,通过信息技术手段实现各项业务的日常管理。

2.2 WebGIS 集成开发环境

系统采用 B/S 网络结构模式,基于所选的开源工具,组成的集成开发环境如图 1 所示。

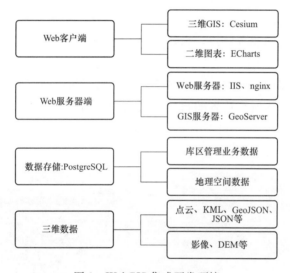

图 1 WebGIS 集成开发环境

2.3 架构设计

从系统的完整性、可扩展性和稳定性出发,根据分层设计的原则,建立服务开源 GIS 规范的空间地理数据和服务框架,系统整体架构分为:数据层、服务层、表现层三个部分,如图 2 所示。

数据层:存储空间数据及文件型数据,为 Web 服务提供数据源,保存 Web 端对数据的增、删、改。

服务层:根据上层的数据访问需求,对数据层中的数据进行 I/O 操作,提供各类型数据访问接口。

表现层:为用户与系统的交互提供可视化环境,构建基于浏览器的、无插件 3D 水库管理一张图。

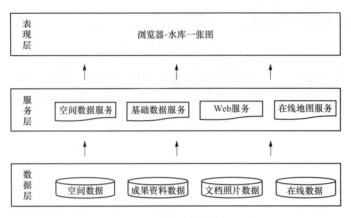

图 2　系统层次架构图

3　系统功能实现

系统针对水库管理的业务特点，采用开源 GIS 技术实现六大功能，全方位响应库区管理各项需求。

（1）水库管理一张图：通过三维 GIS 技术，将水库的地理信息集成到"一张图"上，便于用户直观地掌握水库所在位置的自然环境情况。通过丰富的三维 GIS 部件支撑人图交互，主要包括：图层控制、底图切换、图上量算、坐标定位、视角书签、图上标绘、飞行漫游、地区导航等部件，如图 3 所示。

图 3　水库管理一张图

（2）库区概况展现：以轮播的形式对水库的概况进行循环展示，主要展示了库区简介、多波束测深技术、库区自然地理条件、投资建设情况等。

（3）库区成果数据管理：主要实现对控制点、横纵剖面、河道中心线、深泓线、库容、冲刷淤积等关键成果的管理，提供控制点定位、特征线绘制、冲刷预计计算等功能，如图 4 和图 5 所示。

（4）文档管理：主要实现对商务文档、技术文档、说明性文档、其他文档的管理，可实现各类文档的上传、分类、搜索。

图 4　成果数据管理

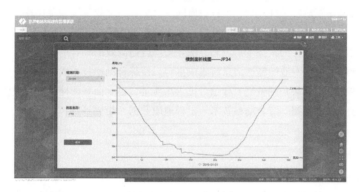

图 5　横剖面折线绘制

（5）照片管理：主要实现对工作照、库区风景等现场照片成果的管理，可实现各类照片的上传、搜索、查看。

（6）库区巡查管理：主要实现对管理制度、巡查路线、人员信息的管理，可实现各类信息的录入、下载、查询。

4　结束语

文章立足于水库管理的业务特点，采用成熟的开源 GIS 工具，设计了一套三维WebGIS 开发方案，系统具备完善的数据处理、发布、集成、展示、分析、应用能力，支撑水库管理工作从传统二维化升级到三维化。

参考文献

［1］朱栩逸，苗放．基于 Cesium 的三维 WebGIS 研究及开发［J］.科技创新导报，2015（34）：9-11.

［2］梁其洋，张雁．基于开源平台的昆明市旅游地理信息系统［J］.现代计算机，2015（8）：76-79.

［3］蔡佳作，欧尔格力．基于 PostgreSQL 的地理空间数据存储管理方法研究［J］.青海师范大学学报（自然科学版），2016（2）：21-23.

红石岩堰塞湖整治工程综合勘察技术应用探讨

罗宇凌[1]　姚翠霞[2]　汪志刚[2]

(1　云南华禹水利水电勘察设计有限公司

2　中国电建集团昆明勘测设计研究院有限公司)

[摘　要]　堰塞湖综合整治工程为世界首例,在堰塞湖综合勘察方面,国内外基本无可借鉴经验,且红石岩堰塞湖地质条件复杂、工程地质问题突出,与常规工程勘察比较,堰塞湖工程勘察难度极大。本文根据工程地质问题的性质、水工建筑物的类型和规模以及勘察任务的要求,全面、系统的研究了各种勘察技术手段和方法,选择合适高效的综合勘察技术,并搭建起综合勘察信息与上序、下序专业的畅通信息流集成平台,使综合勘察技术成果得到充分的信息挖掘和应用,为整个红石岩堰塞湖整治工程项目提供高质量、更全面和便捷的工程地质数据。

[关键词]　红石岩堰塞湖　综合勘察技术　工程地质数据　集成平台

1　前言

目前,水利水电综合勘察技术被逐渐广泛应用于国内外工程中,但仍存在各种勘察手段组合、优化配置程度相对较低,每种勘察手段所获取的信息未能够充分挖掘、综合有效利用等问题。水利水电工程勘察各专业之间常常由于缺乏高效沟通,导致了各勘察成果互补性不佳,导致出现勘察工作重复或遗漏现象,勘察信息集成度和提炼度均不高,不仅会拖延勘察周期、增加勘察成本,还会使得工程地质勘察精度和质量不能很好满足设计和施工需求。

面对世界首例的红石岩堰塞湖综合整治工程,综合勘察工作更需要各种勘察技术手段的高效利用,并建立起综合勘察信息与上序、下序专业的畅通信息流,使综合勘察技术成果得到充分的信息挖掘和应用,为整个红石岩堰塞湖整治工程项目提供高质量、更全面和便捷的工程地质数据。

2　项目概况

2014年8月3日在云南鲁甸县(北纬27.1°东经103.3°)发生了6.5级地震,震源深度为12km,使得在鲁甸县火德红乡李家山村和巧家县包谷垴乡红石岩村交界的牛栏江干流上,造成右岸山体崩塌,滑坡后形成红石岩堰塞湖(如图1所示)。该天然形成的堰塞体有103m高,堰塞体总方量估算约1200万 m^3,达到大(2)型水库规模。现将该堰塞体作为永久的挡水坝,并对其进行防渗处理,采取增加加固堰塞坝,建设堰塞体防渗墙加防渗帷幕、右岸溢洪洞、右岸泄洪冲沙放空洞、右岸引水发电系统、两岸边坡整治、下游灌溉取水等工程措施后,将红石岩堰塞湖变害为利、变废为宝,改建成为集防洪(消除地震引发的次生灾害)、灌溉、发电、旅游为一体的综合利用的水利枢纽工程。

红石岩堰塞湖整治工程面临的工程地质条件和地质环境问题主要有以下几个特点：

（1）红石岩堰塞体的崩塌堆积层上部为孤石块石层，存在松散、架空的现象，而堰塞体崩塌堆积层下部为碎、块石混粉土层，较密实，但在长期的沉降过程中存在发生变形的可能性。

（2）坝址左岸为一古滑坡堆积体，滑坡表层发育多处裂缝，同时在堰塞坝进行施工时对滑坡前缘开挖形成较陡斜坡，在余震、降雨及堰塞湖水位上升，以及前缘开挖等综合作用下，滑坡体稳定性将变差，局部会产生滑移变形，并存在渗漏变形问题。

（3）坝址右岸原始斜坡陡峻，新近崩塌滑移形成的垂直边坡高达 150～200m，总坡最高处达 700m。岩性软硬相间，岩性分布、结构面组合对边坡稳定均不利，岸坡稳定性很差。

（4）近坝库段及库区岸坡受地震影响，局部地段覆盖层较厚，发育有规模大小不等的塌滑堆积体和崩塌堆积体，库岸稳定性差，其中红石岩村古滑坡、江边村滑坡、珍珠岩、王家坡潜在不稳定斜坡对枢纽工程安全及施工安全均存在影响，王家坡后缘崩滑体及前缘土质滑坡对施工安全存在一定影响。

（5）库区河谷两岸地势陡峭，岩性主要为白云岩和砂、页岩及灰岩等，可溶岩与非可溶岩相间分布。白云岩中沿断裂及岩层面等结构面有岩溶发育，以溶蚀裂隙为主，故水库渗漏问题需进行研究。

由以上五点分析可知，红石岩堰塞湖地质条件复杂、工程地质问题突出，与常规工程勘察比较，堰塞湖工程勘察难度极大。堰塞体全貌如图 1 所示。

图 1　堰塞体全貌

3　综合勘察技术研究

在水利水电工程勘察过程中，综合勘察技术是一种被逐渐广泛应用的技术，它既能够更加准确的勘察出地质条件和地质环境问题，还能为勘察高质量、高效率提供有效保障。传统的地质勘察多以地质测绘和钻探为主，随着现在综合物探技术、无人机摄影测量技术、三维地质建模技术、原位测试和室内试验变形监测技术、BIM 和 3S 技术等在工程地质勘察中的不断深入应用研究和工程经验累积，它们在地质勘察中的优势逐渐显现出来。但单方面的勘察手段和技术，都会存在不同程度的费用高、取得的成果常常只能揭示局部地质条件，难以做到全面、系统的反映工程地质情况，且存在一些不良地质现象、地质问题被遗漏、疏忽或错误判断的情况，严重影响工程勘察质量和工程施工进度，故对各种勘察技术手段和方法进行高效组合、优化配置就尤为重要。

目前综合勘察技术在岩土工程、隧道、铁路等线性工程勘察、水利水电工程，以及海绵城市勘察等得到不同程度的应用。但是由于勘察人员素质参差不齐，勘察标准化执行度不高，导致综合勘察技术应用效果不太佳，所以在不断的对各种勘察技术进行优化组合配置，还需要建立地质工程勘察综合应用集成平台，将勘察流程标准化，勘察数据集成化、共享化，勘察与上序、下序专业和相关方的沟通可视化，从而推动综合勘察技术的全面、健康持续发展。

4 综合勘察技术在红石岩堰塞湖整治工程中的应用

4.1 研究必要性

堰塞湖综合整治工程为世界首例，在堰塞湖综合利用勘察方面，国内外基本无可借鉴经验。并且红石岩堰塞湖地质条件复杂、工程地质问题突出，与常规工程勘察比较，堰塞湖工程勘察难度极大。所以急需全面、系统地研究地质勘察技术手段，选择适合的、高效实用的综合勘察技术，来保障堰塞湖整治工程的勘察质量，为工程设计提供依据。

与此同时，中国西南地区山区河流众多，河流地形地质条件复杂，在高烈度地震过程中极易诱发形成堰塞湖，每次堰塞湖抢险及处置都会面临新课题。本文研究可为今后类似堰塞湖综合整治工程地质勘察工作方法、多种技术综合应用等研究提供有价值的参考，对红石岩堰塞湖综合治理工程的顺利推进和真正实现利国利民的作用，意义重大。

4.2 研究方法和技术路线

红石岩堰塞湖综合整治工程地质勘察按照勘察程序进行并保证勘察工作量和勘察周期。同时根据工程地质问题的性质、水工建筑物的类型和规模以及勘察任务的要求，布置地质勘察工作，综合运用了各种勘察技术手段和方法。红石岩堰塞湖综合勘察技术应用流程图如图 2 所示。

（1）此次研究以陆地水文学、地质学、水文地质学、岩溶环境学、地下水动力学、生态环境学、工程地质学、系统理论相结合，为研究的理论基础。

（2）本研究通过遥感解译，资料收集整编入 GIS 数据库，现场地质数字化填图，地质三维建模技术，基于 HydroBIM 云平台的堰塞湖综合勘察技术应用系统平台，综合物探技术设计，钻探、坑、槽探及竖井等勘探技术，岩土试验，变形监测技术等多种勘察技术的综合应用，查明堰塞湖枢纽区的工程地质问题。

（3）依照上述的多种勘察技术方法和手段、不同工程地质问题分析研究，实现对复杂条件下堰塞湖综合勘察技术的应用研究。

4.3 研究内容

（1）重视基础地质勘察资料的收集，各项资料真实、准确、完整，并及时数字化、信息化整理，统一编录至地质信息综合数据库。

（2）堰塞湖工程勘察首先进行工程地质测绘，并根据地质背景、工程特性、勘察任务和工程区地质条件确定工程地质测绘精度要求和对应研究内容。

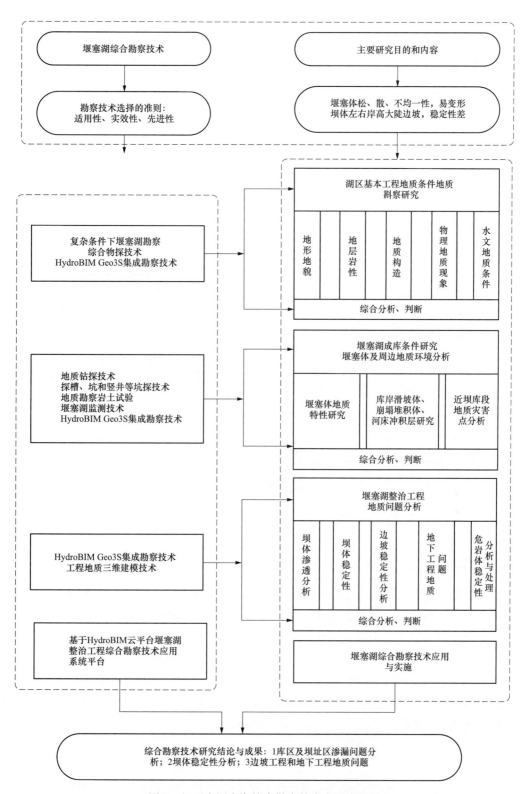

图 2　红石岩堰塞湖综合勘察技术应用流程图

（3）根据工程场区的地形、岩土物性条件、探测目的等选择物探方法，并结合地质分析与其他勘探资料进行物探成果解译。

（4）应根据堰塞湖地质背景、堰塞体及周边水工建筑物特点和勘察任务选择合适的勘探工程。

（5）岩土试验采用室内试验和原位测试相结合的原则。土工试验应以室内试验为主、原位测试为辅；岩石实验应室内试验和原位测试并重。实验项目、数目和方法应结合地质条件、勘察阶段和工程特点来确定。

（6）工程地质勘察工作阶段内容和成果，除了传统的包括正文、附图、附件的地质勘察报告外，还建立堰塞湖综合整治工程项目的综合勘察系统平台。综合勘察技术集成平台展示如图 3 所示。

图 3　综合勘察技术集成平台展示

5　总结与建议

堰塞湖整治工程地质综合勘察技术应用，暂时还不能总结出固定的模式和要求，还是需要结合每个工程的项目背景、地质条件、设计要求和社会需求等来进行综合选择，是在实践和勘察阶段成果中，不断调整和组合的。但是基于工程地质勘察项目的复杂性、数据丰富性、需求多样化等特征，认为其基础和核心的是首先建立项目全生命周期的综合勘察技术应用系统平台。通过该平台，可以使得堰塞湖整治工程综合勘察技术应用研究实现平台化、云储存化和互联网化，以求真正实现"堰塞湖整治工程综合勘察技术的全生命周期的信息化应用和管理"。

参考文献

［1］陈友生. 鲁甸"8.3"地震红石岩堰塞湖治理工程危岩体特征与防治措施研究［D］. 成都理工大学，2016.

［2］郑国栋．综合勘察技术在岩土工程勘察中的应用［J］．福建建筑，2013．

［3］张莹，崔建宏，陈兵，等．综合地质勘察方法在公路隧道地勘中的应用［J］．地质灾害与环境保护，2015，26（2）：90－94．

［4］刘衡秋，刘海生，唐世雄，等．摩崖造像复杂地质边坡综合勘察技术应用［J］．工程勘察，2015（04）：26－31．

［5］王玉洲，张德永，钱明，等．云南炼厂覆盖型岩溶综合勘察研究［J］．工程勘察，2014（07）：73－80．

［6］王国斌，利奕年．某公路瓦斯隧道综合勘察技术应用［J］．岩土力学，2011，32（04）：1273－1277．

［7］赵勇．地质物探综合勘察在水库大坝漏水中的应用［J］．煤炭与化工，2014，37（2）：110－113．

西南地区某岩溶水库渗漏分析

薛 伟 袁宗峰 周 密

（中国电建集团昆明勘测设计研究院有限公司）

[摘 要] 西南地区某水库位于云贵高原中北部，库区可溶盐岩分布较广且岩溶较发育，库区中部有一条近南北走向的区域性断裂（F_1）穿过两岸，为论证该水库的成库可能性，通过地表调查及物探探测，该水库向低邻谷渗漏的可能性小，沿 F_1 断裂带向南部或向下游渗漏的可能性问题不大，水库存在沿灰岩溶蚀通道向下游和向库外渗漏的可能性。水库存在沿左岸大理岩与灰绿岩接触带或大理岩向坝下游绕坝渗漏的可能性不大。该水库正常蓄水位在 Kc1 底板高程以下有成库的可能。

[关键词] 水库 可溶盐岩 岩溶 区域性断裂 渗漏 成库

1 引 言

西南地区岩溶面积占西南地区幅员面积的 1/3 以上。由于岩溶发育的特殊性、复杂性，地下水多通过岩溶管道发生渗漏。在可溶盐岩地区修建水库，首先是判断水库蓄水的可能，是否存在渗漏通道，二是要考虑水工建筑物的稳定安全。根据相关资料，在可溶盐岩分布区，可溶盐岩是决定水库成立的关键因素之一，而构造条件、地形地貌对岩溶的发育、发育方向和空间分布等具有重要的控制作用，值得进一步研究。本文通过对西南地区某水库的研究，对可能导致水库渗漏的工程地质条件进行了专门的地质调查，分析其渗漏的可能，为以后的类似项目的提供一些经验和借鉴。

2 库区基本工程地质条件

某水库位于云贵高原中北部，地貌特征受构造控制，山川近南北向延伸，东西排列，总体地势北高南低，水库流域背靠卓干山，流域分水岭东北部卓干山为区内最高点。河段整体为"V"字形狭长沟谷，河谷总体呈"S"近 SW 向延伸，河谷弯曲，两岸地形较陡，其中在坝址上游左岸因开挖矿洞弃渣堆积形成一较开阔的平地；右岸地形坡度一般在 30°～40°，局部近直立，右岸由于石料场开采形成高度不等的开挖平台。库区地层总体出露较为复杂，主要以泥盆系中统（D_2d）、二叠系下统栖霞茅口组（P_1q+m）地层为主，此外华力西期辉绿岩脉（ν）在坝址附近出露，三叠系上统舍资组及侏罗系下统冯家河组（T_3s+J_1f）：岩性为黄褐色薄层状泥岩、泥质粉砂岩、粉砂岩，与二叠系下统栖霞茅口组断层接触，与泥盆系中统（D_2d）呈角度不整合接触。华力西期辉绿岩（ν）：为灰绿色致密次块状～块状侵入岩，眼球状构造，在平面上呈不规则椭圆状，在剖面上呈锥状，左岸出露拔河高 20～40m，右岸出露拔河高约 70m，辉绿岩与周边围岩之间接触带较起伏，因岩相不同而不同，与 D_2d 在灰岩之间形成一般 0.5～1.5m 大理岩条带，局部可达 30m，岩相接触带在平面上呈"m"状起伏出露，与 $T_3s + J_1f$ 接触带见变质砂岩，宽度约 1m。岩体多呈弱风化，岩石呈灰绿色，块状构造，致密坚硬。

库区处于团街-大缉麻"多"字型构造带内，断层发育，龙测村～大缉麻断层（F_1）断层从库尾右岸经水库区中部斜穿左岸至下游，龙测村～大缉麻断层（F_1）为库区附近主要大断裂，受区域断裂影响，在坝址左岸库区发育区域性断层（F_1），右岸发育二条Ⅲ级结构面（F_4）、（F_5），在坝址上游发育一条Ⅲ级结构面（F_3），受侵入岩影响，发育一定规模的 3 条挤压带，受此影响，岩体在断层及侵入岩附近相对较破碎，Ⅳ、Ⅴ级结构面较发育，如图 1 所示。

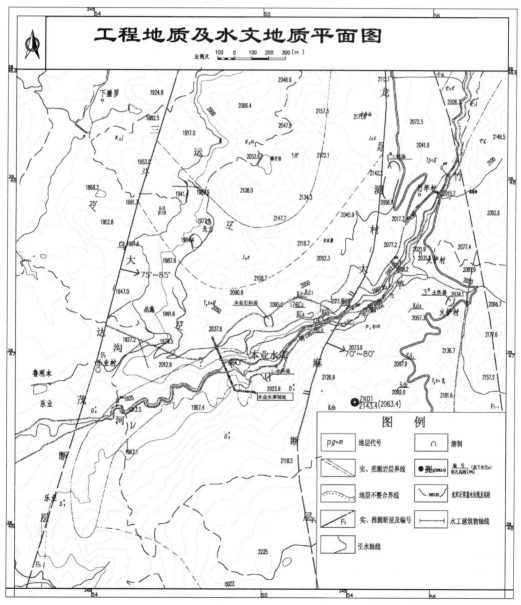

图 1　工程地质及水文地质平面图

3 地下水补给、径流、排泄条件

水库所在河流称为本业小河，属金沙江流域普渡河水系，为普渡河二级支流。本业小河汇入鹧鸪河后由北向南流过茂山镇、禄劝县城，在崇德镇转东流向，在岔河汇入普渡河。水库流域位于卓干山山脉西南麓。卓干山是掌鸠河流域中段顺流左岸的分水岭，与西北部云龙水库流域内卧璋山（最高峰海拔高程2885m）相比为次高峰。卓干山最高峰海拔高程2803.2m，东部及南部为翠华乡兆乌～翠华一片，区域河流自卓干山脉向东直接汇入普渡河；北部中屏镇境内河流则自卓干山脉向北东汇入普渡河；西部为团街镇，河流则汇入普渡河；水库流域则位于卓干山西南部，流域地势东高西低、北高南低，地处面向掌鸠河流域迎风面，主河为东北～西南向，海拔高程在2803.2～1950m之间，最大山谷落差近1000m，根据五万分之一地形图勾绘流域分水线，采用求积仪及CAD复核量算，本业水库流域特征参数见表1。

区内地下水类型齐全，主要为孔隙水、基岩裂隙水、岩溶水等。其中松散孔隙水主要分布于河流两岸的残坡积土体，富水性一般弱～中等，基岩裂隙水主要发育在砂岩、泥岩、页岩地层中，地下水赋存在节理、构造裂隙、风化裂隙等，富水性较弱。岩溶水主要发育在灰岩、大理岩等地层中，富水性较弱。区内各含水层透水层地下水接受大气降水补给，通过覆盖层的孔隙、基岩裂隙、岩溶裂隙通道补给，向河流、冲沟等地形低洼处补给。竹竿小河为区内最低排泄基准面。

表1　　　　　　　　　　　流域特征值成果表

水库名称	流域面积（km²）	主河长（km）	主河坡降（‰）	流域平均高程（m）
羊槽箐水库	2.93	1.56	118	2430
羊槽箐水库～水库	11.6	6.69	53.6	2200
水库	14.5	8.25	58.5	2250

4 岩溶发育特征分析

根据地面地质调查及访问，该区域岩溶发育主要受地层、构造等多种因素影响，工程区岩溶类型主要有溶蚀洼地、溶洞、溶槽、溶孔及溶蚀裂隙，溶蚀地貌特征显著。工程区分布的可溶岩地层主要有泥盆系中统（D_2d）和二叠系下统栖霞茅口组（P_1q+m），两者成分有一定差异，前者主要为中晶灰岩或泥灰岩，其间有砂泥岩互层，反映出海陆交互相的沉积特征；后者主要为隐晶或微晶灰岩，灰岩纯度较高，反映出浅海相～滨海相沉积的特征，经地表水下渗、淋滤，后者溶蚀程度明显高于前者，前者主要发育小规模的岩溶洼地、溶洞或溶蚀裂隙，后者主要发育大型岩溶洼地或溶洞。此外，在泥盆系中统（D_2d）中有沿断层F1侵入的辉绿岩体，在经辉绿岩岩浆热液变质作用下，其外围形成宽度不大的大理岩条带，大理岩化程度与热液蚀变程度相关，据地质测绘，大理岩岩溶总体不发育，未见明显的溶蚀特征。

岩溶洼地在工程区竹竿小河两岸山顶或山脊均有分布，但左岸无论发育数量或规模均多于右岸。左岸分布在库区外围火铲村一带，呈线状分布，总体沿龙测村-大缉麻断层南东侧分布，下伏地层为栖霞茅口组，洼地平面形态多呈椭圆形，长轴长 80～110m，短轴长 50～70m，表部多为第四系残坡积土覆盖，洼地底部多见落水洞；工程区右岸高处发育一岩溶洼地，代表性的岩溶洼地如图 2 和图 3 所示。工程区竹竿小河河谷范围内，溶洞及溶蚀裂隙较为发育，发育高程一般在 1978m 左右，溶洞主要集中在泥盆系灰岩中，代表性溶洞如图 4～图 7 所示。

图 2　岩溶洼地 Kd_1

图 3　岩溶洼地 Kd_2

图 4　溶洞 Kc_1

图 5　溶蚀裂隙

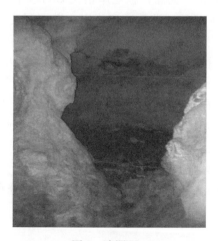

图 6　溶洞 Kc_2

图 7　溶洞 Kc_3

（1）岩溶发育的特征。本区岩溶发育特征主要受构造、岩性、岩相等影响，平面上工程区及外围岩溶洼地呈线状近 SN 向分布，与区域构造延伸方向基本一致，同时因该区区域性断裂均为压扭性断层，岩溶洼地均分布于区域断裂的上盘；地表水沿近 EW 向陡倾张节理形成溶蚀通道，至本区最低侵蚀基准面（竹竿小河）转为顺层面溶蚀的特征；此外，岩溶洼地均为沿砂泥岩与碳酸盐岩岩相过渡带分布的特征。

区内构造运动对岩溶的发育起着控制作用，岩溶主要表现为沿陡倾节理裂隙溶蚀形成垂直型溶洞，在近竹竿小河河床附近沿层面溶蚀的特征。根据地面调查，溶洞 Kc_1、Kc_2、Kc_3、Kc_5 等溶洞深部，在高程 1972～2050m 附近，沿陡倾节理面溶蚀形成贯通性溶洞，而在各溶洞洞口，表现形式均为沿层面逐渐溶蚀的溶洞。

同时在库区左岸发育线状分布岩溶洼地，Kd_3、Kd_4、Kd_5 位于区域性断层龙测村-大缉麻断层 SE 侧，灰岩在区域性断层的影响下，岩体破碎，抗溶蚀能力弱，形成串珠状的岩溶洼地。

Kd_1、Kd_2、Kd_6 及右岸岩溶洼地 Kd_7 分布在岩相过渡带附近，岩相过渡带抗风化能力弱，溶蚀明显。而库区中部及左岸多为灰岩，岩溶多见溶蚀裂隙；水库区及外围岩溶发育主要受构造的控制，岩溶通道顺构造裂隙扩展而成。

（2）岩溶发育受岩性的控制。岩溶发育受岩性的控制明显，首先因灰岩中方解石含量差别，岩溶发育程度不同，其中栖霞茅口组灰岩方解石含量占 80％～95％，而泥盆系灰岩方解石含量占 51％～55％，泥盆系灰岩相比于栖霞茅口组灰岩抗溶蚀能力强，在水库区仅表现为一系列规模不同的溶洞，而栖霞茅口组灰岩在火铲村附近表现为一系列规模较大的岩溶洼地。

在坝址附近库区大理岩因热液变质作用，形成隐晶质致密岩体，抗溶蚀能力强，岩溶弱发育。

（3）岩溶发育具分带性。水库区属金沙江流域，两岸的岩溶裂隙均向竹竿小河倾斜，竹竿小河为工程区最低侵蚀基准面，岩溶作用向深部发展受到限制，表层岩溶发育，深部岩溶作用大大减弱，岩溶在垂向上具分带性。根据钻探揭露，在左岸钻孔 ZK1 上部钻进时，其循环水不返水，沿灰岩中岩溶裂隙向下部库岸 Kc_1 沿其通道流出，勘探深度范围内，水库区地表以下 30～80m 范围内岩溶较为发育，其中：上坝址库段内岩溶发育深度主要在地表以下约 50m 范围内；而左岸岩溶发育深度则主要在地表以下 30～40m 范围内。

（4）岩溶发育具不均一性。水库区中部上坝址附近，溶蚀作用强烈，岩溶发育，岩溶发育受构造的控制明显。库区范围内灰岩主要有二组，泥盆系中统第四段第三组及栖霞茅口组灰岩。在节理裂隙密集、岩体较破碎地段，岩溶较发育；在块度较大、岩体较完整地段，岩溶发育程度相对较弱。在上坝址附近发育的溶洞口近河床部位多沿层面发育，在深部多沿垂直裂隙发育而成（如 Kc_1、Kc_2、Kc_3、Kc_5）水库区岩溶发育在平面上的分布具不均一性。

5 水库渗漏分析

由于水库区存在可溶盐岩且岩溶较发育，在库区中部有一条近南北走向的区域性断裂

（F_1）穿过两岸，在库区左岸沿该断层带附近有多个岩溶洼地或落水洞呈线状分布，沿断裂在南部翠华一带多有较大的泉水出露，水库东部外围约 10km 有普渡河低邻谷，低于库水位约 600m，西部约 2.5km 分布有掌鸠河低邻谷，低于库水位约 220m，加之左坝肩小垭口附近有大理岩与辉绿岩交替分布，因此，水库存在沿 F_1 断裂带向南部或向下游渗漏的可能性，也存在沿灰岩溶蚀通道向下游和向库外渗漏的可能性，也存在向左（东部）右（西部）岸低邻谷渗漏的可能性，还存在沿左岸大理岩与灰绿岩接触带或大理岩向坝下游绕坝渗漏的问题。下面就存在的水库渗漏问题进行论述：

（1）水库向东部低邻谷渗漏的可能性。尽管在库岸分布的是岩溶地层，但向东分布有非岩溶地层（如图 8 所示），依次为三叠系舍资组～侏罗系冯家河组砂、泥岩、页岩等，白垩系马头山组砂岩、寒武系筇竹寺组、渔户村组页岩及磷块岩等，且无导水断裂横穿这些地层；在库岸也分布有两条较大的断裂，但断裂均属压扭性，具有阻水性质，不存在沿断层导水问题；另外，经在库区左岸的勘探孔勘察，钻孔稳定水位高于 Kc_1 出口约 67m，高出水库正常蓄水位约 50m，说明其左岸存在高于库水位的地下水分水岭，也说明 Kc_1 与火铲村一带系列分布的岩溶洼地或漏斗之间无水力联系。水库存在向东部低邻谷渗漏的可能性小。

（2）水库向西部低邻谷渗漏的可能性。尽管在库岸分布有岩溶地层，但向西分布有非岩溶地层（如图 9 所示），依次为三叠系舍资组～侏罗系冯家河组、张河组砂、泥岩、页岩等，白垩系马头山组、江底河组砂岩夹泥岩等，且无导水断裂横穿这些地层；另外，在右岸西侧有一条与 F_1 同组同性质的阻水断层，断层西侧为上升盘，东侧的泥盆系灰岩在断层两侧不连续，也不存在沿可溶盐岩向西部低邻谷渗漏的问题。因此，水库向西部低邻谷渗漏的可能性小。

（3）水库沿 F_1 断裂带向南部渗漏的可能性。据区域资料分析，F_1 断层属压扭性质，在上坝址右岸斜交至左坝肩，大体与河谷斜交，组成物质为糜棱岩、碎裂岩、断层泥等，具一定隔水作用。F_1 在平面分布上呈扭曲状也说明其压扭性；据当地村民介绍，在 1958 年时，村委会曾在上坝址上游约 50m 附近建了一坝高约 10 余米的小型土坝，但水库建成后，库水均沿坝左岸灰岩中的岩溶裂隙向坝下游产生绕坝渗漏，水库无法蓄水，也说明其库水未沿 F_1 向南部翠华排泄，F_1 是阻水的；另外，在 F_1 东侧高程 2143m 布置的钻孔中有高于 Kc_1 约 67m 的地下水稳定水位分布，也说明 F_1 不是导水断层。但由于受断层影响，岩体靠近断层附近岩体破碎，可能存在一定的渗漏通道，水库蓄水后，沿 F_1 断裂带向南部或向下游渗漏的可能性问题不大，但不排除沿断层影响带向南西部或向下游渗漏的可能性。

（4）水库沿灰岩溶蚀通道向下游和向库外渗漏的可能性。从库区两岸的灰岩岩溶发育特征看，岩溶总体以垂直岩溶裂隙发育为主，两岸的岩溶裂隙均向竹竿小河倾斜，说明其两岸地下水是以竹竿小河河谷为本区最低排泄面，但水库南西侧存在一低邻谷，高差约 20m，加之该区域为栖霞茅口组灰岩，在左岸钻孔 ZK1 上部钻进时，其循环水不返水，沿灰岩中岩溶裂隙向下部库岸 KC1 沿其通道流出，也说明竹竿小河为其最低排泄面，并得到了验证；但栖霞茅口组灰岩沿断层 F_1 出露，受断层影响，岩体破碎，节理发育，灰

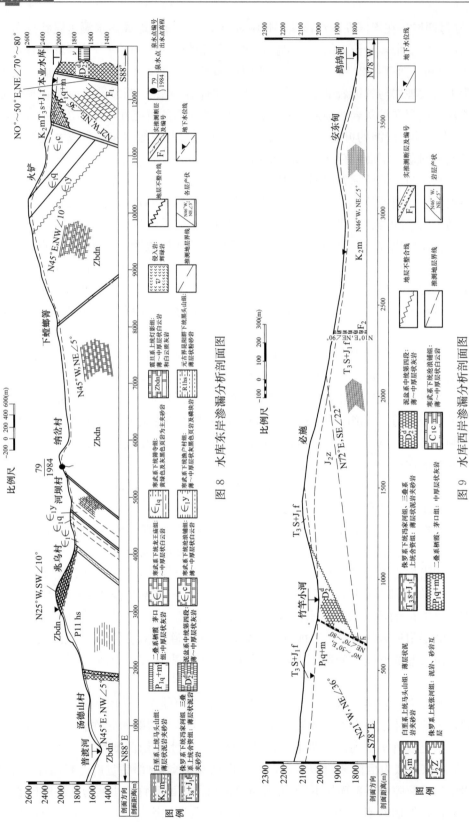

图 8　水库东岸渗漏分析剖面图

图 9　水库西岸渗漏分析剖面图

岩区可能存在贯通水库至龙泽箐的溶蚀通道，水库可能沿灰岩溶蚀通道向下游或库外渗漏，水库存在沿灰岩溶蚀通道向下游和向库外渗漏的可能性。具体如图 10 和图 11 所示。

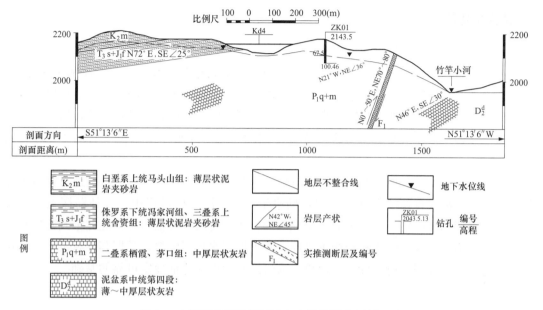

图 10　水库沿灰岩溶蚀通道向库外渗漏分析剖面图

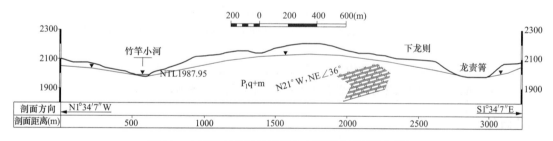

图 11　水库沿灰岩溶蚀通道向南西渗漏分析剖面图

（5）水库沿左岸大理岩与灰绿岩接触带或大理岩向坝下游绕坝渗漏的可能性。在下坝址左岸坝肩垭口附近的两个钻孔中出现有灰绿岩与大理岩的接触带，左岸紧靠坝址有一条小沟也揭露出该接触带顺沟分布的情况，加之，左岸坝址附近分布有较厚层的大理岩，均具备库水沿左岸大理岩与灰绿岩接触带或大理岩向坝下游绕坝渗漏的可能性。经地面地质调查和钻探成果分析，大理岩层中的岩溶发育较灰岩弱，只有局部的规模较小的岩溶裂隙分布，由于大理岩经变质，矿物颗粒重新排列、致密，水的溶蚀性变差，因此其岩溶发育弱，岩溶裂隙的连通差，难以形成较大规模的岩溶通道，在大理岩中也未发现贯通性岩溶通道。原竹竿河小水库也未发现渗漏的问题。

大理岩与灰绿岩接触带多有岩体侵入时形成的挤压带，挤压带密实、不透水，属阻水带，大理岩与灰绿岩接触无挤压现象的部位也未见岩溶发育的现象。同样，原竹竿河小水库也未发现渗漏的问题。

因此，综合分析认为，水库存在沿左岸大理岩与灰绿岩接触带或大理岩向坝下游绕坝渗漏的可能性不大。

6 结论及建议

水库区出露地层库区出露地层复杂，以泥盆系灰岩、砂岩、泥岩及辉绿岩为主，岩层缓倾上游偏右岸。水库区岩溶发育，两岸溶洞、落水洞分布，区域性断层在水库区经过，通过地表调查及物探分析，该水库向东西两侧低邻谷渗漏的可能性小，水库沿灰岩内岩溶通道向库外渗漏的可能性小。断层带的阻水性较好，但其断层影射带较破碎，岩溶裂隙发育，透水性强，存在沿断层影响带向库外渗漏的可能，故水库蓄水位不宜高于 Kc_1 底板高程。

通过对该水库工程地质条件的调查分析，查明了库区地层岩性、地质构造、岩溶水文地质条件、岩溶发育特征等基本情况，勘察工作在实际实施过程中，各种勘探工作量有限，加之岩溶问题的复杂性，不能完全准确的查明岩溶发育特征，即不能完全判断出水库渗漏通道，需充分利用钻探和物探等手段，收集地下水长观资料，掌握其性状及特点，对下一步进行岩溶渗漏分析、计算及评价，为岩溶水库成库论证奠定可靠的基础。

参考文献

[1] 曾中磊. 滇中地区岩溶水文地质特征 [J]. 人民珠江，2016，37（08）：39-43.

[2] 杨秀芬. 岩溶水文地质及对工程的影响 [J]. 科技传播，2013（16）.

[3] 蒋忠诚，裴建国，夏日元，等. 我国"十一五"期间的岩溶研究进展与重要活动 [J]. 中国岩溶，2010，29（4）：352-353.

[4] 中国科学院地质研究所. 中国岩溶研究 [M]. 北京：科学出版社，1979.

[5] 冯志刚. 刘谢伶，构造条件对水库岩溶渗漏的影响研究 [J]. 红水河，2018，5（37）：69-72.

作者简介

薛伟（1982—），硕士，高级工程师，主要从事水文地质、环境地质、工程地质调查研究。

云南双河水库岩溶区渗漏问题分析

罗宇凌[1]　沙　斌[2]　姚翠霞[3]　刘安芳[2]

（1　云南华禹水利水电勘察设计有限公司

2　云南昭通市水利水电勘测设计研究院

3　中国电建集团昆明勘测设计研究院有限公司）

[摘　要]　云南昭通双河水库位于百里背斜南东翼，库区顺岩层走向岩溶发育，且立石板—双河场和双河场—渔洞这两处河段岩溶已沿层面上下游贯通。通过岩溶发育调查、分析及地下水补给、径流、排泄条件综合分析可知，库坝河谷段岩溶地下水沿岩溶层径流排泄于河床，下游田坝河段也为地下水补给型河谷，库区无通向库外的深层岩溶通道，且在库坝河谷段与下游田坝河谷段之间存在地下分水岭。河间地下水稳定运动计算及陡直河岸地下水壅高计算结果显示，该地下分水岭高于水库正常蓄水位，故综合分析认为双河水库不存在影响水库运行的岩溶渗漏问题。

[关键词]　双河水库　岩溶通道　地下分水岭　渗漏问题

1　前言

双河水库位于昭通彝良县双河村角奎小河上游咪呀河田坝—双河河段。角奎小河是金沙江一级支流横江的右岸支流。水库坝高 82.5m，坝址河床高程 1337.3m，正常蓄水位 1411.2m，总库容 2180 万 m^3，属于以灌溉为主的中型水利工程。由于库区三叠系关岭组灰岩自左岸通向库外且岩溶极发育，库区溶洞十分常见，所以是否存在岩溶渗漏问题是该水库的关键地质问题。本文收集双河水库岩溶发育的调查资料，对其特征、规律进行分析，结合渗漏计算和分析，对库区岩溶渗漏问题进行了研究，可为下一步工作及其他项目提供一定参考。

2　库区地质概况

双河水库库区位于马边大关地震带边缘，属相对稳定区，相应地震基本烈度为Ⅵ度。库盆位于百里背斜南东侧，库坝区发育九股水、麻园两条区域Ⅲ级断层，Ⅲ级以下小型断层若干。节理裂隙发育，其中一组为"X"型剪节理，节理面陡倾、平直，延伸较远且为张性，另一组为顺层间节理，发育密集，阶梯状，在同一岩层面上长度几米至几十米，但连续穿层深度一般不超过 10m，封闭于库区。

库区可见三叠系中统关岭组（T_2g）灰岩、泥质灰岩、灰质白云岩，总厚度 226～418m；下统永宁镇组（T_1y）泥灰岩夹细砂岩、页岩及上部紫色砂页岩为主夹灰岩，厚度 164～289m，灰岩在库尾、库中、坝前、库岸坡等大面积分布。

按区域水文地质结构划分，库区属于百里背斜水文地质单元。百里背斜两翼由北东

T_1y、T_2g 岩溶层向南西于背斜倾伏端双河至田坝河段排泄。按地下水补、径、排条件，该水文地质单元又可划分为百里背斜南翼岩溶水文地质亚区（Ⅰ亚区）和北翼岩溶水文地质亚区（Ⅱ亚区）。Ⅰ、Ⅱ亚区地下水无直接水力联系，仅在Ⅱ亚区上游两支流及田坝河段由地下水转化为地表河水补给Ⅰ亚区或排泄于田坝河段咪呀河。因此，库水、地下水仅与Ⅰ亚区岩溶水文地质单元有关。

3 岩溶发育调查与分析

3.1 岩溶发育调查

根据项目需求及条件情况，岩溶发育调查的主要工作方法为地表调查、地质测绘、溶洞内部探测，辅以坑、槽、钻孔压注水试验及利用钻孔长期观测地下水位。调查对象主要有岩溶泉、溶洞、暗河进出口、地下水位线等，库区岩溶泉和溶洞调查结果统计表见表1和表2。

表1　　　　　　　　　双河水库库区岩溶泉调查结果统计表

编号	位置	层位	高程（m）	河谷地貌	高于河床（m）	流量（L/s）	备注
Q_1	双河场左岸边	T_2g^1	1380	河床左边	0	0.5~1	溶隙出口
Q_2	双河场右岸边	T_1y^2/T_2g^1	1390	右岸Ⅰ级阶面	8	0.02	
Q_3	滥海子沟右岸	$T_2/T_2g^2/T_3x$	1395	右岸Ⅰ级阶面	4	2~3	暗河泉群
Q_4	渔洞北右岸	T_2g^1	1345	右岸边	2	0.02	
Q_5	渔洞南东右岸	T_2g^2	1350	右岸边	1	3~4	暗河出口
Q_6	渔洞南东左岸	T_2g^2	1350	左岸边	0	<0.1	
Q_7	渔洞南东右岸	T_2g^2	1370	左岸边	0	<0.1	
Q_8	渔洞村后	T_2g^1中部	1378	左岸斜坡	30	0.02	
Q_9	渔洞 SW400m	T_1y^2/T_2g^1	1480	左岸冲沟	135	0.1	
Q_{10}	田坝主河段左岸	T_2g^2	1290	左岸Ⅰ级阶面	5	4	

表2　　　　　　　　　双河水库库区溶洞调查结果统计表

编号	位置	层位	高程（m）	河谷地貌	高于河床（m）	形状 宽×高×深（m）	备注
RD_1	左支流滥海子沟	T_2g/T_1y分界处	1382	河床	0	0.4×0.9×2.5	下游连通 RD_2
RD_2	右支流雄马沟	T_2g^1	1380	河床	0	0.3×0.65×2.5	出 Q_1 泉
RD_3	左支流滥海子沟	T_2g^2	1395	右岸Ⅰ级阶地	5	0.55×0.85×3.4	九股水 Q_3 泉
RD_4	左支流滥海子沟	T_2g^2	1395	右岸Ⅰ级阶地	6	0.55×0.85×3.5	九股水 Q_3 泉
RD_5	双河右岸边坡	T_2g^2	1375	崩洪积物覆盖	0		可能与下游 RD_6 联系
RD_6	渔洞右岸	T_2g^2	1357	右岸边	8	1.65×1.1×15	可能与 RD_5 联系、暗河口 Q_5

续表

编号	位置	层位	高程（m）	河谷地貌	高于河床（m）	形状 宽×高×深（m）	备注
RD$_7$	渔洞右岸	T$_2$g^2	1357	右岸Ⅰ级阶地	8	2.85×2.1×11	右岸暗河出口 Q$_5$ 泉
RD$_8$	渔洞右岸	T$_2$g^2	1400	右岸Ⅲ级阶地	50	1.8×3.85×9	干洞
RD$_9$	渔洞右岸	T$_2$g^2	1470	右岸Ⅲ级阶地	120	1.85×1.3×6	
RD$_{10}$	渔洞左岸	T$_2$g^2	1354	左岸Ⅰ级阶地	5	1.05×0.9×1.85	出 Q$_6$ 泉
RD$_{11}$	渔洞左岸	T$_2$g^2	1349	左岸边	0	0.9×1.9×18	出 Q$_7$ 泉
RD$_{12}$	渔洞左岸	T$_2$g^2	1384	左岸支沟底	35	0.55×0.85×3.5	
RD$_{13}$	田坝河段左岸	T$_2$g^2	1475	左岸Ⅳ级阶地	150	1.35×0.85×2.5	
RD$_{14}$	田坝左岸	T$_2$g^2/T$_2$g^1	1292	左岸边	5	1.65×1.1×15	出 Q$_{14}$ 泉
RD$_{15}$	田坝左岸	T$_3$x/T$_2$g^2	1286	崩积物覆盖	2	0.65×1.4×2	出水

3.2 岩溶泉发育特征

通过上述岩溶泉发育调查，可知库区上游河谷段两岸出露 Q$_1$、Q$_2$、Q$_3$ 等岩溶泉，位于 T$_2$g^1、T$_2$g^2 灰岩岩溶层，其中 Q$_3$ 岩溶泉出露于 F$_4$ 断层 T$_3$X 砂岩与 T$_2$g^2 灰岩断层接触带，流量范围 0.02~3L/s，分布高程 1380~1400m，高于河床 0~8m。库坝河谷段右岸出露 Q$_4$、Q$_5$ 泉，也位于 T$_2$g^1、T$_2$g^2 岩溶层，流量范围为 0.02~4L/s，分布高程 1345~1375m，高于河床 1~2m。库坝河谷左岸出露 Q$_6$、Q$_7$、Q$_8$、Q$_9$ 等泉，流量 0.02~0.1L/s，分布高程 1370~1476m，高于河床 0~135m。可见库坝区岩溶地下水沿岩溶层径流，排泄于河床，地下水补给河水。在下游岩溶层田坝河谷段出露 Q$_{10}$ 泉，位于河流左岸 T$_2$g^2 灰岩层，流量 4L/s，分布高程 1290m，高于河床约 5m，也是地下水补给河水。总体来说，库坝河谷岩溶层补给面积较大（约 1.0km^2），泉点多，流量小；下游田坝河谷段岩溶层补给面积较小（约 0.6km^2），泉水集中 Q$_{10}$，流量较大。

3.3 岩溶发育规律

（1）从现场岩溶调查来看，岩溶极发育，共发现进口断面 1.0m^2 以上溶洞共 15 个，最大断面为 65.8m^2；发现库区暗河进口 2 个，暗河出口 3 个；下游暗河进口 1 个，暗河出口 2 个，垂直型落水洞 1 个；岩溶泉水共 10 个；溶沟石牙等岩溶现象普遍。

（2）库区共见三层水平型溶洞，上下两层之间又以层间及断层溶隙沟通。库区关岭组上段灰岩、白云质灰岩自立石板经双河场至渔洞通向下游老鹰岩，岩层倾角 65°，岩溶走向受岩层走向控制。在水平循带，立石板—双河场、双河场—渔洞两处河段岩溶已沿层面上下游贯通，渔洞至癫子沟之间岩溶裂隙相通，观音岩至田坝之间溶洞相通。

（3）九股水岩溶泉 Q$_3$ 及溶洞 RD$_3$、RD$_4$ 沿 F$_4$ 断层 T$_3$x/T$_2$g^2 砂岩与灰岩接触带发育，RD$_3$、RD$_4$ 溶洞洞径 0.6×0.8m，深 2~4m；其他溶洞常在砂岩与灰岩接带的附近发育溶，如 RD$_{14}$、RD$_{15}$ 等。

（4）根据钻孔资料分析地下水等水位线可知，T$_3$x/T$_2$g^2 接触带为地下水底槽，T$_2$g^2 灰岩地下水位坡降缓（9%），水交替作用强烈，岩溶发育强；T$_2$g^1 为灰岩、砂岩、页岩，地下水位坡降 10～30％；T_1y 地下水坡降陡（30％），岩溶发育弱。

（5）岩溶发育垂直分带规律：按河谷阶地地貌，可划为 5 级侵蚀面，发育相对应的 5 层水平岩溶，即河床、Ⅰ级、Ⅱ级、Ⅲ级和Ⅳ级阶面。

河床：分布高程 1286～1380m，发育有 RD_1、Q_1、RD_2、RD_5、Q_6、RD_{11}、Q_7、Q_5。

Ⅰ级阶面：分布高程 1292～1385m，高于河床 5～10m，发育有 Q_2、Q_3、RD_3、RD_4、ED_6、RD_7、RD_{10}、RD_{14}、Q_{10}。

Ⅱ级阶面：分布高程 1365～1400m，高于河床 15～20m，溶洞不发育，无泉水出露。

Ⅲ级阶面：分布高程 1390～1400m，高于河床 40～60m，发育有 RD_9、RD_{12}、Q_8。

Ⅳ级阶面：分布高程 1420～1500m，高于河床 70～120m，发育有 RD_{13}、Q_9。

以上五层水平岩溶以河床及Ⅰ级阶面岩溶最发育；Ⅱ级阶面溶洞已大部分抛弃；Ⅲ级、Ⅳ级阶面溶洞较深、规模较大，泉水出露位置较高，如 Q_8、Q_9 等，且溶洞及岩溶泉水点均在河床高程以上分布。

（6）由于在水库区上下游约 7.5km 范围内，关岭组及永宁镇组灰岩分别被主河道 6 次切割，故从上游到下游，可依次划分 5 个岩溶地段：①裂石板～双河场，地块厚 1400m，溶洞进出口距离 1100m；②双河场～渔洞，地块厚 750m，溶洞进出口距离 750m；③渔洞～老鹰岩，地块厚 2400m；④老鹰岩～观音岩地块厚 1700m；⑤观音岩～田坝，地块厚 800m，溶洞进出口距离 800m。双河水库上下游岩溶地质剖面图如图 1 所示。

4 渗漏分析

库区所在的百里背斜南翼库区岩溶水文地质区（Ⅰ亚区）岩溶水含水层 T_1y^1、T_1y^2、T_2g^2 呈 NE-SW 向带状分布，贯穿库坝区，交下游田坝河床段。北西侧有 T_1f^2、T_1f^1、P_2x、$P_2\beta$ 等非岩溶相对隔水层阻隔，故水库右岸不会向得坡河支流及下坝址河段产生库区渗漏。同时，南东侧有 T_3x、J_1z、J_2s 等碎屑岩相对隔水层阻隔组成向斜宽厚分水岭，故库区左岸不存在向发达河或窄路河产生库区渗漏，因此岩溶水总体由 NE-SW 向岩溶层径流，库区不存在向邻谷渗漏问题。

然而为了进一步查明水库是否存在渗漏，还需要弄清两个问题：①：自左岸渔洞经岩溶通道向下游老鹰岩河谷是否存在岩溶渗漏通道？②库区是否存在向下游老鹰岩及以下河段的观音岩、田坝等河谷渗漏的深层岩溶通道？

经观察研究发现，在渔洞距河床 80～200m 的 ZK_{11}、ZK_{13} 钻孔地下水位高程分别为 1386.99、1372.16m，地下水起伏较大，比水库正常蓄水位（1410m）低 23.01m 和 37.84m。但从河边至地表分水岭一带（平距 800～1200m）分析，地下水位还可能有上升的空间，同时水库蓄水后地下水位还有壅高的可能，因此库水位在一定的高程内可以稳定蓄水。地下分水岭可通过地下水位壅高计算公式求得，但具体位置和高程有待进一步勘探查明。

（1）地下水位壅高计算。按陡直河岸地下水壅高计算分水岭高程，地下水位计算示意图如图 2 所示。

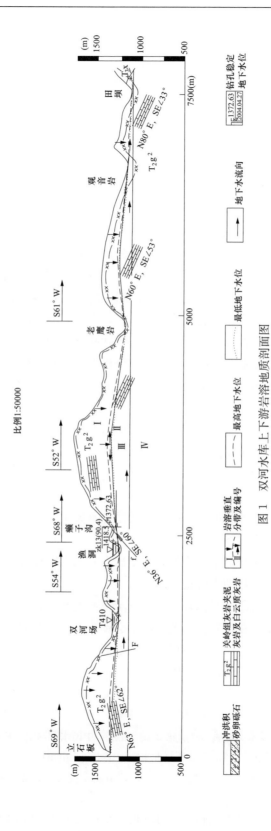

图 1 双河水牟上下游岩溶地质剖面图

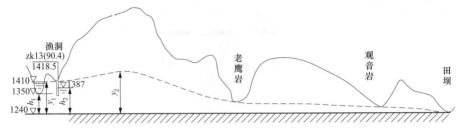

图 2 双河水库地下水位壅高计算示意图

按公式：$Y_z = \sqrt{h_2^2 - h_1^2 + y_1^2}$ 计算。

以田坝河床1240m为隔水顶板，上游河床水位1350m，则 $h_1=110$m，$h_2=147$m，$y_1=170$m，计算结果 $Y_z=196.0$m，即地下分水岭高程1436m。高于正常蓄水位1410m。由此可推知：①渔洞—老鹰岩段可溶岩地层水平循环带未发育上下游连通的岩溶管道系统；②水库库区可溶岩地层不存在通向下游河段的深层岩溶通道。

（2）进一步勘察查明。经过上述研究分析，唯一可能的渗漏是渔洞—老鹰岩段强可溶岩层内存在贯通性岩溶管道。因而通过进一步钻孔勘察及电磁物探求证。其中钻孔 zk209 于渔洞—老鹰岩地表分水岭上游。钻孔数据分析得知：在距库岸650m处可溶岩地层内地下水位1420m，地下水位高于正常蓄水位于1410m。对渔洞至老鹰岩段可溶岩层电磁物理勘探表明，距库岸750m处1518m高程以下已属岩溶不发育带，这从另一面与钻孔 ZK209 终孔稳定水位1420m相互印证。因此双河水库不会沿 T_1y、T_2g 岩溶层向下游老鹰岩、田坝等河段产生水库渗漏。

5 总结

（1）库区内地下水补给河水，库盆及两岸分水岭主要为碎屑岩，除坝前左岸分布碳酸盐岩外，水库不会产生邻谷渗漏。

（2）双河水库库区岩溶主要为河谷下切后在其水平循环带内发育，其发育受河间地块的厚度及地下水的水平运动影响最大。

（3）渔洞—老鹰岩段水平循环带未发育上下游连通的岩溶管道系统，在地下分水岭且高于正常蓄水位，水库在正常蓄水范围内不会产生岩溶渗漏问题。

（4）在库坝河谷段与田坝岩溶层河谷段之间，岩溶地下水存在地下分水岭，故水库库区也不存在通向下游河段的深层岩溶通道。

参考文献

[1] 陈南祥 . 工程地质及水文地质 [M]. 第3版 . 北京：中国水利水电出版社，2007.

[2] 崔冠英 . 水利工程地质 [M]. 第3版 . 北京：中国水利水电出版社，1999：110-120.

[3] 李会中，郭飞，潘玉珍 . 水库渗漏分类与处理措施研究 [J]. 资源环境与工程，2017，31（4）：493-497.

[4] 李勇军，陈亚林 . 岩角塘水库库区岩溶水文地质条件对水库渗漏的影响分析 [J]. 黑龙江水利科技，

2017，06：0102-0104.

[5] 杨良权，雷安平，吴广平，等．综合勘察技术在天开水库渗漏分析中的应用［J］．科学技术与工程，2018，18（24）：28-37.

[6] 彭仕雄，陈卫东，肖强．官地电站库首左岸河湾地块岩溶渗漏分析［J］．岩石力学与工程学报，2015，34 增 2.

[7] 赵敏．复杂岩溶水库成库条件及岩溶渗漏分析［D］．成都理工大学，2017.

[8] 赵勇．滇东山原区水库岩溶渗漏系统工程地质研究［D］．成都理工大学，2015.

[9] 袁道先．中国岩溶动力系统［M］．北京：地质出版社．

[10] 云南省地质矿产局．云南省区域地质志［M］．北京：地质出版社．

[11] 赵瑞，许模．水库岩溶渗漏及防渗研究综述［J］．地下水，2011，33（02）：20-22.

工程建设领域安全生产管理工作探讨

齐国新

（中国电建集团昆明勘测设计研究院有限公司）

[摘 要] 近些年来，我国工程建设领域发展速度较快，但在其发展的过程中，一些安全生产管理问题未能得到较好的解决。随着人们安全意识的不断提高，如何加强安全生产管理工作的有效性，逐渐成为社会关注的焦点话题。笔者将对工程建设领域中的安全生产管理工作展开探讨。

[关键词] 工程建设 安全生产管理 探讨

1 概述

安全生产管理工作一直以来都被人们列为工作的重点内容。然而在实际工作中，部分建筑企业却未能树立对安全生产管理工作的正确认知，他们在开展安全生产管理工作时，往往流于形式，这就使得安全生产管理工作无法发挥真正的效用。

2 工程建设中安全事故频发的原因

（1）经费投入不充分，安全生产措施难以落实。随着市场竞争的加剧，越来越多企业开始重视关于成本的控制，这就使得部分企业开始在安全方面出现了懈怠，他们不仅对安全方面的经费投入较少，而且在安全设备的购置上也较为匮乏，使得员工的生命安全难以得到有效保障，从而导致企业出现了较大的安全隐患。此外，企业管理者缺乏关于安全生产的认知，尚未建立较为完善的安全生产体系，也使得安全生产工作的落实较为困难。

（2）安全生产责任未能落实。安全事故频发的企业往往具有这样的特点：管理混乱、违规操作较多。这些企业的管理人员不仅较为懈怠，而且管理人员彼此之间难以划分责任界线，他们经常越权指挥，这就使得施工人员难以明确自己的职责，进而在施工过程中出现违规操作。此外，工作人员的安全意识较低，也是安全事故频发的原因之一，建筑企业应当加强对安全意识的培养。

3 提高工程建设领域安全生产管理质量的策略

（1）树立安全生产管理工作的观念。建筑企业安全事故频发的原因之一是安全生产意识的缺乏。针对这种情况，政府应当想方法转变这部分建筑企业的思想观念，让他们建立对安全生产管理工作的正确认识，从而提高安全生产管理工作的质量。工程建设不仅是我国的基础建设工作，而且还是关系到人民日常生活的重要工作之一，为了切实保障人民的利益，我国有关部门应当认真履行自己的职责，加大对安全生产思想培训工作的投入力度，具体来讲即组织具有相关专业知识的人员到企业中开设讲座，提高企业人员的素养。

此外，政府也应当加强对建筑企业的监督，确保建筑企业能够在自身的监控下实现高质量的工作，将安全生产措施都落实到位。

（2）培养施工人员的安全意识。工程建设是一个周期较长的工作，它不仅需要建筑企业耗费较大的精力，而且还需要建筑企业较大的资金投入。由于工程建设往往具有一定的时间限制，所以施工人员在执行工作时，往往会为了尽快完成工作而忽视自身的安全，他们期望能够尽快完成工作，这就使得出现意外的概率大幅度增加，影响了他们自身的安全。造成以上现象的主要原因为施工人员安全生产意识的缺乏。为了降低安全事故的频率，建筑企业应当明确安全生产意识的重要性，并且对施工人员展开思想教育，让他们树立"安全第一"的意识，只有这样才能够保证工程进度。例如，部分施工人员认为只要施工场地足够安全，那么就不需要戴安全帽，教育人员应当纠正他们的这种思想，让他们从被动的思想转为主动的思想，即应当以自己的安全为重，对自己的安全负责任，并且在施工的过程中一直戴着安全帽，保证自己的安全。此外，为了确保施工人员能够将"安全工作"的概念贯彻于建设工作的始终，所以建筑企业还应当明确责任的划分，确保责任能够落实到每一个工作人员的身上，从而保障安全意识的贯彻。

（3）建立安全生产管理制度，确保安全生产管理工作的落实。建筑企业除了在主观意识上认识到安全生产管理工作的重要性外，还应当将其落实在实际工作中，建设相关的制度，只有这样才能促进安全生产管理工作的展开。企业应当仔细钻研国家的法律法规，确保安全生产管理制度能够符合法律的规范，保证经济活动能够获得国家法律的支持。建筑企业在制定完安全生产管理制度后，还应当建立专门的安全机构，并且指定具有较高专业素质的人员，加入到安全管理工作中，从而确保安全生产管理工作的有效落实。为了贯彻以人为本的概念，政府应当纠正这些建筑企业的不良行为，帮助他们建立与自身发展相适应的安全生产管理制度，从而为员工的生命提供保障。

（4）建立较为完善的监督机制。在安全生产管理制度上，企业还应当加强对监督体系的建设，确保建筑企业的一切工作都能够得到有效的监管，从而保证安全生产管理工作的落实。安全生产监督机制不仅是员工的需求，更是企业的需求，建筑企业的各部门应当提升自己的法律认知，强化执法意识，并且不断培养自己的监督意识，只有这样才能够让监督机制与安全生产管理制度得到落实。企业应当让安全机构对施工人员进行监督检查，确保施工人员能够认真履行自己的职责，杜绝出现应付了事的情况。为了排除可能的安全生产隐患，企业还应当提升监督的全面性，让监督人员对施工的整个流程进行监督，减少出现安全事故的可能性。为了提高监督工作的工作效率，企业还应当根据工作需求，将监督工作分类，并对不同类别的监督人员展开工作指导，让他们能够更加了解施工工作，并对关键等点展开监督。由于安全生产管理工作是许多部门携手才能执行的工作，所以建筑企业还应当努力促进各部门之间的和谐，让他们能够共同面对安全生产问题，从而促进企业发展。

4 结束语

建筑企业应当明确安全生产管理工作的重要性，并且切实保障安全生产管理工作的可行性。企业应当建立较为完善的安全生产管理制度，并且重新树立对于安全生产管理工作的观念，形成正确认知，只有这样才能更加高效地完成工作，降低发生安全事故的概率。

参考文献

［1］吴新 . 工程建设安全生产管理的相关主体行为关系模型分析［J］. 青年时代，2017（26）：240-241.

［2］宋云雾 . 工程建设安全生产管理创新研究［J］. 科技展望，2015，25（35）：168.

［3］吴俊达 . 桥梁工程建设中的安全生产管理探究［J］. 建材与装饰，2017（27）：262-263.

［4］谢晚蔚 . 浅析通信工程建设的安全生产管理机制［J］. 数字通信世界，2016（1）：116-116.

［5］宁云龙 . 如何做好天津市水务工程建设管理工作的若干思考［J］. 海河水利，2017（6）：35-37.

作者简介

齐国新（1972—），男，内蒙古武川，中国电建集团昆明勘测设计研究院有限公司，高级工程师，主要从事安全生产评价及管理方面的工作。

试 验 研 究

高水头动水防渗帷幕灌浆试验

任 博 柴永辉 雷 晶

（中国水电基础局有限公司二公司）

[摘 要] 为有效解决河南省淇河盘石头水库右岸鸡冠山单薄分水岭严重渗漏问题，设计采用帷幕灌浆法在水库正常运行状态下进行防渗处理。为验证设计帷幕灌浆参数在高水头动水状态下的合理性及可行性，进一步优化施工工艺，在帷幕灌浆施工前进行了生产性试验。生产性试验以鸡冠山防渗帷幕初步设计基本参数为基础，现场选取代表性试验区，采用不同的灌浆压力、水灰比进行灌浆试验，并对灌浆前后透水率等参数进行分析。试验结果表明：帷幕灌浆初步设计参数能够达到设计预期目的；优先施工上游排帷幕的灌浆顺序效果较好；I、II 序孔适宜采用孔口封闭灌浆法、III 序适宜采用分段卡塞灌浆法。

[关键词] 渗漏 帷幕灌浆 施工工艺 生产性试验 参数

1 工程概况

盘石头水库位于鹤壁市西南约 15km 的卫河支流淇河中游。该水库坝型为面板堆石坝，总库容为 6.08 亿 m³，属大（2）型水库。水库于 2007 年 6 月下闸蓄水，水库初蓄期工程观测分析成果表明，现状坝前帷幕灌浆、混凝土面板和输水洞衬砌灌浆的防渗效果良好，不存在坝基及左岸渗漏问题，但来自右岸的坝后渗漏量较大，存在明显的右岸鸡冠山单薄山体绕坝渗漏问题。地质资料显示，鸡冠山单薄山体渗漏与横穿山体的断层构造带存在密切关系，渗漏可诱发近坝山体风化卸荷致使边坡失稳，上部高耸山体局部塌滑，威胁大坝和泄洪洞安全。防渗帷幕灌浆处理山体裂隙渗水需要在水库正常运行状态下进行，因此处理工艺要充分考虑高水头及裂隙动水影响。

鸡冠山山体单薄，三面临河，呈北西向展布，山体底宽 360～520m，山顶高程 431～482m，高出现代河床 250～300m。高程约 300m 以上为寒武系中统鲕状灰岩和豹皮灰岩，形成高达 90～160m 的悬崖绝壁；以下为寒武系下统灰、页岩互层，形成缓坡，南岸坡角 25°～35°。沟谷发育，一般每条间隔 40～60m。右岸多被坡积、崩积物所覆盖，区内构造形态以断裂为主，一般为北东向高倾角正断层，发育间距较密处 5～10m/条，一般为 40～200m/条，鸡冠山单薄山体范围内共统计 19 条断层。

2 帷幕灌浆试验

2.1 试验目的

帷幕灌浆试验主要目的是验证初步设计技术参数的可行性，以指导正式灌浆施工。帷幕灌浆生产性试验包括对钻孔排距、间距、孔深、透水率、灌浆分段、灌浆压力等有关参数、材料及施工工艺措施（Ⅰ、Ⅱ序孔采用孔口封闭灌浆法，Ⅲ序采用分段卡塞灌浆法）等进行验证试验，取得钻孔布置方式、孔深、灌浆分段、灌浆压力等参数，整理、分析各序孔和检查孔的单位吸水率、单位耗灰量等试验资料，并检查灌浆效果。

2.2 试验要求

帷幕灌浆试验应满足《水工建筑物水泥灌浆施工技术规范》（SL 62—2014）。水泥采用 P.O42.5 普通硅酸盐水泥，帷幕灌浆生产性试验结束后防渗标准应达到透水率 $q \leqslant 3Lu$。

2.3 试验区选择、孔位布置及灌浆顺序

灌浆试验地点应选择在具有代表性的地段，能充分反映施工范围内工程及水文地质特征，尽可能包含较多的地层和需灌浆处理的地质缺陷。本文将 F117 与 F148 断层之间非断层地质段的双排帷幕灌浆区作为试验区。

双排帷幕灌浆现场生产性试验区选择与孔位布置：桩号 0+060.0～0+072.0，单排 9 孔，共计 18 个灌浆孔，排距为 1.5m，孔距为 1.5m。二排帷幕以灌浆孔 a45、a46 和 b44、b45 为分界，灌浆孔 a41～a45 和 b41～b44 先灌注上游排孔，后灌注下游排孔；灌浆孔 a46～a49 和 b45～b49 先灌注下游排孔，后灌注上游排孔，b45 为先导孔，双排帷幕灌浆现场孔位布置如图 1 所示。

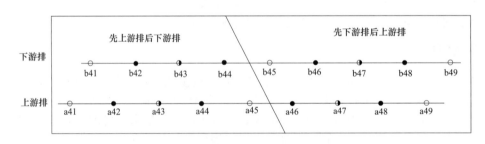

图 1 双排帷幕灌浆现场孔位布置

2.4 钻孔、冲洗及压水试验

钻孔孔径为 56～75mm，钻孔结束后，用大流量带压力水进行孔壁冲洗，将孔内岩粉冲洗出孔外，直至孔口出清水并持续 10min 后结束。部分先导孔和灌浆试验段钻孔做常规压水试验，用于准确了解岩体情况，修改完善防渗地质剖面，复核帷幕灌浆底部高程。

2.5 灌浆工艺流程

帷幕灌浆工艺流程：先导孔→Ⅰ序孔→Ⅱ序孔→Ⅲ序孔→质量检查孔。防渗帷幕采用无盖重灌浆、自上而下灌浆方法，施工时上部覆盖层采用套管护壁。质量检查孔孔位选择在典型地段和断层附近地质薄弱地段，数量按帷幕孔数量的 10% 控制。

2.6 灌浆压力参数设计

鸡冠山单薄分水岭防渗帷幕灌浆参数参照大坝趾板及两坝肩帷幕灌浆参数拟定，帷幕

灌浆压力参数设计见表 1。帷幕灌浆采用三序施工，最大灌浆压力根据经验定为 3MPa。压水试验压力为灌浆压力的 80%，且不大于 1MPa。

表 1　　　　　　　　　　　　　帷幕灌浆压力参数设计

段次	基岩孔深（m）	段长（m）	灌浆压力（MPa）			先导孔压水压力（MPa）	检查孔灌后压水压力（MPa）
			Ⅰ序孔	Ⅱ序孔	Ⅲ序孔		
1	5～10	5	0.3	0.5	0.6	0.40	0.48
2	10～15	5	0.6	0.8	0.8	0.56	0.64
3	15～20	5	1.0	1.2	1.2	0.88	0.96
4	20～25	5	1.5	1.7	1.8	1.00	1.00
5	25～30	5	2.0	2.0	2.5	1.00	1.00
6	30～35	5	2.5	2.5	3.0	1.00	1.00
7	35～40	5	3.0	3.0	3.0	1.00	1.00
8	40～45	5	3.0	3.0	3.0	1.00	1.00
9 及以上	—	5	3.0	3.0	3.0	1.00	1.00

2.7　灌浆水灰比、灌浆结束标准及封孔

灌浆水灰比选择 5:1、3:1、2:1、1:1、0.7:1、0.5:1 六个比级（质量比），开始灌浆水灰比为 5:1，灌浆浆液浓度由小逐渐变大。帷幕灌浆（自上而下）同时满足下述两个条件后方可结束：①在设计压力下，注入率不大于 1L/min，延续灌注时间不少于 90min；②灌浆全过程，在设计压力下的灌浆时间不少于 120min。帷幕灌浆封孔采用机械压力封孔法。

3　试验成果分析

分析灌浆前透水率，验证岩体裂隙及破碎情况，为灌浆时水泥注入率提供依据，预测水泥注入率的变化趋势；通过分析水泥注入率，验证其是否符合灌浆的一般规律；通过对透水率和单位水泥注入率关系的分析，验证灌浆频率累计曲线和透水概率曲线是否符合灌浆的一般规律；通过对灌浆水灰比和灌浆压力的统计分析，验证关键试验参数是否合理；通过对灌浆特殊情况（漏浆、压水试验无回水等）处理分析，验证所采用方法是否得当，效果是否明显。

3.1　灌浆前透水率分析

（1）岩体透水率分析。灌浆前通过压水试验得出的岩石透水率见表 2，由表 2 可以看出，岩体灌前渗透性均大于设计防渗要求，透水率大于 10Lu 的段数占总段数 60% 以上，说明岩石裂隙发育，局部岩体较破碎，透水性大。

（2）各次序孔透水率分析。先灌注上游排孔，后灌注下游排孔，上游排Ⅰ序孔、Ⅱ序孔、Ⅲ序孔平均透水率分别为 43.27、11.79、5.68Lu，下游排Ⅰ序孔、Ⅱ序孔、Ⅲ序孔平均透水率分别为 7.82、5.08、3.32Lu。上游排平均透水率为 22.17Lu，下游排平均透

水率为4.89Lu。先灌注下游排孔，后灌注上游排孔，上游排Ⅰ序孔、Ⅱ序孔、Ⅲ序孔平均透水率分别为8.16、4.79、3.97Lu，下游排Ⅰ序孔、Ⅱ序孔、Ⅲ序孔平均透水率分别为50.64、24.43、8.06Lu。下游排平均透水率为29.09Lu，上游排平均透水率为5.22Lu。由平均透水率可见，随着灌浆次序的增加，各排孔平均透水率随着灌浆次序的增进而减小，符合灌浆的一般规律。

表2 　　　　　　　　　灌浆前通过压水试验得出的岩石透水率

透水率（Lu）	先上游排后下游排（a41）		先下游排后上游排					
			b45		b49		合计（b45+b49）	
	段数	占总段数的百分比（%）	段数	占总段数的百分比（%）	段数	占总段数的百分比（%）	段数	占总段数的百分比（%）
<3	1	5	3	15	2	11	5	13
3～8	1	5	1	5	4	21	5	13
8～10	2	11	1	5	0	0	1	2
10～20	4	21	1	5	2	11	3	8
20～50	6	32	4	20	6	31	10	26
>50	5	26	10	50	5	26	15	38
总段数	19	—	20	—	19	—	39	—
平均透水率（Lu）	71.14		81.12		18.51		50.64	

3.2 水泥注入量分析

帷幕灌浆试验单位水泥注入率见表3、表4。单位水泥注入率大于200kg/m的段次主要分布在Ⅰ、Ⅱ序孔，单位水泥注入率小于100kg/m的段次主要分布在Ⅲ序孔。试验段各部位单位水泥注入率与该部位岩体透水率基本相对应。各序孔单位水泥注入率随着灌浆次序的增加明显减少，说明单位水泥注入率逐次减小，符合灌浆的一般规律。

表3 　　　　　　　帷幕灌浆试验单位水泥注入率（先上游排后下游排）

排序	孔序	孔数	灌浆长度（m）	水泥注入率（kg）	单位注入率（kg·m⁻¹）	总段数	单位注入率<100 kg·m⁻¹		单位注入率100～200 kg·m⁻¹		单位注入率200～300 kg·m⁻¹		单位注入率300～500 kg·m⁻¹		单位注入率>500 kg·m⁻¹	
							段数	百分比（%）	段数	百分比（%）	段数	百分比（%）	段数	百分比（%）	段数	百分比（%）
下游排	Ⅰ	1	89.88	21 509.78	224.59	18	3	16.7	3	16.7	9	50.0	3	16.6	—	—
	Ⅱ	1	89.82	14 070.51	142.13	18	6	33.3	11	61.1	—	—	1	5.6	—	—
	Ⅲ	2	179.64	12 129.11	56.08	36	35	97.2	1	2.8	—	—	—	—	—	—

续表

排序	孔序	孔数	灌浆长度(m)	水泥注入率(kg)	单位注入率(kg·m⁻¹)	总段数	单位注入率<100 kg·m⁻¹		单位注入率100~200 kg·m⁻¹		单位注入率200~300 kg·m⁻¹		单位注入率300~500 kg·m⁻¹		单位注入率>500 kg·m⁻¹	
							段数	百分比(%)	段数	百分比(%)	段数	百分比(%)	段数	百分比(%)	段数	百分比(%)
小计		4	359.34	47 709.40	119.74	72	44	61.1	15	20.8	9	12.5	4	5.6	—	—
上游排	Ⅰ	2	184.64	103 027.30	539.29	37	5	13.5	3	8.1	4	10.8	10	27.1	15	40.5
	Ⅱ	1	89.82	28 021.17	297.12	18	4	22.2	3	16.7	5	27.8	4	22.2	2	11.1
	Ⅲ	2	179.64	22 612.82	115.46	36	19	52.7	14	38.9	2	5.6	1	2.8		
小计		5	454.10	153 661.29	323.73	91	28	30.7	20	22.0	11	12.1	15	16.5	17	18.7
总计		9	813.40	201 370.69	233.61	163	72	44.1	35	21.5	20	12.3	19	11.7	17	10.4

表 4　　帷幕灌浆试验单位水泥注入率（先下游排后上游排）

排序	孔序	孔数	灌浆长度(m)	水泥注入率(kg)	单位注入率(kg·m⁻¹)	总段数	单位注入率<100 kg·m⁻¹		单位注入率100~200 kg·m⁻¹		单位注入率200~300 kg·m⁻¹		单位注入率300~500 kg·m⁻¹		单位注入率>500 kg·m⁻¹	
							段数	百分比(%)	段数	百分比(%)	段数	百分比(%)	段数	百分比(%)	段数	百分比(%)
下游排	Ⅰ	2	194.39	127 602.70	640.42	39	1	2.6	1	2.6	5	12.8	12	30.8	20	51.2
	Ⅱ	1	89.70	29 275.18	313.36	18	5	27.7	2	11.1	3	16.7	5	27.8	3	16.7
	Ⅲ	2	179.39	26 184.97	137.17	36	16	44.4	15	41.7	3	8.3	1	2.8	1	2.8
小计		5	463.48	183 062.85	382.34	93	22	23.6	18	19.4	11	11.8	18	19.4	24	25.8
上游排	Ⅰ	1	89.63	30 645.04	329.47	18	1	5.6	5	27.8	3	16.7	7	38.8	2	11.1
	Ⅱ	1	89.70	12 783.48	129.44	18	5	27.8	12	66.6	1	5.6	—	—	—	—
	Ⅲ	2	179.39	12 924.81	63.15	36	34	94.4	2	5.6	—	—	—	—	—	—
小计		4	358.72	56 353.33	146.27	72	40	55.5	19	26.4	4	5.6	7	9.7	2	2.8
总计		9	822.20	239 416.18	279.34	165	62	37.5	37	22.4	15	9.1	25	15.2	26	15.8

3.3　透水率与单位水泥注入率关系

透水率与单位水泥注入率统计见表 5、表 6，单位水泥注入率概率累计及透水率概率累计曲线如图 2、图 3 所示。可以看出，先灌注上游排后灌注下游排，下游排与上游排透水率减小 77.90%，单位水泥注入量减小 63.01%；先灌注下游排后灌注上游排，上游排与下游排透水率减小 82.06%，单位水泥注入率减小 61.74%；先灌注上游排后灌注下游排的上游排比先灌注下游排后灌注上游排的下游排透水率小 23.79%，单位水泥注入率减小 16.37%。单位水泥注入率概率累计曲线和透水概率曲线符合一般规律。

表 5　　　　　　　　　　透水率与单位水泥注入率统计（先上游排后下游排）

孔序	上游排			下游排		
	孔数	透水率（Lu）	单位注入率（kg·m⁻¹）	孔数	透水率（Lu）	单位注入率（kg·m⁻¹）
Ⅰ	2	43.27	539.29	1	7.82	224.59
Ⅱ	1	11.79	297.12	1	5.08	142.13
Ⅲ	2	5.68	115.46	2	3.32	56.08
合计	5	22.17	323.73	4	4.89	119.74

表 6　　　　　　　　　　透水率与单位水泥注入率统计（先下游排后上游排）

孔序	上游排			下游排		
	孔数	透水率（Lu）	单位注入率（kg·m⁻¹）	孔数	透水率（Lu）	单位注入率（kg·m⁻¹）
Ⅰ	1	8.16	329.44	2	50.64	640.42
Ⅱ	1	4.79	129.44	1	24.43	313.36
Ⅲ	2	3.97	63.15	2	8.06	137.17
合计	4	5.22	146.27	5	29.09	382.34

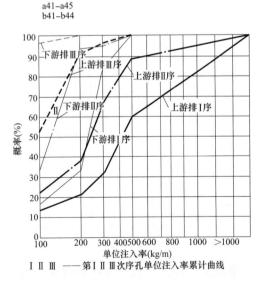 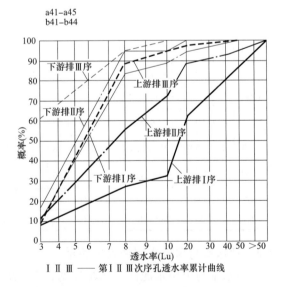

图 2　单位注入率概率累计及透水率概率累计曲线（先上游排后下游排）

194

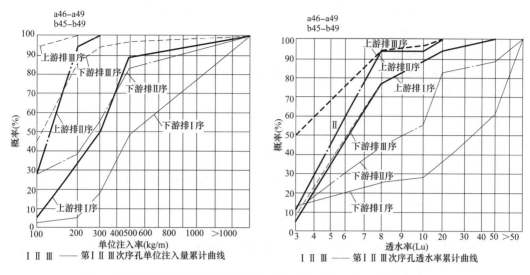

图 3　单位注入率概率累计及透水率概率累计曲线（先下游排后上游排）

3.4　灌浆水灰比与灌浆压力分析

灌浆过程中采用 5:1、3:1、2:1、1:1、0.7:1、0.5:1 六个比级的浆液灌注，灌浆使用水灰比统计见表 7。试验段共有 328 个灌浆段，60% 的孔段使用了 4 个及以上的比级灌注；结束水灰比为 5:1 的孔段有 19 段，占 6%，说明结束水灰比选择 5:1 适合本地层灌浆；结束水灰比采用 3:1、2:1、1:1、0.7:1、0.5:1 的孔段分别有 46、88、44、50、81 段。还存在特殊情况，如 b45 第 12 段施工时，由于压水试验中无回水，因此采取开灌水灰比为 1:1、结束水灰比为 0.5:1。浆液由稀到浓使用频率逐渐减少，说明试验选用的各个比级水灰比是符合地层情况的，能够满足灌浆需求。

表 7　　　　　　　　　　　　　　　　灌浆使用水灰比统计

结束水灰比	段数	概率（%）
5:1	19	6
3:1	46	14
2:1	88	27
1:1	44	13
0.7:1	50	15
0.5:1	81	25
合计	328	

从现场实际施工情况及灌浆资料统计结果看，灌浆钻孔（裂隙）冲洗、压水试验施工参数、操作符合设计及规范要求。灌浆试验过程中，对灌浆孔 a41 第 16 段和灌浆孔 b49 第 15 段，当压力升至 2MPa 左右时出现流量激增，压力返回后流量迅速减小，3～5min 后，恢复到升压前的流量。经建管、监理、设计、地质、施工共同研究，在不破坏原地层情况下，为保证后续灌浆工作顺利进行，灌浆压力（3.0MPa）调整为由压水压力和浆柱

压力组成，压水压力由表压力和水柱压力组成。为了便于分析灌浆压力，在试验区安装了抬动观测装置，经观测未发现抬动。

3.5 灌浆特殊情况分析

（1）压水试验无回水。在灌浆孔 a41 第 5 段，灌浆孔 b45 第 1、7、8、12 段，b49 第 1、3、7 段等出现压水试验无回水，灌浆过程中采用了限流、间歇、加水玻璃等措施，灌浆无法结束时，采用待凝的方法进行处理。在灌浆孔 b13 第 12 段灌浆过程中采取了限流、间歇、待凝及灌注膏状浆液等处理措施。

（2）灌浆过程中压力增大、流量突变。灌浆孔 a41 第 16 段，灌浆孔 b45 第 17 段，灌浆孔 b49 第 15、16、18 段等试验段在灌浆压力（表压力）达到 2MPa 后，流量瞬间增大，采取了灌注浓浆、低压、限流、间歇、待凝等处理措施。

（3）多孔采取二次镶管。二排帷幕试验段镶管深度为 3.79～3.82m，上部岩石风化严重、强度较低，无法承受最大灌浆压力，多次发生破坏，因此采取二次镶管措施，镶管深度为 13.79～13.82m。

（4）灌浆与洞内漏浆情况处理。针对右岸岸幕衔接段 b18 第 12 段灌浆过程中 1 号泄洪洞出现的漏浆情况，采取了洞内漏浆点封堵的措施，并安排人员在洞内进行观察，灌浆过程中还采取了限流、间歇、水泥-水玻璃双液浆、膏状浆液、水泥砂浆及待凝复灌等措施，直至正常结束。

3.6 质量检查

在灌浆孔 b41 与 a42 之间布置检查孔 J-1，灌浆孔 b45 与 a46 之间布置检查孔 J-2，对两个检查孔共计 36 段进行压水试验。试验结果表明：J-1 检查孔附近的灌浆孔 b41 灌前透水率最大值为 33.86Lu、最小值为 2.48Lu、平均值为 7.82Lu，J-1 检查孔附近的灌浆孔 a42 灌前透水率最大值为 22.71Lu、最小值为 2.45Lu、平均值为 6.52Lu，J-1 检查孔灌后透水率最大值为 2.56Lu、最小值为 0.76Lu、平均值为 1.33Lu；J-2 检查孔附近的灌浆孔 b45 灌前透水率最大值为 368.37Lu、最小值为 0Lu、平均值为 81.12Lu，J-2 检查孔附近的灌浆孔 a46 灌前透水率最大值为 18.26Lu、最小值为 2.21Lu、平均值为 3.97Lu，J-2 检查孔灌后透水率最大值为 2.29Lu、最小值为 0.47Lu、平均值为 1.40Lu。透水率满足防渗标准（透水率 $q < 3Lu$）。

从 J-1 与 J-2 灌浆前后透水率可以明显看出，灌浆前该部位岩体透水率较大，表明该部位岩体裂隙发育，灌浆后水泥浆液将岩体裂隙充填饱满，使该部位透水率大幅降低。在检查孔钻孔施工中发现水泥结石，表明二排帷幕试验段灌浆效果良好。

4 结语

灌浆试验严格按照设计技术要求及相关规范进行，并完成了全部试验内容，达到了预期目的。试验采取的施工方法、灌浆工艺、施工参数（孔距、排距、段长、压力、水灰比）、帷幕底线参数等满足设计及规范要求，可作为帷幕灌浆施工的控制参数。透水率概率曲线、单位水泥注入率概率曲线和两个区域先灌注排的对比结果表明，先施工上游排效果较好。

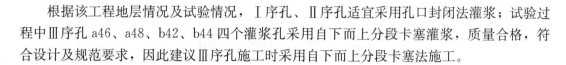

根据该工程地层情况及试验情况，Ⅰ序孔、Ⅱ序孔适宜采用孔口封闭法灌浆；试验过程中Ⅲ序孔 a46、a48、b42、b44 四个灌浆孔采用自下而上分段卡塞灌浆，质量合格，符合设计及规范要求，因此建议Ⅲ序孔施工时采用自下而上分段卡塞法施工。

参考文献

[1] 孙钊 . 大坝基岩灌浆 [M]. 北京：中国水利水电出版社，2004.

作者简介

任　博（1983—），男，工程师，主要从事水利水电工程、市政工程施工工作。

柴永辉（1987—），男，工程师，主要从事水利水电工程、市政工程施工工作。

雷　晶（1984—），女，工程师，主要从事水利水电工程、市政工程施工工作。

安 全 监 测

苏家河口水电站坝体引张线式水平位移计
工况鉴定

张　帅[1]　赵志勇[1]　张礼兵[1]　徐本峰[2]　曹旭梅[1]

（1　中国电建集团昆明勘测设计研究院有限公司

2　云南保山槟榔江水电开发有限公司）

[摘　要]　正如人类需要定期体检来评价身体健康状态一样，水电工程安全监测装置随着时间的推移，可能会出现失效、稳定性差或测值不能反映工程实际情况等问题，也需要定期进行工况鉴定。由于目前作为土石坝内部变形监测手段的引张线式水平位移计的工况鉴定尚无相关指导办法和评价导则，本文以苏家河口水电站为例，介绍其工况鉴定的鉴定方案、评价标准等，在评价苏家河口水电站仪器工作状况的同时，也为其他类似项目提供借鉴参考。

[关键词]　苏家河口水电站　引张线式水平位移计　鉴定方法　鉴定标准

1　引言

苏家河口水电站位于云南省保山市腾冲县境内的槟榔江中游干流上，为槟榔江胆扎至松山河口梯级规划的第三个梯级，坝址距腾冲县城约 90km。工程由混凝土面板堆石坝、右岸开敞式溢洪道、左岸泄洪（放空）洞、左岸引水发电系统及地面厂房组成。最大坝高 131.49m，总库容 2.25 亿 m^3，装机容量 315MW。工程等别为二等大（2）型。

大坝于 2007 年 4 月开始填筑，2010 年 1 月 30 日通过下闸蓄水安全鉴定，于 2012 年 1 月通过工程竣工安全鉴定。

按照相关国家法规或行业规范的要求，以发电为主、总装机容量 5 万 kW 及以上的大、中型水电站大坝投入运行后，应当及时整理、分析监测数据，对测值的可靠性和监测系统的完备性进行评判，掌握监测系统的运行情况，对监测仪器设备的异常情况进行处理。由于目前对引张线式水平位移计监测装置鉴定尚未有明确鉴定规程可循，苏家河口水电站监测装置的工况鉴定在参考内观差阻式、振弦式传感器工作状态评价研究的基础上，结合实际工程经验进行。

2　监测布置

监测工作的基本任务是了解大坝工作性态，掌握大坝变化规律，及时发现异常现象或者工程隐患。苏家河口水电站混凝土面板堆石坝监测项目主要有变形监测、应力应变及温度监测、渗流监测、强震监测等。

进行堆石体内部变形监测时，在坝体选取 3 条监测剖面，桩号分别为坝纵 0+131.899（A-A 断面）、坝纵 0+225.600（B-B 断面）、坝纵 0+331.072（C-C 断面）。引张线式水平位移计和水管式沉降仪配套布置，同一监测断面内每层间隔 33m，最大坝高断面（B-B 断面）共布置 3 层，左岸断面（A-A 断面）共布置 2 层，右岸断面（C-C 断面）布置 1 层，用来监测施工期和运行期堆石体的水平位移和沉降以及不同堆石区的变形特征。在各监测断面每层的下游坝坡建观测房，将引张线钢钢丝和连通水管都引入观测房进行观测。苏家河口水电站引张线式水平位移计布置图如图 1 所示。

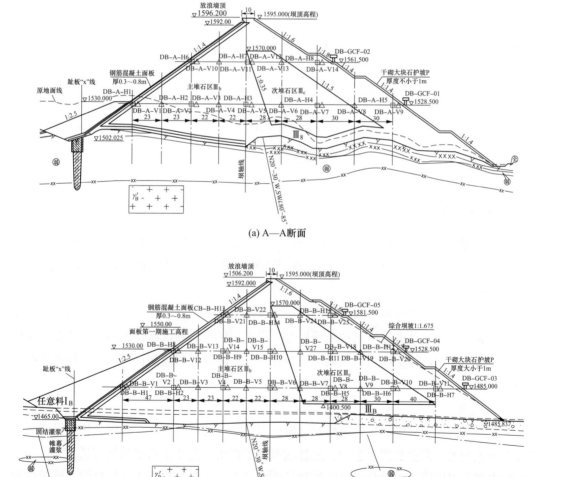

(a) A—A 断面

(b) B—B 断面

图 1 苏家河口水电站引张线式水平位移计布置图（一）

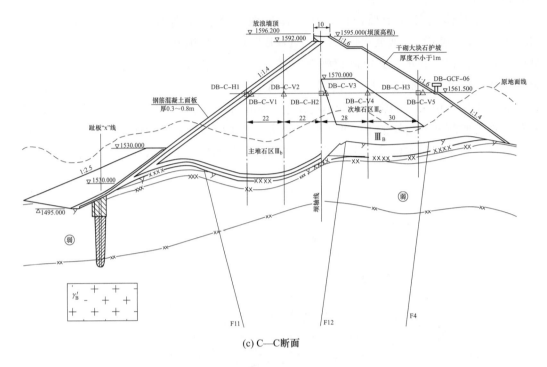

(c) C—C断面

图1　苏家河口水电站引张线式水平位移计布置图（二）

3　工况鉴定方案

引张线式水平位移计由测点部件（锚固板、锚固装置和引张线）、保护管（含伸缩节）、张力装置和测量装置构成，是一种利用恒张力的引张线测量沿铟钢丝方向监测点水平位移量的监测仪器。

根据工程经验及实际需求，鉴定内容主要包括测点布置合理性、监测方法适用性、监测成果可靠性、测值精度等。通过现场检查、测试，评价监测仪器设施的工作状态，复核各测点的计算公式，评价历史监测成果，结合工程实际情况和监测仪器状况，提出增设监测项目（测点）、继续观测、封存或报废的建议。

3.1　现场检查

主要检查线体、砝码质量、读数尺（游标卡尺）设置是否完好、合理。检查是否有外露端卡阻无润滑、测读装置不紧固、悬挂端重锤不自由、支架松动或损坏等情况。

检查各条引张线式水平位移计的测线长度、基点位置和校测方式。复核测点绝对位移值修正计算公式。检查是否在取得沉降仪起始值的同时，已测量观测房的位移并将其作为基准。评价监测方法与监测频率的合规性。

3.2 现场测试评价

现场测试包括线体复位及测值稳定性检验。加重测试前，对各测点测读一次，记为读数 A_0；加重稳定（指间隔 $10\sim20$min 读一次数，两次读数不变）后，对各测点测读一次，记为读数 A_1；再卸重—加重—测读，该过程循环两次并测读，记为读数 A_2、A_3；最后卸重到待测挂重，稳定后测读复位读数，记为读数 B。

极差为测值 A_1、A_2、A_3 的最大值与最小值之差，复位差为测值 A_0、B 的差值。

3.3 历史数据评价

绘制被鉴定仪器的历史测值过程线，结合建筑物实际运行情况进行分析评价，可同时与被鉴定仪器埋设位置相近的其他仪器测值进行比对，检查测值变化规律的一致性或相关性，以助分析判断。

4 工况鉴定标准

（1）现场检查。引张线式水平位移计现场检查内容满足要求为合格，否则为不合格。

（2）现场测试。测值 A_1、A_2、A_3 连续 3 次的读数较差的绝对值不大于 5mm，测值稳定性合格，否则为不合格；测值 A_0、B 差值不大于 5mm，线体复位合格。

（3）历史数据评价。历史数据分析评价分三个等级，具体标准如下：①合格：变化合理，过程线规律明显，无系统误差或虽有系统误差但能够排除仪器本身的问题；②基本合格：过程线能呈现出明显的规律，即使有不能排除仪器原因的系统误差，也可以处理修正；③不合格：变化无规律或系统误差频现，难以处理修正，对测值无法分析和引用。

5 工况鉴定结果

5.1 现场检查

苏家河口水电站引张线式水平位移计监测装置的监测方式为自动化监测，目前监测频率为 1 次/月，满足《土石坝安全监测技术规范》（DL/T 5259—2010）要求的 $1\sim4$ 次/月。监测效应量符号以向下游为正，反之为负。并且将坝后观测房表面位移引入修正。

现场检查来看，DB-B-H01～DB-B-H04、DB-B-H07 等测点砝码钢丝断裂，但总体而言，观测房保护措施良好，绝大部分仪器能正常工作。引张线式水平位移计部分测点数据采集模块损坏，由于该种类模块已停产，装置处于待改造状态。

5.2 现场检测评价

苏家河口水电站引张线式水平位移计现场测试成果计算见表 1。从表中可知，除前述 DB-B-H01～DB-B-H04、DB-B-H07 由于砝码钢丝断裂无法测试外，绝大部分测点测值稳定性和线体复位测试合格。

表1 苏家河口水电站引张线式水平位移计现场测试成果

仪器编号	测值稳定性（mm）					复位测试（mm）			
	A1	A2	A3	极差	评价	A0	B	极差	评价
DB-A-H01	441.09	441.65	442.55	1.46	合格	542.83	546.2	3.37	合格
DB-A-H02	403.86	403.31	402.53	1.33	合格	521.41	516.08	5.33	合格
DB-A-H03	424.59	424.7	424.7	0.11	合格	512.63	513.18	0.55	合格
DB-A-H04	445.55	445.22	445.22	0.33	合格	493.04	493.04	0	合格
DB-A-H05	418.24	418.24	418.24	0	合格	423.11	423	0.11	合格
DB-A-H06	299.65	299.65	299.53	0.12	合格	355.13	355.47	0.34	合格
DB-A-H07	299.49	299.83	299.94	0.45	合格	356.92	357.83	0.91	合格
DB-A-H08	310.86	310.75	310.53	0.33	合格	321.44	321.22	0.22	合格
DB-B-H05	378.25	378.02	377.69	0.56	合格	436.35	435.01	1.34	合格
DB-B-H06	447.5	447.16	447.05	0.45	合格	491.9	492.01	0.11	合格
DB-B-H08	392.11	392.67	392.11	0.56	合格	500.88	504.32	3.44	合格
DB-B-H09	328.99	329.33	328.43	0.9	合格	418.73	423.57	4.84	合格
DB-B-H10	385.87	385.87	385.87	0	合格	475.81	475.48	0.33	合格
DB-B-H11	394.06	394.06	394.06	0	合格	466.82	446.48	20.34	不合格
DB-B-H12	442.78	442.67	422.44	20.34	不合格	449.02	449.02	0	合格
DB-B-H13	468.27	467.93	469.16	1.23	合格	527.75	523.09	4.66	合格
DB-B-H14	463.44	464.21	462.88	1.33	合格	522.15	524.82	2.67	合格
DB-B-H15	376.24	376.24	376.24	0	合格	390.15	390.15	0	合格
DB-C-H01	501.01	500.1	499.18	1.83	合格	554.78	552.72	2.06	合格
DB-C-H02	521.09	523.19	520.87	2.32	合格	584.07	585.84	1.77	合格

5.3 历史数据评价

苏家河口水电站典型引张线式水平位移计测点历史测值过程线见图2。由过程线可知，大部分测点蓄水期随水库蓄水而向下游变形，运行期测值过程线平稳、连续，规律正常。总体上来说，引张线水平位移计装置历史数据变化基本正常，能反映坝体内部在水平方向上的变形情况。

5.4 评价意见

苏家河口水电站引张线式水平位移计布置在三个主要监测断面，且根据各断面坝高分层布置，能够满足监测坝体内部水平位移的需要，测点布置合理。各测点均已实现自动化监测，监测方法和频率均满足规范要求。

除少数测点砝码钢丝断裂无法进行现场测试外，绝大部分测点测值稳定性合格，复位测试合格。引张线式水平位移计测值总体可靠，但部分采集模块数据不正确或损坏，需要进行更换。并且根据《大坝安全监测系统运行维护工程》（DL/T 1558—2016）的要求进行定期人工比测工作。

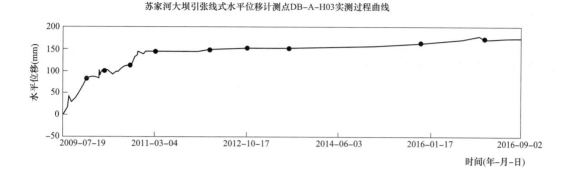

苏家河大坝引张线式水平位移计测点DB-A-H03实测过程曲线

苏家河大坝引张线式水平位移计测点DB-B-H03实测过程曲线

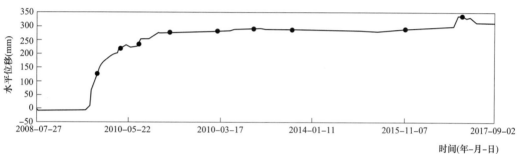

图 2　苏家河口水电站典型引张线式水平位移计测点历史测值过程线

6　结语

安全监测是通过仪器监测和现场巡视检查的方法，全面捕捉水工建筑物施工期和运行期的性态反应，分析评判建筑物的安全性状及其发展趋势。安全监测作为保障大坝安全的重要手段，为工程安全保驾护航。

由于目前作为土石坝内部变形监测手段的引张线式水平位移计的工况鉴定尚无相关办法和评价导则，本文以苏家河口水电站引张线式水平位移计工况鉴定为例，从鉴定方案、评价标准等方面进行了详细介绍，给出了总体评价建议。在评价苏家河口水电站仪器工作状况的同时，也为其他类似项目提供借鉴与参考。

参考文献

[1] 赵花城，王为胜. 已埋差动电阻式监测仪器工作状态评价 [J]. 大坝与安全，2015（01）：77-82 ＋86.

[2] 赵花城，沈省三. 已埋钢弦式监测仪器工作状态评价 [J]. 大坝与安全，2015（01）：83-86.

[3] 王刚. 洪家渡水电站运行期内观仪器的鉴定 [J]. 贵州电力技术，2016，19（02）：19-22＋51.

[4] 赵志勇，廖建军，张礼兵，等. 工程与信息融合的水电工程三甲医院探讨 [J]. 水利水电科学进展，2018，38（05）. DOI：10.3880/j. issn. 1006-7647. 2018. 05. 000.

作者简介

张　帅（1988—），男，工程师，主要从事大坝安全定检、监测系统评价及资料分析等工程全生命周期安全服务工作。

赵志勇（1976—），男，教授级高级工程师，博士，主要从事大坝安全相关研究。

面板堆石坝压实监测指标影响因素及
适用性分析与研究

冯友文

（中国水利水电第十二工程局有限公司）

[摘　要]　碾压质量实时监测技术已成为堆石坝填筑过程质量控制的重要手段，但压实监测指标及碾压质量影响因素众多，尤其是面板堆石坝坝料分区多、级配差异性大且即使同一坝区料其料源也较为复杂。目前实时监测技术主要作为碾压过程控制手段，而最终质量判定仍需采用传统的挖坑试验来复核其干密度、孔隙率等主控指标是否满足设计要求。如何通过实时监测技术采集的诸如 CV、CMV 或 CCV 等监测指标，与干密度、孔隙率等建立相关性回归模型，来表征和快速评估压实质量，并通过相关监测指标对不同坝料的适用性分析和研究，达到优化调整碾压参数或监测指标来加强现场质量控制和快速判定，以减少坑测频次，将具有十分重要的积极意义。本文结合贵州夹岩面板堆石坝现场碾压试验，针对不同坝区料各监测指标受到的影响因素及其适用性进行了全面系统地分析和研究，发现包含更多碾轮加速度谐波分量的 CCV 指标对于不同坝区料有更好的适用性，并提出了耦合考虑频率的 CCV 指标来表征面板堆石坝不同坝料的压实质量，取得良好的效果。本研究可为多坝料面板堆石坝碾压质量实时监控技术提供更具适用性的监测指标，达到适量减少坑测频次和快速评估碾压质量的目的。

[关键词]　面板堆石坝　监测指标　影响因素　适用性　分析与研究

1　引言

控制面板堆石坝沉降变形的关键在于填筑过程中的碾压质量，当前，已逐渐趋向于采取碾压质量实时监测技术对填筑过程中的铺料厚度、碾压遍数、振动碾行走速度、激振力等碾压参数的严格控制并与碾后挖坑试验成果相结合的方式来确保大坝压实质量。尽管实时监控技术很好地解决了以往堆石坝施工过程中的碾压参数靠人工控制效率低下、人为干扰因素多、施工速度慢及成本高等问题，但仍属于施工过程控制手段，无法实时反映坝料压实密度等最终质量结果，特别是挖坑试验受人为因素干扰大，效率低且很难全面反映整个填筑仓面的碾压质量。

为进一步突破碾压质量实时监测技术无法直接快速判定最终质量状况的弊端，近年来，利用碾轮加速度信号来实时评估被碾土石料的压实状态已有了相关的研究。如利用 CV 实时监测填筑体的压实质量，通过 CMV 实时监测高速铁路路基的密实情况，使用（THD）评价被压料压实状态等。这些监测指标本质上都是碾轮加速度频域指标，即对振动轮加速度进行频域分析，通过研究加速度信号的频谱组成，以加速度频谱在压实过程中的动态畸变程度来表征填筑体的压实程度，但是不同监测指标的适用范围有着较大的区别。

　　面板堆石坝一般包含垫层区、过渡区、堆石区、次堆石区等多个分区，不同坝区料的组成、颗粒级配等往往有着较大差异，且堆石坝填筑碾压受料源质量、填筑工艺等众多客观因素的影响，均会给监测指标带来较大的影响。本文结合在建的贵州夹岩面板堆石坝就碾压机行进方向、振动模式、振动频率、碾压遍数等碾压参数对不同坝料压实监测指标的影响进行了系统的试验研究，并对相关监测指标在不同坝区料的适用性进行了全面分析，以期为多坝料面板堆石坝压实质量提供更具适用性的实时监测指标。

2　面板堆石坝碾压实时监测指标

　　加速度频域指标一般是通过安装在碾轮上的加速度计实时采集碾轮对坝料的振动响应，然后通过快速傅里叶变换（FFT），分析加速度波形畸变程度，用以评估被压料的密实情况。面板堆石坝料碾压质量实时监测原理如图 1 所示。

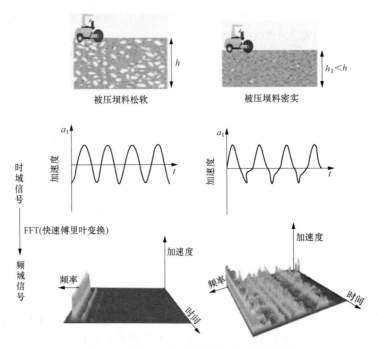

图 1　面板堆石坝料碾压质量实时监测原理

　　随着被压坝料从松软变密实，加速度信号在时域上表现为畸变程度越来越大，在频域上则表现为不同谐波分量的增减变化，从而可通过分析谐波分量的变化，来定义相关实时压实监测指标，用以表征坝料的压实状态。一般常用的加速度频域监测指标有如下几种：

　　（1）CV（Compaction Value）为二次谐波与基频谐波幅值之比，见式（1）。CV 越大，表征填筑料的密实程度越好，反之则越松散。

$$CV = 300 \frac{A_4}{A_2} \tag{1}$$

　　（2）CCV（Compaction Control Value）是对 CV 的改进，计算见式（2）。其同时考虑了半倍和整数倍基频谐波分量，解决了被压料压实过程中碾轮出现跳振时 CV 却减小的问题。

$$CCV = 100 \left(\frac{A_1 + A_3 + A_4 + A_5 + A_6}{A_1 + A_2} \right) \quad (2)$$

（3）*THD*（Total Harmonic Distortion）为总谐波失真，计算见式（3），其考虑了加速度信号里的高次谐波分量。*THD* 是评价被压料压实状态的高敏感性指标。*THD* 越大，则填筑体的压实质量越高，即越坚硬的填筑体上振动轮加速度的高次谐波分量越多。

$$THD = 300 \frac{\sqrt{A_4{}^2 + A_6{}^2 + A_8{}^2 + A_{10}{}^2 + A_{12}{}^2}}{A_2} \quad (3)$$

（4）*RMV*（Resonant Meter Value）是半倍谐波幅值与基波幅值的比值，用以表征被压料的压实特性，计算见式（4）。其计算原理与 CV 一致，变化趋势与 CV 相似。但该指标是从碾压机发生跳振时产生次谐波角度出发。

$$RMV = 300 \frac{A_1}{A_2} \quad (4)$$

式（1）～式（4）中，A_i 是碾轮加速度信号经 FFT 之后的各谐波分量幅值，其中 A_2 是基频谐波对应幅值，A_n 是 $n/2$ 倍基频谐波对应幅值（$n=1, 3, 4, 5, 6, 8, 10, 12$）。

3 试验方案及实施

3.1 试验概述

贵州夹岩面板堆坝划分为垫层区、过渡区、上游主堆石区及下游次堆石区等，为研究碾压工艺、振动模式、碾压机行进方向和填筑坝料的差异对碾压实时监测指标的影响，以及监测指标对不同坝料的适用性，现场试验采用 26t 徐工 XS263J 振动碾对各坝区料进行碾压，并利用天津大学水利工程仿真与安全国家重点实验室开发的坝料碾压质量实时监测装置对压实监测指标（CV、CCV、THD、RMV）及碾轮振动频率 *f*、位置坐标等数据进行实时采集，通过网络将采集的信息传输至远程服务器，以便后续分析。

夹岩面板堆石坝不同坝料的物理形态如图 2 所示，从图中可以看出各坝区料的差异性，尤其是颗粒级配相差很大。夹岩面板堆石坝各坝区料碾压工艺及碾压参数控制标准见表 1。

图 2 夹岩面板堆石坝不同坝料的物理形态

表1 夹岩面板堆石坝各坝区料碾压工艺及碾压参数控制标准

坝料分区	碾压工艺	干密度 (g/cm³)	碾压速度 (km/h)	坝料最大粒径 (mm)	松铺厚度 (mm)
垫层区（2A）	H2＋D3＋H1	2.24	3.0	80	440
过渡区（3A）	H2＋D5＋H1	2.21	3.0	300	440
主堆石区（3B）	H2＋D5＋H1	2.17	3.0	800	880
下游堆石区（3C2）	H2＋D5＋H1	2.15	3.0	800	880

注 H 为低频高振；D 为高频低振；H2＋D5＋H1 表示高振 2 遍，然后低振 5 遍，最后高振 1 遍。

3.2 振动模式对监测指标的影响试验

为分析碾压过程中高、低频振动模式对监测指标的影响，试验如下：铺设料性相同的 60m 长条带 3 条，层厚 88cm，填筑料为主堆料。碾压机以 3km/h 匀速低振 8 遍、高振 6 遍和混合振动 8 遍（高振 2 遍＋低振 5 遍＋高振 1 遍），且为避免碾压机行进方向给监测指标带来影响，碾压机单向碾压，工作时始终保持前进方向，碾压振动模式影响试验布置如图 3 所示。

3.3 碾压行进方向对监测指标的影响试验

为评估碾压机行进方向对监测指标的影响，进行如下试验：铺设料性相同的 60m 条带 1 条，层厚 88cm，填筑料为主堆料，碾压机以 3km/h 匀速低振 8 遍，碾压机采取往复行进方式，碾压行进方向影响试验布置如图 4 所示。

图 3 碾压振动模式影响试验布置

图 4 碾压行进方向影响试验布置

3.4 监测指标对不同坝料适用性试验

为分析不同坝料对不同监测指标的适用性，进行如下试验：铺设主堆料、过渡料、垫层料 3 条料性基本均匀的试验条带，碾压机按照表 1 规定的碾压工艺，以 3km/h 匀速进行压实作业，铺层厚度见表 1，碾压机行进方式为往复碾压。碾压行进方向影响试验布置如图 5 所示。

图 5 夹岩面板堆石坝不同坝料压实指标的适用性试验布置

4 试验成果研究与分析

4.1 振动模式对监测指标的影响分析

根据 3.2 试验方法进行试验，可得到对应某一振动模式下某一遍碾压下的监测指标。本文选用 CCV 作为监测指标来分析振动模式对其产生的影响。沿条带方向每遍采集 30 个 CCV（CCV 是各种堆石坝料最佳适用性指标），不同振动模式下 CCV 随碾压遍数变化情况如图 6 所示。

由图 6 可发现无论是高振（低频率激振力）或低振（高频率激振力），CCV 均值基本都随遍数呈现增长的趋势。其中高振模式下的 CCV 增长明显，低振模式下的 CCV 增长较缓，可知 CCV 对碾压机的激振力较为敏感，激振力越大，加速度信号畸变程度越大。在混合振动模式下，CCV 均值与遍数的 R^2 仅为 0.13，远小于其他两种单纯频率振动的情况可见振动模式对监测指标 CCV 影响很大。

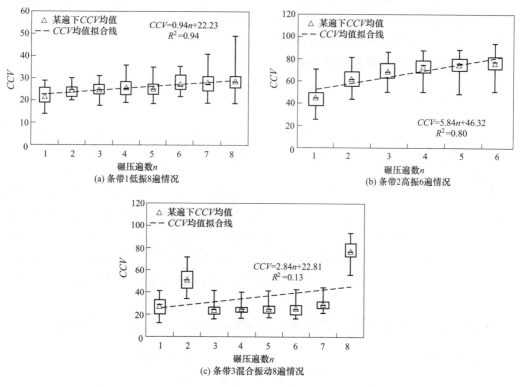

图 6 不同振动模式下 CCV 随碾压遍数变化情况

振动频率 f 和名义振幅 A_0 是识别碾压机振动模式的特征参数，一般某台碾压设备的名义振幅不变，所以可以将频率 f 与 CCV 耦合考虑，来表征坝料的压实质量。考虑碾压过程中 f 变化，建立了 CCV 与碾压遍数 n 的表达关系，其关系式见式（5），计算结果见表 2。

$$CCV = \beta_0 + \beta_1 \cdot f + \beta_2 \cdot n + \varepsilon \tag{5}$$

式中　β_0、β_1、β_2——回归系数；

　　　　　n——碾压遍数；

　　　　　ε——误差项。

表 2　　　　　　　　　　不同振动模式下 CCV 与遍数的拟合关系

振动模式	不考虑频率		考虑频率耦合	
	拟合模型	R^2	拟合模型	R^2
高振 6 遍	$CCV = 5.84n + 46.32$	0.80	$CCV = 3.84n - 10.00f + 334.01$	0.84
低振 8 遍	$CCV = 0.94n + 22.23$	0.94	$CCV = 0.93n - 8.74f + 317.32$	0.94
混合振动	$CCV = 2.84n + 22.81$	0.13	$CCV = 4.81n - 6.59f + 224.15$	0.86

由表 2 可知，由于碾压机在高振、低振时频率基本保持不变，故这两种情况在耦合考虑频率后，拟合模型的决定系数 R^2 变化不大。混合振动时，如果不考虑频率，决定系数 R^2 为 0.13；考虑频率耦合后，决定系数增至 0.86，拟合优度明显提高。可见振动频率对压实监测指标影响显著，将频率作为代表压路机振动状态的参数与监测指标 CCV 耦合考虑，可显著提高监测指标与压实状态的相关性。

4.2　碾压行进方向对监测指标的影响分析

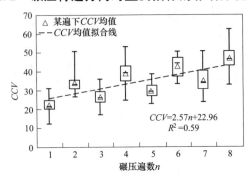

图 7　不同行进方向下 CCV 与碾压遍数的关系

根据 2.3 的试验方法进行试验，得到碾压机往复行进下的 CCV 与碾压遍数 n 的关系，不同行进方向下 CCV 与碾压遍数的关系如图 7 所示，其中遍数为奇数时碾压方向为从右岸到左岸，遍数为偶数则相反。

从图 7 可见，CCV 有明显波动性，呈现出奇偶数遍交替变化的现象。与碾压机单向行进相比［如图 6（a）］，可确定这种波动现象是由碾压机行进方向不同造成的。有学者认为碾压机前进后退中的激振力有着一定的差异。

通过进一步地对试验中碾压机的行进速度和振动频率统计（见图 8）发现这两个参数

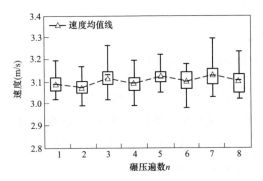

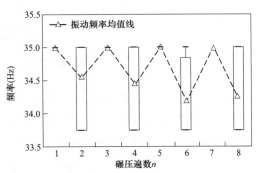

图 8　低振下速度与频率随碾压遍数的变化情况

也存在一定的"波动"现象。前期研究结果表明 10％ 的速度变化并不足以引发这种现象；而频率的最大变化幅度虽然只有 4％ 左右，但由于激振力与频率平方成正比，这种微小的频率变化会造成较大的激振力变化。因此，可以认为行进方向的不同，导致振动频率不同，进而导致激振力变化。由以上分析，可知 CCV 对激振力变化敏感，故可认为行进方向不同导致的监测指标 CCV 波动是由频率变化引起的。

考虑不同行进方向下频率的变化，可以建立 CCV 与 f、n 的关系，见表 3。

表 3 考虑不同行进方向的 CCV 与遍数的关系

处理方式	模型方程	R^2
不考虑行进方向中频率变化	$CCV = 2.57n + 22.96$	0.59
考虑不同行进方向的频率变化	$CCV = 1.98n - 9.92f + 372.37$	0.93

由表 3 可知，考虑不同行进方向引起的频率变化，能提高监测指标 CCV 对坝料压实状态的表征关系。

4.3 碾压实时监测指标对不同坝料适用性分析

考虑到试坑法测量坝料干密度费时费力，而且理论上碾压遍数对坝料干密度存在显著关系，故本文以监测指标与遍数的相关性，来分析指标对坝料压实表征的适用性。

由上文分析可知，振动模式及行进方向的改变主要体现在振动频率 f 的变化，故可以将监测指标与频率耦合在一起，建立如下关系：

$$Y' = Y + \beta_0 \cdot f = \beta_1 + \beta_2 \cdot n + \varepsilon \tag{6}$$

式中　Y'——改进的监测指标；

　　　Y——原监测指标。

根据 3.4 试验方法，采集获取 3 个坝料条带的多种碾压实时监测指标，按照式（6）建立改进的监测指标与遍数的关系，结果见表 4。不同坝料各改进监测指标与碾压遍数的关系如图 9 所示，该图为不同坝料下考虑耦合频率后的各改进监测指标与碾压遍数的关系。

表 4 不同坝料上各监测指标拟合优度对比

坝料	指标	拟合模型	R^2
主堆料	CCV	$CCV' = CCV + 3.67f = 3.23n + 143.90$	0.77
	CV	$CV' = CV + 1.21f = 2.45n + 68.48$	0.23
	RMV	$RMV' = RMV + 6.87f = 5.81n + 224.55$	0.83
	THD	$THD' = THD + 1.70f = 2.81n + 86.50$	0.24
过渡料	CCV	$CCV' = CCV + 4.47f = 5.57n + 120.55$	0.85
	CV	$CV' = CV + 8.19f = 10.97n + 214.03$	0.79
	RMV	$RMV' = RMV + 2.73f = 1.35n + 68.84$	0.29
	THD	$THD' = THD + 9.77f = 12.39n + 245.79$	0.81
垫层料	CCV	$CCV' = CCV + 4.18f = 7.86n + 106.32$	0.89
	CV	$CV' = CV + 10.10f = 16.60n + 237.73$	0.90
	RMV	$RMV' = RMV + 1.23f = -0.83n + 49.83$	0.03
	THD	$THD' = THD + 11.91f = 18.59n + 272.63$	0.91

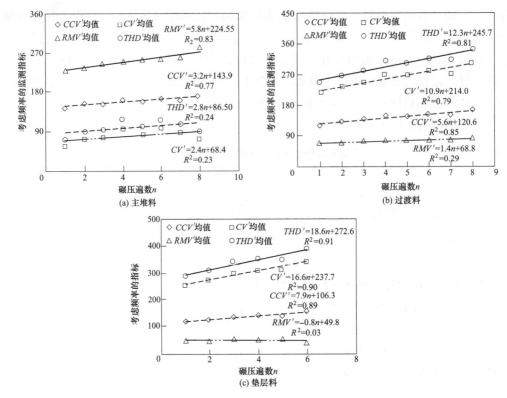

图 9　不同坝料各改进监测指标与碾压遍数的关系

由表 4 和图 9 可知：

（1）CV 较适用于表征粒径较小的垫层料或过渡料的压实过程，但在主堆料上应用效果较差，这是因为随着被压料颗粒变粗，加速度频谱中出现了大量二次谐波之外的成分（半倍谐波和高次谐波）。

（2）THD 与 CV 表征效果基本相同，比较适用于细颗粒坝料（垫层料和过渡料），不适用于大粒径的堆石坝料。

（3）RMV 与 CV 和 THD 正好相反，其随着被压料粒径变大，与遍数的相关性逐渐变强，这说明粗颗粒填筑料压实过程中产生的半倍谐波分量相比与细粒料（过渡料、垫层料）明显增多，其适用于表征粗颗粒的堆石坝料压实密度。

（4）CCV 在三种坝料上均有着较好的表征效果，这是因为该指标同时考虑了半倍和高次谐波。

综上，面板堆石坝不同填筑料适用的监测指标有所差异，见表 5，推荐使用对各种坝料具有较好适用性的 CCV 作为堆石坝各分区压实质量的实时监测指标。

表 5　　　　　　　　　　　不同坝料监测指标的适用性

坝料	CCV	CV	RMV	THD
主堆料	适用	不适用	适用	不适用
过渡料	适用	适用	不适用	适用
垫层料	适用	适用	不适用	适用

5 坝料干密度与监测指标的相关性分析

利用现场挖坑试验结果，以及对应试坑位置所采集的 CCV 和频率（见表6），来分析坝料干密度 D 与 CCV 的相关性，建立如下关系表达式：

$$D = \beta_1 \cdot CCV_0 + \beta_2 + \varepsilon = \beta_1(CCV + \beta_0 f) + \beta_2 + \varepsilon \tag{7}$$

式中 β_0、β_1、β_2——待定参数。

表6 不同坝料试坑位置处样本数据

试坑编号	填筑料	碾压工艺	干密度（g/cm³）	CCV	f(Hz)
3C-1	主堆料	H1	1.99	25.83	28.75
3C-2		H2	2.07	38.96	28.75
3C-3		H2+D2	2.1	20.99	33.75
3C-4		H2+D4	2.12	26.77	33.75
3C-5		H2+D5+H1	2.15	72.73	28.75
3A-1	过渡料	H1	2.17	37.28	28.75
3A-2		H2	2.28	51.76	28.75
3A-3		H2+D2	2.3	25.44	33.75
3A-4		H2+D4	2.25	24.38	33.75
3A-5		H2+D5+H1	2.42	83.63	27.5
2A-1	垫层料	H1	2.04	38.68	27.5
2A-2		H2	2.22	54.76	27.5
2A-3		H2+D3	2.3	45.29	33.75
2A-4		H2+D3+H1	2.29	74.29	27.5

根据式（7）和表6数据拟合得到不同坝料 D 与 CCV、f 的关系，干密度与 CCV 的相关性分析如图10所示。由图可见，三种料的干密度 D 和监测指标 CCV_0 均有着较好的相关性，证明了 CCV_0 作为面板堆石坝坝料压实质量的实时监测指标是适用的。

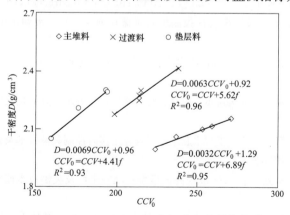

图10 干密度与 CCV 的相关性分析

6 结论

本文结合在建夹岩面板堆石坝现场碾压试验，系统地研究和分析了基于碾轮加速度频域分析的碾压实时监测指标的影响因素，以及各监测指标对于不同坝料的适用性，得到如下结论：

（1）碾压机的振动模式和碾压机行进方向对监测指标的影响较大，其实际上是碾压过程中频率变化引起的，耦合频率后的监测指标与坝料压实状态的相关性显著提高。

（2）面板堆石坝不同填筑坝料适用的监测指标不同，主堆料使用 CCV 和 RMV 效果较好，CCV、CV 或 THD 对过渡料、垫层料的适用性较好。

（3）随着填筑坝料颗粒变粗，有更多的半倍基频谐波伴随产生，故而同时包含有半倍谐波和高次谐波成分的指标 CCV 在不同坝料上均有着较好的压实表征效果。

（4）考虑到 CCV 对于各种坝料的适用性较好，推荐耦合振动频率的 CCV 指标作为面板堆石坝压实质量实时监测指标。

本文分析与研究可为面板堆石坝料碾压质量实时监控提供合理的监控指标，有助于提高大坝碾压质量及对碾压质量的快速评估，适量减少坑测频次。此外，由于本次研究所获得的试坑样本偏少，本文对于坝料干密度与改进 CCV 之间的关系分析，尚需补充更多的样本数据来进一步提高分析精度。

参考文献

［1］刘东海，高雷 . 基于碾振性态的土石坝料压实质量监测指标分析与改进［J］. 水力发电学报 ，2018，37（04）：111-128.

［2］聂志红，焦倓，王翔 . 基于谐波平衡识别法的铁路路基连续压实指标研究［J］. 中国铁道科学，2016，37（3）：1-8.

［3］窦鹏，聂志红，王翔 . 铁路路基压实质量检测指标 CMV 与 Evd 的相关性校检［J］. 铁道科学与工程学报，2014，11（02）：90-94.

［4］Robert V Rinehart, Michael A Mooney. Instrumentation of a Roller Compactor to Monitor Vibration Behavior during Earthwork Compaction［J］. Automation in Construction, 2008, 17 (2)：144-150.

［5］房纯纲，程坚，葛怀光 . 采用压实计控制堆石坝碾压质量［J］. 水利水电技术，1989（04）：59-64＋29.

［6］甘杰贤 . 振动碾压机的运行方向和偏心块旋转方向对压实效果的影响［J］. 建筑机械，1984（06）：29-30＋28.

［7］刘东海，李子龙，王爱国 . 堆石料压实质量实时监测指标与碾压参数的相关性分析［J］. 天津大学学报，2013，46（04）：361-366.

［8］马洪琪，钟登华，张宗亮，等 . 重大水利水电工程施工实时控制关键技术及其工程应用［J］. 中国工程科学，2011，13（12）：20-27.

［9］杨泽艳，周建平，王富强，等 . 300m 级高面板堆石坝安全性及关键技术研究综述［J］. 水力发电，2016，42（09）：41-45＋63.

［10］徐泽平，邓刚 . 高面板堆石坝的技术进展及超高面板堆石坝关键技术问题探讨［J］. 水利学报，2008，39（10）：1226-1234.

作者简介

冯友文（1975 —），男，湖北黄冈人，高级工程师，主要从事水利水电工程施工技术及质量管理工作。

多普勒流速仪测量数据挖掘与二次开发研究

高　超[1]　邓　瑶[1]　张小潭[1]　赵　磊[2]

（1　中国电建集团昆明勘测设计研究院有限公司

2　南京衡水科技有限公司）

[摘　要]　多普勒流速仪已在水文部门中得到广泛运用，多用于河口及内河流速、流量与悬移质泥沙测验工作，但对于其他测量数据的深度挖掘与二次开发并未得到充分研究。为此，本研究简要介绍了多普勒流速仪海量测量数据及其挖掘提取过程，在此基础上中国电建集团昆明勘测设计研究院有限公司基于 MATLAB 软件编制了水力要素计算程序，并在实例中轻松实现了水位流量关系的推求。

[关键词]　测量　数据挖掘　二次开发　多普勒流速仪　MATLAB

1990 年，我国引进和试用声学多普勒流速剖面仪（acoustic doppler current profiler，ADCP）开展长江口潮汐流量测验，开创了应用 ADCP 进行河口及内河流量测验的先河。由于其与常规的测流方法相比极大地提高了效率，目前，已在我国多种类型河流、不同适用性条件下的水文系统工作中广泛应用。但 ADCP 多用于河口及内河流速、流量与悬移质泥沙测验工作，而对于其他测量数据的深度挖掘与二次开发并未得到充分研究。随着 ADCP 应用范围与场景的不断拓展与深入，其测量采集的数据可应用于许多方面，这就需要先对其大量测量数据进行甄别及深度挖掘，从中提取出我们需要的数据，并视情况对其进行二次加工利用。

笔者就以往的实践经验与水文分析等工作后采用 MATLAB，基于 Copula 函数的区域降水联合分布与特征分析进行研究。基于 AHP_Fuzzy 法的汉江流域水资源承载力评价与预测及基于 MATLAB 的水文资料整编后处理模块开发，充分展现出 MATLAB 语言的矩阵运算、曲线绘图等强大的数据处理功能；其在水文测量庞大的数据挖掘与整理分析工作中同样具有优良的应用前景与推广意义。

以基层水文工作的实例为切入点，即设计断面仅具有 ADCP 走航数据与水上断面测量数据，需推求出设计断面的水位流量关系，先从 ADCP 走航数据中挖掘提取出设计断面的水下部分，并与水上测量断面合并，得到完整的大断面成果；再基于 MATLAB 软件编制了水力要素计算程序，可轻松实现水位流量关系的推求。

1　ADCP 测量数据挖掘

1.1　创建 ASCII 输出文件模板

以笔者所在单位中国电建集团昆明勘测设计研究院有限公司采购的走航式 ADCP 为例，其由美国 TRDI 公司开发研制，与之配套的是软件版本为 WinRiver II 软件

v2.17ASCII 数据文件输出向导对话框示意如图 1 所示，使用该软件打开一个测量文件，点击图 1 中箭头指示的 "ASCII 数据文件输出向导"按钮，弹出对话框。

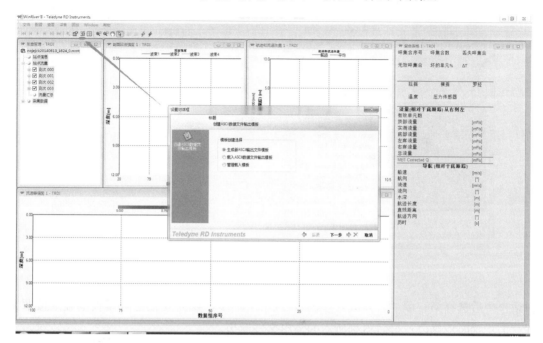

图 1　ASCII 数据文件输出向导对话框示意

　　此时，可采用两种方法创建模板，方法一为直接点击下一步按步骤生成所需模板；方法二为载入之前已保存的输出文件模板，减少对话框中手动操作的工作量，两种方法的具体操作分别介绍如下。

　　(1) 方法一。在图 1 对话框中默认选择第一项 "生成新 ASCII 输出文件模板"，点击下一步，弹出生成模板系列对话框，生成新 ASCII 输出文件模板对话框示意如图 2 所示。从左侧项目栏可见共包括四个子步骤，第一步点击 "参数选择"对话框：在中间列表栏中搜索选择所需输出的参数，本例为提取水下断面，即对走航式 ADCP 测量文件中的底跟踪数据进行提取，对应输出参数为各呼集合（垂线）深度与宽度，其中深度参数为四个探头 Beam 平均深度——即 Beams Average Depth [m]，宽度参数为参照底跟踪 BT 总宽度——即 Total Width（Ref：BT）[m] 参数，参数选入右侧项目栏后点击下一步；第二步点击 "选择输出格式"对话框：如无特殊输出格式要求按默认选择即可，点击下一步；第三步点击 "数据输出选择"对话框：勾选 "到文件（输出到工程目录）"选项并点击下一步；第四步点击 "完成"对话框：点击 "浏览"按钮，编辑要保存的模板路径及文件名并点击完成。至此，便完成了所需提取数据（本例为水下断面数据）的新 ASCII 输出文件模板生成的所有步骤，即在目标文件夹中已生成一个输出文件模板，即 ttf 格式文件，可供下次提取数据直接导入使用。

　　(2) 方法二。在图 1 对话框中选择第二项 "载入 ASCII 数据文件输出模板"，点击下一步，在弹出对话框中选择之前导出的数据文件输出模板，即 ttf 格式文件；再回到图 1

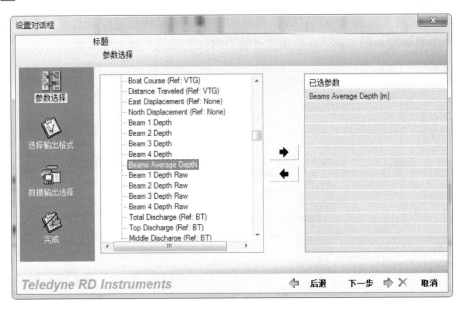

图2 生成新 ASCII 输出文件模板对话框示意

对话框中后选择第三项"管理载入模板",点击下一步,视需要在已有模板基础上按照方法一的步骤对应修改;最后得到所需的输出文件模板。

1.2 导出 ADCP 测量数据

按照上述任一方法完成输出文件模板的创建后,回到 WinRiver Ⅱ 软件界面,便可发现当前测量文件的各测次下面都多了一个 txt 文件,模板创建后的 WinRiver Ⅱ 软件界面示意图如图3所示。接着根据生成的输出文件模板对所需提取测次进行重新处理,先勾选所需提取测次,右键点击图3中的"站点流量"文字处,将会弹出几个选项,选择第一个"重新处理所有选定的测次",等待所有选定的测次逐个处理结束。上述 txt 文件便可直接访问,同时测流文件所在目录中亦生成了上述 txt 文件,文件内容为对应测次所需提取的数据——即为前述输出文件模板中选定的参数,本例为各呼集合(垂线)深度与宽度参数。

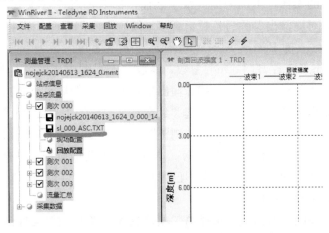

图3 模板创建后的 WinRiver Ⅱ 软件界面示意图

至此，所需提取的 ADCP 测量数据已经成功导出到对应地 txt 文件中。即，本例中组成水下断面的各呼集合（垂线）深度与宽度参数已提取出来。需要注意的一点，导出的各呼集合（垂线）宽度数据已包含测流时设置的左右岸宽度。

回顾上述 ADCP 测量数据挖掘过程，最核心的工作便是在输出文件模板中正确甄别与选择出所需要的参数；否则，很可能南辕北辙，最后导致分析计算成果出错。例如，本文分析计算设计断面水位流量关系所缺的水下断面数据是应该提取各呼集合（垂线）深度与宽度参数；而 ADCP 走航测流过程中测量到的深度和宽度很多。如何从其中准确甄别得到所需参数便是本次实际工作中的重难点。解决此类问题推荐参阅《WINRIVER II SOFTWARE US-ER'S GUIDE（August 2015）》软件帮助文档中的"Table 6. WinRiver II ASCII Output Variable List"等有关内容。

2　ADCP 测量数据二次开发

采用 WinRiver II 软件查看某个完整的 ADCP 走航测流文件，其中共包含 576 项可输出参数，上文已介绍了从这些海量测量数据中进行甄别与提取数据的详细过程，获取原始测量数据后视需要对其进行二次加工处理，以满足后期应用的需要。如本例需要将水下提取断面与水上测量断面进行合并，得到完整的测流大断面成果，并对逐个水位级统计计算得到对应的断面面积、湿周与水力半径，最终采用曼宁公式推求得到设计断面的水位流量关系成果。其中，水上、水下断面的合并过程较为简单，人工完成即可，而依据大断面成果推求水位流量关系为批量过程，推荐采用 MATLAB 开发对应计算程序。此外，在水位流量关系定线过程中应充分考虑与断面水位流量实测点据的匹配，对断面糙率进行率定采用。

根据曼宁公式推求水位流量关系：首先定义由低到高的水位级系列，再依据大断面情况分别对各水位级统计计算得到此水面与水下断面组成的断面面积 A 与湿周 χ，进而求得此水位级对应的水力半径 R；结合断面纵剖面测量资料求得其比降 S；结合经验糙率表或者断面实测水位流量成果率定得到糙率 n；最后将各水位级对应地 A、R、S、n 带入曼宁公式便可推求得到对应流量，即为水位流量关系成果。

上述依据大断面统计批量计算各水位级的水力要素（A、χ 与 R 等）的过程采用 MATLAB 进行编制。A 通过依次对相邻两个点据与水面组成的三角形或四边形面积求和得到，χ 通过依次对相邻两个点据之间的距离求和得到。此程序只需将大断面数据文件与水位级数据文件统一输入，即可得到各水位级对应的水力要素成果。充分利用 MATLAB 语言强大的矩阵运算优势实现有关批量计算功能，并结合实际工作需要批量绘制各种图表（如本例水位流量关系曲线图），从而使得 ADCP 测量数据二次开发过程简单可行。

3　结论与展望

本文以基层水文工作的实例为切入点，对 ADCP 测量数据挖掘与二次开发展开介绍。实例中的方法已在中国电建集团昆明勘测设计研究院有限公司设计与运行的南欧江流域水情自动测报系统等多个工程项目中有效运用。尤其是本方法的数据挖掘提取过程仅依靠官方 WinRiver II 测流软件便可实现，操作简单，在未来推广过程中，面对各式各样的个性化数据提取需求，仅需针对性的修改输出文件模板即可。

回顾 ADCP 测量数据挖掘过程，最核心的工作便是在输出文件模板中正确甄别与选择出所需要的参数；否则，很可能南辕北辙，最后导致分析计算成果出错。ADCP 走航测流文件共包含 576 项可输出参数，创建输出文件模板的准确性将是未来推广使用中的重难点问题，推荐参阅 WinRiver II 软件帮助文档等有关内容，以保证数据提取准确。

参考文献

[1] 田淳，刘少华．声学多普勒测流原理及其应用［M］．郑州：黄河水利出版社，2003.

[2] 杨文俊，李青云，郑守仁．三峡工程施工期（Ⅰ→Ⅱ期）河流控制关键技术及研究［J］．水力发电，2006，31（3）：63-66.

[3] 赵卫民，戴东．黄河洪水测报与洪水管理［J］．水力发电，2006，32（2）：14-16.

[4] 高超，梅亚东，涂新军．基于 Copula 函数的区域降水联合分布与特征分析［J］．水电能源科学，2013（6）：1-5.

[5] 高超，梅亚东，吕孙云，等．基于 AHP-Fuzzy 法的汉江流域水资源承载力评价与预测［J］．长江科学院院报，2014，31（9）：21-28.

[6] 高超．基于 MATLAB 的水文资料整编后处理模块开发［J］．人民珠江，2017，38（8）：76-79.

[7] 周驰，邓瑶，高超．乏资料流域的水情自动测报系统设计与实现——以南欧江梯级水电工程为例［J］．水力发电，2016，42（5）：36-39.

作者简介

高超（1988—），男，广西柳州人，工程师，硕士研究生，副设总，主要从事水文测量设计研究工作。

施 工 技 术

建设工程质量缺陷及事故的处理技术

汪全德[1]　　陈怀明[2]

（1　葛洲坝集团第二工程有限公司　2　中国葛洲坝集团一公司）

[摘　要]　百年大计，质量第一。从事建筑业的工程技术和管理人员需要了解影响建筑工程质量的各种缺陷，以及可能出现的各种事故。从事建筑工程设计、施工监理、施工质量检查和管理方面的工程技术人员应总结经验，吸取教训，以采取有效措施预防缺陷及事故发生。

[关键词]　建设工程　质量缺陷　事故处理　分析技术

1　建设工程质量缺陷及分类

工程质量缺陷是指不符合国家或行业的有关技术标准、设计文件合同中对质量的要求。施工过程中的质量缺陷可分为人为质量缺陷和永久质量缺陷，施工过程中的质量缺陷又可分为可整改质量缺陷和不可缺陷。

2　建设工程质量缺陷常见成因

（1）违反基本建设程序。基本建设程序是工程项目建设过程及其客观规律的反映。违反基本建设程序如无证施工、超级设计、超级施工、挂靠、工程招标中的不公平竞争、转包、非法分包等。

（2）地质勘察数据失真。如未认真进行地质勘察或勘探时钻孔深度、间距、范围、不符合规定要求，地质勘察报告不详细、不准确、不能全面反映实际的地基情况。

2.1　设计差错

如盲目套用图纸，采用不正确的结构方案，计算简图与实际受力情况不符，荷载取值过小，内力分析有误，沉降缝或变形缝设置不当，悬挑结构未进行抗倾覆验算以及计算错误等。

2.2　施工方面的原因

（1）施工管理不到位，不按图施工或未经设计单位同意擅自修改设计；操作工人素质差；使用不合格的原材料、构配件和设备。

（2）自然环境因素，如空气温度、湿度、暴雨、大风、洪水、雷电、日晒、和浪潮等。

（3）盲目抢工，盲目压缩工期，不尊重质量、进度、造价的内在规律。

（4）对建筑物或设施使用不当。如装修中未经校核验就任意对建筑物加层，任意拆除承重结构部件，任意在结构物上开槽、打洞、削弱承重结构截面等。

3 建设工程质量缺陷常见成因的分析

如果设计计算和施工图纸中存在错误，施工中出现不合格或质量问题，对建筑物或设施使用不当等，都会导致工程出现质量缺陷。

（1）进行仔细严格的现场研究调查，认真观察记录现场情况，并充分了解导致质量缺陷的原因和特征。

（2）收集调查与质量缺陷有关的全部设计和施工资料，分析摸清工程在施工或使用过程中所处的环境及面临的各种条件和情况。

（3）找出可能产生质量缺陷的所有因素。

（4）分析、比较和判断，找出最可能造成质量缺陷的原因。

（5）进行必要的计算分析或模拟试验对缺陷予以论证确认。

4 建设工程质量缺陷常见成因的分析步骤

确定质量缺陷的初始点，即原点，它是一系列独立原因集合起来形成的爆发点。因其能反映出造成质量缺陷的直接原因，而在分析过程中具有关键性作用。

围绕原点对现场各种现象和特征进行分析，分析导致同类质量缺陷的不同原因，逐步揭示质量缺陷萌生、发展和最终形成的过程。

综合考虑质量缺陷成因的复杂性，从而确定诱发质量缺陷的初始点即真正原因。工程质量缺陷原因分析指对模糊不清的事务、现象的客观属性和联系进行详细对比分析，它的准确性与管理人员的能力学识、经验和态度有极大关系，其结果不是简单的信息描述，而是逻辑推理的产物，其推理过程可用于工程质量的事前控制。

发生工程质量缺陷后，项目监理机构签发监理通知单，责成施工单位进行处理。施工单位进行质量缺陷调查，分析质量缺陷产生的原因，并提出经设计等相关单位认可的处理方案。项目监理机构审查施工单位报送的质量缺陷产生的原因，并签署意见。施工单位按审查合格的处理方案实施处理，项目监理机构对处理过程进行跟踪检查，对处理结果进行验收。质量缺陷处理完毕后，项目监理机构应根据施工单位报送的监理通知回复单对质量缺陷处理情况进行复查，并提出复查意见。

5 建设工程质量缺陷事故等级划分

（1）特别重大事故：造成30人以上死亡，或100人以上重伤，或者1亿元以上直接经济损失的事故。

（2）重大事故：造成10人以上30人以下死亡，或50人以上100人以下重伤，或5000万元以下直接经济损失的事故。

（3）特大事故：造成3人以上10人以下死亡，或10人以上50人以下重伤，或1000

万元以下直接经济损失的事故。

（4）一般事故：造成 3 人以下死亡，或 10 人以下重伤，或 100 万元以上 1000 万元以下直接经济损失的事故。

以上等级划分中的"以上"包含本数，"以下"不包括本数。

6 建设工程质量事故处理

6.1 相关法律法规依据

包括《中华人民共和国建筑法》《建设工程质量管理条例》等。《中华人民共和国建筑法》的颁布实施，对加强建筑活动的监督管理，维护市场秩序，保证建设工程质量提供了法律保障。《建设工程质量管理条例》以及相关配套法规的相继颁布，完善了工程质量事故处理有关的法律法规体系。

6.2 有关合同及合同文件

所涉及的合同文件包含工程承包合同、设计委托合同、设备与器材购销合同、监理合同等。

合同和合同文件在处理质量事故的作用：若要寻找导致事故的原因，必须先确定施工过程中各方是否严格遵循合同有关条款实施活动。

6.3 质量事故的实况资料

（1）施工单位的质量事故调查报告。在质量事故发生后，施工单位有责任就所发生的质量事故进行周密的调查、研究，掌握情况，并在此基础上写出调查报告，提交项目监理机构和建设单位。调查报告中应首先就与质量事故有关的实际情况做详尽的说明，其内容应包括质量事故发生的时间、地点、工程部位，质量事故发生的简要经过，造成工程损失状况，伤亡人数和直接经济损失的初步估计，质量事故发展变化的情况（其范围是否继续扩大、程度是否已经稳定等），有关质量事故的观测记录、事故现场状态的照片或录像。项目监理机构所掌握的质量事故相关资料应与施工单位调查报告中内容相似，可用于对照、核实施工单位所提供的情况。

（2）有关的工程技术文件、资料和档案。

用于在处理质量事故中，其作用一方面是可以根据所发生的质量事故情况，审查设计是否存在问题或缺陷，从而找出事故发生原因；另一方面可以对照设计文件核查施工质量是否完全符合设计的规定和要求。

（3）与施工有关的技术文件、档案和资料。施工组织设计或施工方案、施工计划；施工记录、施工日志等；有关建筑材料的质量证明资料；现场制备材料的质量证明资料；质量事故发生后，对事故状况的观测记录、实验记录或实验报告等。

6.4 处理程序

发生工程质量事故后总监理工程师征得建设单位同意后，签发工程暂停令，施工单位进行质量事故调查，提出质量事故调查报告和经济设计等相关单位认可的处理方案。项目监理机构审查施工单位报送的质量事故调查报告和处理方案并签署意见，施工单位实施处理，项目监理机构对处理工程进行跟踪检查，对处理结果进行验收。具备复工条件时，施工单位报送工程复工报审表及有关资料；总监理工程师签署审核意见，建设单位批准后，总监理工程师签发工程复工令。

6.5 处理原则及要求

处理原则是迅速确定事故处理范围，排除直接发生事故的部位，再依次检查受事故影响的构件或范围；正确判定事故性质，事故性质包含表面性、实质性、结构性、一般性、迫切性、可缓性等。

处理要求：安全可靠，不留隐患；满足建筑物的功能和使用要求；技术可行，经济合理。工程质量事故处理方案的确定要以分析事故调查报告中的事故原因为基础，结合实地勘察成果，并尽量满足建设单位的要求。

6.6 处理方案类型

修补处理是最常用的一类处理方案。属于修补处理类的具体方案很多，如封闭保护、抚慰纠偏、结构补强、表面处理等。某些事故造成的结构混凝土表面裂缝，可根据其受力情况，仅做表面封闭处理；某些混凝土结构表面的蜂窝、麻面，经调查分析，可进行剔凿、抹灰等表面处理，一般不会影响其使用和外观。对情节比较严重的质量缺陷，如影响其使用功能和结构的安全性，则需采用特殊方案进行加固处理，但仍会造成一些永久性缺陷。

返工处理是当工程质量未达到规定的标准和要求，存在严重质量缺陷，对结构的使用和安全构成重大影响，且又无法通过修补处理的情况下，对检验批、分项、分部工程甚至整个工程返工处理。

不做处理情况包括不影响结构安全和正常使用；有些质量缺陷，经过后续工序可以弥补；经法定检测单位鉴定合格；出现的质量缺陷，经检测鉴定达不到设计要求，但经原设计单位核算，仍能满足结构安全和使用功能。

选择工程质量方案是复杂而重要的工作，它直接关系到工程的质量、费用和工期。选择最适用工程质量事故处理方案的辅助方法如下：

（1）试验验证。对某些有严重质量缺陷的项目，可采取合同规定的常规试验以外的试验方法进一步进行验证，以便确定缺陷的严重程度。

（2）定期观察。有些工程在发现其质量缺陷时，其状态可能尚未达到稳定仍会继续发展，在这种情况下一般不宜过早作出决定，可以对其进行一段时间的观测，然后再根据情况作出决定。如桥墩或其他工程的基础在施工期间发生沉降，超过预计的或规定的标准；混凝土表面发生裂缝，并处于发展状态等都属于这类质量缺陷。有些有缺陷的工程，短期内其影响可能不十分明显，需要较长时间的观测才能得出结论。对此，建设单位、施工单位及项目监理机构需协商处理办法，比如留待任期解决、延长责任期、修改合同。

（3）专家论证。当工程涉及的问题比较复杂，设计领域较复杂，或者有根据合同难以决策的工程质量缺陷，便可采取专家论证。采用这种办法时，应事先做好充分准备，尽早为专家提供尽可能详尽的情况和资料，以便使专家能够进行充分、全面和细致地分析、研究，提出切实的意见与建议。实践证明，采取这种方法对监理人员正确选择重大工程质量缺陷的处理方案十分有益。

（4）方案比较。这是比较常用的一种方法。同类型和同性质的事故可先设计多种处理方案，然后结合当地的资源情况、施工条件等逐项给出权重并对比，从而选择具有较高处理效果又便于施工的方案。

（5）检查验收和鉴定。项目监理机构应通过组织检查和必要的鉴定，检查工程质量事故处理的鉴定验收、质量事故的技术处理是否达到了预期目的，消除了工程质量不合格和工程质量缺陷，是否仍留有隐患，并予以最终确认。

检查验收是工程质量事故处理完成后，项目监理机构在施工单位自检合格的基础上，按施工验收标准及有关规范的规定进行检查，依据质量事故技术处理方案设计要求，通过实际量测，检查各种资料数据进行验收，并应办理验收手续，组织各有关单位会签。

当工程涉及结构承载力等使用安全或其他重要性能的处理工作时，则需实验和鉴定，这是为了确保工程质量事故能得到有效的处理。

如果质量事故处理施工过程中建筑材料及构配件保证资料严重缺乏，或对检查验收结果各参与单位有争议时，常见的检验工作有混凝土钻芯取样，用于检查密实性和裂缝修补效果，或检测实际强度；结构荷载试验，确定其实际承载力；超声波检测焊接或结构内部质量；池、罐、箱柜工程的渗漏检验等。检测鉴定必须委托具有资质的法定检测单位进行。

6.7 验收结论

事故已排除则可以继续施工，经修补处理后完全能够满足使用要求。隐患是否消除，结构安全是否有保证，对建筑物外观的影响，耐久性等短期内难以得出结论，可提出进一步观测检验意见，若基本上满足使用要求，但使用时应有附加限制条件，如限制荷载等。

7 结束语

建设工程质量缺陷质量问题处理要以原因分析为基础，如果某些问题一时认识不清，且暂时不会产生严重恶化，则可以继续进行调查、观测，以便掌握更充分的资料和数据，做进一步分析，找出起源点，方可确认处理方案，避免急于求成造成反复处理的不良后果。审核确认处理方案应牢记以下原则：安全可靠，不留隐患，满足建筑物的功能和使用要求，技术可行，经济合理。确认不需专门处理的质量问题，应能保证它对工程安全不构成危害，且满足安全和使用要求。

参考文献

［1］张福生．基于工程质量治理行动的质量工作研究［J］．建筑经济．2015（03）．

［2］晋艳．基于 ISO9000 族标准的建设项目施工过程质量控制模型研究［J］．科技管理研究．2014（10）．

［3］李汉卿．协同治理理论探析［J］．理论月刊．2014（01）．

［4］杨建国．工程施工过程的管理与控制——质量控制方法探究［J］．山东工业技术．2013（10）．

［5］周宇光．项目管理信息化框架和模型研究［J］．施工技术．2012（04）．

［6］杨玉江，黄俭，张兵．基于 SAAS 的建设工程质量管理信息服务平台［J］．工程质量．2011（09）．

[7] 郭峰，刘慧.建设项目协调管理绩效评价 [J].中国工程科学.2011 (08).

[8] 姜红，滕晓敏.关于对建筑工程质量检测管理改革的探讨（一）[J].工程质量.2010 (10).

[9] 郭峰，高冬梅.建设项目协调管理绩效的关键影响因素分析 [J].科技进步与对策.2010 (19).

[10] 单兆江.浅析建筑工程质量管理存在的问题及对策 [J].科技信息.2009 (03).

作者简介

汪全德（1981—），男，湖北宜昌，工程师，中国葛洲坝集团二公司，两河口水电站开挖一标葛洲坝质保部质检员，长期从事大中型地下水电站建设质量管理。

陈怀明（1967—），男，湖北宜昌市，高级混凝土技师，中国葛洲坝集团一公司，长期从事公路和大中型地下水电站建设质量、安全、环境管理。

浅析高海拔高寒地区混凝土冬季施工技术

顿 江

（中国葛洲坝集团第二工程有限公司）

[摘 要] 两河口水电站位于四川省甘孜州雅江县境内的雅砻江干流上，该项目属于雅砻江流域，河段地处青藏高原东缘梯级地貌的过渡地带，气候属青藏高原亚润气候区，主要受高空西风环流和西南季风影响，干、湿季分明。本文以两河口水电站恶劣气候及特殊地理环境为例，简述高寒高海拔地区混凝土冬季施工措施及质量控制。

[关键词] 高海拔高寒 混凝土 冬季施工技术

1 引言

目前，国内多数施工单位对混凝土的冬季施工防护措施比较重视，但混凝土浇筑存在一些不足，主要体现在准备工作不充分、保温措施没有严格落实、养护工作不到位等方面。针对以上不足应该采取应对措施，做好准备工作，在混凝土拌和、浇筑时采取有效的保温措施，尽量降低低温施工带来的影响，确保工程质量。本文根据相关文献并结合现场实际工作经验，提出了建设性的思路，仅供参考。

2 工程自然条件

2.1 水文气象

两河口水电站属于雅砻江流域，河段地处青藏高原东缘梯级地貌的过渡地带，气候属青藏高原亚润气候区，主要受高空西风环流和西南季风影响，干、湿季分明。冬季为干季，期间日照多，湿度小，根据雅江、道孚、新龙三县的资料，年平均气温 9℃，1 月平均气温 1℃，7 月平均气温 16.5℃，极端最低气温为－15.9℃，昼夜温差大，垂直气候变化显著。

2.2 水文地质条件

地下水类型主要为第四系松散层孔隙水和下伏基岩裂隙水，地基土为强透水层，受大气降水和沟水补给，向雅砻江排泄，钻孔揭示地下水埋深 10～15m。

3 道路管理

对由本标段负责维护的施工路段，每天派专人进行清扫，确保路面无结冰现象。在设计、修建施工便道时，充分考虑冬季施工的要求，并合理布置截、排水沟。一旦进入冬季，每天安排专人对施工便道进行清洁值班。在下雪时，及时对积雪进行清扫，及时清理融雪在路面产生的积水，避免气温骤降时积水结冰。

4　风水电管理

做好施工供风、供水、供电设施的布置及管线的布设工作。供水管道及排水管道不使用或停用超过 1h，均要排空管内积水，以防结冰堵塞管道。进入冬季施工，全面对供风、供水、供电设施及管线进行检查；供水管道不得有漏水现象，以免冬季施工过程中供水管道漏水导致路面、仓面结冰；照明灯、供热设施不得紧贴保温板，避免对保温板造成损害；供风管路和储气罐进场检查，及时排除管路和罐内积水。

5　施工准备工作

为保证冬季施工措施顺利、高效实施，本标段将做好如下施工准备工作：

（1）设置气象联络员专门采集气象信息，在进入冬季前，预先收集本地气象台（站）历年气象资料，建立观测制度，设置工地气象观测点，及时掌握气象变化趋势及动态，以利于安排施工，做好预防工作。

（2）提前对项目现场管理人员进行冬季施工培训，学习冬季施工相关专业知识，明确各自职责，保证责任到人；对各作业班组进行技术、质量、安全等方面的交底和分工种进行专门培训，确保冬季施工措施落实到位。

（3）施工管理部提前做好冬季施工所需的器具、保温材料〔如保温被、测量大气及非接触式红外线快速测温器（枪式）、围挡用的彩条布或篷布等材料〕计划，机物部根据材料计划及时采购物资，确保冬季施工顺利进行；对机械设备、管线等进行全面检修，更换老化元件，备用一定量的易损零配件；结合机械设备的换季保养，及时更换润滑油，提前储备符合本地防冻要求的防冻液，并提前搭建好暖棚车间。

（4）冬季期间，所有设备均采用抗冻柴油，并按要求定期进行维护和保养，不得超负荷工作，对不满足现场要求的施工机械不得使用。提前对易受冻输水管路采用保温材料包裹，对水池采取覆盖保温被的措施进行保暖。提前选择并储存好满足冬季施工要求的原材料。

（5）提前检查住房及仓库是否满足过冬要求，及时按照冬季施工要求设置保温棚，准备好加温器具，同时，做好防火措施，棚内安设通风口，保证通风良好，并准备好各种抢救设备。提前做好施工现场防寒保暖工作，对道路和作业区采取防滑措施，储备足够的融雪剂（出于环保考虑，非紧急情况尽量不用），道路湿滑时车辆安装防滑链，以保证施工道路上的机械设备正常通行。

6　混凝土施工

6.1　冬季施工对原材料的要求

6.1.1　原材料的温度控制

（1）水温的控制。冬季施工用水应以热水为主，采用电热水器直接加热，控制水温约60℃。水加热时要严格控制其温度，并设专人进行温度测量。

（2）骨料的温度控制。冬季施工时，必须搭设暖棚对骨料进行保温，保证砂石骨料温度大于 5℃，以满足混凝土的冬季施工要求。

（3）水泥的温度控制。水泥不允许直接加热，因此在搅拌前，先将水泥放入暖棚内，保证水泥搅拌前温度不低于 5℃。

6.1.2　水泥和外加剂

水泥优先选用硅酸盐水泥、普通硅酸水泥，混凝土的水泥最小用量不少于 300kg/m³，水灰比不大于 0.6。掺用防冻剂的混凝土，严禁使用高铝水泥。在冬季浇筑的混凝土工程，应根据施工方法合理选用各种外加剂。

6.2　混凝土的搅拌

根据招标文件要求，本工程主体项目施工用混凝土由低线拌和系统提供，搅拌时水温控制在 60℃左右，混凝土出机口温度不低于 10℃；其他临建工程用混凝土由左下沟自建拌和站拌制，安排在 10：00 以后气温高于 5℃后施工，采用 60℃热水拌制，满足出机口温度不低于 10℃要求。

6.3　混凝土运输

混凝土采用搅拌车运输，运输路线多为隧道，运输时多装快运，少倒运，少在明线段停留。减少混凝土在运输过程中的热量损失。混凝土罐车采用外包混凝土罐车保温被的方式，以保证冬季混凝土运输质量。混凝土罐车冬季保温措施如图 1 所示。

图 1　混凝土罐车冬季保温措施

运输设备要有可靠的防风措施，并尽量保温。各种运输设备在工作结束时，必须立即用蒸汽或热水冲洗干净；恢复工作时要首先加热。冬季施工使用的各种机械应全面检查，更换冬季用润滑系统用油及燃料，对有问题的机械设备及时修理，不得带故障运转。

机械在使用前应首先检查传动系统，无冻结情况后方可启动。每日工作前对所用机械进行预热，并做详细检查，确认无问题后正式作业。运输车辆每日施工完毕后排空水箱余水，防止冻结。

6.4　钢模板保温

钢模肋间填塞导热系数不大于 $0.03W \cdot (m \cdot ℃)^{-1}$、5cm 厚的聚苯乙烯泡沫板聚苯乙烯泡沫板如图 2 所示。为防止聚苯乙烯泡沫板脱落，采用胶水将聚苯乙烯泡沫板牢牢粘贴在模板上。

图 2　聚苯乙烯泡沫板

6.5　混凝土的施工

混凝土浇筑前，必须切实做好备仓工作，各相应技术人员和设备必须提前配备到位，泵送系统须提前做好检修，并备好相应配件，提前将备用发电机调试好并配置到位。混凝土浇筑时要保证混凝土的均匀性和密实性以及结构的整体性，同时应保证尺寸准确，钢筋、预埋件位置准确，以确保拆模后混凝土表面平整、光洁。

施工缝的位置宜留在结构剪力较小，且便于施工的部位，在施工缝处浇筑混凝土时，应先清除掉水泥薄膜和松动石子，并冲洗干净，使接缝处原混凝土的温度高于 5℃，然后涂抹一层水泥浆或与混凝土砂浆成分相同的砂浆。

混凝土浇筑时，易与容器冻结，故在浇筑前应采取防风、冻结保护措施，一旦发现混凝土冻结必须做出退场处理。混凝土拌和物入模浇筑时，必须经过振捣，使其内部密实，并充分填满模板各个角落，以达到设计要求。浇筑模板使用保温模板，振捣混凝土采用机械振捣，振捣要快速。在进行混凝土浇筑时必须四周对称浇筑，防止由一端向另一端推移浇筑时造成模板受力不均匀产生倾斜给施工带来难度，且浇筑必须连续、高效进行，争取在较短的时间内完成。

尽量减少因施工操作引起的混凝土温度损失，如减少混凝土暴露时间，及时对混凝土进行保温。冬季前浇筑但强度没有达到设计要求的混凝土，应用保温被覆盖进行保温。

施工期间，认真测量室外温度、浇筑混凝土原材料的温度、浇筑混凝土出机口温度、入模温度和养护温度等，并实施 24h 气温监测，做好记录，及时反映到技术部门，技术部门再根据实际测温记录对施工措施进行及时调整。冬季施工时，可按以下要求进行温度检查：①外界气温每 4h 至少测量一次；②水温及骨料温度每 2h 至少测量一次；③混凝土的机口温度和浇筑温度，每 2h 至少测量一次；④已浇混凝土内部温度，浇后 3 天内需特别加强观测，以后可视气温及构件情况定期观测。测温时重点关注边角最易降温的部位；进行温度检查时，测温点布置应全面，以准确反映混凝土的温度情况，应在混凝土结构迎风面、背风面、两侧及顶部均设有测温孔。测温时，仪器应与外界隔离并留在测温孔内不小于 3min，测温孔应编号，同时做好记录。

6.6　混凝土的养护

确保混凝土环境温度不低于 5℃。混凝土外用保温被进行覆盖，在负温情况下不得洒水养护。

6.7　混凝土的拆模与表面保温

混凝土模板拆除的时间应按结构特点、自然气温和混凝土所达到的强度来确定，混凝土强度必须满足抗冻要求，同时要求达到设计强度 40％以上。一般以缓拆为宜。冬季拆除模板时，应满足温控防裂要求，并遵守内外温差不大于 20℃或 2～3 天混凝土表面温降不超过 6℃。

在拆除模板过程中，如发现混凝土有冻害现象，应暂停拆除，经处理后方可继续拆除。拆除模板后采用塑料布覆盖进行养护，塑料布外用保温被进行覆盖。保温模板如不影响下一道工序施工，可不拆除，直至寒冷气温结束。

7　结论/结束语

由于两河口工程处于高寒高海拔地区，使得冬季气温异常寒冷，在这样的季节下施工，非常容易出现质量事故，因此冬季是混凝土施工质量问题的多发季节。本文重点分析了混凝土冬季施工中的施工措施，结合实际工作经验，对混凝土冬季施工条件下引发的凝结时间限制、浇筑温度、保温措施、拆模时间等问题进行了分析，并对具体的解决措施做了研究，提出了相应的养护方法，以保证工程的质量。

冬季施工往往受到温度的影响而阻碍了施工的进展，而混凝土是施工中运用最多的材料，其浇筑质量的高低直接影响了工程的使用性能。因此，在工程施工中，尤其是冬季阶段更需要保证浇筑质量。

参考文献

[1] 施惠生，孙振平，邓恺编．混凝土外加剂实用技术大全 [M]．2008：618.

[2] 金连才．西藏高寒地区冬季混凝土施工新技术与方案选择 [D]．四川大学，2003.

[3] 周翀．谈混凝土工程在冬季施工过程中需要注意的问题 [J]．建材与装饰，2013 (1)：106-107.

[4] 卢传亮．水工混凝土冬季施工方法探讨 [J]．山西水利．2005 (02)：68-69.

[5] 郝臣君．寒冷地区冬季混凝土施工质量控制研究 [D]．西安科技大学，2012：1-77.

[6] 达娃．高寒地区混凝土施工技术及要点分析 [J]．产业与科技论坛，2013，(13)：131-132. doi：10.3969/j. issn. 1673-5641.2013.13.070.

作者简介

顿江（1977—），男，工程师，主要从事水利水电工程施工技术工作。

双江口水电站 300m 级坝肩开挖质量控制

康向文　李　鹏　刘成友

（国电大渡河流域水电开发有限公司）

[摘　要]　双江口水电站为大渡河流域水电梯级开发的上游控制性水库工程，拦河大坝为世界第一高砾石土心墙堆石坝，坝肩开挖质量好坏直接影响到后期大坝混凝土浇筑及固结灌浆等基础处理工作。为切实做好坝肩边坡开挖质量控制，依托双江口智慧工程建设，创新管理方式和管理手段，针对双江口大坝坝肩开挖制定了一套行之有效的控制措施，取得了良好的效果。

[关键词]　双江口　坝肩开挖　质量

1　工程概况

双江口水电站是大渡河流域水电规划"3库22级"开发方案的第5级，位于四川省阿坝州马尔康市、金川县境内大渡河上源足木足河、绰斯甲河汇口以下约2km河段，是大渡河流域水电梯级开发的上游控制性水库工程。该工程为一等大（1）型工程。枢纽工程由拦河大坝、泄洪建筑物、引水发电系统等组成。拦河土质心墙堆石坝，最大坝高312m，坝顶高程2510.00m。

左岸坝肩主体介于勘探剖面横Ⅰ下游侧至横Ⅳ勘探剖面上游侧间，整个坡段总长约300m，总体走向N50°～W60°，自然坡度35°～53°，下游侧为崩坡积物覆盖，崩坡积物厚度10.1m～32.70m。左岸坝肩边坡无控制性规模较大的软弱结构面存在，自然边坡和工程边坡整体稳定。左岸堆石坝心墙沿轴线开挖高度约370m～380m，心墙及反滤区坝基边坡开挖坡比1：1.15～1：1.3。右岸坝肩主体介于勘探剖面横Ⅰ下游侧至横Ⅳ勘探剖面上游侧间，基岩裸露，坡段总长约340m，总体走向N65°～W75°，自然坡度一般45°～60°，2400m高程以下基岩陡壁坡度达70～75°，坡脚上、下游分布倒石堆，为块碎石层。右岸坝肩虽发育规模较大的F1断层，但其产状陡立，边坡岩体致密坚硬，风化弱，边坡整体稳定。右岸堆石坝心墙沿轴线开挖高度约350m～360m，心墙及反滤区坝基边坡开挖坡比1：0.8～1：0.58。

综上，双江口水电站坝肩边坡河谷深切，谷坡陡峻，开挖高差大，对工程质量控制是一个很大的考验。因此，须高度重视双江口水电站坝肩开挖质量控制，制定切实有效的质量管控措施。

2　质量管理体系

贯彻"百年大计，质量第一"和"质量管理预防为主"的质量管理方针，确定了"高标准通过达标投产考核，争创国家优质工程奖"的质量目标，双江口建设分公司组织建立和完善了双江口水电站枢纽工程质量管理体系。

2.1　工程建设管理模式

双江口水电站枢纽工程建设按照国家法律法规和国家基本建设程序要求，严格执行了项目业主负责制、招标投标制、工程建设监理制和合同管理制。按照工程建设中"业主（含项目管理单位）是核心、设计是龙头、监理是关键、承包商是保证、地方是保障"的关系界定，理顺五方关系。项目建设管理单位采用"5 中心＋3 部门"负责枢纽工程建设管理。

2.2　引进专业技术管理

为提升双江口水电站枢纽工程建设质量管理水平，引进试验检测中心、安全监测中心、物探检测中心、测量中心、水情测报中心等专业技术管理中心，授权其代表项目管理单位对枢纽工程建设管理体系和各单位质量管理行为进行全面监督和检查。专业技术管理中心的引进，使得质量管理体系更加完整，工程管控重点更为突出，工程质量管理责任和控制环节更加明确。

2.3　智慧引领

依托智慧工程建设，创新管理手段，研发质量验评 PDA、安全管理 APP、智能安全帽等应用，促进工程建设管理高效有序；组建双江口水电站大坝工程坝肩开挖 QC 小组，积极开展争优创优和全面质量管理活动，攻关坝肩边坡开挖施工过程中遇到的质量、技术重难点等。

3　工序质量控制措施

3.1　工序质量控制

针对本工程开挖爆破施工特点，制定切实可行、便于操作的质量控制措施。加大对开挖爆破作业的全工序、全过程的监督检查力度，对主要工序实行全过程的跟踪控制。实行工序验收合格证制度，主要工序都必须由技术人员验收并签发合格证，否则不准进行下一序的施工。根据技术要求和国家规范制定各工序的质量控制标准。对开挖爆破作业进行详细的工序划分，共分为 23 个工序进行控制，双江口水电站坝肩开挖爆破工序图如图 1 所示。

（1）爆破设计。钻爆作业施工前，技术人员根据设计开挖断面、开挖分区、施工顺序及施工道路的布置，结合现场实际情况进行爆破设计。根据上一层开挖爆破所披露的地质情况，分区、段进行参数选定及预裂孔线装药量的调整，并在爆破设计参数表里反映出来。结合现场岩石构造及设计对单响药量、总装药量、爆破速度等参数，开挖总体布置、开挖方式等要求进行爆破设计。不断根据上次对应部位的爆破效果进行爆破参数的优化，使之与现场情况紧密结合，便于前方施工，并通过爆破设计来控制、规划、指导现场开挖施工工作。在爆破设计审批上执行层层把关、层层控制，审批通过以后才报送监理部进行最后的批准。爆破设计批复以后方可组织施工。

（2）钻孔平台的找平清理。开挖范围内大面找平及对虚渣清理，使大面平整且露出岩面，便于布孔及钻机的定位。对该部位的上钻平台严格控制，首先开挖至设计高程；距预裂孔边线 2m 范围内，大面平整控制在 20cm；清除表面积水、虚渣和松动岩石，否则开

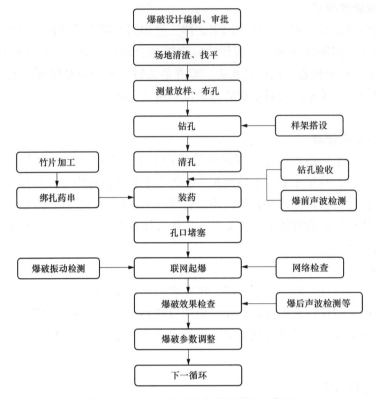

图1 双江口水电站坝肩开挖爆破工序图

口不易准确，同时避免岩渣掉入孔内，引起卡钻，孔口表面岩石必须垂直于钻杆，否则容易使钻机上飘和下沉造成超欠挖，若出现以上情况则处理方法是采用人工修凿或钻机只冲击不旋转，等凿出一个平台以后才进行钻进。

（3）测量放样。预裂孔位测量，逐孔进行放点，孔位点与方向点的误差必须在所要求的误差范围之内，保证放点精度。坝基预裂孔必须对应1个方位点，位于孔位点对应的前方，并且距孔位不小于2.5m，以保证QZJ-100B钻机方位控制的精度。

（4）质控、施工方法技术交底。每一梯段爆破上钻前，由项目总工程师组织技术员、现场管理人员、钻工、爆破工副班长以上人员进行质量控制标准，施工方法，技术措施，计划完成时间的交底。每班上钻前作业队技术人员严格按照爆破设计内容（孔位、孔深、孔距、倾角等）、过程控制方法（定位方法、倾角、测量方法、开口、复测方法等）向钻工做详细的书面交底，同时做好清孔、验孔及孔的保护工作。交底工作必须有记录，交底人须在交底记录上签名。

（5）器具检查与校验。

1）罗盘、量角器的校验：①每班钻孔前施工技术人员必须对当班使用的罗盘、量角器进行校验，校验工作必须在校准板上进行；②对使用的罗盘、量角器必须进行编号，并相应标识出误差值，以便在使用过程中修正误差值；③罗盘、量角器误差值超过0.5°必须停止使用；④做好检查、校验记录，以备检查。

2）钻杆的检查：每班必须对使用于坝基预裂孔造孔的钻杆采用 1m 钢板尺进行检查，严禁使用弯曲的钻杆。

3）在钻孔施工的过程中，钻机中下部位的托钎器和限位挡板，有控制孔向的作用，必须经常检查其间隙，间隙大了失去控制作用时需更换。

（6）造孔。开孔时严禁钻头偏移，使用小冲击少钻进的方法，钻进深度达到 10cm 经检验合格后方可正常钻进，以后每钻进 0.5m、1m，每一根钻杆都要校核一次，各复测一次钻杆中心线顶面的倾角和方向，以了解成孔情况。钻孔倾角控制原则：采用罗盘进行初调，以可调性的量角器控制为主，使量角器的线锤指针调整到设计角度；方位控制采用线锤和钻杆确定的三角平面来控制，使线锤与钻杆重合，并在钻机钻进过程中做到 3m 以内每钻进一根钻杆检查校核一次。3m 以上每 2～3 根钻杆校核一次。

（7）终孔检查。每一孔造完以后，当班技术员应及时督促清除孔内的石渣及岩粉，用测斜仪对孔深、孔倾角、方位角进行检查，合格后用编织袋进行堵塞保护。对不合格孔，用水泥浆进行填塞，进行返工处理，并填写《周边孔造孔验收记录表》。

（8）验收。每一爆破区域造孔完以后，现场技术员应进行造孔检查验收，并提交验孔资料和造孔平面大样图。检查结束达到造孔质量要求，共同签发《造孔验收合格证》，进行爆破作业申请工作。

（9）装药、网络联结、网络检查。炮工在接到《爆破申请单》和《造孔验收合格证》以后才能进行装药，并严格按照爆破设计执行，对装药结构、网络形式、单孔药量、单响药量要进行严格控制，严格爆破操作规程和操作工艺，现场技术人员对装药联网的全过程进行控制，对整个网络联结要全部检查，无误后方可进行爆破。

（10）起爆。待网络连接结束并检查无误后，才能准于起爆。

（11）爆破效果分析。为切实提高左、右岸坝肩开挖施工质量，对每一次较大规模的爆破，在爆破完毕后，对爆破效果在现场进行分析总结评定并填写评定表格。根据评定表格对爆破设计进行优化处理、改进，为下次爆破提供更优化的爆破参数。建立开挖爆破技术档案，对每一次爆破及时进行记录资料的收集、整理、分析、总结并进行归档工作，以不断改进爆破参数，提高爆破施工技术水平。

3.2 过程质量控制

3.2.1 调整爆破参数，确保爆破质量

（1）针对基岩边坡爆破开挖后存在局部范围松动偏大的情况，明确在下阶段边坡开挖过程中，分别通过调整预裂孔距、单耗药量（单响药量、装药结构等）、爆破梯段高度及三者相互组合，控制爆破效果，提升边坡开挖质量。

（2）优化调整期间的每次爆破施工，开展爆破振动监测和建基面爆破松弛深度检测，采集钻孔爆破参数，为调整开挖爆破施工参数提供数据依据。

3.2.2 严格爆破流程，控制施工环节

（1）强化钻孔作业人员技能培训和指导，合格后方可上岗作业。

（2）加强管理措施，实行预裂孔钻孔责任到人（定机、定孔、定人），采取奖罚措施，对钻孔多次不合格人员予以辞退或调换工作岗位。

（3）严格爆破开挖过程工序控制，实行爆破开挖"三准证"制度，即准造孔证、准装药证、准爆破证。监理工程师须严格工序验收，合格后方能进入下道工序施工。

（4）严格落实"一炮一设计"、"一炮一总结"，不断提高开挖水平，确保开挖质量满足设计及规范要求。

3.2.3 做好爆破开挖监测及其他工作

（1）爆破质点振动速度监测。左右岸坝肩开挖共进行 16 次 141 个测点的爆破质点振动速度监测，开挖坡面质点振速除个别测点超标外，基本上均小于 10cm/s，开挖爆破控制总体满足设计要求的控制标准。通过爆破质点振动速度监测，适时验证并调整爆破参数，从而控制爆破规模、检验爆破效果，确保爆破质量。

（2）爆破松弛深度检测。经跨孔、单孔弹性纵波波速检测，左岸高程 2340～2194m 坝坡爆破松弛深度 0.4～1.9m，总体平均 1.0m，爆破松弛层波速 3542～4847m/s，平均波速 4087m/s；松弛深度 0.4m 以下波速 3910～5410m/s，平均波速 4680m/s。距建基面 1m、2m、5m 范围内的岩体爆前爆后声波波速衰减率分别为 4.5%～12.3%、0.5%～3.1%、0.1%～0.6%。右岸高程 2360～2194m 坝坡爆破松弛深度 0.4～1.6m，总体平均 1.1m，爆破松弛层波速 3589～4791m/s，平均波速 4438 m/s；松弛深度 0.4m 以下波速 3878～5510m/s，平均波速 5141m/s。距建基面 1、2、5m 范围内的岩体爆前爆后声波波速衰减率分别为 5.2%～9.1%、0.2%～2.8%、0%～1.2%。开挖爆破控制总体满足设计要求的控制标准。

（3）安全监测。根据左右岸坝肩表观位移、多点位移计、锚杆应力计或锚索测力计监测成果分析，大坝心墙建基面和坝肩边坡、左岸危岩体和右岸危险源累计变形量总体较小，锚杆应力水平总体较低，锚索荷载基本稳定，边坡整体处于稳定状态。有效保证了施工期人员设备安全。

4 质量评价

经检测，左岸坝肩高程 2510～2340m，最大超挖 18cm，平均超挖 12cm，无欠挖，半孔率 92.5%。左岸坝肩高程 2340～2194m，最大超挖 28cm，平均超挖 12.3cm，最大欠挖 10cm，超欠挖合格率 86.2%～98.7%，平均 97.27%；平整度合格率 82.4%～100%，平均 94.59%；预裂残孔率 61.4%～94.3%，平均 87.28%。

右岸坝肩高程 2510～2360m，最大超挖 20cm，平均超挖 14cm，无欠挖，半孔率 90.0%。右岸坝肩高程 2360～2194m，最大超挖 27cm，平均超挖 11.6cm，最大欠挖 9cm，超欠挖合格率为 87.5%～98.2%，平均 96.93%；平整度合格率 81.8%～100%，平均 96.03%；预裂残孔率 60.1%～95.01%，平均 91.38%。

根据超欠挖、平整度、预裂孔半孔率等检测结果分析，坝基开挖体型及外观质量总体满足设计要求。坝肩开挖单元工程质量评定共计单元工程 491 个，合格率 100%，优良率 93.48%，满足规范及设计要求，开挖质量达到了"拱肩槽式"开挖质量效果。

5 结语

双江口水电站坝肩开挖通过建立健全质量管理体系，创新管理模式，智慧引领，综合运用各种检测及监测手段，强化过程质量管控，及时总结提升，达到了"拱肩槽式"坝肩开挖质量效果，值得国内同类型工程提供了参考和借鉴。

参考文献

[1] 段斌 . 300m 级心墙堆石坝筑坝关键技术研究［J］. 人民长江，2018，(1)：7-13.

[2] 孟顺，张国平，周建平 . 提高拱坝坝肩槽开挖质量的控制措施［J］. 人民长江，2018，49（24）：72-75.

[3] 李永利，唐茂颖，段斌，等 . 无人机航摄技术在双江口水电站智慧工程建设中的应用［J］. 神华科技，2018，16（8）：65-69.

[4] 吴杨 . 两河口水电站坝肩开挖质量控制［J］. 四川水力发电 . 2016.8：101-103.

[5] 张国平 . 浅谈杨房沟水电站大坝坝肩槽开挖质量管控要点［J］. 四川水力发电 . 2018.8：173-174.

[6] 李永利，唐茂颖，段斌，等 . 双江口水电站智能大坝系统建设探索 . 人民长江 . 2018.12.28.

[7] 唐茂颖，李善平，段斌，等 . 双江口水电站智慧工程建设探索与实践 . 四川省水力发电工程学会 2018 年学术交流会暨"川云桂湘粤青"六省（区）施工技术交流会论文集 . 2018.11.14.

[8] 明明，陈佳文，刘洋 . 乌东德水电站坝肩槽开挖施工技术及质量控制研究 . 科技视界 . 2018.10.25.

[9] 张华南 . 白鹤滩水电站高边坡开挖与质量控制技术应用 . 水利技术监督 . 2018.9.13.

[10] 胡振邦，沈凯，彭冰 . 某坝肩边坡开挖优化设计方案研究 . 水利与建筑工程学报 . 2017.8.15.

[11] 涂扬举 . 建设智慧企业 推动管理创新 . 四川水力发电 . 2017.2.15.

[12] 段斌，李善平，严锦江，等 . 300m 级心墙堆石坝可研阶段筑坝关键技术研究 . 西北水电 . 2017.3.14.

[13] 张世殊，杨建，田雄，等 . 大渡河双江口水电站区域构造稳定性评价 . 2011 年全国工程地质学术年会论文集 . 2011.8.3.

[14] 张继宝，陈五一，李永红 . 双江口土石坝心墙拱效应分析 . 岩土力学 . 2008.11.10.

[15] 许峰 . 金沙江叶巴滩水电站左坝肩岩体质量评价 . 成都理工大学 . 2014.5.1.

作者简介

康向文（1981—），男，湖南新化，高级工程师，主要从事水电工程技术管理工作 .

李　鹏（1980—），男，湖北钟祥，高级工程师，主要从事水电工程技术管理工作 .

刘成友（1992—），男，河南商丘，助理工程师，主要从事水电工程技术管理工作 .

悬挑式作业平台在高边坡锚索施工中的应用

李艳杰

(中国水利水电第十二工程局有限公司　水电分局)

[摘　要]　根据两河口水电站工程进水口边坡实际地质条件以及工期等要求，进水口 2806.7m 高程以下直立坡锚索施工采用搭设悬挑式作业平台，以降低锚索与开挖工序的干扰，在确保边坡稳定的前提下加快施工进度。

[关键词]　悬挑式锚索平台应用

1　概述

两河口水电站进水口塔背直立边坡 EL.2806.7～EL.2763m 为垂直开挖，边坡工程地质以Ⅳ类、Ⅴ类为主，岩体卸荷松弛明显，边坡稳定性较差。边坡布置锚索 3 排，高程由上到下分别为 EL.2803m、EL.2798m、EL.2793m。底排锚索距离进水塔底板高差 30m。为保证边坡稳定、限制卸荷松弛，设计要求开挖工作面与永久支护中的预应力锚索的高差不应大于 30m。待开挖梯段降至底板面高程后再搭设落地式脚手架进行剩余锚索施工工序的作业，从钻孔→下索注浆→锚墩浇筑→张拉→封锚，显然会占用较长的直线工期，且锚索施工如果不能及时跟进，对边坡稳定不利。考虑工期和边坡不稳定因素，采用搭设悬挑式作业平台施工，以降低锚索与开挖工序的干扰，在确保边坡稳定的前提下加快施工进度。

2　悬挑式作业平台设计

2.1　总体设计

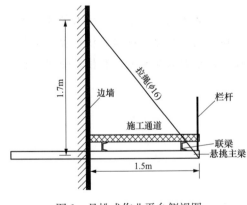

图 1　悬挑式作业平台侧视图

（1）作业平台采用联梁悬挑形式。悬挑主梁采用 [8 槽钢，槽口水平，其中外挑长度 1.5m，主梁间距 2.4m。锚固段采用 M20 水泥砂浆注浆密实。

（2）在悬挑主梁上沿纵向通长铺设 2 根 [6.3 槽钢，槽口水平，间距 1.1m。主梁与联梁接触位置焊接牢固并采用两圈 10 号铁丝进行绑扎作为辅助的固定措施。

（3）主梁上部拉绳采用直径 16mm 钢丝绳。经设计同意，拉绳上端与系统锚杆连接固定。悬挑式作业平台侧视图如图 1 所示。

2.2　构件设计

悬挑式作业平台构件参数信息如下：

（1）可变荷载参数。可变荷载参数为 1.12kN/m²（按照 3 人×80kg、张拉机具 500kg、材料及其他 100kg，分布于 5m×1.5m 的区域内予以估算均布荷载，其中 5m 为锚墩间距、1.5m 为施工作业平台宽度）。

（2）永久荷载参数。根据《建筑施工扣件式钢管脚手架安全技术规范》（JGJ 130—2011），竹串片脚手板自重标准值为 $0.35kN/m^2$。根据《扣件式钢管脚手架计算手册》，栏杆、竹串片脚手板挡板自重标准值为 $0.14kN/m$。

2.2.1 联梁

联梁选择 [6.3 槽钢，槽口水平，其截面特性为：截面积 $A=8.44cm^2$，惯性矩 $I_x=50.79cm^4$，转动惯量 $W_x=16.123cm^3$，弹性模量 $E=206\,000N/mm^2$。取外侧联梁槽钢进行受力分析。

（1）荷载计算。

1）竹串片脚手板自重标准值为 $0.35kN/m^2$，转化为线荷载 $Q_1=0.35×1.5/2=0.26$（kN/m）。

2）[6.3 槽钢自重荷载 $Q_2=0.06kN/m$。

3）栏杆、挡脚板自重荷载 $Q_3=0.14kN/m$。

经计算，均布荷载计算值 $q=1.2×(Q_1+Q_2+Q_3)=0.552$（kN/m）；集中荷载计算值 $P=1.4×1.12×1.50×2.40/2=2.822$（kN）。

（2）内力计算。内力按照集中荷载 P 与均布荷载 q 作用下的简支梁计算。

弯矩：$M_{max}=\dfrac{ql^2}{8}+\dfrac{Pl}{4}$，经计算 $M_{max}=2.09kN \cdot m$。

扰度：$v_{max}=\dfrac{5ql^4}{384EI}+\dfrac{Pl^3}{48EI}$，经计算 $v_{max}=10mm$。

（3）承载能力计算。

$$\sigma=\frac{M_{max}}{W}=129N/mm^2<f=205N/mm^2$$

$v_{max}=10mm≤[v]$，其中 $[v]=l/150$，不大于 10mm。

经计算，联梁槽钢的扰度、强度满足要求。

2.2.2 悬挑主梁

施工作业平台悬挑主梁按照上拉型支点的简支梁模型计算。

悬挑主梁选择 [8 槽钢，槽口水平，其截面特性为：截面积 $A=10.24cm^2$，惯性矩 $I_x=101.30cm^4$，转动惯量 $W_x=25.30cm^3$，弹性模量 $E=206\,000N/mm^2$。

（1）荷载计算。

1）受内联梁集中荷载 $P_1=(0.552×2.4+2.822)/2=2.037$（kN）。

2）受外联梁集中荷载 $P_2=(0.552×2.4+2.822)/2-0.14×2.4=1.737$（kN）。

3）[8 槽钢自重荷载 $Q_4=0.08kN/m$。

（2）内力计算。悬挑主梁受力简图如图 2 所示。

$P_2=1.737kN$，$P_1=2.037kN$，$a=e=0.2m$，$q=Q_4=0.08kN/m$，$l_b=1.1m$，$l=1.5m$。

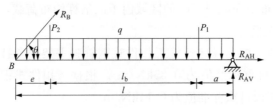

图 2　悬挑主梁受力简图

支座反力：

$$R_{AV} = \frac{P_2 e + P_1 (l_b + e)}{l} + \frac{ql}{2}$$

$$R_{AH} = -\cot\theta \times \left[\frac{P_2 (l_b + a) + P_1 a}{l} + \frac{ql}{2} \right]$$

$$R_B = \frac{1}{\sin\theta} \times \left[\frac{P_2 (l_b + a) + P_1 a}{l} + \frac{ql}{2} \right]$$

$R_{AV} = 2.057\text{kN}, R_{AH} = -1.620\text{kN}, R_B = 2.449\text{kN}$

弯矩：

$$M_1 = \frac{P_2 e (l_b + a) + P_1 ae}{l} + \frac{qe(l_b + a)}{2}$$

$$M_2 = \frac{P_2 ea + P_1 (e + l_b)a}{l} + \frac{q(e + l_b)a}{2}$$

M_1、M_2 中较大者为 $M_{\max}$。

$M_1 = 0.365\text{kN} \cdot \text{m}$，$M_2 = 0.409\text{kN} \cdot \text{m}$，$M_{\max} = 0.409\text{kN} \cdot \text{m}$。

扰度：

$$\upsilon_1 = \frac{2P_2 e^2 (l_b + a)^2 + P_1 al^3 [\omega_1 - (a^2 e/l^3)]}{6EIl} + \upsilon_1'$$

$$\upsilon_2 = \frac{P_2 el^3 [\omega_2 - e^2 (l_b + a)/l^3] + 2P_1 (l_b + e)^2 a^2}{6EIl} + \upsilon_2'$$

$$\upsilon_3 = \frac{\upsilon_1 + \upsilon_2}{2} + \frac{5ql^4}{384EI} - \frac{\upsilon_1' + \upsilon_2'}{2}$$

其中：

$$\upsilon_1' = \frac{ql^3 e}{24EI} [1 - (2e^2/l^2) + (e^3/l^3)]$$

$$\upsilon_2' = \frac{ql^3 (e + l_b)}{24EI} \{1 - [2 (e + l_b)^2/l^2] + [(e + l_b)^3/l^3]\}$$

式中　$\omega_1 = \xi - \xi^3$，$\omega_2 = \zeta - \zeta^3$，$\xi = (e + l_b)/l$，$\zeta = (a + l_b)/l$。

υ_1、υ_2、υ_3 最大者为 $\upsilon_{\max}$。

经计算 $\upsilon_1 = 0.018\text{mm}$，$\upsilon_2 = 0.025\text{mm}$，$\upsilon_3 = 0.041\text{mm}$，最大扰度 $\upsilon_{\max} = 0.041\text{mm}$。

（3）承载能力计算。

$\upsilon_{\max} = 0.041\text{mm} < [\upsilon] = 10\text{mm}$，其中 $[\upsilon] = l/150$，并不大于 10mm。

经计算，悬挑主梁槽钢的扰度、强度满足要求。

2.2.3 拉绳

钢丝绳受力计算简图如图 3 所示。

（1）钢丝绳受力计算。钢丝绳所受拉力为 F，由 $\tan\theta=1.7/1.5=0.019$，得 $\theta=48.6°$；又由 $F\times\sin\theta\times1.5=P\times1.3+P\times0.2+q\times1.5\times1.5/2$，可得 $F=3.45\text{kN}$。

（2）钢丝绳选用。

$$F\leqslant[F_g]$$

$$[F_g]=\frac{\alpha F_g}{K}$$

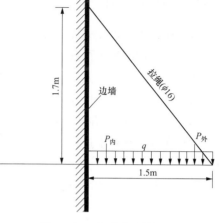

图 3　钢丝绳受力计算简图

式中　$[F_g]$——钢丝绳的容许拉力，kN；

　　　F_g——钢丝绳的钢丝破断拉力总和，kN，直径 16mm 钢丝绳的钢丝破断拉力总和为 213kN；

　　　α——钢丝绳之间的荷载不均匀系数，直径 16mm 钢丝绳之间的荷载不均匀系数取 0.9；

　　　K——钢丝绳使用安全系数，按 $K=6.0$ 取用。

经计算 $[F_g]=31.95\text{kN}$，$F<[F_g]$，所以选取直径 16mm 钢丝绳符合要求。

2.2.4 锚杆

进水口直立边坡布置普通砂浆锚杆 C32（$L=9.0\text{m}$）、C28（$L=6.0\text{m}$），梅花形交错布置，间距 1.5m，外露 10cm。根据锚杆锚固质量检测结果，同意拉绳上端与系统锚杆固定。

3　悬挑式作业平台施工

悬挑式作业平台施工程序：悬挑主梁锚固段钻孔→悬挑主梁［8 槽钢安放及注浆→拉绳固定→纵向联梁［6.3 槽钢铺设及焊接→面层铺设及固定（栏杆跟进）。

（1）悬挑主梁施工。在履带式锚固钻机钻设锚索孔过程中，同步跟进主梁槽钢锚固段的钻孔工序。孔深 1m，孔径不小于 90mm。随后跟进主梁安放及注浆，锚固段采用 M20 水泥砂浆注浆密实。

（2）拉绳施工。拉绳下端与主梁固定，拉绳上端与系统锚杆固定，每端采用两个固定卡扣。下端与边墙距离 1.5m，上端与墙支点距离 1.7m。

（3）纵向联梁铺设。主梁施工完成一段后，分段跟进纵向联梁的铺设，主梁与联梁接触位置焊接牢固并采用两圈 10 号铁丝进行绑扎连接作为辅助的固定措施。

（4）竹串片脚手板铺设、临边防护栏杆和竹串片脚手板挡板安装、安全网挂设随纵向联梁铺设而跟进。

4　悬挑式作业平台使用

（1）作业平台搭设完成，经验收合格后方可投入使用。

（2）作业层的施工荷载不得超过设计荷载。材料应分散堆放，不得集中堆放。

（3）施工人员必须佩戴安全帽、安全带，穿防滑鞋，挂设安全绳。

（4）禁止夜间进行作业平台的搭建、拆除作业。

（5）冰雪天气必须随时清理平台上的冰雪，以防人员摔倒失稳。

（6）在施工平台上进行电、气焊作业时，应有防火措施和专人看守。平台上严禁使用碘钨灯。

（7）作业平台上用电设备的电缆必须由持证电工统一布设，并具有可靠的绝缘层，不得裸露。

（8）定期对作业平台进行安全检查，若发现有焊接松动等安全隐患存在及时进行整改。

（9）施工过程中必须与开挖部门建立良好的信息交流机制，爆破作业期间人员全部撤离至安全地带。

5　悬挑式作业平台拆除

（1）作业平台拆除前对施工人员进行交底，并由专人负责指挥。拆除时必须划出安全区，并设置警戒标志，派专人看守。

（2）拆除前应清除作业平台上杂物及地面障碍物。

（3）作业平台拆除作业必须由上而下逐层进行，严禁上下同时作业。

（4）当多人同时进行拆除作业时，应明确分工、统一行动，且应有足够的操作面。

（5）拆除下来的构配件必须传递，严禁直接抛下，材料分类堆放。

（6）拆除的构配件应分类堆放，以便于运输、维护和保管。

（7）遇 6 级及以上大风、雨雪、大雾天气时，应停止作业平台拆除作业。

6　结束语

通过在进水口 2806.7m 高程以下直立边坡搭设悬挑式作业平台进行锚索施工，将进水口边坡开挖工作面与锚索支护工作面隔离，降低锚索施工与开挖工序的干扰，及时保证边坡稳定，加快了施工进度，保证了工期节点目标的顺利实现。

参考文献

[1] 王玉龙．扣件式钢管脚手架计算手册 ［M］．北京：中国建筑工业出版社，2008.

高坪桥水库混凝土面板施工及质量控制

李文强　　曹望龙

（中国水利水电第十二工程局有限公司）

[摘　要]　高坪桥水库面板混凝土采用无轮无轨滑模施工工艺，滑升速度快，表面光滑平整。在大坝填筑到顶经过预沉降 5 个月后再进行面板混凝土浇筑。在质量控制方面，着重对配合比、原材料、坍落度、振捣及养护、防护等进行监控。本文主要讲述了混凝土施工及面板防裂技术质量控制。

[关键词]　高坪桥　混凝土面板　施工　配合比　防裂

1　工程概况

高坪桥水库工程位于浙江省衢州市龙游县社阳乡高坪桥村，水库坝型为混凝土面板堆石坝，最大坝高 61m。面板混凝土共分 28 块，面板厚度为 40cm，其中中部为 13 块 12m 宽的面板，两岸边为 15 块 8m 宽的面板，面板厚度为 40cm，上游坝坡为 1∶1.3，最大斜长 96.4m，面板设计总面积 19 320m²，混凝土设计标号为 C30W10F100，一期施工，从 2018 年 3 月 6 日开始施工至 5 月 5 日结束，共浇筑混凝土总量为 8505.2m³。

高坪桥水库面板混凝土采用无轮无轨滑模施工工艺跳仓浇筑，滑升速度快，表面光滑平整。在大坝填筑到顶经过 5 个月预沉降，满足月沉降 5mm 以内的要求后，再进行面板混凝土浇筑。在质量控制方面，着重对配合比、原材料、坍落度、振捣及养护、防护等进行监控。

2　钢筋混凝土面板施工

2.1　模板安装

在侧模安装前，对砂浆垫层布置 3×3m 网格进行平整度测量，偏差控制在 ±5cm，局部超出部分进行人工凿除处理，确保垫层平顺、密实。

面板块与块之间设有伸缩缝，缝中设有两道止水，即止水铜片止水和表面嵌缝填料止水，止水铜片的垫层为 10cm 厚水泥砂浆和 6mm 的 PVC 垫片。砂浆垫层的平整度是确保面板平整的关键，施工中除按基准抹平外，还经过两次检查和修整，平整度控制在 5mm 范围内。止水铜片采用 1.2mm 厚卷材，由于铜片接头是止水的薄弱点，为了减少铜片接头，通过自制压模台制作，可连续压制，止水铜片在现场加工，长度与面板分缝等长，在止水铜片的凹槽内嵌入 φ12 氯丁橡胶棒和泡沫塑料板，并用胶带封口，防止水泥浆进入凹槽。

侧模由 20cm×20cm 方木制作，方木与止水铜片之间塞海绵作为止浆措施，方木与方木之间采用蚂蝗钉连接，并用双排对拉螺栓固定；侧模顶部中间设置一根 φ20 钢筋支承滑模，以减轻滑模滑行阻力。

面板混凝土浇筑采用整体式无轮无轨钢滑模施工，8m 宽面板施工采用长 10m、宽 1.2m 的整体式滑模，12m 宽面板施工采用宽 13.5m、长 1.2m 的整体式滑模。滑模超过面板条块宽度 1~2m，主要用于周边三角块的平移转动浇筑，达到周边三角块与主面板一起浇筑的目的，滑模上设置有工作平台和表面修整平台，直接在侧模或先浇块面板上滑行，使用方便。

2.2 钢筋网架设

面板设有单层的钢筋网，钢筋由加工厂集中加工，人工现场绑扎。绑扎时钢筋网的位置以测量放线为依据，先用 $\phi20$ 的钢筋布设成 200cm×200cm 的网点，打入基层深度 30cm，在插筋上绑扎架立筋，然后从下向上绑扎钢筋网。

2.3 滑模系统就位

滑模系统由滑模、卷扬机、滑轮等组成，其中 8t 卷扬机布置二台，作业时采用 $\phi25$ 钢丝绳，卷扬机锚固采用 2 块各重 5t 的预制混凝土块垂直堆放进行配重，用 25t 汽车吊吊装就位。为控制和调节卷扬机起吊角度，卷扬机固定在钢支架上，使滑模滑行时，牵引绳方向与面板坡比一致。滑模用 25t 汽车吊吊至该块侧模上或先浇块面板上，放平稳后，用保险钢丝绳与卷扬机支架固定牢，待卷扬机的牵引钢丝绳与滑模板连接好，松脱保险绳，用卷扬机将滑模板放到面板底部，并试滑两次。

滑模板就位后，即在钢筋网上布设 2 条溜槽，溜槽用 2mm 钢板制作，溜槽每节长 2m，上接集料斗，下至离滑模板前缘 1.0~1.5m 处，分段系在钢筋网上。

2.4 面板混凝土浇筑

2.4.1 面板混凝土配合比设计

针对面板混凝土的施工特性，在满足设计要求的强度、耐久性及和易性前提下，重点考虑其抗渗防裂问题，面板防渗的前提是防裂，通过掺加适量外加剂，改进施工工艺，采用低坍落度混凝土施工，提高混凝土本身的抗裂能力，防止面板产生裂缝。

（1）原材料选用。

1）水泥：选用红狮控股集团浙江青龙山建材有限公司生产的 P.O42.5 普通硅酸盐水泥，该水泥质量稳定、早期强度高、干缩变形小，可提高砼的抗拉强度和极限拉伸值，提高抗裂能力。

2）骨料：本工程大坝填筑石料场经我公司科研院检验吸水率均大于设计指标，不适合作为面板混凝土骨料。经过试验及综合考虑，大坝上游 400m 的管理房处的凝灰岩石料符合技术规范要求，适合轧制为人工骨料，其最大粒径为 40mm，共分为 5~20mm 和 20~40mm 两挡，吸水率控制在 2%以下，河砂的细度模数为 2.6~2.8，含泥量小于 1%。

3）外加剂：优选外加剂是提高面板混凝土抗裂能力的关键，通过大量试验研究，确定选用中国水利水电第十二工程局有限公司混凝土外加剂厂生产的防裂剂（VF）、引气剂（BLY）、高效减水剂（NMR-1）和建德岩峰建材有限公司生产的优质粉煤灰（Ⅱ级）。面板混凝土同时内掺入兰溪市科建建设工程材料有限公司生产的 KJ 聚丙烯抗裂纤维，掺量 0.9kg/m³，要求搅拌均匀。

（2）配合比的确定。经现场复核试验，得出试验配合比（见表 1），因此选用表 1 的配合比作为施工用配合比。

表 1 　　　　　　　　　　　　　　试验配合比

强度等级	水灰比	砂率（%）	材料用量（kg/m³）									
			水	水泥	粉煤灰 15%	河砂	小石	中石	NMR-1 高效减水剂 0.75%	BLY 引气剂 1.0%	防裂剂 10%	聚丙烯抗裂纤维
C30W10 F100	0.38	35	137	270	54	622	468	707	2.7	3.61	36	0.9

2.4.2 混凝土的制备和运输

拌和系统以就近布置、减少水平运输为原则，面板混凝土拌和系统布置在拦河坝上游右侧，距离右坝头约 450m，容量为 1m³，拌和能力不低于 30m³/h。另在拦河坝下游坝后坡空地新建一座 0.75m³ 拌和站作为备用。混凝土采用四辆 5t 农用车通过溢洪道交通桥运输至坝上，卸料至料斗通过溜槽入仓浇筑。混凝土的配合比严格按试验室签发的配料单配料，各种材料称量准确，经现场质检人员抽查，砂石料称量误差不超过 2%，水泥及外加剂称量误差不超过 1%，拌和时间不少于 120s，确保混凝土拌和均匀。

2.4.3 混凝土浇筑

混凝土运至坝顶后，将料卸入集料斗中，然后沿溜槽从坝顶溜至仓面。由于混凝土运距短，坍落度损失小，无分离现象，倒入料斗的混凝土均能自由下滑，不存在卸料困难和混凝土在溜槽内受阻现象。混凝土浇筑分层进行，做到"短滑、薄铺、浅振"。短滑指模板一次滑行距离短，控制在 30～40cm；薄铺指一次铺料厚度不能太厚，控制在 20～30cm；浅振指混凝土振捣时，振动棒要沿模板架铅直插入，不可伸入模板底部，以免造成模板架上抬而影响面板表面平整度。模板上滑后，对表面进行抹面，保证表面光洁。

在离滑模板前沿约 10～15cm 处，用 $\phi50$ 的插入式对混凝土进行捣实，直至表面泛浆，接着便依次向上振捣，振捣器垂直上游坝面插入，以目视混凝土不显著下沉，不出现气泡并开始泛浆为准。这种施工工艺，能保证混凝土密实，面板形体好，表面光滑平整。接缝止水处由于有止水设施，且钢筋密集，因此采用 $\phi30$ 型振捣器振捣。

实际施工过程中，滑模每次滑升距离为 30～40cm。滑模板呈间歇状移动，滑升速度过快，不能保证振捣质量；速度过慢，混凝土出模强度大，混凝土表面可能被拉裂。浇筑过程中，根据混凝土的坍落度，最快滑升速度为 3.3m/h，最慢滑升速度为 2.0m/h，平均滑升速度为 2.4m/h。

2.5 周边三角块的施工

岸坡段的混凝土面板，受地形条件的限制，面板底部成三角形，采用无轮无轨滑模施工，无侧向约束，滑升时两端可不必同步，有效地避免了三角块单独施工时出现的施工缝，提高了面板的整体性。浇筑时，先将滑模平行于周边趾板，在滑模的上沿从低端到高端逐步浇满混凝土，并逐步提升滑模较低的一端，高端不提升，使滑模旋转，直至三角块浇满，滑模已转成水平，转入正常滑升。

3　混凝土面板的防裂措施

面板混凝土的防裂是面板坝施工的一个重点，面板裂缝主要是由混凝土自身的收缩及外界温度、湿度变化引起的。针对裂缝的成因及浇筑期的特殊气候特点，结合其他面板坝施工的经验，在本工程中采取如下防裂措施：

（1）对于坝体填筑，严格按照填筑、碾压参数进行施工，并做好周边缝、两岸坡的接坡处理，以控制坝体的沉降量。

（2）减轻对面板的约束。采用 M10 水泥砂浆固坡，垫层密实、平顺，混凝土超（欠）填量少，保证了面板的形体匀称。

（3）原材料选择。水泥选用优质的 P.O42.5 普通硅酸盐水泥，提高砼的抗拉强度和极限拉伸值，控制砂石骨料的吸水率和含泥量，减少砼的收缩。

（4）采用双掺防裂外加剂。结合我公司其他面板施工的成功经验，本次掺入防裂剂（VF）和聚丙烯抗裂纤维，提高混凝土本身的抗裂能力，防止面板产生裂缝。

（5）采用低坍落度混凝土施工。面板施工前，反复进行了配合比试验，在坍落度仅为 2～4cm 的情况下，能保持优良的施工性能。

（6）对脱模后的混凝土，采用了二次压面工艺。即对脱模后的混凝土及时进行第一次抹面，待混凝土表面收水，再挂上安全绳，进行第二次压面。不仅提高了混凝土表面的光洁度和平整度，而且混凝土表面的密实度也得到提高，表面气孔大大减少。

（7）面板浇筑期间属于多雨季节，降雨概率为 50% 以上，为避免混凝土受到雨水冲蚀，浇筑期间在仓面搭设了防雨棚，通仓搭设，工作量虽然很大，但质量得到了保证。

（8）加强面板的养护和防护。主要就是防晒、保湿和防风的措施，风速对表面裂缝的产生影响很大，在混凝土表面收水、二次压面结束后，在混凝土面覆盖塑料薄膜，防止风干；待混凝土具有一定强度后，撤掉塑料薄膜，加盖无纺布铺设，然后洒水养护，并在面板顶部安装多孔水管长流水，结合喷洒养护，并由专人负责，直至蓄水。实践证明保温保湿效果良好。

（9）施工中抽调了一批参加过金造桥、金钟及街面水电站面板坝施工的技术骨干和技术工人，施工前技术人员做好交底工作，同时项目部领导、技术、质检、试验人员都在现场值班，三班都有人严格把关。

4　施工质量控制措施

4.1　材料的质量控制

在面板施工中，钢筋、水泥等原材料均有质保书，并按规定进行取样检测，合格后才能进货。在现场主要加强对黄砂、石子、水泥等质量的抽检，不合格材料坚决不予使用。

4.2　拌和质量控制

试验人员 24h 在现场值班，每隔 4h 进行一次现场用砂及石料的含水量测定，以调整含水量；对砂、石料、水泥、外加剂等随时进行抽检，以确保拌和质量。混凝土坍落度在面板开始浇筑时（起始段）一般控制在 2～4cm，正常滑升后控制在 1～3cm，根据天气情况调整坍落度，现场实测 177 次，最大值 4.0cm，最小值 1.5cm，平均值 2.4cm。

4.3 现场质量控制

4.3.1 坍落度控制

坍落度的控制采用现场目测和实测相结合的方法，对每一车混凝土都进行坍落度控制，凡是发现坍落度大于 4cm 或小于 1cm 的混凝土，均移作他用，并及时通知拌和站调整。事实证明，高坪桥水库的面板混凝土，在高减水低坍落度的情况下，始终保持了优良的施工性能，混凝土能在斜溜槽顺利下滑，不分离，不泌水，入仓后易振捣密实，没有发生混凝土无法下滑而任意加水和骨料分离跳出溜槽的情况。

4.3.2 混凝土浇筑质量控制

混凝土入仓后迅速振捣，并全面定人、定范围，严防漏振。同时，由于滑模宽度只有 1.2m，振捣时特别注意不将振捣器插入滑模内，以免造成面板不平。

混凝土分层浇筑，每次滑升高度控制在 30～40cm，最大滑升速度不大于 4.0m/h，以确保混凝土表面平整，同时，滑升速度不能过小，避免混凝土表面产生粘拉裂缝。

4.3.3 质量工程师旁站监督

面板混凝土浇筑期间，质量工程师 24h 轮换值班，对面板混凝土施工进行旁站监督和指导，及时解决施工中出现的问题，保证了面板的质量。

5 效果分析

从混凝土现场取样试验的统计资料可以看出，面板混凝土共取抗渗试块 10 组，抗渗标号均大于 C30；抗压试块共 94 组，平均强度 $R=38.1MPa$，离差系数 $C_v=0.10$，强度保证率大于 98.1%，表明混凝土质量优良。

现对面板进行二次逐块全面检查，均没有发现面板贯穿性裂缝，也没有表面龟裂裂缝，混凝土表面光滑平整，平整度不大于 2.0cm。

6 结语

(1) 高坪桥水库面板混凝土成功地使用了低坍落度及双掺防裂材料混凝土施工。混凝土施工性能优良，滑模施工顺利，滑升速度快，表面光滑平整，没有发生抬模、鼓模现象，保证了面板质量。

(2) 面板混凝土的浇筑采用二次压面工艺，面板表面的光洁度和平整度得到提高，表面气孔大大减小，这对面板表面止水结构的安装及面板的抗渗是有利的。

(3) 高坪桥水库混凝土面板采用综合防裂措施。严格控制坝体填筑的施工质量，严格控制砂浆面的平整度；优选混凝土配合比，采用低坍落度混凝土施工，掺入防裂剂及钢纤维，提高混凝土本身的抗裂性能；强化混凝土的养护、防护措施等，从而较好地解决了面板混凝土的防裂问题，为面板坝施工积累了经验。

作者简介

李文强，高级工程师，水电十二局第五分局副局长兼总工程师，工作于中国水利水电第十二工程局有限公司。

曹望龙，工程师，龙游县高坪桥水库工程项目副总工，工作于中国水利水电第十二工程局有限公司。

玻璃钢夹砂管的快速施工方法

雷　晶　宋明远

（中国水电基础局有限公司二公司）

[摘　要]　贵州乌当洛湾云锦工业园基础设施 PPP 项目施工质量控制要求严格，施工工期紧张，其中灌溉渠改线工程管道施工所使用的玻璃钢夹砂管，以其优异的耐腐蚀、耐热、耐寒性能、水力性特点、轻质高强、输送流量大、安装方便、工期短和综合投资低等优点，成为灌溉渠迁改工程的最佳选择。本文简要介绍灌溉渠迁改施工中使用的新型管材玻璃钢夹砂管的快速施工方法及其优越性。

[关键词]　灌溉渠迁改　玻璃钢夹砂管　排水技术

1　引言

本工程为贵州乌当洛湾云锦工业园基础设施 PPP 项目灌溉渠迁改，迁改线型沿着马百路及园区支路 2 号路、3 号路对接原灌溉渠线，灌溉渠迁改起点位于已建马百路大堡排水主干线涵洞，终点至 3 号路下现状灌溉渠，总长度 903m，灌溉渠采用 DN2000 玻璃钢夹砂管，坡度 1‰。

根据设计最大流量及耐腐蚀性要求，并结合现场施工工期紧张等问题，决定采用玻璃钢夹砂管作为此工程的主要材料，见图1。

图 1　玻璃钢夹砂管

2　玻璃钢夹砂管的组成

玻璃钢夹砂管由内衬层、玻璃纤维内部缠绕层、夹砂层、玻璃纤维外部缠绕层和外保护层组成，见图 2。

图 2　玻璃钢夹砂管的组成

3 玻璃钢夹砂管的特性

3.1 耐腐蚀、耐寒、耐热性

玻璃钢夹砂管选用耐腐蚀极强的树脂，拥有极佳的机械性质与加工特性，在大部分酸、碱、盐海水未处理的污水，腐蚀性土壤或地下水及众多化学物质的侵蚀。经过专门设计的玻璃钢夹砂管能够抵抗酸、碱、盐、未经处理的污水、腐蚀性土壤和地下水等众多化学流体的侵蚀，比传统管道的使用寿命长，其设计使用寿命达到 50 年以上。并且玻璃钢夹砂管在 $-30℃$ 状态下，仍具有良好的韧性和极高的强度，可在 $-50～+80℃$ 的范围内长期使用，采用特殊配方的树脂还可在 110℃ 时使用。

3.2 水力性

玻璃钢夹砂管具有光滑的内表面，适用于大口径（$\geqslant \phi 500$）输水管道的特点，磨阻系数小，水力流体特性好，而且管径越大其优势越明显。反之，在管道输送流量相同的情况下，工程上可以采用内径较小的玻璃钢夹砂管代替，从而降低了一次性的工程投入。玻璃钢夹砂管道在输水过程中与其他的管材相比，可以大大减少压头损失，节省泵的功率和能源。

3.3 轻质高强

采用纤维缠绕生产的玻璃夹砂钢管，其比重在 $1.65～2.0$，只有钢的 $1/4$，但玻璃钢管的环向拉伸强度为 $180～300MPa$，轴向拉伸强度为 $60～150MPa$，近似合金钢。因此，其比强度（强度/比重）是合金钢的 $2～3$ 倍，这样它就可以按用户的不同要求，设计成满足各类承受内、外压力要求的管道。对于相同管径的单重，FRPM 管只有碳素钢管（钢板卷管）的 $1/2.5$，铸铁管的 $1/3.5$，预应力钢筋水泥管的 $1/8$ 左右，因此运输安装十分方便。并且玻璃钢夹砂管抗外载能力强，玻璃钢夹砂管可直接用于行车道下直埋，不需构筑混凝土保护层，能加快工程建设进度，因而施工费用大大降低，具有显著的社会经济效益。

3.4 安装方便

玻璃钢夹砂管采用承插式的连接方式，方便安装连接；接头处采用双 O 形橡胶圈，适应热胀冷缩。管道的长度一般为 6～12m/根。单根管道长，接口数量少，从而加快了安装速度，减少了故障概率，提高了整条管线的安装质量。

3.5 综合效益

综合效益是指由建设投资、安装维修费用、使用寿命、节能节钢等多种因素形成的长期性，玻璃钢管道的综合效益是可取的，特别是管径越大，其成本越低。玻璃钢夹砂管的重量只有钢管的 $1/4$、混凝土的 $1/5$，安装施工简捷方便，能大大缩短施工周期，大大降低安装费用。由于玻璃钢夹砂管产品本身具有很好的耐腐蚀性，不需要进行防锈、防污、绝缘、保温等措施和检修，对地埋管无需做阴极保护，可节约大量维护费用，无需年年检修，埋入地下的管道可使用好几代，更可以发挥它优越的综合效益。

4 工程自然地理特征

乌当区总面积 686km²，生态资源禀赋优良，位于北纬 26°，海拔在 506～1400m 之间，处于费德尔环流圈，常年受西风带控制，属于亚热带湿润温和型气候，年平均气温14.6℃，森林覆盖率52.13%，空气质量优良率保持在90%以上，年雷电日数平均为49.1天，年平均阴天日数为235.1天，夏无酷暑，冬无严寒。

本项目工期较紧，地质条件差，雨季施工地下水和地表水富余，与自来水管、电力高压线重叠及与马百路边坡和厂区红线相邻。

5 工序流程

灌溉渠管道施工顺序如下：测量施工放线—基坑开挖（局部降水）—管道沟槽开挖—槽底平整夯实—砂砾垫层—玻璃钢夹砂管安装—检查井砌筑、抹面—闭水试验—回填并夯实。

6 施工方法

6.1 测量

施工测量首先根据业主提供的坐标点，水准点高程，建立拟建道路范围内平面控制网和高程控制网，根据总平面图布置好控制桩。按照设计基槽宽度计算出两侧边桩与中心桩的水平距离，用石灰放出灰线，作为开挖边线。

6.2 沟槽开挖

沟槽开挖，填方路段应按道路密实度要求回填至管顶以上1.5m后，沟槽开挖以机械开挖为主，人工配合修整边坡、清底为辅，严格控制开挖的深度及管道中心线，机械开挖至槽底以上20cm时停止开挖，然后由人工清槽至设计槽底高程位置，并将里程桩引至槽底。在开挖过程中，测量人员要对其开挖位置及标高经常进行测量复核，以确保基槽开挖的准确性。严格控制沟槽开挖放坡系数，按设计及规范规定的放坡系数挖够宽度，开挖时应注意沟槽土质情况，必要时应请驻地监理现场确定放坡系数，以防边坡塌方。

当沟槽开挖遇到地下水时，设置排水沟、集水坑，及时做好沟槽内地下水的排水降水工作，并采取先铺卵石或碎石层（厚度不小于100mm）进行加固；当无地下水时，基础下素土夯实，压实系数大于0.95；当遇有淤泥、杂填土等软弱地基时，按管道处理要求进行换填处理。

沟槽深度由管径、管顶覆土厚度、基础厚度确定，沟槽开挖宽度根据开挖深度和管径大小确定，沟槽开挖宽度应在管径基础上再加宽，以便于管道铺设和安装；

管道沟槽底部的开挖宽度，按下式计算：

$$B = D_1 + 2 \times (b_1 + b_2 + b_3) + 2 \times b_4 \tag{1}$$

式中 B——管道沟槽底部的开挖宽度，mm；

D_1——管道结构的外缘宽度，mm；

b_1——管道一侧的工作面宽度，mm，可按表1采用；

b_2——管道一侧的支撑厚度，可取150~200mm，mm；

b_3——现场浇筑混凝土一侧模板的厚度，mm；

b_4——沟槽底部一侧排水沟的宽度，mm。

表 1   管道一侧的工作面宽度

管径 D（mm）	每侧工作宽度 b_1（mm）	
	金属管道或砖沟	非金属管道
200～500	30	40
600～1000	40	50
1100～1500	60	60
1600～2600	70	70

6.3 管道基础施工

玻璃钢夹砂管采用砂碎石垫层基础：砂基基础为 3：7 施工时，槽底不得有积水、软泥；砂基厚度不得小于设计规定。基础采用砂砾石回填 15cm，密实度大于 90%，按规定的沟槽宽度满堂铺筑、摊平、拍实，并采用蛙式打夯机夯实。管道地基应满足排水管道对压实度和承载力的要求，且应同时满足道路工程的要求，尽量减小不均匀沉降。

6.4 管道下设

管道运至现场经检查疏通好后，即可沿沟散开摆好，注意将其承口对着水流方向，插口顺着水流方向。根据现场情况选取下管方式，优先采用机械下管，受条件限制时可采用人工下管或吊链下管。管道进入基槽内后，马上进行校正找直。校正时，管道接口间保留 10mm 的间隙，待两个检查井间的管道全部下完，对管道的设置位置、标高进行检查，确定无误后，方可进行管道接口处理。

6.4.1 机械下管法

机械下管时，为避免损伤管子，必须将绳索绕管起吊，采用吊车下吊时，应根据沟槽的深度、土质、环境情况等，确定吊车距槽边距离、管材存放位置以及其他配合事宜。

吊车不得在架空输电线路下工作，在架空线路一侧工作时，起重臂、钢丝绳或管子等与线路的垂直、水平安全距离必须满足相应的规定。在吊车吊装过程中，必须统一指挥。

绑套管子应找好重心，以便起吊平稳。管子起吊速度应均匀，回转要平稳，下管应低速轻放，不得忽快忽慢和突然制动。

6.4.2 吊链下管法

先在下管位置附近先搭好三角扒杆吊链架，然后在下管处横跨沟槽放两根方木，其截面尺寸根据槽宽和管重确定，将管子推至圆木（或方木）上，两边宜用楔楔紧，以防管子滚动，然后将吊链移至管子上方，并支搭牢固，最后用吊链将管子吊起，撤除圆木（或方木），管子徐徐下入槽底。

6.5 管道安装

6.5.1 安装工具

管道安装采用人工配合拉杆千斤顶、三脚扒杆、链式手葫芦等进行安装。

6.5.2 管道铺设

在管道铺设前，对管材内外壁、承插口和橡胶圈进行验证，用布将管材的连接部位擦净，用中性润滑剂涂擦橡胶圈及承口的扩张部分；把橡胶圈套入插口上的凹槽内，沿橡胶圈四周依次向外适当用力拉离凹槽并慢慢放回凹槽，以保证橡胶圈在凹槽内受力均匀，没有扭曲；在插口上做好安装限位标记，以便在安装过程中检查连接是否到位。

下至沟底的管子在对口时，可将管子插口稍稍抬起，然后用撬棍在另一端将管子插口推入承口，再用撬棍将管子校正，使承插间隙均匀，并保持直线，管子两侧用土固定。管子铺设并调直后，除接口外应及时覆土以稳固管子防止位移，另外也可以防止在捻口时将已捻管口震松。

管节承插到位后，放松倒链等紧管工具，然后进行下列检查：复核管节高程及中心线；对于承插连接接口，在管道连接完毕后，应将一把 250mm 长的钢尺插入承插口之间，检查橡胶圈各部位的环向位置，测定橡胶圈所处深度及均匀性；管节接口处的承口周围不应被胀裂，橡胶圈应无脱槽、挤破等现象；管道曲线铺设时，接口的最大允许偏转角度不得超过相应规范容许值。

6.6　检查井

该工程检查井包括新建雨水、污水检查井。井体施工时，按照设计图纸和相关规范要求施工，检查井采用 M10 水泥砂浆砌筑 C30 混凝土砌块，流槽采用 C30 混凝土现浇。砌筑井墙前，先浇筑 C30 混凝土基础和流槽厚度等于干管管基厚，混凝土强度达到 70% 以上时，才能在上面进行雨水和污水井的施工。浆砌混凝土预制块砌筑所用砂浆一律用砂浆搅拌机拌和，严格按设计标号进行配料和计量。

6.7　闭水试验

管道接口工作结束后，在闭水试验前应提前灌水并浸泡 24h，使接口及管身充分吃水后再进行闭水试验。允许渗漏量应符合《给水排水管道工程施工及验收规范》（GB 50268—2008）中的要求。当试验水头达规定水头时开始记录，观测管道的水量，直至观察结束时，不断地向试验管段内补水，保持试验水头恒定，渗水量不得超过规范要求。

管道两端封堵后，向闭水段内注水，注水至规定水位后，开始记录。根据井内水面在规定时间内的下降值计算渗水量，渗水量不得超过施工规范规定的允许值为合格。若试压试验不合格且确定是接口漏水，则应拔出管节，找出原因，重新安装，直至符合要求为止。

质量控制点：

确保闭水试验合格是污水管道施工质量的关键。在以往施工中造成排水管道漏水主要部位：接口位置；排水管接入检查井位置；井壁砂眼。

确保闭水试验验收合格的措施：

（1）管道的承口、插口与密封圈接触的表面应平整、光滑、无划痕、无气孔。

（2）插口端与承口变径处在轴向应有一定间隙，DN500～DN2000 管的间隙应控制在5～15mm。

（3）接口的允许偏转角不大于 1.0°。

（4）污水管接入检查井位置用水泥砂浆内外压实。

（5）井壁批荡必须光滑直顺，不能有砂眼出现。

（6）管道内灌满水 24h 后进行闭水试验。

（7）由于玻璃夹砂管为柔性管，要使其发挥正常的作用，必须在施工中重视回填土的

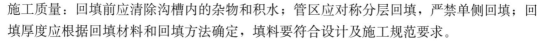
施工质量：回填前应清除沟槽内的杂物和积水；管区应对称分层回填，严禁单侧回填；回填厚度应根据回填材料和回填方法确定，填料要符合设计及施工规范要求。

6.8　沟槽回填

玻璃钢夹砂管道的施工，应尽量使基槽开挖、管道安装和回填连续进行，尤其是安装完毕后的管，应立即回填，以防止浮管。

回填前，应清除管沟内的垃圾、积水以及各种杂物。填料必须符合设计要求，填土应水平分层铺填，分层压实，并应分层测定压实后土的干密度，经检查其压实系数和压实范围符合设计要求后，才能填筑上层。

先将管道两侧拱腋下采用砂砾石人工均匀回填，然后在管道两侧同时进行分层夯实，以形成完全支持，主管区回填采用碎石屑、粒径小于 40mm 的砂砾、中砂粗砂，每层厚度为 100～200mm，密实度均应满足设计要求。

管顶以上 1m 范围内的覆土，不得用重型机械进行夯实，应用质量不超过 100kg 的蛙式打夯机夯实。分段回填压实时，相邻段的接茬呈阶梯形，见图 3。

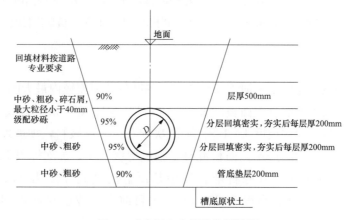

图 3　玻璃钢夹砂管管沟回填图

7　结语

玻璃钢夹砂管，以其优异的耐腐蚀性能、水力性特点、轻质高强、输送流量大、安装方便、工期短和综合投资低等优点，在城市给排水工程中有很大的优越性，值得赘述的一点便是玻璃钢夹砂管的管内壁粗糙度及水头损失小，内壁光滑不宜截留赃物，更由于其便捷快速的安装方法，缩短施工工期，一定程度上能尽快缓解因施工而造成的交通堵塞。因此，玻璃钢夹砂管在排水工程中是一种应大力推荐使用的管材。

作者简介

雷晶（1984—），女，工程师，主要从事水利水电工程、市政工程施工工作。

宋明远（1984—），男，助理工程师，主要从事水利水电工程、市政工程施工工作。

阿尔塔什混凝土面板堆石坝施工中新技术应用及成果

刘勇军　张正勇　唐德胜　冯俊淮

（中国水利水电第五工程局有限公司）

[摘　要]　阐述了中国水利水电第五工程局有限公司在阿尔塔什混凝土面板堆石坝施工过程中推广和应用的一系列新的技术和科技成果。其中采用穿心式千斤顶爬升技术替代传统卷扬机牵引为国内面板混凝土施工首创。此外，振动碾无人驾驶、坝料压实度实时检测等技术也在工程施工过程中取得了良好的应用效果，创造了大坝单月填筑量172.5万 m^3 的国内记录。

[关键词]　阿尔塔什混凝土面板堆石坝　施工　新技术　质量检测　信息化管理

1　工程概况

阿尔塔什水利枢纽是塔里木河主要源流之一的叶尔羌河流域内最大的控制性山区水库工程。其枢纽拦河大坝为混凝土面板砂砾石—堆石坝，坝顶宽12m，坝长795m。上游主堆石区采用砂砾石料，坝坡坡度1∶1.7。下游次堆石区为爆破料，坝坡坡度1∶1.6。坝体设计填筑方量为2494.3万 m^3 ，面板混凝土强度等级C30，抗冻等级F300，抗渗等级W12。阿尔塔什混凝土面板砂砾石堆石坝坝基覆盖层最大深度为94m，坝体高度为164.8m，坝基与坝体复合总高度为258.8m，为目前在建或已建面板坝中覆盖层最深的坝。

2　施工特点

阿尔塔什面板坝施工特点为：工程位于新疆塔里木盆地西部，地处欧亚大陆腹地，呈典型的大陆性气候。地区水文气象资料显示：每年12月至次年2月平均气温均在0℃以下。而库区河流叶尔羌河也由于其独特的补给特性（主要补给源为冰川消融其）造成其径流量年内变化十分剧烈，每年7、8、9三个月水量占叶尔羌河全年水量的60%以上，为河流主汛期。结合上述水文气象条件，工程每年正常施工时间仅6个月。根据设计文件，阿尔塔什大坝坝体填筑设计指标均按规范上限控制，因此对碾压机具、参数控制等方面有较高要求。按照《面板堆石坝施工规范》（SL 49—2015）"A.3 坝体填筑"中的相关要求，坝料压实质量检测频次较老规范有所增加。

以上施工特点都对大坝填筑施工质量控制和试验检测手段提出了更高的要求，为此中国水利水电第五工程局有限公司在施工过程中对质量检测、施工管理、施工技术等方面进行了新技术、新工艺的引进、研发并取得了良好的应用效果。

3 施工新技术应用

3.1 穿心式千斤顶爬升技术

在传统面板混凝土浇筑过程中，滑模主要采用布置在坝顶的卷扬机牵引，工人提升滑模时采用仓面有线遥控或坝顶专人操作，由此会产生卷扬机停止不及时或卷扬机制动惯性造成滑模提升过多而造成混凝土空腔，进而影响到混凝土浇筑施工质量。为解决以上问题，在阿尔塔什一期面板混凝土浇筑时采用了穿心式千斤顶爬升技术。其工作时主要通过布置在滑模两端的穿心式千斤顶前、后夹持器交替松、紧和油缸伸、缩来实现对滑模的向上牵引。

采用该技术与卷扬机牵引技术相比主要有以下优点：

（1）滑模滑升距离可控，可通过控制油缸伸缩行程精确控制滑模行走距离，避免出现浇筑时混凝土空腔现象。

（2）滑模提升平稳，与卷扬机牵引相比，该系统通过油泵集中控制，可以实现对单台千斤顶的单独控制，也可进行联动控制，进而解决了卷扬机牵引时因两台卷扬机间的速度偏差带来的滑模横向扭曲问题。

（3）节能降耗，采用 2 台 10t 卷扬机牵引总功率为 30kW，而采用穿心式千斤顶油泵电动机功率为 7.5kW，可降低功率 22.5kW。

3.2 振动碾自动驾驶控制技术

振动碾自动驾驶控制技术由中国水利水电第五工程局有限公司联合上海同新机电有限公司、同济大学共同研发，目前已在长河坝水电站、两河口水电站及阿尔塔什大坝中得到了推广应用。振动碾自动驾驶控制主要由 GPS 定位设备、模拟量输出模块、超声波传感器、角度编码器、倾角传感器、遥控器（带主收发器与分收发器）与远程开关、工控机及车载控制器构成。

相较于传统人工驾驶，该技术具有显著降低操作人员劳动强度、减轻长时间振动对驾驶人员健康的不利影响，对比人工驾驶，采用无人驾驶技术后施工功效提升了 12.6%，减少了驾驶人员必要的休息时间、交接班时间等工作间歇时间 20%。在质量控制方面，振动碾自动控制碾压轨迹偏差在 ±10cm 范围内，且无漏压、欠压和超压现象，碾压工序一次验收合格率达 97% 以上。该技术具有大中型土石方工程碾压的通用性，推动了施工机械装备的技术进步。

4 质量检测及控制新技术应用

4.1 坝料压实度实时检测技术

目前土石坝填筑工程中控制压实质量的方法主要采取控制碾压参数和试坑检测法的"双控"措施，其存在随机性大、精确度差、试验工作量大等问题。在阿尔塔什大坝施工过程中中国水利水电第五工程局有限公司联合四川大学进行了基于地基反力测试原理和大数据统计分析的车载式压实度实时检测参数、评价体系和检测技术方面研究，并初步在工程实际中进行了推广应用。

4.1.1 车载式压实度实时检测参数建立

研究通过对实时检测指标与碾压遍数的相关性对比试验、实时检测指标与标准试坑检测指标的相关性分析试验和碾压应力与实时检测指标对比分析试验。最终采用振动加速度峰值因素 CF 值作为坝料实时检测指标，并通过回归分析建立了 CF 值与爆破料孔隙率 P、砂砾料、过渡料及垫层料相对密度 D_r 间的回归方程。然后按设计孔隙率及相对密度得出不同坝料达到压实标准所要求的压实质量时的 CF 值（见表 1），并以此作为坝料是否达到压实标准的控制指标。

表 1   不同坝料设计压实度对应 CF 指标统计表

序号	坝料类型	设计指标	设计压实度对应 CF 指标	碾压遍数
1	爆破料	$P \leqslant 19\%$	18.19	8 遍
2	主堆石砂砾料		16.04	8 遍
3	过渡料	$D_r \geqslant 0.9$	19.05	10 遍
4	垫层料		18.15	10 遍

4.1.2 车载式压实质量实时检测评价体系建立

从许多土石坝按照规范碾压达到规定的压实度之后沉降仍然不均匀从而导致坝体产生裂缝甚至横向裂缝这类严重问题可以看出：填筑碾压质量不应该仅从压实程度来进行评价。由此借鉴高铁路基填筑碾压的连续与智能压实控制技术，将坝料填筑碾压质量控制从单一的压实程度控制扩大为综合考虑压实程度、压实稳定性和压实均匀性的多准则控制。

4.1.2.1 坝料压实程度控制准则

点压实程度判定由式（1）给出：

$$CF_i \geqslant [CF] \tag{1}$$

式中 CF_i——碾压面上第 i 个检测单元的 CF 值（连续检测）结果，代表 1.0m^2 面积上的综合值；

$[CF]$——目标 CF 值。

对于整个碾压面而言，受各种条件的影响（如施工水平、填料变异或分布不均等），要求碾压面上每一点的压实程度都达到目标值是一个很苛刻的要求，因此，课题组经咨询四川大学后提出一个碾压面压实程度通过率控制准则。一般要求碾压面压实程度的通过率要达到规定的要求，即

$$\eta = \frac{S_T}{S} \times 100\% \geqslant [\eta] \tag{2}$$

式中 $[\eta]$——规定的通过率标准值，可以根据工程等级和技术要求进行设定；

S_T——压实程度通过的面积；

S——总碾压面积。

通过设置达到压实程度要求（即 $CF_i \geqslant [CF]$）的碾压面显示为绿色，达到压实程度 80%（即 $0.8[CF] \leqslant CF_i < [CF]$）的碾压面为黄色，低于压实程度 80%（即 $CF_i < 0.8[CF]$）的碾压面显示为红色，即压实薄弱区，以此作为连续压实控制的判别标准。

4.1.2.2 坝料压实稳定性控制准则

压实稳定性主要是从控制填筑体物理力学性能的稳定程度方面考虑的，是指压实状态随碾压遍数变化程度的相对大小。一般用前后 2 遍 CF 值之差的相对大小表示，即

$$\delta = \frac{CF_{n+1} - CF_n}{CF_n} \times 100\% \leqslant [\delta] \tag{3}$$

式中　[δ]——规定的控制精度，应视具体工程等级、填料粗细、压路机吨位和工艺参数等而定，一般可取 [δ] ＝1%～3%；

　　　CF_{n+1}——$n+1$ 次碾压的 CF 值；

　　　CF_n——第 n 次碾压的 CF 值。

在检测结果云图中，设置达到[δ]的碾压面显示为绿色，未达到[δ]的碾压面显示为黄色。

4.1.2.3 坝料压实均匀性控制准则

压实均匀性是指大坝填筑体结构性能在碾压面上分布的一致性，解决坝体填筑完成后能否沉降均匀的问题。对于坝体而言，压实均匀性非常重要。根据现有的调查资料，目前仅对压实状态的低值区域进行控制还是符合实际情况的，因为坝体填筑完成后最怕的还是不均匀沉降问题。鉴于此，课题组咨询四川大学后给出了一种简单易行的控制准则，即：

$$CF \geqslant \lambda \overline{CF} \tag{4}$$

式中　$\overline{CF}$——CF 值的均值；

　　　λ——系数，在压实标准中规定 λ ＝0.80。

因此上述准则的实质是对压实数据按照"0.8 倍均值"进行控制。

对于坝体填筑碾压来讲，在进行完相关校验试验、确认技术可用并取得目标值后，便可以在与试验段性质相同的施工段中进行碾压全过程控制。这种可视化的图形式检测结果简单明了，由安装在驾驶室中的设备显示给操作者，以便于进行反馈控制。

基于阿尔塔什大坝施工研究提出的压实质量实时检测指标 CF，在砂砾石料上取得了良好的试验效果，不再需要在碾压区域选取抽样检测点，解决了传统方法的抽样不均匀、处理不及时、检测过程繁杂的问题。能更好地适宜于当代砂砾石坝施工质量管理要求。

4.2 数字化大坝监控技术

阿尔塔什数字化大坝监控系统首次采用我国自主研发的北斗导航定位系统，结合国产高精度定位设备进行大坝碾压施工过程进行实时智能化监控，形成了集施工过程实时监控、质量检测、施工报表分析等功能为一体的数字化智能施工监控系统。实现了大坝施工过程中碾压遍数、行走速度、振动碾状态、铺料厚度等碾压参数的实时监控。

系统主要功能如下：

（1）施工过程实时监控分析。利用该模块，实现了对大坝碾压施工过程中施工设备的碾压速度、碾压设备振动状态、施工区域碾压遍数的实时监控。其中大坝碾压施工过程控制参数采用预先设置，实际施工中即按预设参数对施工机械的碾压状态进行控制。

（2）质量检测分析。质量检测分析模块是大坝施工过程控制系统中最重要的模块，主要对施工结束后，对一定的施工时间中某施工区域采集到的碾压数据进行综合分析，包括

碾压遍数（总数、静碾以及振动碾）、速度超限次数、碾压设备速度平均值、碾压设备速度最终值、碾压设备激振力超限次数、激振力平均值、激振力最终值、碾压沉降量以及行车轨迹几个重要方面，通过这个模块可以重演大坝施工实施过程。根据施工区域分析结果，可为单元工程质量检测所进行的挖坑检验提供坑位参考，便于单元工程质量检验，保证大坝施工质量控制。

（3）施工机械碾压统计分析。施工机械碾压统计分析模块主要针对大坝碾压施工机械管理人员使用的，利用该功能，可以进行单台碾压机械某段时间内的碾压长度、碾压面积等施工内容的工效统计分析，这样可以为管理人员按照机械操作手操作效率进行绩效管理提供重要手段。

对比于其他数字化大坝系统，本系统除实现了对碾压参数的智能监控外，还实现了振动碾上平板终端的实时显示及施工机械碾压分析这两个特色功能，一方面方便了振动碾驾驶人员实时对碾压轨迹、参数进行检查，另一方面完善了对不同的碾压机械进行绩效管理的技术措施，这对于提高工程施工效率，实现多劳多得的分配制度，有着重要的支撑作用。

5 信息化施工管理技术

大型水利工程施工一般都面临工程量大、施工工作面多、施工工序多、交叉干扰大等问题，近年来信息化、可视化施工管理是一种必然的发展趋势，阿尔塔什大坝根据自身特点研究、应用了包括高清视频实时监控、灌浆数据实时传输、安全帽定位监测、质量在线管理等业务的信息化管理平台，各业务子系统主要功能汇总见表2。

表2　　　　　　　　　　　　业务子系统功能介绍表

序号	业务名称	功能介绍
1	高清视频实时监控	实现对工区各施工作业面实时施工画面的全覆盖，通过数控中心、营地控制中心、PC端及手机端均可对各工区施工情况进行实时查看
2	灌浆数据实时传输	实现对灌浆施工过程数据采集及抬动监测数据额实时记录、传输与储存，采用防作弊灌浆记录系统，保证了灌浆数据的真实性
3	安全帽定位监测	实现对全体施工作业、管理人员地理位置及行动轨迹的实时监控，且系统一旦发现有人员进入设置的危险警戒区域，将自动报警，有效避免了人员误入安全警戒区
4	质量在线管理	实现对坝体填筑资料的验收、评定在线管理，把原有的手写验收评定资料转换层移动终端上填写，统一用服务器进行储存管理，避免了丢失和对原始资料进行篡改，保证了数据真实性
5	数字化大坝监控	形成了集施工过程实时监控、质量检测、施工报表分析等功能为一体的数字化智能施工监控系统。实现了大坝施工过程中碾压遍数、行走速度、振动碾状态、铺料厚度等碾压参数的实时监控

中国水利水电第五工程局有限公司作为枢纽大坝施工方全程参与了信息化管理系统的建设与应用，通过该套系统的应用在方便施工现场管理、加强质量控制、提升管理效率等方面取得了显著的成效，主要应用成效体现在：

（1）通过视频监控系统实现了对工程右岸高边坡处理进度、脚手架搭设及上部危岩体的实时监控，对督促作业人员按要求佩戴防护用品、脚手架是否按方案搭设、雨后边坡排险等方面均发挥了积极作用，降低了安全管理风险。

（2）在 2018 年 3—5 月一期面板混凝土浇筑期间实现了对整个浇筑过程的监控、记录，增加了过程监管手段，规范了现场管理及工人操作，从施工工艺方面降低了面板裂缝的产生。

（3）通过灌浆施工过程监测、大坝数字化监测、质量在线评定等措施取得了完整的坝体填筑、趾板灌浆施工资料，为后续质量追溯、资料检索及分部工程评定等工作均提供了数据支撑和平台。

（4）安全帽定位系统的应用一方面实现了对工区人员的动态监管，另一方面实现了对工程重大危险源警戒区域的实时监控。

6　结语

以上施工、质量检测及信息化管理新技术在阿尔塔什大坝施工中的有效应用，为工程各项节点的顺利完成奠定了良好的基础，并促进了项目施工工艺和管理水平的提升，培养了一批具备创新意识的懂技术、懂管理的复合型人才。为下一步更好的全面实现工程履约创造了条件。

参考文献

[1] 沙仲芳，李惠泰. 新技术与新工艺在东风水电站大坝施工中的应用 [J]. 水利水电科技进展，1996，16（1）：11-15.
[2] 李奇，张洪. 穿心式千斤顶动力的大吨位起重机在吊装工程中的运用 [J]. 武汉大学学报（工学版），2007，40（增刊）：392-394.
[3] 韩兴. 无人驾驶振动碾的开发及其在长河坝工程中的应用 [J]. 水力发电，2018，44（2）：11-14＋65.

作者简介

刘勇军（1970—），男，四川成都人，教授级高级工程师，从事水利水电工程施工技术与管理工作。

张正勇（1983—），男，重庆永川人，高级工程师，从事水利水电工程施工技术与管理工作。

唐德胜（1990—），男，四川乐山人，工程师，从事水利水电工程施工技术与管理工作。

冯俊淮（1990—），男，四川广安人，助理工程师，从事水利水电工程施工技术与管理工作。

阿尔塔什面板坝 600m 级高陡边坡防护处理施工技术研究

李乾刚　　石永刚　　孙晓晓

（中国水利水电第五工程局有限公司）

[摘　要]　阿尔塔什面板坝右岸 600m 级高陡边坡地质条件复杂、治理区域分散、岩体较为破碎、断层分布且节理裂隙发育，易引发各种工程安全问题。介绍了根据施工需要、利用软件及现场试验深入研究边坡稳定中存在的不确定性因素、提出合理的加固处理方案和措施过程，保障了高边坡防护处理进度，有效减少了高边坡作业的安全隐患。

[关键词]　阿尔塔什面板坝　高陡边坡　防护　研究

1　概况

阿尔塔什水利枢纽工程水库正常蓄水位 1820m，最大坝高 164.8m，总库容 22.40 亿 m³。阿尔塔什水利枢纽坝址处地层较为单一，主要由海相沉积的石炭系灰岩和白云质灰岩组成，强度高。坝址叶尔羌河自西向东流，河道较顺直，河谷狭窄，两岸山顶高程在 2050～2250m，山体高峻，具有修建高坝大库的地形条件。坝址两岸大部分基岩裸露，河谷呈不对称的"U"形，右岸坡陡峻，坡高 565～610m，岸坡自然坡度 1960m 高程以下为 50°～55°、以上 75°～80°，局部陡立，自然边坡整体稳定。右岸强风化层水平深度一般 1～2m，弱风化层水平深度 15～20m，因此表层强风化层、不稳定岩体及松动岩块的存在，加之高陡地形为崩塌落石的发生提供了条件。

笔者针对以上实际情况进行了地质分析：

（1）边坡内发育有起控制作用的 F9 断层，尽管其反倾坡内，但 F9 断层核部及其影响带范围厚 20～30m，该范围内的岩体以角砾岩、胶结的糜棱岩和断层泥为主，具有力学性质差、遇水易软化的性质。当水库蓄水至正常蓄水位 1820m 时，F9 断层的大部分将位于库水位以下，在水的物理化学作用下软化或被侵蚀，从而有可能使边坡上部岩体处于悬空而导致失稳。

（2）右岸高边坡因无大规模的顺层结构面发育，在天然条件下整体稳定性较好。施工期由于面板坝趾板开挖，对边坡下部进行切脚，形成一个高约 90m 的人工边坡。水库蓄水后由于边坡内部水文地质条件的改变，其稳定性必然会受到影响。

（3）边坡内部卸荷裂隙、岩层层面等结构面十分发育，在边坡表面形成了大量的体积大小不等的潜在不稳定块体。危岩体处理需进行开挖施工的主要是集中在堆石坝面板正上方区域，一旦发生滑塌失稳破坏，必将对下部的趾板造成严重威胁，从而直接影响大坝的正常运行。

2 针对落石进行的研究

处于边坡上稳定状态的岩体，受到外界自然因素的影响，从稳定状态逐渐发展变化成不稳定状态，最后从边坡上滚落，滚落过程中破碎情况、能量变化、冲击力和最终停止位置等均为落石运动研究的重要因素，施工过程中主要关心落石滚落后的最终位置，依据落石距离来划定危险区域，保障边坡下部大坝填筑过程中的安全。

在边坡由上而下的开挖过程中，对于落石危害，利用 Rocfall 数值模拟分析软件对落石运动轨迹进行研究，通过控制以下参数：落石起始高程、落石所在区域的剖面、落石质量，进行现场落石统计分析试验。确定最大位移距离，最终依据研究结果划定危险范围。

落石位置为现场施工中危岩体开挖部位，主要为坡顶的 W1～W9 位置处，图 1、图 2 中的纵坐标 0 点处代表 1670m 高程，横坐标 0 点处为坡角处，落石质量选取 50kg 和 500kg 进行数值计算，分析中模拟 100 个石头落下时的轨迹，分析结束后统计其最终停落位置，其落石运动轨迹见图 1、图 2。

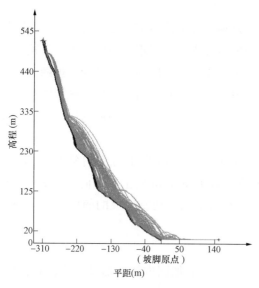 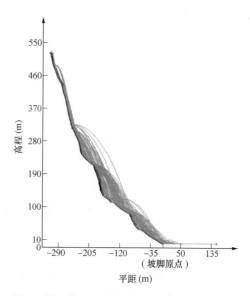

图 1　剖面落石运动数值计算结果图（50kg）　　图 2　剖面落石运动数值计算结果图（500kg）

坡顶危岩体开挖时，对各剖面的落石运动进行了分析，得到了落石质量为 50kg 和 500kg 时的落石运动距离计算结果见表 1。

表 1　　　　　　　落石起始位置在坡顶时各剖面落石运动距离计算结果

剖面编号	质量（kg）	最小距离（m）	落石量累计达 80％的距离（m）	最远距离（m）
14-14	50	30.7	52	84
	500	20	52	73.3
18-18	50	23	83.6	109.7
	500	14.4	75	101
22-22	50	17.9	58.3	85.3
	500	17.9	58.3	71.8

从表 1 计算结果可以看出，落石运动最大水平距离达 109.7m，其余都在 100m 范围内，在坡顶进行开挖时，依据各剖面落石最大的运动距离，现场划定危险区域，较好的保证施工安全。

3 综合治理研究

3.1 边坡危岩体开挖

在对阿尔塔什水利枢纽右岸高边坡实地勘察与测量的基础上，对测量到的危岩体进行了分区与方量估算，确定 31 个危岩体以及边坡表面的浅层卸荷体，总处理方量约为 70 万 m³。由于右岸高边坡较陡，开挖面狭窄，根据右岸危岩体分布特点及面板坝右岸高边坡处理原则，为避免机械、人员在其上部施工时存在整体滑塌风险，采取沿山脊顶部自上而下分区分层开挖及支护。坡面部位采取光面爆坡施工，以增加坡面平整度及岩体整体性。同一层面开挖支护施工，按照"先开挖、后主被动网封闭跟进、同步下降"的方式进行。

3.2 主动网封闭

结合边坡危岩稳定分析结果和危岩体群开挖方案，确定落石防治方针为：以主动防护为主，被动防护为辅原则进行。主动防护系统采用柔性支护，以钢丝绳网为主，有覆盖包裹作用，可以控制边坡上岩石的运动，能很好防止小体积岩块的掉落。被动防护网的组成有环形网、固定系统、减压环和钢柱四个部分，组合成一个整体后，将形成区域防护，具有一定的抗冲撞、消减落石能量的能力，其能力大小主要取决于钢丝绳网的韧性、钢柱和锚固的强度。

主动防护为主（高程 1910～2230m，从坝轴线上游 65m 向上游方向延伸 240m 布置），被动防护相结合（高程 1820～2000m，从坝轴线上游 40m 向上游方向延伸 290m 布置 4 道被动网），对于坡面上由未查明的小型危岩和由结构面切割形成的随机块体采用被动防护措施进行支护。

3.3 边坡加固处理

高陡边坡的加固对工程起到至关重要的作用，主要的加固方法包括锚、喷、灌、换、护、排等工程措施。

（1）在右岸高边坡高程 1860～1910m 范围，布置 2000kN 级有黏结预应力锚索，锚索间排距为 5m×5m，锚索长度为 30、35m 间错布置，下俯 15°；高程 1960～2000m 范围 W19（W20）危岩体处，设置 1000kN 级预应力锚索，锚索间排距为 5m×5m，锚索长度为 35、40m 间错布置。

（2）在右岸高边坡高程 1820～2230m 范围内挂网锚喷。砂浆锚杆长 4.5m、锚固长度 4.4m，间排距 3m，锚杆拉拔力为 100kN；挂网钢筋间排距 0.2m；喷 C30 混凝土，厚度 0.1m。

（3）在右岸高边坡高程 2000～2230m 范围内设置间排距为 6m、长度为 10m 的预应力锚杆，张拉力为 150kN。

（4）边坡喷护范围内设置排水孔，孔径 42mm，间排距 4m，孔深 3m，仰角 15°，与锚索及锚杆错开，梅花型布置。

3.4 F9 断层和卸荷裂隙综合治理

对 F9 断层影响带一定范围内的碎裂岩体进行灌浆处理并对断层核部混凝土洞塞进行置换。对断层进行置换之前对破碎带范围内进行灌浆处理，提高断层影响带内岩体整体性与变形模量。由于 F9 断层核部较宽，且为糜棱岩，极易风化，因此对坝轴线上游至趾板处出露的 F9 断层，在出露面采用 C25 混凝土塞封闭。F9 断层灌浆处理、核部置换示意图见图 3。

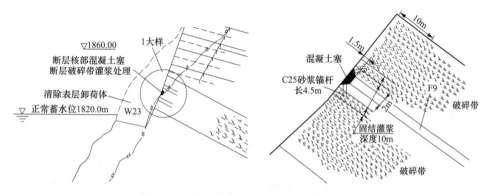

图 3 F9 断层灌浆处理、核部置换示意图

4 分梯段防护施工措施

4.1 施工道路布置

为满足高边坡处理施工条件，施工人员交通主要利用布置在右岸下游侧的安全检查通道以及边坡上随施工进展搭设的平行通道。水平栈桥通道宽度按照 2m 进行设计，通过设置水平和斜向插筋与 12 号槽钢槽钢结构焊接，斜向槽钢为利于受力，外露部分与主要受力槽钢焊接，焊缝长度、宽度等指标满足相关规范要求，确保结构的稳定性。栈道外侧设置防护栏杆，高度不得低于 1.2m，栏杆等间距刷红白相间油漆，并挂设安全网对栏杆进行封闭。

4.2 简易索道设置

防护材料采用简易索道运输，索道锚点设置于边坡上，通过索道覆盖范围、卷扬机工作效率和索道群经济合理进行计算，确定了"下锚点固定、上锚点可动"的布置原则，采用单下锚点多上锚点的布置形式，设置主、副索道。并增加安全防护措施，施工人员使用双安全绳加安全防坠器，采用双保险装置，施工过程中钻机、工具、钻杆等机具应采用安全绳单独进行固定，防止出现物体坠落打击。

4.3 施工排架设计

为了能有效解决右岸边坡高陡开挖之后无马道，后期支护过程中施工难度大等问题，有针对性地开挖脚手架搭设平台，平台高差不超过 50m。并进行加固处理，保证搭设的脚手架的下部基础稳定，然后再以平台为基础，搭设一定高度后再在边坡岩体上钻设锚杆,由支撑锚杆和落地杆承受荷载。排架立杆步距采用 1.6m,立杆横向间距 1.5m,立杆纵向间距 1.5m;搭设采用 $\phi48.3\times3.6$mm 的钢管,结构为三排,最内侧的立杆距岩面 0.3~0.5m,当超过时增设立杆,其横向搭建宽度不小于 3m,纵向的长度依据支护范围确定。

4.4 安全监测设施

对高边坡各区支护制定了相应的安全监测措施,减少了施工区域及区域下方大坝填筑施工存在上下交叉作业、相互干扰的情况,安设了一台自动报警测风仪和一套防雷装置,安装 300 万像素(50 倍变焦)高清网络球机对右岸高边坡施工进行 24h 监控,以保障施工安全。

5 防护效果总结

阿尔塔什右岸高陡边坡地质条件复杂、治理区域较分散、岩体较为破碎、断层分布且节理裂隙发育,容易引发各种工程安全问题。该工程通过科学分析,确定了高边坡施工处理原则和总体方案,并采取了与之相适应的边坡防护处理技术,进行了有效的施工,保障了高陡边坡施工处理工期,进而保证主体工程施工进度。减少了高边坡施工对下部大坝填筑、面板浇筑过程中的危害,有效地解决了边坡处理过程中坡下施工的安全问题。

参考文献

[1] 李万奎. 激光扫描在阿尔塔什右岸高边坡稳定性分析中的应用 [J]. 水利与建筑工程学报,2011,9(2):66-72.

[2] 秦定龙,田洪,杨福蓉. 长河坝水电站工程特陡高边坡开挖施工技术 [J]. 水力发电,2010 (10):32-34.

[3] 郭睿. 金温铁路 K139 高边坡危岩落石综合治理 [J]. 铁道勘察,2010 (4):58-61.

作者简介

李乾刚(1988—),男,河南商丘人,助理工程师,项目工程技术部副主任,从事水电工程施工技术与管理工作。

石永刚(1992—),男,陕西西安,助理工程师,从事水电工程施工技术与管理工作。

孙晓晓(1995—),女,四川达州人,助理工程师,从事水电工程施工技术与管理工作。

阿尔塔什大坝工程特殊垫层料生产工艺与质量控制

王真平　李振谦　王建帮

（中国水利水电第五工程局有限公司）

[摘　要]　特殊垫层料（2B 料）位于周边缝下游侧垫层区内，对周边缝和附近面板上铺设的堵缝材料及水库泥沙起反滤作用。新疆阿尔塔什大坝工程特殊垫层料采用了人工砂（0～5mm）与小石（5～15mm）根据不同比例掺配后分别进行相对密度试验确定出最优掺配比例，并通过 HZS120 拌和系统进行生产的施工工艺，不仅保证了生产的特殊垫层料级配连续，而且有效地解决了特殊垫层料传统"平铺立采"生产工艺易出现级配不连续及采用料场砂砾石料直接筛分浪费现象严重等问题。

[关键词]　阿尔塔什大坝　特殊垫层料　生产工艺　质量控制

1　概述

阿尔塔什水利枢纽工程是叶尔羌河干流梯级规划中"两库十四级"的第十一个梯级，总库容 22.49 亿 m³，电站装机容量 755MW，本枢纽工程为大（1）型Ⅰ等工程。

阿尔塔什大坝工程为混凝土面板砂砾石—堆石坝，坝顶高程为 1825.8m，最大坝高为 164.8m，坝顶宽度为 12m，坝长 795m。坝体填筑分区从上游至下游分别为上游盖重区 1B、上游铺盖区 1A、垫层料区 2A、特殊垫层区 2B、过渡料区 3A、砂砾料区 3B、爆破料区 3C、水平排水料区 3D。

根据设计文件要求，特殊垫层料位于周边缝下游侧垫层区内，水平宽度为 3m，厚 2m。采用 C3 料场小于 20mm 的筛分料，最大粒径小于 20mm 的连续级配物料，碾压厚度为 0.2m，相对密度 $D_r \geqslant 0.9$。为减轻因周边缝变形过大，引起止水失效而大量渗水，应特别注意直接位于周边缝下游侧的特殊垫层区选料和压实。一方面碾压密实后变形较小，可减轻周边缝止水结构的负担，以保持其有效性；另一方面，对周边缝表面的粉细砂、粉煤灰等低黏性材料起反滤作用，截留并淤堵于张开的接缝中，使接缝自愈而减少渗流量。结合工程料源实际情况，为保证工程施工质量，特殊垫层料生产工艺的确定应重点针对料源级配、施工成本、工程进度进行综合研究，以确定最为合理的生产施工工艺。

2　特殊垫层料料源情况及生产方案调整

2.1　料场料源情况

坝址区附近的料场经过复勘，砂砾石料场测量复测面积为 365 万 m²，但是根据现场探槽情况测量实际有效开采面积仅为 328 万 m²。根据复勘取样砂砾石颗粒级配分析实验结果，砂砾石料场级配满足生产特殊垫层料的设计指标要求。根据砂砾石料场的开采量及储量，水上开采砂砾石料总量 120 万 m³，无用料 269 万 m³，总砂砾石料储量 1558 万 m³。

料场储量与大坝砂砾石填筑工程量比值仅为 1.27：1，储量较小。在设计招标技术文件中大坝填筑所需特殊垫层料由砂砾石料场筛分加工获得。但是根据设计砂砾石料包络线各级粒径含量（见表 1）要求，直接采用料场砂砾石料进行筛分，弃料为 70％～85％，容易破坏料场砂砾石料源。

表 1 砂砾石料各级粒径含量

孔径 （mm）	筛底	0.075	0.25	0.5	1.0	2	5	10	20	40	60	80	100	200	300	400	600	D_{max} （mm）
砂砾料上包线	—	1.0	3.0	6.0	8.0	10.0	13.0	17.0	21.0	33.1	40.2	49.3	56.3	80.0	90.0	94.1	100	600
砂砾料下包线	—	2.0	14.0	18.0	20.0	22.0	25.0	31.0	37.0	56.1	67.1	72.8	77.1	94.0	100			300

注 D_{max} 为最大孔径。

2.2 生产方案的调整

根据工程实际情况，大坝填筑所需特殊垫层料为 6300m³。考虑到直接采用料场砂砾石料进行筛分，需专门修建一套筛分系统，并且筛分生产弃料多、砂砾石料场储量也小，增加施工成本的同时还会影响大坝砂砾石料的储量。项目部计划按级配比例购买人工砂（0～5mm）与小石（5～15mm）后；采用"平铺立采"的方式生产获得。但特殊垫层料在实际生产过程中，由于工程量相对较少，采用"平铺立采"方式达不到多层摊铺，容易造成特殊垫层料级配不连续。针对特殊垫层料的生产过程中存在弃料多、级配不连续、生产施工成本高等问题，在征得监理、设计、业主等单位同意后对生产施工方案进行调整。在不影响质量的情况下，通过现场分析和讨论提出了最为合理的特殊垫层料生产方式及质量控制措施：按级配比例购买人工砂（0～5mm）与小石（5～15mm），通过相对密度试验确定最优掺配比例后，再利用 HZS120 拌和系统进行拌和生产。这样不仅能确保成品特殊垫层料的质量，同时也避免了直接采用料场砂砾石料进行筛分产生大量弃料，破坏砂砾石料场料源级配。

3 掺配比例及生产工艺流程

3.1 掺配比例的确定

特殊垫层料设计要求最大粒径小于 20mm 的连续级配物料，碾压厚度为 0.2m，相对密度 $D_r \geq 0.9$。根据设计要求，将购买的人工砂（0～5mm）与小石（5～15mm）按比例进行掺配。特殊垫层料人工砂（0～5mm）与小石（5～15mm）的最优掺配比例根据最大干密度、最小干密度试验来确定，将人工砂（0～5mm）与小石（5～15mm）按 35％：65％、40％：60％、45％：45％、50％：50％、55％：45％ 不同比例掺配后分别进行相对密度试验，特殊垫层料相对密度试验不同砾石含量所对应的最大干密度、最小干密度值见表 2：

表 2 特殊垫层料相对密度试验不同砾石含量所对应的最小干密度、最大干密度值

砾石含量（％）	65.0	60.0	55.0	50.0	45.0
最大干密度 $\rho_{D_{max}}$（g/cm³）	2.04	2.10	2.12	2.14	2.09
最小干密度 $\rho_{D_{min}}$（g/cm³）	1.68	1.74	1.77	1.78	1.75

从表 2 中的试验结果可以看出最大干密度在 2.04～2.14g/cm³ 之间,砾石含量在 50% 时,其最大干密度、最小干密度达到最大值 2.14g/cm³ 和 1.78g/cm³。根据试验结果绘制特殊垫层料相对密度试验不同砾石含量对应的最大干密度、最小干密度关系曲线图,试验结果见图 1。

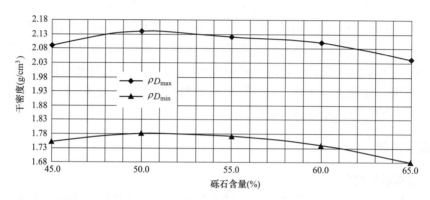

图 1 特殊垫层料相对密度试验不同砾石含量对应的最大干密度、最小干密度关系曲线图

综上所述,特殊垫层料的最优掺配比例为人工砂(0～5mm)与小石(5～15mm)的比例为 50%:50%。

3.2 工艺流程设计

根据相对密度试验确定的最优掺配比例,通过 HZS120 拌和站进行均匀拌和生产工艺流程见图 2。

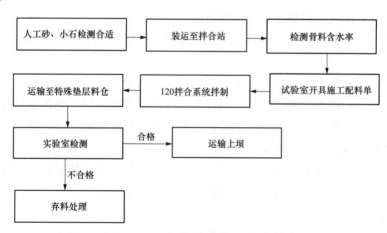

图 2 特殊垫层料掺配生产工艺流程

在成品砂石骨料运输前,必须经试验人员对人工砂(0～5mm)和小石(5～15mm)进行抽检,经检查各项指标合格后才能进行运输。成品砂石骨料检测合格后,主要采用 ZL-50 装载机和 20t 自卸车在砂石骨料加工场进行砂石骨料装运,为了准确按 1:1 比例进行人工砂(0～5mm)和小石(5～15mm)装运,必须分开装运人工砂(0～5mm)和小石(5～15mm)的设备,且运输车辆必须经地磅房计量后方可运至拌和站骨料仓内分类存放,

在计量过程中，安排 2 名计量人员进行记录核量。在进行特殊垫层料掺配前，必须再次安排试验人员对人工砂（0～5mm）和小石（5～15mm）进行含水检测并根据含水率开具实验室配料单。拌和站在拿到配料单后方可进行拌和生产，主要采用 ZL50 装载机对 HZS120 拌和系统料仓进行上料，由 HZS120 拌和系统按照 1∶1 比例（质量比）对人工砂、小石进行准确称量后，方可进行特殊垫层料的拌和生产，拌和时间不少于 30s（经现场试验确定），拌和完成后由 20t 自卸汽车运至独立的特殊垫层料仓内进行集中存放。为了避免特殊垫层料被污染，成品料仓上部采用遮阳棚进行覆盖，遮阳棚结构为脚手架管＋帆布＋防晒网。在特殊垫层料运输前，必须再次经试验人员对特殊垫层料进行抽检，经检查各项指标合格后才能进行运输。特殊垫层料检测合格后，主要采用 ZL50 装载机和 20t 自卸车将特殊垫层料装运至坝体填筑面。

4　施工质量控制

4.1　生产过程质量控制

特殊垫层料加工过程中，坚持过程控制为主的质量控制原则，在生产过程的各环节由专职质检员、试验员跟班抽样检验，及时纠正生产过程中的不合格因素。不合格的骨料不允许进入加工厂，并加强采购原骨料的检测频率。具体控制方法和措施如下：

（1）检查入厂原料情况，不合格的原料不许进厂加工。

（2）骨料在高温季节加工时，用防晒棚和防护网进行保护，防止骨料被污染，低温季节加工时，骨料储存应采取彩条布覆盖（必要时再上覆盖草帘）保暖，防止骨料结冰。

（3）对每一批次掺配的原骨料半成品和掺配后的成品料进行试验检测，从料源和掺配过程中保障掺配后的成品料满足设计指标要求。

（4）严格按照试验标准进行特殊垫层料掺配，严格控制拌和系统掺拌时间和掺配比例。

（5）定期对拌和系统的称量系统进行校验，确保称量系统的准确性。

（6）特殊垫层料掺配拌和前，应当对拌和系统进行调试运转，确保在运行状况良好的情况下再进行作业，每次拌和所需成品前，对拌和系统拌和储料仓进行清理，尽量减小因其他骨料的残存对成品料指标含量的影响。

（7）特殊垫层料运输上坝前，必须经过试验检测人员检测合格后方可运输上坝，如发现级配不满足要求必须按弃料处理，严禁将不合格料运输上坝。

4.2　成品料质量检测成果

成品特殊垫层料加工检测频率严格按照要求进行，每次生产加工完成的特殊垫层料都必须进行试验检测，并保证每批次生产的成品料检测频次不少于 4 次，自大坝特殊垫层料生产加工以来，累计料源检测 23 组，其中合格组数为 23 组，合格率为 100％；满足设计规范要求。特殊垫层料料源颗粒级配检测见图 3。

5　结语

阿尔塔什大坝工程特殊垫层料采取购买人工砂（0～5mm）和小石（5～15mm）并按

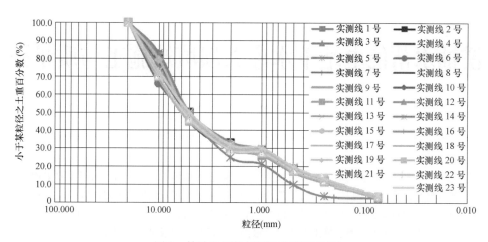

图 3　特殊垫层料料源颗粒级配检测

照最优掺配比例通过 HZS120 拌和系统进行拌和生产的施工工艺，不仅保证了特殊垫层料的级配连续，而且有效地解决了传统"平铺立采"方式生产导致的级配不连续，直接采用砂砾料场筛分导致浪费现象严重等问题；降低了生产施工成本。同时，拌和系统的拌制不仅操作简便、工艺流程可行、设备运行稳定，对保证施工质量、提高施工强度、减少浪费、提前工期具有极大的意义，还有效降低了砂尘的产生，保护了生态环境，利于提高施工效率、加快施工进度、降低能耗，便于施工调度，保证了坝体填筑质量；可为今后类似工程的施工提供有价值的参考。

参考文献

［1］周建新，周俊芳．水布垭大坝垫层料制备系统工艺与质量控制［J］．水电与新能源，2011（01）.

［2］袁乘志，段国君，刘金明．张家湾电站碎石垫层料的生产工艺流程，中国水利水电第二届砂石生产技术交流会.

［3］贺溪，郭长江．浅谈长河坝水电站过渡料生产工艺［B］．四川水利发电，2016（01）.

作者简介

王真平（1990—），男，湖北洪湖人，助理工程师，从事水利水电工程施工与技术管理工作。

李振谦（1987—），男，甘肃庆阳人，工程师，从事水利水电工程施工技术与管理工作。

王建帮（1986—），男，甘肃天水人，工程师，从事水利水电工程施工技术与管理工作。

绩溪抽水蓄能电站下水库大坝填筑施工与质量控制

潘福营

（国网新源控股有限公司基建部）

[摘　要]　绩溪抽水蓄能电站下水库大坝为钢筋混凝土面板堆石坝，上游堆石料主要采用上水库库尾石料场开采的弱、微风化砂岩填筑，下游堆石料采用了下水库区开挖的强风化粗粒花岗岩，上、下游堆石料之间设置水平宽2m的过渡料，充分利用了开挖料，极大降低了工程成本。本文主要介绍了大坝填筑施工方法、质量控制和试验检测成果，供交流。

[关键词]　绩溪蓄能电站　面板堆石坝　填筑施工　质量控制

1　工程概况

安徽绩溪抽水蓄能电站位于安徽省绩溪县伏岭镇境内，枢纽工程由上水库、下水库、输水系统、地下厂房和地面开关站等建筑物组成。电站装机容量1800MW，安装6台额定功率为300MW的混流可逆式抽水蓄能机组，额定水头600m。

下水库大坝为面板堆石坝，最大坝高59.1m，坝顶长度443.69m。坝体填筑材料分成垫层区、特殊垫层区、过渡区、上游堆石区、下游堆石区以及上游大坝辅助防渗。垫层区及过渡区坡比均为1：1.5，垫层区和过渡区水平宽度分别为2.0、4.0m。趾板下游设特殊垫层区。过渡区下游侧为上游堆石区，上游坡比1：1.5。为了提高填筑石料的利用率，充分利用下水库开挖石料，在大坝下游设下游堆石区，下游堆石区与上游堆石区的分界线坡比为1：0.2，坝轴线331.8高程处倾向上游，下游坡比为1：2.0。为改善坝体排水条件，在下游堆石区293.80m高程以下设堆石排水区。为满足坝料间级配过渡原则，在上游堆石区和下游堆石区设2m厚过渡层，在下游堆石区和堆石排水区之间设1.2m厚的过渡层。在上游面板高程311.00m以下的周边缝上部设置大坝辅助防渗区，包括面板上游二级粉煤灰和回填全、强风化料。粉煤灰呈倒三角形布置在周边缝处，以便在周边缝拉开时，由粉煤灰自行堵塞，减少渗漏。在粉煤灰上部铺设库区开挖的全风化料，全风化料外侧铺设全、强风化混合石渣料。石渣回填区顶部宽5.0m，坡比1：2.5。大坝坝体结构图见图1。

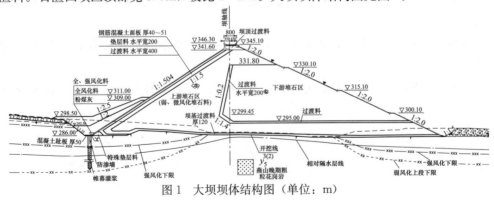

图1　大坝坝体结构图（单位：m）

2 坝体填筑设计技术指标和碾压施工参数

大坝坝体总的填筑工程量为 201.41 万 m³。下水库大坝坝体填筑石料（包括过渡层、上游堆石区及过渡区等）采用上水库库盆内石料场的开挖料；垫层料、特殊垫层料、反滤料采用砂石加工系统生产的骨料掺配而成；下游堆石料采用下水库进/出水口、库盆扩挖等建筑物开挖料填筑，主要为强风化粗粒花岗岩料，碾压后，分解成粗砂状。设计坝料填筑质量要求及碾压控制参数见表 1。

表 1   设计坝料填筑质量要求及碾压控制参数

填筑料种类	特殊垫层料	垫层料	反滤料	过渡料	上游堆石料	下游堆石料
干容重 γ_d(kN/m³)	≥21.6	≥21.5	≥21.6	≥21.0	≥21.0	≥20.1
孔隙率 n(%)	≤17.5	≤18	≤17.5	≤20	≤21.3	≤20.8
最大粒径（cm）	4	8	3	30	80	30
渗透系数（cm/s）	1×10^{-4}~1×10^{-3}	1~5×10^{-3}	—	1.0×10^{-2}~5.0×10^{-2}	$>1.0\times10^{-1}$	—
填筑层厚（cm）	20	40	20	40	80	40
加水量（%）	10	10	10	15	15	14~16
振动碾吨位	平板夯	25t 自行式	25t 自行式	25t 自行式	25t 自行式	25t 自行式
碾压遍数	静碾 2 遍，振碾 8 遍	静碾 2 遍，振碾 8 遍	静碾 2 遍，振碾 8 遍	静碾 2 遍，振碾 8 遍	静碾 2 遍，振碾 8 遍	静碾 2 遍，振碾 6 遍

3 坝体填筑施工

3.1 坝基处理

坝体部位河谷及两岸挖除松动岩体、全部覆盖层和全风化土，以强风化上部岩体作为堆石体基础。坝基岩体抗冲蚀能力较差部位，在上游堆石料与基础接触面铺设 1.2m 厚过渡料对坝基进行反滤保护。

3.2 大坝填筑施工工艺流程

大坝坝面填筑作业的一般工艺流程为：坝基基础开挖、平整—填筑前地形测量及坝基验收—填筑料开采、运输—卸料、铺料、洒水—碾压—质量检测、验收—上一层填筑料填筑。

3.3 填筑施工方法

3.3.1 填筑料制备和运输

垫层料采用人工砂石系统生产的初破混合料和人工砂掺配而成，根据掺配比例分层摊铺掺拌，为确保其级配良好，在挖装时采取立面开采装车。堆石料和过渡料经爆破试验后直接爆破获取，采用挖掘机装自卸汽车运输。

除垫层料、过渡层料由设计摊铺宽度较窄，采用 10t 自卸车运输外，其他部位的填筑料均采用 15t、20t 自卸车运输上坝。运输过程中，不同填筑料的运输汽车设明显的标志，由专人管理，防止填筑料混杂。坝面上设专门调度人员指挥卸车。对坝面上所出现的个别超径石挖运至坝体填筑区之外进行解小。

3.3.2 卸料、铺料

卸料时采用进占法进行，即 20t 自卸车在未碾压的层面上行驶，卸料后采用 SD32 推土机及时平整，防止出现大块径石渣集中等级配分离现象影响碾压效果及填筑质量。

对于垫层料、反滤料以及过渡料，采用 20t 自卸车后退法沿轴线线方向间隔卸料，即自卸车在已碾压的坝面上行驶，并使每一料堆相隔一定的距离，然后采用 D155 推土机沿坝轴线方向进行平整，并采用反铲（人工配合）对其边线进行修整。特殊垫层料因设计宽度较小，采用集中卸料人工配合反铲进行铺料。

各种填筑料的虚铺厚度按碾压试验并通过监理工程师批准的铺筑厚度严格进行控制。为准确控制填筑层厚，在已填筑的坝面上不同部位设置层厚控制标杆，推土机操作手根据标杆上标识的厚度进行平料，并在平料的过程中，质检员随时检查其铺筑厚度，及时进行纠偏，铺筑厚度误差不超过±5cm。

在过渡料、垫层料与基础和岸边的接触处填料时，不允许因颗粒分离而造成粗料集中和架空现象。如出现因颗粒分离而造成粗料集中和架空现象及时采用反铲予以挖除，重新铺筑。

各填筑料相邻层次之间的材料界线采用石灰通过测量放线予以标识，分段铺筑时，做好接缝处各层之间的连接，防止产生层间错动或折断现象，在斜面上的横向接缝收成缓于 1∶3 的斜坡。

对于下游堆石区下游面，为削坡方便及网格梁施工，填筑铺料时靠下游边线尽量选择粒径较小级配较好的坝料的填筑，为保证碾压质量，施工过程中下游面超填 50cm。

3.3.3 填筑料洒水

填筑料洒水主要针对上游堆石料和过渡料，运输过程中在运输道路设置龙门架加水，其洒水量按碾压试验并通过监理工程师批准的洒水量严格进行控制。对于垫层料、特殊垫层料及反滤料等，在碾压前，仅对其表面进行洒水处理。坝面洒水采用人工手持水管洒水和洒水车洒水相结合的方式，保证了洒水量和洒水质量。

3.3.4 碾压

3.3.4.1 普通部位碾压

各填筑料主要采用 25t 自行式振动碾碾压，对于特殊垫层料以及库岸大型振动碾无法碾压的部位（须薄层铺筑），采用手扶振动碾或振动夯板进行碾压。

碾压顺坝轴线方向按进退错距法进行碾压。根据填筑碾压试验的成果，振动碾行进速度控制在 3.5km/h 以内。

进退错距碾压方法：对于某一区域的碾压，初始的碾压条带先一次性碾压足够的遍数（如 8 遍），然后开始进退错距碾压。每碾压一个来回（即 2 遍，不错距）进行一次错距，错距的宽度按式（1）计算：

$$b=2B/n \tag{1}$$

式中　B——振动碾滚桶的净宽，cm。

n——规定的碾压遍数；

b——错距宽度，cm。

对于该区域收尾的碾压条带，以碾压足够的遍数（如 8 遍）后作为碾压结束的标准。

在靠近岸坡时，自行式振动碾可顺岸坡来回碾压，在振动碾无法碾压到位的部位减薄层厚并采用手扶式振动碾或振动夯板进行碾压。

3.3.4.2 特殊部位碾压

需做特殊填筑处理部位有：趾板周边垫层料（特殊垫层料）填筑，上游垫层料、过渡料与主堆石料衔接部位的填筑，坝内层间接缝部位的填筑，坝体与岸坡接坡部位的填筑，以及坝内埋设观测仪器设备的周边回填等。

（1）趾板周边垫层料（特殊垫层料）填筑。为避免趾板周边垫层料（特殊垫层料）填筑对周边缝止水产生破坏，在填筑前须对止水采用钢板罩予以保护。铺料时，不管是特殊垫层料还是垫层料，均减薄层厚，采用手扶振动碾进行碾压，手扶振动碾无法碾压时，采用人工予以夯实或采用反铲装振动夯板予以夯实。

（2）上游垫层料、过渡料与上游堆石料衔接部位的填筑。该部位的填筑主要指上游垫层料、过渡料与上游堆石料 5m 范围内的填筑。在填筑施工中，各种填筑料保持均衡上升。在主堆石料碾压密实后，用白灰在主堆石区填筑面上放出主堆石与过渡层的分界线，采用反铲对其上游边线超填部分进行清理、修整，并剔除上游边线粒径大于 30cm 的块石。之后采用后退法进行过渡层铺筑。过渡层铺筑完后，按类似方法再进行垫层料的铺筑。

垫层料、过渡料的铺料厚度均为 50cm。其填筑顺序为：垫层料铺筑、碾压（第一层）——过渡料铺筑（与垫层料齐平）——过渡料上游边线修整——上游堆石铺筑、碾压——上游边线修整——垫层料第二层铺筑（与上游堆石层面齐平）——垫层料上游边线修整——过渡料第二层铺筑（与垫层料齐平）、碾压——垫层料新一层填筑。

垫层料与过渡料之间，及第二层过渡料与主堆石料之间注意严格进行骑缝碾压。

（3）坝内层间接缝部位的填筑。整个坝体在填筑过程中需遵循均衡上升的原则进行。当确需分块填筑时，须得到监理工程师的批准。填筑时，对块间接坡处的虚坡带采取专门的处理措施，如采取台阶式的接坡方式，或采取将接坡处未压实的虚坡石料挖除重新铺料碾压的措施。

（4）坝体与岸坡接坡部位的填筑。靠近岸边地带采用最大粒径不大于 300mm 的过渡料铺填，以防出现架空现象。铺筑厚度为堆石料的一半，采用 25t 自行式振动碾顺坡进行碾压，局部采用液压平板夯进行碾压。

（5）坝体内临时施工道路部位的填筑。根据施工需要，坝体内预留有临时施工道路，坝体内临时施工道路在大坝填筑至路面相应高程时，将该层路基挖除，重新填筑与坝体该部位相同的坝料，采用振动碾碾压密实。

（6）埋设内观仪器周边回填处理。在需埋设内观仪器的位置采用反铲或人工挖设仪器坑或沟槽，在仪器及其附件埋设结束后，按设计要求回填细料（如细砂），层厚不大于

20cm，并逐层人工夯实。在仪器顶部回填填筑料时，人工夯实一定厚度后，可采取薄层静碾的方式进行，直至仪器顶部的填筑厚超过仪器所规定的厚度时，改用振碾方式进行碾压。

3.3.5 坝坡削坡处理及斜坡碾压施工

堆石坝填筑施工中堆石坝上下游坡面削坡主要采用反铲削坡，辅以人工削坡。

3.3.5.1 上游垫层坡面修整

上游垫层坡面修整主要采用 PC200 与 PC400 等小型长臂反铲进行削坡，反铲削下来的垫层料回收后重新填筑利用。

堆石坝的上游坡面的修整主要采用 PC400 小型长臂反铲进行施工，削坡前首先在坡面上按 10m×10m 的网格间距布设测量点，并以钢筋桩标识，坝体每升高 4～5m 进行一次坡面修整，进行坡面修整时反铲沿坝体上游坡面平行于坝轴线方向行走，并严格按照测量标识进行修整，修坡后坡面高度高出设计高程 30cm。反铲削坡后采用人工削坡处理，人工修坡在坝体填筑 15～20m 后（也即在进行斜坡碾压之前）进行。人工削坡采用自上而下方式对坡面进行修整，高出坡面部位采用铲锹进行铲除，坑洼部分回填级配良好碎石，洒水人工夯实，使削坡修整后的坡面在法线方向高出设计坡面 5cm 左右。

3.3.5.2 上游垫层坡面碾压

碾压设备：牵引设备选用 D155 推土机，振动碾采用 YZT10L 牵引式振动碾。

（1）斜坡填筑料平整。通过网点控制进行人工辅助修坡，削坡后坡面法向预留沉降厚度 5cm。

（2）洒水。在斜坡碾压前，坡面喷水湿润，喷水湿润坡面厚度以 15cm 为宜，为防止洒水后在坡面上形成流水冲蚀垫层料坡面，先分区分片从试验场地的一侧向另一侧、从下向上对垫层料坡面进行洒水湿润，喷洒工作面距碾压工作面距离不超过 30～50m，洒水喷枪带莲蓬头，使水呈小雨雾状。

（3）碾压。当坡面已充分湿润，喷水后 1～2h，将斜坡碾从坡底向下无振滚动至坡顶（静碾 1 次），再从坡顶无振牵引至坡底，又无振下放至坡底，即进行两次静碾后，然后根据碾压试验要求的碾压遍数按上振下静（振动碾上行振动，下行时不振动）进行振碾，振动碾上下行进一次为一遍。斜坡碾行进速度控制为 3km/h。

边角斜坡碾无法碾压的部位，采用人工或振动夯进行夯实。

坡面碾压后将根据情况进行两至三次修整，直至全部修整碾压到位。

在碾压结束后的坡面，及时采用全站仪检查坡面坡度，并采用 3m 靠尺检查坡面平整度，经碾压后如存在明显的洼坑，则采用小于 15mm 的级配良好碎石进行回填，人工夯实。

3.3.5.3 次堆石料下游坡面修整

（1）削坡方式。为节省劳力，降低劳动强度，提高修坡效率和精度，坝体下游坡面削坡方式为填筑过程中先采用全液压长臂反铲粗修坡一次，在进行坝段的斜坡碾压前，采用人工进行精修坡。长臂反铲的最大施工幅度达 13.5m，下游坡度 1∶2 推算，每填高 5.0m 左右（斜坡长 11.0m 左右）进行一次修坡处理。

（2）反铲粗修坡。采用 PC400 长臂反铲进行修坡，修坡前先通过测量放样在坝面上定出下游坡面设计边线，测量放线过程中充分考虑坝体沉降变形的位移值，然后采用反铲自下而上沿坡面消除在水平铺填筑过程中所预留的超填量，削坡修整后的坡面线比设计线高出 8～10cm（法向），具体数值由试验确定。反铲所削除的填筑料回收后重新填筑利用。

（3）人工精修坡。修坡前先在坡面上按 6m×6m 网格布点，插上钢筋，用细尼龙线控制削坡面，通过测量放样使细尼龙线较设计坡面线的距离高出 30cm，人工削坡时根据细尼龙线往下量 30cm 即为设计坡面。设计坡面确定后，人工自上而下对坡面进行修整，高出坡面部位采用铲锹进行铲除，坑洼部分回填 15mm 以下级配良好碎石，洒水人工夯实，使削坡修整后的坡面与设计坡面线基本吻合。

4 质量控制

4.1 质量控制措施

所有进入坝区的填筑料均须满足不同填筑区填筑料的级配要求。从填筑料挖装开始直至运输到工作面的全过程对填筑料质量进行严格控制。料场配置质检人员对料源首先进行控制，对于所有填筑料在挖装过程中所发现的断层夹泥、风化料、树根等及时清除，不合格的料绝对不能上坝。同时坝面安排质检人员控制碾压施工参数，严格按照碾压试验确定的施工参数进行施工，同时配备数字化大坝智能管控系统控制碾压参数。

根据现场生产性碾压试验确定的碾压参数，按要求选取合适的振动碾进行碾压，并控制其行车速度，碾压采取错距法碾压；碾压效果以控制碾压参数和挖坑检测干容重两种方法相结合的方式进行。填筑过程中充分利用数字化大坝监控系统"高精度、实时、自动、连续、可靠"的特性，对大坝碾压（包括碾压机行走速度、碾压遍数、激振力输出状态、压实厚度、碾压轨迹）进行实时监控，系统发现存在超速、漏碾等施工不规范情况时会自动发出报警，提示操作人员和管理人员及时纠正，当符合标准的碾压遍数区域达到填筑面总面积的 90% 以上，并经现场监理工程师对填筑面边角处理验收合格后，按设计技术要求采用挖坑检测法对该填筑层进行检测，若检测合格，则该填筑层碾压合格；若检测不合格，则返回继续补碾至合格，保证碾压施工质量。

试验人员按照设计要求对土体的干密度和含水量。垫层、过渡层和堆石体的干密度、孔隙率和粒径级配进行抽样检查。设计要求坝料压实检测项目和取样次数见表 2。现场试验检测主要采用挖坑灌水法，渗透系数采用双环注水法进行检测。

表 2 设计要求坝料压实检测项目和取样次数

填筑料种类	规格	检验项目	填筑检验频次
特殊垫层料	0～4cm	干容重、孔隙率、颗分、渗透系数	500m³/次
垫层料	0～8cm	干容重、孔隙率、颗分、渗透系数	500m³/次
反滤料料	0～3cm	干容重，孔隙率，颗分	500m³/次
过渡料	0～30cm	干容重、孔隙率、颗分、渗透系数	3000m³/次
上游堆石料	0～80cm	干容重、孔隙率、颗分、渗透系数	6000m³/次
下游堆石料	0～30cm	干容重，孔隙率，颗分	6000m³/次

4.2 质量检测结果

经统计本工程试验检测结果汇总见表3。

表3 大坝填筑料现场检测试验成果汇总表

填料名称	取样组数		数据统计结果								
	干密度试验	渗透试验	干密度（kN/m³）			孔隙率（%）			渗透系数（×10⁻²cm/s）		
			最大值	最小值	平均值	最大值	最小值	平均值	最大值	最小值	平均值
特殊垫层料	458	165	2.32	2.16	2.22	17.5	11.8	15.7	9.50	2.60	5.93
垫层料	299	168	2.29	2.15	2.22	18.0	12.9	15.7	4.93	0.98	2.40
过渡料	486	486	2.29	2.10	2.22	20.0	13.3	17.4	30.0	0.68	3.14
上游堆石料	154	154	2.29	2.1	2.23	21.3	15.2	17.7	12.0	0.55	5.46
下游堆石料	201	0	2.28	2.01	2.17	20.8	10.9	15.4	—	—	—

从以上数据统计分析表中可以看到各填筑区的主要施工指标干密度、孔隙率、渗透系数均达到设计指标。

5 结语

本工程下水库大坝上游堆石料主要采用上水库库尾石料场开采的弱、微风化砂岩填筑，下游堆石料则考虑充分利用下水库开挖石料，采用强风化粗粒花岗岩填筑，即软岩筑坝，上、下游堆石料之间设水平宽2m的过渡料。施工过程中加强质量控制，采用数字化大坝智能控制技术，有效地控制了施工碾压参数，保证了大坝填筑质量。

下水库开始2018年7月6日蓄水，从目前监测成果看，大坝累计沉降量和渗漏量远远小于设计允许值。

参考文献

［1］关志成．混凝土面板堆石坝填筑技术与研究．北京：中国水利水电出版社，2005.

［2］杨看迪，苏胜威，张强，李玉成．《简议数字化大坝在电站建设中使用的优点》．抽水蓄能电站工程建设文集，2017.

［3］顿江，陈怀均，杨治业，陈怀明．《瓦屋山混凝土面板堆石坝填筑施工技术》．土石坝技术，2016年论文集，2016.

作者简介

潘福营（1971—），男，硕士，河北唐山人，教授级高级工程师，从事工程项目管理工作。

高地温隧道施工降温技术相关问题探讨

田普卓

（中国电建集团昆明勘测设计研究院有限公司）

[摘　要]　针对高地温隧道施工降温技术相关问题，探讨了高地温与高温作业的定义、超高地温降温措施及隧道高地温降温措施的经济性问题，提出了及时修订、补充和完善有关隧道高地温设计、施工规范的建议，对防热服装、高效专用空调、移动制冷休息间等设备、材料的开发和应用进行了展望，提出了整合其他行业领域发掘更适合高地温隧道施工新措施、新方法的建议。

[关键词]　高地温　隧道　降温技术

近年来，随着高速公路、铁路以及水利水电建设的迅猛发展，陆续出现了大量的高地温隧道，代表性的有川藏铁路桑珠岭隧道、新疆布伦口公格尔水电站引水隧道、齐热哈塔尔水电站引水隧道等，高地温隧道施工降温技术研究已成为地下工程研究热点问题。

1　高地温与高温作业的定义

公路、铁路、水利水电隧道建设有关的设计、施工现行规范中，只有《铁路工程不良地质勘察工程》（TB 10027—2012）第 15 章专门对高地温不良地质勘察进行了详细规定，并在条文说明 15.1.2 中给出了大瑞线高黎贡山隧道地温带划分及降温处理措施，见表 1。

表 1　　　　　　　　　大瑞线高黎贡山隧道地温带划分及降温处理措施

地温带分级	温度 t 界限（℃）	断裂导热水能力	热害分析评估标准	降温处理措施
常温带	≤28	差	无热害	无需处理
低高温带（Ⅰ）	$28<t≤37$	弱	热害	非制冷（加强通风）
中高温带（Ⅱ1）	$37<t≤50$	中等	热害	人工制冷
中高温带（Ⅱ2）	$50<t≤60$	较强	热害	人工强制冷
超高温（Ⅲ）	＞60	强	热害	专题研究

其他规范中，《公路隧道施工技术规范》（JTG F60—2009）中 13.0.1 规定：隧道内气温不宜高于 28℃；《铁路隧道施工规范》（TB 10204—2002）中 15.1.1 规定：隧道内气温不得高于 28℃；《铁路工程施工技术手册》中第十五章规定：洞内工人作业地点的空气温度，不得超过 28℃；《水利水电工程施工组织设计规范》（SL 303—2017）附录 D.2.3：规定洞室内温度超过 28℃时，通风风速应进行专门研究。以上规范并未规定出现高温时设计、施工需采取的具体措施，也未明确工作环境空气湿度的影响。实际上，根据《工业企业设计卫生标准》（GBZ 1—2010）中 6.2.1.12 规定：不同空气湿度条件下高温作业温度要求上限值见表 2。

表 2   不同空气湿度条件下高温作业温度要求上限值

相对湿度（%）	<55	<65	<75	<85	≥85
温度（℃）	30	29	28	27	26

高温作业也是根据 WBGT 指数（综合评价人体接触作业环境热负荷的一个基本参量，防治热中暑）来确定。《工作场所有害因素职业接触限值　第 2 部分：物理因素》（GBZ 2.2—2007）中 10.1.1 规定：高温作业是指在生产劳动过程中，工作地点平均 WBGT 指数不低于 25℃的作业，不同作业时间、不同体力劳动强度的 WBGT 上限值见表 3。

表 3   不同作业时间、不同体力劳动强度的 WBGT 上限值（℃）

接触时间（h）	体力劳动强度			
	Ⅰ	Ⅱ	Ⅲ	Ⅳ
8	30	28	26	25
6	31	29	28	26
4	32	30	29	28
2	33	32	31	30

由此可见，单纯规定隧道内作业环境气温不超过 28℃是片面的，还应综合考虑湿度和体力劳动强度的影响。对高地温的研究也应该是隧道内作业地点 WBGT 指数不低于 25℃的作业环境。另外还需注意作业时长的影响，例如，在接触时间 2h 的情况下，Ⅰ体力劳动 WBGT 指数最高为 33℃，但是Ⅳ体力劳动 WBGT 指数最高少 2℃，为 30℃。

2　超高地温降温措施

根据相关文献，高地温隧道通常采用的降温方式有：①通风降温；②洒水、冷水喷雾降温、冷水稀释降温；③局部堆放冰块降温；④空调、移动制冷站制冷降温；⑤注浆、隧道壁隔热、封堵热源等措施。这几类措施单独或者组合使用的情况下基本能够满足一般高地温隧道的降温要求，但是对于超高地温隧道，采取以上措施后，环境空气温度依然高于40℃，远高于《工作场所有害因素职业接触限值　第 2 部分：物理因素》（GBZ 2.2—2007）所规定的 WBGT 指数限值，例如川藏铁路拉林段桑珠岭隧道、新疆布仑口-公格尔水电站引水发电隧洞、娘拥水电站引水发电隧洞、齐热哈嗒尔水电站工程引水发电隧洞等，见表 4。

表 4   超高地温隧道采取有关措施后的环境温度统计表

隧道名称/贯通时间/隧道最大埋深	高温成因	岩石表面最高温度（℃）	空气温度（℃）	降温措施	采取措施后环境温度（℃）
川藏铁路拉林段桑珠岭隧道/2018 年/1347m	花岗岩、断裂、温泉	74.5（探孔最高温度 86.7℃）		通风、洒水、冰块	43.6
新疆布仑口-公格尔水电站引水发电隧洞/2016 年/1500m	云母石英片岩夹石墨片岩，断裂，石墨具有高导热性，无水	105（个别裂隙有白色热气冒出）	72	通风、冷水冷却器、冰块	48

隧道名称/贯通时间/隧道最大埋深	高温成因	岩石表面最高温度（℃）	空气温度（℃）	降温措施	采取措施后环境温度（℃）
娘拥水电站引水发电隧洞/2015 年/640	花岗岩、断裂、热水	82（爆破后，涌水温度 86℃）	56（爆破后）	通风、冷水喷雾	42（爆破后通风 60min）
齐热哈嗒尔水电站工程引水发电隧洞/2013 年/1025	花岗岩、断裂、温泉	110（喷出气体温度 147℃）	65	通风、冷水冷却器、冰块	45（严控工作时间不超过 2h）

据《公路隧道施工技术规范》（JTG F60—2009）规定，隧道内通风时风速要求不应大于 6m/s，在外界温度、隧道尺寸一定的情况下，则通风降温的幅度也是有上限的。当以通风为主的气冷却达到上限后，一般都会选择洒水、冷水喷雾等水冷却以及堆放冰块为主的固态冷却辅助方式，虽然水汽有助于降低粉尘的作业，但也同时提高了环境湿度，形成高温高湿环境，从而使 WBGT 指数降低。从有关文献看，目前隧道施工在降温的同时进行抽湿的有关措施研究较少，另外对个体防护的应用研究也较少。据报道，乌克兰基辅国立技术与设计大学研制出一种现代化防热服，它拥有一个自主的气体冷却系统，可使穿着者在环境温度为 150℃或红外辐射高达 25kW/m² 的环境中持续工作 30min，这为解决隧道超高地温作业提供了一种全新解决思路。

3 隧道高地温降温措施的经济性

据查阅相关文献，隧道高地温降温措施的经济性问题研究还相对较少，陈佐林等人依托拉林铁路桑珠岭隧道高地温段施工进行了高原、高地温隧道施工造价分析和研究，得出了通过加强通风、制冷、洒水、增加设备等措施每延米增加 12 360 元的费用，具有一定的借鉴意义。例如，防热服制造企业如果能生产出成本较此费用低的服装，将具有广阔的市场前景。综合来讲，影响隧道高地温降温措施经济性的主要因素有两方面。一方面是技术方案的合理性，合理性决定了其经济性，技术方案不仅要考虑高地温成因，还要考虑隧洞外部气象条件、地表水温等因素，做到因时因地制宜，例如除采用常规降温措施外，日本安房公路隧洞还采用了水玻璃水泥系列浆液注浆封堵的降温措施，齐热哈嗒尔水电站工程引水发电隧洞还采用了将河水中的冷水采用管道直接输送到掘进工作面的冷却器中降温的方式；另一方面是设备、材料、防护服装等的价格因素，目前专门针对隧道高地温施工研发的设备、材料和防护服装较少，相关的应用还要依靠隧道设计、施工等相关人员的发掘。

4 结语

通过对高地温隧道施工降温技术相关问题的探讨，可以看出：

（1）为统一、规范高地温隧道有关的设计、施工以及研究工作，相关规范应当及时修订、补充和完善。

（2）超高地温隧道施工还有赖于技术进步来解决常规降温措施之后的高温作业环境施

工问题，例如耐高温作业环境的防热服装、高效专用空调、移动制冷休息间等的开发和应用。

（3）针对隧道高地温降温措施的经济性研究将会越来越迫切，只有通过技术方案经济性的比选才能整合其他行业领域，发掘出更适合于高地温隧道施工的新措施、新方法。

参考文献

[1] 王明年，童建军，唐兴华，等 . 高地温隧道研究综述及前景展望 [J]. 中国科技论文在线，2016.

[2] 龚怀明 . 拉林铁路桑珠岭隧道高地温段热害防治施工安全技术研究 [A]. 青藏铁路运营十周年学术研讨会论文集 [C]，2016：5.

[3] 侯代平，刘乃飞，余春海，等 . 新疆布仑口高温引水隧洞几个设计与施工问题探讨 [J]. 岩石力学与工程学报，2013，32（S2）：3396-3404.

[4] 李占先 . 娘拥水电站引水隧洞超高地温段综合施工技术 [J]. 铁道建筑技术，2014（10）：64-68.

[5] 宿辉，张宏，耿新春，等 . 齐热哈塔尔高地温引水发电隧洞施工影响分析及降温措施研究 [J]. 隧洞建设，2014，34（4）：351-355.

[6] 陈佐林，苗永旺，朱胥仁，李传书，彭学军 . 高原、高地温隧道施工造价的分析、研究 [J]. 城市建设理论研究（电子版），2019（02）：129-130.

[7] 先明其 . 日本安房隧道正洞贯通——通过高压含水火山喷出物层和高温带 [J]. 世界隧道，1997（01）：50-56.

作者简介

田普卓，硕士研究生，工程师，研究方向为工程勘察设计和项目管理。

其 他

某水电站绿色施工技术

顿 江

（中国葛洲坝集团二公司）

[摘 要] 为了实现水电开发与生态环境协调发展的目标，在一些具备技术和资金条件的水电站，可以根据水电工程对生态环境的影响特征，在水电工程的规划设计阶段提出相对于环境可行性更高的生态环境保护目标，并且明确相应的保护措施，这是绿色水电工程建设规划的基本特征和目标。分析了绿色水电工程建设规划的概念和基本内容，提出了包括施工期和运行期的规划指标体系，并且探讨了规划的时期和基本方法。该研究成果可以为满足我国水电开发保护生态环境的宏观需求以及实现水电工程生态友好的建设目标提供参考和技术支持。

[关键词] 绿色水电 建设规划 指标体系 内容 方法

1 工程概况

两河口水电站位于四川省甘孜州雅江县境内的雅砻江干流上，电站采用坝式开发，两河口水电站枢纽建筑物由砾石土心墙堆石坝、洞式溢洪道、深孔泄洪洞、放空洞、漩流竖井泄洪洞、地下发电厂房、引水及尾水建筑物等组成，采用"拦河砾石土心墙堆石坝＋右岸引水发电系统＋左岸泄洪、放空系统＋左、右岸导流洞"的工程枢纽总体布置格局。砾石土心墙堆石坝最大坝高 295m，引水发电系统为大型地下洞室群结构，安装 6 台 500MW的水轮发电机组。

2 绿色施工目标

落实中华人民共和国建设部《关于印发〈绿色施工导则〉的通知》（建质〔2007〕223号）文件精神，推进集团绿色施工工作，在保证质量、安全等基本要求的前提下，通过科学管理和技术进步，最大限度地节约资源与减少对环境负面影响，实现四节一环保（节能、节地、节水、节材和环境保护），全面提升项目部科学管理水平。

3 绿色施工技术

3.1 环境保护

3.1.1 扬尘控制

（1）运送土方、垃圾、设备及施工材料等，不污损场外道路。运输容易散落、飞扬、流漏的物料的车辆，必须采取措施封闭严密，保证车辆清洁。施工现场设置洗车槽。

（2）土石方作业阶段，采取洒水、覆盖等措施，达到作业区目测扬尘高度小于1.5m，不扩散到场区外。

（3）结构施工、金结安装、装饰装修阶段，作业区目测扬尘高度小于0.5m。对易产生扬尘的堆放材料采取覆盖措施，对粉末状材料封闭存放，场区内可能引起扬尘的材料及垃圾搬运时具有降尘措施，如覆盖、洒水等，浇筑混凝土前清理仓位时尽量避免使用吹风器等易产生扬尘的设备，机械剔凿作业时可用局部遮挡、掩盖、水淋等防护措施，清理垃圾时采用容器吊运。

（4）施工现场非作业区达到目测无扬尘的要求。对现场易飞扬物质采取有效措施，如洒水、地面硬化、围挡、密网覆盖、封闭等，防止扬尘产生。

3.1.2 噪声与振动

（1）现场噪声排放不得超过《建筑施工场界噪声限值》（GB 12523—2011）的规定。具体数值详见表1。

表1　　　　　　　　　　　　　　施工场界噪声限值

施工所处阶段	主要使用机械	噪声源噪声限值（dB）	
		昼间	夜间
土石方	推土机、挖掘机、装载机等	75	55
打桩	各种打桩机等	85	禁止施工
结构	混凝土搅拌机、振捣棒、电锯等	70	55
装修	吊车、升降机等	65	55

（2）使用低噪声、低振动的机具，采取隔声与隔振措施，避免或减少施工噪声和振动。施工人员远距离通话使用对讲机，严禁大声喊叫喧哗。

3.1.3 光污染控制

（1）尽量避免或减少施工过程中的光污染。夜间室外照明灯加设灯罩，透光方向集中在施工范围。

（2）电焊作业采取遮挡措施，避免电焊弧光外泄。

3.1.4 水污染控制

（1）施工现场污水排放达到《污水综合排放标准》（GB 8978—1996）的要求。

（2）施工现场针对不同的污水，设置相应的处理设施，如沉淀池、隔油池、化粪池等。

（3）污水排放委托有资质的单位进行废水水质检测，提供相应的污水检测报告。

（4）保护地下水环境。采用设计中隔水性能好的边坡支护技术。现场采用明沟排水措施，做到不污染地下水，并尽量减少对地下水的抽取。

（5）对于化学品等有毒材料、油料的储存地，有严格的隔水层设计，做好渗漏液收集和处理。

3.1.5 土壤保护

（1）保护地表环境，防止土壤侵蚀、流失。因施工造成的裸土，及时覆盖砂石或种植速生草种，以减少土壤侵蚀；因施工造成容易发生地表径流土壤流失的情况，采取设置地表排水系统、稳定斜坡、植被覆盖等措施，减少土壤流失。

（2）沉淀池、隔油池、化粪池等不发生堵塞、渗漏、溢出等现象。及时清掏各类池内沉淀物，并委托有资质的单位清运。

（3）对于有毒有害废弃物，如电池、墨盒、油漆、涂料等回收后交有资质的单位处理，不能作为建筑垃圾外运，避免污染土壤和地下水。

（4）施工后恢复临时占地内施工活动破坏的植被。与当地园林、环保部门或当地植物研究机构进行合作，在先前开发地区种植当地或其他合适的植物，以恢复剩余空地地貌或科学绿化，补救施工活动中人为破坏植被和地貌造成的土壤侵蚀。

3.1.6 施工垃圾

（1）施工中要求"活完、料净、脚下清"，施工材料随用随取，减少施工垃圾产生。

（2）加强施工垃圾的回收再利用，力争施工垃圾的再利用和回收率达到 30%，建筑物拆除产生的废弃物的再利用和回收率大于 40%。对于碎石类、土石方类施工垃圾，可采用地基填埋、铺路等方式提高再利用率，力争再利用率大于 50%。

（3）施工现场生活区设置封闭式垃圾容器，施工场地生活垃圾实行袋装化，及时清运。对施工垃圾进行分类，并收集到现场封闭式垃圾站，集中运出。

3.1.7 地下设施、文物和资源保护

（1）施工前调查清楚地下各种设施，保证施工场地周边的各类管道、管线、建筑物、构筑物的安全运行。

（2）施工过程中一旦发现文物，立即停止施工，保护现场并通报文物部门并协助做好工作。

（3）避让、保护施工场区及周边的古树名木。

（4）逐步开展统计分析施工项目的 CO_2 排放量，以及各种不同植被和树种的 CO_2 固定量的工作。

3.2 节材与材料资源利用

3.2.1 节材措施

（1）图纸会审时，审核节材与材料资源利用的相关内容，达到材料损耗率比定额损耗率降低 30%。

（2）根据施工进度、库存情况等合理安排材料的采购、进场时间和批次，减少库存。

（3）现场材料堆放有序。储存环境适宜，措施得当。保管制度健全，责任落实。

（4）材料运输工具适宜，装卸方法得当，防止损坏和遗洒。根据现场平面布置情况就近卸载，避免和减少二次搬运。

（5）采取技术和管理措施提高模板、脚手架等的周转次数。

（6）优化安装工程的预留、预埋、管线路径等方案。

（7）就地取材，施工现场 500km 以内生产的施工材料用量占总质量的 70% 以上。

3.2.2 结构材料

（1）使用预制混凝土和商品砂浆。准确计算采购数量、供应频率、施工速度等，在施

工过程中动态控制。结构工程使用散装水泥。

（2）使用高强钢筋和高性能混凝土，减少资源消耗。

（3）钢筋专业化加工和配送。

（4）优化钢筋配料和钢构件下料方案。钢筋及钢结构制作前对下料单及样品进行复核，无误后方可批量下料。

（5）优化钢结构制作和安装方法。大型钢结构采用加工厂制作，现场拼装，采用分段吊装、整体提升、滑移、顶升等安装方法，减少措施用材量。

（6）采取数字化技术，对大体积混凝土、大跨度结构等专项施工方案进行优化。

3.2.3　周转材料

（1）选用耐用、维护与拆卸方便的周转材料和机具。

（2）优选制作、安装、拆除一体化的专业队伍进行模板工程施工。

（3）模板以节约自然资源为原则，推广使用定型钢模、钢框竹模、竹胶板。

（4）施工前对模板方案进行优化。多层、高层建筑使用可重复利用的模板体系，模板支撑采用工具式支撑。

（5）优化高排架方案，采用整体提升、分段悬挑等方案。

（6）采用外墙保温板替代混凝土施工模板的技术。

3.3　节水与水资源利用

3.3.1　提高用水效率

（1）施工中采用先进的节水施工工艺。

（2）施工现场喷洒路面、绿化浇灌不使用生活自来水。现场搅拌用水、养护用水采取有效的节水措施，严禁无措施浇水养护混凝土。

（3）施工现场供水管网根据用水量设计布置，管径合理、管路简捷，采取有效措施减少管网和用水器具的漏损。

（4）现场机具、设备、车辆冲洗用水设立循环用水装置。施工现场办公区、生活区的生活用水采用节水系统和节水器具，提高节水器具配置比率。项目临时用水使用节水型产品，安装计量装置，采取针对性的节水措施。

（5）施工现场建立可再利用水的收集处理系统，使水资源得到梯级循环利用。

（6）施工现场分别对生活用水与工程用水确定用水定额指标，并分别计量管理。

（7）对拌和楼等用水集中的区域和工艺点进行专项计量考核。施工现场建立雨水、中水或可再利用水的搜集利用系统。

3.3.2　非传统水源利用

（1）现场机具、设备、车辆冲洗、喷洒路面、绿化浇灌等用水，优先采用非传统水源，尽量不使用市政自来水。

（2）力争施工中非传统水源和循环水的再利用量大于30%。

（3）充分收集自然降水用于施工和生活中适宜的部位。

3.3.3　用水安全

在非传统水源和现场循环再利用水的使用过程中，制定有效的水质检测与卫生保障措

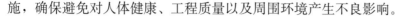

施，确保避免对人体健康、工程质量以及周围环境产生不良影响。

3.4 节能与能源利用

3.4.1 节能措施

（1）制订合理施工能耗指标，提高施工能源利用率。

（2）优先使用国家、行业推荐的节能、高效、环保的施工设备和机具，如选用变频技术的节能施工设备等。

（3）施工现场分别设定生产、生活、办公和施工设备的用电控制指标，定期进行计量、核算、对比分析，并进行预防与纠正。

（4）合理安排施工顺序、工作面，以减少作业区域的机具数量，相邻作业区充分利用共有的机具资源。安排施工工艺时，优先考虑耗用电能的或其它能耗较少的施工工艺。避免设备额定功率远大于使用功率或超负荷使用设备的现象。

（5）根据当地气候和自然资源条件，充分利用太阳能、地热等可再生资源。

3.4.2 机械设备与机具

（1）建立施工机械设备管理制度，开展用电、用油计量，完善设备档案，及时做好维修保养工作，使机械设备保持低耗、高效的状态。

（2）选择功率与负载相匹配的施工机械设备，避免大功率施工机械设备低负载长时间运行。机电安装可采用节电型机械设备，如逆变式电焊机和能耗低、效率高的手持电动工具等，以利节电。机械设备使用节能型油料添加剂，在可能的情况下，考虑回收利用，节约油量。

（3）合理安排工序，提高各种机械的使用率和满载率，降低各种设备的单位耗能。

3.4.3 生产、生活及办公临时设施

（1）利用场地自然条件，合理设计生产、生活及办公临时设施的体形、朝向、间距和窗墙面积比，使其获得良好的日照、通风和采光。

（2）临时设施采用节能材料，墙体、屋面使用隔热性能好的材料，减少夏天空调、冬天取暖设备的使用时间及耗能量。

（3）合理配置采暖、风扇数量，规定使用时间，实行分段分时使用，节约用电。

3.4.4 施工用电及照明

临时用电优先选用节能电线和节能灯具，临电线路合理设计、布置，临电设备采用自动控制装置。采用声控、光控等节能照明灯具。

4 结语

水电站在建设过程中存在着移民安置、泥沙、影响人类和生物多样性以及改变下游水温等一系列问题，这些问题需要工程决策者和施工工程技术人员在建设水电站的同时认真加以考虑和慎重处理，并且通过相应的设施和工程予以补偿。索风营电站建设公司改变观念，从被动环保走向主动环保，从要我环保走向我要环保，为水电站的建设创新了工程建设项目与绿色生态环保并举的环保工程建设管理新理念。

参考文献

[1] 邹建国．乌江水电开发中的环境保护工作 [C]．中国水力发电工程学会，湖北省水力发电工程学会，2006：1-3.

[2] 禹雪中，廖文根，骆辉煌．我国建立绿色水电认证制度的探讨 [J]．水力发电，2007，(7)：1-4.

[3] 罗时朋，钟灿兵，燕乔．水电工程建设项目环境影响后评价理论与方法 [J]．水利水电技术，2008，(9)：4-7.

[4] 郭乔羽，杨志峰．三门峡水利枢纽工程生态影响后评价 [J]．环境科学学报，2005，(5)：580-585.

[5] 中国水利水电科学研究院．绿色水电指标体系及评估方法初步研究 [R]．2009.

作者简介

顿江（1977—），男，湖北荆门，工程师，长期从事大中型水电站及水电站工程绿色技术工作。

南欧江七级水电站执行概算的编制思路和方法

陈家才

（中国电建集团昆明勘测设计研究院有限公司）

[摘　要]　在从事南欧江七级水电站执行概算编制工作时，鉴于水电行业内没有统一的编制规定，在编制过程中与项目业主充分沟通，分析研究项目业主的管理需求，结合南欧江七级水电站的项目管理特点，分析执行概算的项目划分、执行概算的费用编制，建筑安装工程的价格水平选用，确定了南欧江七级水电站执行概算的编制思路和方法，完成了南欧江七级水电站执行概算报告编制。

[关键词]　南欧江　水电站　执行概算　概算编制　投资控制

执行概算作为工程建设实施阶段的投资管理文件，是预测工程成本、控制工程总投资的依据，是编制建设项目年度投资计划，开展项目经济活动分析，在项目竣工结算过程中对比分析项目完成情况的基础，也是项目投资方内部进行投资控制目标考核管理的重要依据。作为项目投资方的内部管理文件，由于不同的业主对项目各部分费用管理思路的差异，导致不同项目的执行概算编制方法各不相同，下文将介绍南欧江七级水电站执行概算编制思路和方法，以供同类工程项目参考。

1　概述

南欧江七级水电站位于老挝丰沙里省境内，为南欧江规划七个梯级水电站的最上游一个梯级即第七个梯级。电站以发电为主，工程等别为一等大（1）型，最大坝高 143.5m，总装机容量为 210MW（2×105MW），正常蓄水位为 635m，相应库容为 $16.94×10^8 m^3$，死水位 590m，相应库容为 $4.49×10^8 m^3$；调节库容为 $12.45×10^8 m^3$，具有多年调节性能。

工程枢纽布置主要由混凝土面板堆石坝、左岸溢洪道、右岸泄洪放空洞、左岸引水系统、坝后岸边发电厂房和 GIS 开关站组成。

2　执行概算的编制依据

南欧江七级水电站工程执行概算的编制依据主要包括南欧江七级水电站批准设计概算、工程设计成果、已签订的有关各类建设施工合同文件、水电行业的编制规定和费用标准及定额。其中批准的设计概算是控制执行概算总投资和编制分标概算的依据；工程设计成果是确定执行概算项目和工程量的依据；有关各类建设施工合同文件是确定执行概算费用的主要依据；水电行业的编制规定和费用标准及定额是确定项目设计变更费用的主要依据。

3 执行概算的项目划分

结合南欧江七级水电站工程招标项目的合同内容划分情况和工程管理要求，将执行概算的项目划分为建设征地和移民安置补偿费、建筑安装工程、设备采购工程、专项采购工程、技术服务采购、项目管理费用、基本预备费、价差预备费和融资费用共九个部分。

3.1 建设征地和移民安置补偿费

建设征地和移民安置补偿费项目主要包括项目建设征地移民补偿费、移民搬迁安置补偿补助费、专业项目改复建费、库底清理费、库区永久界桩测设费、库区实物指标调查服务合同、水库枢纽区排雷合同、水库枢纽区征地界桩合同。

3.2 建筑安装工程

建筑安装工程主要包括南欧江七级水电站土建、金属结构及机电设备安装工程 A 标和 B 标两个合同以及进场公路（含跨江大桥）合同共计三个主标段合同。其中对水电站主体土建工程以单价计价的项目划分须按施工分期、工程分部、施工分部进行划分，包括土方、石方、支护、混凝土、钢筋、砌筑、灌浆等项目。

3.3 设备采购工程

设备采购工程主要包括金属结构设备和机电设备采购的主标合同。

3.4 专项采购工程

未列入建筑安装工程和设备采购工程的工程项目归入专项工程项下，主要包括房屋建筑工程、环境保护工程、安全监测工程、水情泥沙气象监测工程、劳动安全与工业卫生、枢纽区施工测量控制网建网测设、综合实验室、流域运维管理中心、项目安保费、其他设备采购及安装工程等。

3.5 技术服务采购

工程建设所需的技术服务采购项目主要包括工程建设监理费、咨询服务费、项目技术经济评审费、项目验收费和科研勘察设计费等。

3.6 项目管理费用

为保证工程项目建设、建设征地和移民安置补偿工作正常进行，从工程筹建至竣工验收全过程所需管理设备及用具购置费、人员经常费和其他管理性的费用，列入项目管理费用项下，主要包括项目建设管理费、生产准备费、工程保险费、CA 协议费用和其他等。

3.7 基本预备费

主要为在执行概算编制时施工尚未完成的工程预留的风险费用，包括可能的设计变更、预防自然灾害所采取的措施费用等。

3.8 价差预备费

主要为在执行概算编制时施工尚未完成的工程预留的物价上涨风险费用，包括钢材、水泥、油料等工程建设主要材料的价格上涨风险费用。

3.9 融资费用

融资费用主要包括建设期的贷款利息、中信保保费、贷款安排费、其他融资费等。

南欧江七级水电站工程执行概算通过上述方式对项目划分设置，可满足业主的管理要求，与设计、设备、监理、施工、材料招标的口径保持一致，表现形式简洁直观，满足不同层次的管理需要。

4 执行概算的编制

4.1 建设征地和移民安置补偿费

对于国内水电站项目，由于在编制设计概算时，设计深度能满足要求，因此在编制执行概算时，大多按设计概算直接计列。对于老挝水电站项目，在设计概算编制时，由老挝的咨询公司具体负责编制，鉴于老挝的咨询公司的技术力量等因素，可行性研究报告的移民征地投资编制深度普遍不够，南欧江七级水电站也不例外。为准确控制投资，项目业主在实施阶段及时投入资源进行项目实物指标调查，调查过程中，业主与工程相关的老挝省县移民委、村委会、户主的代表联合参与现场调查及签署调查成果文件，作为南欧江七级水电站移民搬迁及征地补偿的依据。故在项目执行概算编制时，结合最新调查成果，已签订协议的按实计列，尚未签订协议部分的工程量按征地和移民实物调查工作成果计列，补偿单价按已签订合同或老挝地方政府颁布的补偿标准分析计列。

4.2 建筑安装工程

4.2.1 工程单价

执行概算已招标项目的工程单价编制一般有两种方法：第一种是采用合同价或结算价（价格水平折算为设计概算价格水平）；第二种是直接采用合同价（价格水平与各标段投标报价保持一致）。

采用第一种方法即合同价或结算价（价格水平折算为设计概算价格水平），由于价格水平与设计概算保持一致，有利于项目公司的管理，在管理过程中便于执行概算与设计概算的对比分析，做好投资的静态投资控制分析。但对项目现场的管理极为不便，项目现场施工结算时，由于合同施工结算单价与执行概算单价存在价差，不利于现场管理的实时投资控制分析工作。

采用第二种方法即直接采用合同价（价格水平与各标段投标报价保持一致），由于价格水平与投标报价保持一致，有利于项目现场管理，在管理过程中便于执行概算与施工合同结算的对比分析，实时做好投资过程控制分析工作。但对项目公司的管理相对不便，不利于做好静态投资控制分析工作。

两种方法各有利弊，通过与项目业主沟通了解到，本项目业主更为重视现场项目的管理和施工过程实时投资控制分析工作，于是南欧江七级电站执行概算单价采用第二种方法即直接采用合同价（价格水平与各标段投标报价保持一致）。

对未招标项目按现行定额及市场投标竞争取费情况进行单价分析；实施过程中的变更项目，其工程单价价格水平按照合同变更原则确定，费用标准应真实反映工程实际情况。

4.2.2 工程量

执行概算的工程量按三种方式确定，一是已完工结算项目，采用实际完成工程量；二是已招标的未完工项目，采用招标设计工程量；三是未招标项目，采用设计概算工程量。这是一般编制执行概算时通用的方法，南欧江七级水电站也采用同样方法。

4.2.3 预留费用

对已完工项目不再计列预留费用。对未完工项目，根据工程规模、施工难度、建设工期、报价水平等诸因素可能发生的风险程度，分析计列预留费用。

4.2.4 已完工项目与未招标项目的划分

已完工项目与未招标项目的划分以执行概算编制启动时间为分界点。

4.3 设备采购工程

已招标项目设备价格按照合同价计列，未招标项目设备价参照类似工程订货资料并结合市场价格水平分析确定。

4.4 专项采购工程

已招标项目按合同价计列。未招标项目按各自项目特点分别计算，即与建筑安装工程相近的项目参照建筑安装工程的编制方法计算；与设备采购工程相近的项目参照设备采购工程的编制方法计算；与费用相近的项目参照费用项目的编制方法计算。

4.5 技术服务采购

已招标项目按合同价计列；未招标项目参照设计概算计列。

4.6 项目管理费用

南欧江七级水电站属于国外项目，主要包括项目建设管理费、生产准备费、工程保险费、CA协议费用和其他等。费用项目与国内项目差异明显，包含了延迟发电执行风险金（水轮机、发电机、GIS）、CA协议费用、占国家森林保护区的土地转换费、特许经营协议注册费等国内项目没有的内容。

执行概算编制时，项目建设管理费结合南欧江七级水电站的实际管理配置计算，生产准备费参照设计概算计列，工程保险费、CA协议费用和其他等按合同计列。

4.7 基本预备费

根据已完工项目的结算情况、已招标工程项目的风险程度和未招标项目的设计深度，综合分析确定基本预备费的计算基数和相应费率。其中已完工结算的项目不再作为基本预备费的计算基数。

4.8 价差预备费

虽然执行概算的单价与设计概算相比已经包括物价上涨的费用，但工程自开工以来，钢材、水泥、油料等工程建设主要材料的价格仍有较大幅度的上涨，考虑至工程完工仍有较长时间，主要材料价格存在较大幅度上涨风险，执行概算中考虑计列价差预备费。

4.9 融资费用

建设期融资费用已发生部分按实际发生额计列；预计发生部分按南欧江项目的融资合同规定的项目融资方案、贷款利率和执行概算的资金流量进行计算。

在老挝南欧江七级水电站执行概算编制中，综合考虑工程项目实施中存在的各种风险，对费用适当留有余地，在编制时对投资实行"总量控制、合理调整"，确保执行概算总投资控制在批准的设计概算额度内，有效控制工程投资。目前该项目报告成果应用于老挝南欧江七级水电站的项目管理。

5 结语

（1）执行概算从利于工程项目现场管理，便于投资动态控制方面进行了研究分析，在执行概算编制时，对已招标项目的工程单价，使价格水平与各标段投标报价保持一致，便于工程项目现场管理中能够快速准确地将投资使用情况与控制投资目标直接进行对比分析，方便考核管理。

（2）执行概算的项目划分设置充分考虑业主各管理部门的需求，与设计、设备、监理、施工、材料招标的口径保持一致，表现形式简洁直观，满足了工程项目管理、计划管理和财务核算对执行概算的要求。

参考文献

[1] 陆业奇.水利水电工程执行概算编制方法及若干问题探讨.安徽水利水电职业技术学院学报，2018年12月.

作者简介

陈家才（1967—），男，云南泸西人，高级工程师，主要从事水利水电工程造价工作。

深埋长隧洞掘进机（TBM）施工开挖单价分析

陈家才

（中国电建集团昆明勘测设计研究院有限公司）

[摘　要]　香炉山隧洞是滇中引水工程最长的深埋隧洞，主要采用 TBM 施工，隧洞地下水位高，地质条件复杂，施工过程中存在涌水量大、软岩大变形的问题。在编制 TBM 开挖单价时，需考虑施工大量涌水的抽排费、施工超前地质预报费等，现有的水利行业定额无法完全满足工程投资的编制需求，在招标控制价的编制过程中通过对施工期洞内抽排水费及各类摊销费用的分析计算，满足了工程项目招标投资控制要求，保证了项目招标工作的圆满完成。

[关键词]　滇中引水　水利工程　TBM　工程单价　投资控制

1　概述

香炉山隧洞是滇中引水工程最长的深埋隧洞，起于丽江市玉龙县石鼓镇望城坡，止于大理州鹤庆县松桂镇河北—河西村一带，线路长度 62.59km。隧洞采用无压输水、断面为圆形，设计流量 $135m^3/s$，设计纵坡 1/1800，进口水位 2035.0m，出口水位 2000.35m。衬砌后 TBM 段Ⅲ类围岩隧洞直径 8.5m，Ⅳ、Ⅴ类围岩直径 8.4m；钻爆法施工段隧洞除穿越活动断裂洞段直径为 8.8m 外，其余钻爆洞段直径为 8.3m。

滇中引水工程大理Ⅰ段施工 2 标项目，桩号范围 DLⅠ13＋900～DLⅠ36＋800，主要包括长度约 22.9km 的香炉山隧洞中部主洞段施工，隧洞最大埋深 1450m，共有 4 个施工斜井支洞，其中 3 号支洞长度 876m，高差 348m；3-1 号支洞长 1432m，高差 338m；4 号支洞长 1132m，高差 486m；5 号支洞长 1246m，高差 494m。隧洞围岩以Ⅳ、Ⅴ类为主，隧洞地下水位高，地质条件复杂，施工过程中存在涌水量大、软岩大变形的问题，是滇中引水工程的工期控制性工程，隧洞施工开挖以 TBM 掘进为主，钻爆法为辅。

下文将结合香炉山隧洞工程（大理Ⅰ段施工 2 标项目）招标文件的规定，介绍工程招标控制价编制中 TBM 开挖工程单价的计算分析情况。

2　TBM 掘进方案

香炉山隧洞（大理Ⅰ段施工 2 标项目）TBM 开挖段长度为 14.67km，开挖工程量 112.42 万 mm^3，包括 TBMa-1 段（桩号 DLⅠ16＋565～23＋240）6.67km 和 TBMa-2 段（桩号 DLⅠ28＋800～36＋800）8.00km，共两段，采用开敞式 TBM 掘进机开挖，开挖渣料通过皮带机由 3-1 号支洞运输出渣。TBMa-1 段的开挖石方渣料运至水磨房渣场，洞内平均运距 3.82km，洞外运距 0.8km；TBMa-2 段开挖石方渣料运至水磨房渣场和子大美渣场，洞内平均运距 16.76km，洞外至水磨房渣场运距 0.8km，至子大美渣场运距 0.4km；有用料 9.1 万 m^3 洞挖料可作为骨料加工毛料运 16km 至打锣箐砂石料加工系统。

经过综合加权计算，TBM 段主洞段综合平均运距 10.94km，3-1 号支洞段运输运距 1.43km，洞外开挖渣料的运输综合平均运距为 1.0km，洞外开挖渣料出渣采用 3m³ 装载机装 20t 自卸汽车运至弃渣场。

3 TBM 开挖单价编制

3.1 编制主要依据

(1)《水利工程设计概（估）算编制规定》（水总〔2014〕429 号）；

(2)《水利工程营业税改征增值税计价依据调整办法》（办水总〔2016〕132 号）；

(3)《水利建筑工程预算定额》（水总〔2002〕116 号）；

(4)《水利工程施工机械台时费定额》（水总〔2002〕116 号）；

(5)《水利工程概预算补充定额（掘进机施工隧洞工程)》（水总〔2007〕118 号）；

(6) 施工招标文件、招标设计报告及设计图册。

3.2 基础材料价格

3.2.1 人工预算单价

大理Ⅰ段施工 2 标地处云南省丽江市，根据《水利工程设计概（估）算编制规定》（水总〔2014〕429 号）的规定，人工采用引水工程三类区的标准，工长 9.84 元/工时、高级工 9.14 元/工时、中级工 7.19 元/工时、普工 5.21 元/工时。

3.2.2 施工用风、水、电价格

风价为 0.124 元/m³、水价为 0.450 元/m³、电价为 0.686 元/kWh。

3.2.3 主要材料的预算价格

水泥（P.O42.5）预算价格为 446.30 元/t、炸药预算价格为 11 423.49 元/t、柴油预算价格为 7150.84 元/t、汽油预算价格为 8539.17 元/t、钢筋预算价格为 4072.41 元/t。

3.2.4 砂石骨料来源及计算

砂石料主要来自打锣箐料场和上登石料场。经加工后的骨料综合预算价：砂为 70.91 元/m³、碎石为 60.38 元/m³。

3.2.5 施工机械台时费

采用《水利工程施工机械台时费定额》（水总〔2002〕116 号），依据《水利工程设计概（估）算编制规定》（水总〔2014〕429 号）及《水利工程营业税改征增值税计价依据调整办法》（办水总〔2016〕132 号）的规定，折旧费除以系数 1.15，安装拆卸费除以系数 1.11，修理费不变。

3.3 取费标准

工程单价由直接费、间接费、利润和税金组成。取费费率如下：

(1) 建筑工程其他直接费取费费率为 4.20%，掘进机施工隧洞工程其他直接费取费费率为 1.20%；

(2) 石方工程间接费取费费率为 11.00%，掘进机施工隧洞工程间接费取费费率为 4.00%；

(3) 利润取费费率为 7.00%，税金取费费率为 10.00%。

安全生产施工措施费计入措施清单项目内,工程单价中不再计列安全生产施工措施费。

3.4 工程单价编制

根据招标文件的规定,TBM 开挖的单价包括 TBM 主机及后配套采购(设计、制造、运输、安装、拆卸、维修、保养、转场等)、施工超前地质预报、开挖各类围岩、各级别岩石的综合单价,费用包括 TBM 主机及其后配套系统所有设备、辅助设施(包括轨道、皮带出渣等)、TBM 开挖、渣料的运输和堆放弃置,整个施工期的地下洞室维护,应急预案的编制与实施,必要的试验以及质量检查和验收所需的人工、材料及使用设备和辅助设施等一切费用;地下开挖所需的供水、照明和通风等所需的费用,均包含在相应有效工程量的每立方米工程单价中,发包人不另行支付;抽排水设备设施的费用均计入相应的开挖单价中,发包人不另行支付。

TBM 施工设备采用敞开式 TBM,承包人应结合相关的水文、地质条件和工程图纸选用 TBM 的主要技术参数,并保证性能良好,所有组成部件应该是全新的,所提供的设备系统完整、安全可靠,具有足够的能力,可实现本工程掘进里程所有应具备的功能和要求,适应本工程施工的特点,确保在规定的工期内完成掘进。

结合招标文件的上述规定,在招标控制价编制时,TBM 开挖单价费用包括开挖、运输出渣、运输轨道安装拆除、TBM 设备轨道铺设移设、TBM 安装调试拆除、抽排水费摊销、超前地质预报钻孔等费用,具体计算分析过程详见以下内容。

3.4.1 TBM 开挖

采用 TBM 施工洞段位于 DL I 16+565~DL I 23+240 和 DL I 28+800~DL I 36+800 两段,TBM 施工段累计长 14.67km,石方开挖工程量 112.42 万 m^3。根据分类统计,本标段 TBM 施工段Ⅲ1 类围岩累计洞段长 2.88km,Ⅲ2 类围岩累计洞段长 3.79km,Ⅳ类围岩累计洞段长 7.03km,Ⅴ类围岩累计洞段长 0.97km。根据 TBM 穿越的岩石力学试验成果,中硬~坚硬岩组岩石饱和抗压强度(Rb)一般为 30.2~149MPa,软岩组(含断层)饱和抗压强度一般 Rb 为 3.92~27.10MPa,极坚硬岩组饱和抗压强度一般 Rb 为 158~174MPa。岩石主要为灰岩、白云岩、玄武岩。根据主要硬质岩矿物鉴定成果,灰岩主要矿物成分为方解石,含量一般为 50%~100%,少量灰岩中含石英,含量一般为 3%~10%;白云岩主要矿物成分为白云石,含量一般为 60%~95%;玄武岩主要矿物成分为斜长岩及玻璃质,玄武岩含量一般为 25%~50%,玻璃质含量一般为 60%~75%。

结合《水利工程概预算补充定额(掘进机施工隧洞工程)》(水总〔2007〕118 号)中开挖定额子目对隧洞岩石资料分析统计,TBM 段单轴抗压不大于 50MPa 的开挖工程量约占 54%,单轴抗压 50~100MPa 开挖工程量约占 46%。在选取定额子目编制开挖单价时,对刀具消耗量调整系数为 1.0(石英含量一般为 3%~10%),轴流通风机调整系数为 1.0(工作面至通风口的长度均小于 6km)。按招标文件规定采购全新的 TBM 设备,购置设备费为 22 000 万元,扣除增值税 16%和设备残值 5%后为 18 017 万元。根据定额计算分析,开挖单价内的定额设备摊销费用为 14 526 万元,与新购置设备费用 18 017 万元相比,相差 3491 万元。考虑到业主不单独支付设备购置费用,只根据结算工程量和开挖单价计量支付费用,因此,在计算工程开挖费用时,将 3491 万元计入施工机械一类费用内摊入开挖工程单价中。

经计算分析,TBM 开挖单价中,单轴抗压不大于 50MPa 的开挖单价 284.20 元/m³,权重 0.54;单轴抗压 50~100MPa 的开挖单价 351.34 元/m³,权重 0.46;TBM 开挖综合单价 315.08 元/m³。

3.4.2 皮带机运输出渣(支洞段和主洞段)

TBM 段主洞段综合平均运距 10.94km,3-1 号支洞段运输运距 1.43km,经计算分析,皮带机运输出渣(支洞段和主洞段)综合单价为 81.76 元/m³。

3.4.3 洞外运输出渣

皮带机运输出渣卸料后,需由 3.0m³ 装载机装 20.0t 自卸汽车转运至弃渣场。洞外开挖渣料的运输综合平均运距为 1.0km。经计算分析,洞外运输出渣的综合单价为 18.90 元/m³。

3.4.4 隧洞内施工期抽排水费用

根据施工组织设计分析,大理Ⅰ段施工 2 标施工排水量约为 13 300 万 m³,施工总抽排水费用为 28 939.00 万元,按整个标段石方洞挖工程量为 201.88 万 m³(含钻爆法开挖段的工程量)进行分摊,石方洞挖中摊入的抽水费用为 143.35 元/m³。在施工总抽排水费用计算时,只包含了施工机械台时费用和 10% 的税金,不计列其他的费用。

3.4.5 出渣运输轨道铺设及轨道拆除

出渣轨道铺设共计 20.90km,总费用为 3298.53 万元,每方洞挖石方的摊销费用为 29.34 元/m³;相应轨道拆除费用为 47.12 万元,每方洞挖石方的摊销费用为 0.42 元/m³。

3.4.6 TBM 设备轨道铺设及轨道移设

TBM 设备轨道铺设长度为 0.30km,费用为 23.67 万元,每方洞挖石方的摊销费用为 0.21 元/m³;TBM 设备的轨道移设长为 20.90km,费用为 334.33 万元,每方洞挖石方的摊销费用为 2.97 元/m³。

3.4.7 TBM 设备的安装调试、拆除

TBM 在洞内安装调试,在选用定额时,对人工、机械乘以系数 1.25,TBM 在洞内拆除,在选用定额时,人工、机械乘以系数 1.0。由于隧洞分两段施工,包括 TBMa-1 段(桩号 DLⅠ16+565~23+240)6.67km 和 TBMa-2 段(桩号 DLⅠ28+800~36+800)8.0km,TBM 施工完成桩号 DLⅠ16+565~23+240 段掘进后,需转场通过香炉山隧洞 4、5 号施工支洞钻爆控制段,再掘进桩号 DLⅠ28+800~36+800 段。转场采用 TBM 主机简单拆卸转运(拆卸后的部件能车辆运输通过即可),后配套采用不拆卸整体牵引通过的方案。故 TBM 施工的除正常的一次安装调试、拆除外,还增加了转场一次的安装调试、拆除。

鉴于转场的拆卸只进行局部拆卸,转场的拆卸费用在计算时,按完全拆除费用的 50% 考虑,相应的安装调试费也按全部安装调试费用的 50% 考虑,于是掘进机 TBM 安装调试次数按 1.5 次计,费用为 699.14 万元,每方洞挖石方的摊销费用为 6.22 元/m³;TBM 拆除次数按 1.5 次计,拆除费用为 286.85 万元,每方洞挖石方的摊销费用为 2.55 元/m³。

3.4.8　施工超前地质预报费

施工超前地质预报费包括超前地质预报钻探孔 3.75km，费用为 67.71 万元，每方洞挖石方的摊销费用为 0.60 元/m^3。

综上所述分析，TBM 开挖综合单价为 601.40 元/m^3（相比之下，钻爆法开挖单价为 303.50 元/m^3），TBM 开挖单价是钻爆开挖单价 1.98 倍。若不考虑排水费摊销费 143.35 元/m^3 TBM 开挖单价为 458.05 元/m^3，钻爆开挖单价为 160.15 元/m^3，TBM 开挖单价是钻爆开挖单价 2.86 倍。

滇中引水工程大理Ⅰ段施工 2 标招标控制价约 32.04 亿元，主洞段的隧洞开挖费用约 8.70 亿元，隧洞开挖费用约占整个标段费用的 27%。在隧洞开挖费用约 8.70 亿元中，TBM 开挖费用约 6.65 亿元，钻爆开挖费用约 2.03 亿元，TBM 开挖费用占开挖费用的约 77%，钻爆开挖费用约占 23%。

4　结语

（1）TBM 开挖单价费用中不包括组装及拆卸洞室工程费用、通风管道费用和电力线路费用。TBM 组装及拆卸洞室工程费用为 4712.26 万元；通风管道长 27.57km，相应费用为 771.96 万元；施工 20kV 电力电缆长 25km，相应费用为 875.00 万元；10kV 输电线路长 27.57km，相应费用为 330.84 万元。以上费用单独计列在措施项目清单中并单独支付。

（2）滇中引水工程香炉山隧洞（大理Ⅰ段施工 2 标）位于将近 500 米深井下，属于施工涌水量大、软岩大变形的长隧洞 TBM 施工，现有的水利行业定额无法完全满足工程投资的编制需求，在招标控制价的编制过程中，通过对施工期洞内排水费及各类摊销费用的计算分析，满足了工程项目招标投资控制的要求，保证了项目招标工作的圆满完成。

作者简介

陈家才（1967—），男，高级工程师，主要从事水利水电工程造价工作。

石方工程概算定额修编工作的思考与建议

陈家才

（中国电建集团昆明勘测设计研究院有限公司）

[摘　要]　在水电建筑工程概算定额（2007 年版）修订时，为确保修订工作质量，对水电建筑石方工程概算定额修编工作中的修订工作依据、定额子目结构框架、定额子目编制方法、摊销性指标的计算方法、综合定额的组合方法提出相关的思考与建议，重点分析石方开挖定额子目的划分方法和基础石方开挖定额的组合方法，据此完成水电建筑工程概算定额修订大纲。

[关键词]　水电站工程　概算定额　定额编制

1　概述

为了更好发挥水电建筑工程概算定额在投资控制方面的作用，同时满足水电工程对工程投资分析和管理的需要，水电水利规划设计总院决定对《水电建筑工程概算定额》（2007 年版）进行修订，根据水电水利规划设计总院的安排，昆明院参与承担概算定额的修订工作。为确保修订工作质量，根据工作要求，对水电建筑石方工程概算定额修编工作提出相关的思考与建议。

2　修订工作原则

依据《水电建筑工程概算定额》（2007 年版）修订工作大纲的规定，结合石方工程定额的修订要求，按以下工作原则进行石方工程概算定额的修编工作。

（1）满足水电工程可行性研究阶段设计概算编制的需要。

（2）概算定额应体现水电行业平均水平，体现定额指标的指导性。

（3）概算定额的总体结构和章节子目参照《水电建筑工程概算定额》（2007 年版），并根据设计阶段深度要求做适当调整；定额消耗指标以《水电建筑工程预算定额》（2004 年版修订稿）为基础，并做适当综合调整。

（4）应与《水电工程设计概算编制规定》（2013 年版修订稿）和《水电工程费用构成及概（估）算费用标准》（2013 年版修订稿）相衔接。

（5）构成实体的定额材料消耗量原则上不再调整，对不构成实体的定额辅助材料及人工、施工机械消耗量，原则上按《水电建筑工程预算定额》（2004 年版修订稿）的相应指标综合调整（人工、机械 3%，材料 2%）。

3　修订工作依据

根据修订工作的要求和现行的工程相关规范，修订工作主要依据如下：

（1）《水电建筑工程概算定额》（2007 年版）；

（2）《水电建筑工程预算定额》（2004 年版修订稿）；

（3）《水工建筑物岩石基础开挖工程施工技术规范》（DL/T 5389—2007）；

（4）《水工建筑物地下工程开挖施工技术规范》（DL/T 5099—2011）；

（5）《水电工程施工组织设计规范》（DL/T 5397—2007）；

（6）《水电水利工程爆破施工技术规范》（DL/T 5135—2013）；

（7）《水电水利工程施工机械选择设计导则》（DL/T 5133—2001）；

（8）《工程岩体分级标准》（GB/T 50218—2014）。

4　定额子目的结构框架及编制方法

鉴于《水电建筑工程预算定额》（2004 年版修订稿）尚未完成，新概算的子目暂定与《水电建筑工程概算定额》（2007 年版）相同，明挖石方子目 405 个，洞挖石方子目 704 个，明挖石方运输子目 174 个，洞挖石方运输子目 225 个，共计 1508 个。在修订过程中根据《水电建筑工程预算定额》（2004 年版修订稿）的情况酌情增减。

4.1　定额子目的结构框架

《水电建筑工程概算定额》（2007 年版）设置按岩石级别分为 V～VI、VII～VIII、IX～X、XI～XII、XIII～XIV 共 5 个子目。与水电行业相似的水利行业《水利建筑工程概算定额》（2002 年版）子目为 V～VIII、IX～X、XI～XII、XIII～XIV 共 4 个，两者相比，水利行业定额 V～VIII 作为一个子目，水电行业分为 V～VI、VII～VIII 两个子目。根据修编要求对子目设置进行进一步分析，按照《工程岩体分级标准》（GB/T 50218—2014）中表 3.3.3 的规定，单轴饱和强度小于 5MP 为极软岩，单轴饱和强度 5MP～15MP 为软岩，单轴饱和强度 15MP～30MP 为较软岩，单轴饱和强度 30MP～60MP 为较坚硬岩，单轴饱和强度大于 60MP 为坚硬岩；《水工建筑物地下工程开挖施工技术规范》（DL/T 5099—2011）中附录 B 的规定，单轴饱和强度 5MP～15MP 为软岩，单轴饱和强度 15MP～30MP 为较软岩，单轴饱和强度 30MP～60MP 为中硬岩，单轴饱和强度大于 60MP 为坚硬岩；《水工建筑物岩石基础开挖工程施工技术规范》（DL/T 5389—2007）的条文说明中表 3 也有同样规定。依据上述三个规范标准的规定，V 级岩石的单轴饱和强度小于 20MP，为软岩～较软岩；VI 级岩石的单轴饱和强度为 20MP～40MP，为较软岩～中硬岩；VII 级岩石的单轴饱和强度为 40MP～60MP，为中硬岩；VIII 级岩石的单轴饱和强度为 60MP～80MP，为坚硬岩。

从精简定额子目考虑，新概算定额若将 V～VIII 设置为一个子目，岩石属软岩～坚硬岩，级别的跨度显得稍大，故新概算定额建议分别设为 V～VI（软岩～中硬岩）、VII～VIII（中硬岩～坚硬岩）两个子目，仍采用《水电建筑工程概算定额》（2007 年版）设置方式，分为 V～VI、VII～VIII、IX～X、XI～XII、XIII～XIV 5 个子目不变，XV 级以上采用调整系数方式。

4.2　定额子目编制方法

将《水电建筑工程预算定额》（2004 年版修订稿）的石方开挖定额子目，对不构成实体的定额辅助材料及人工、施工机械消耗量进行综合调整（人工、机械增加 3%，材料增加 2%），并增加施工附加量和施工超挖量引起的相应定额消耗量，作为相应概算定额的消耗量。对竖（斜）井的导井开挖定额子目，不计入施工附加量和施工超挖量引起的相应定额消耗量，竖（斜）井开挖的施工附加量和施工超挖量引起的相应定额消耗量，全部计入竖（斜）井的扩挖开挖子目中。

4.3 摊销性指标的计算方法

施工超挖量和施工附加量参照《水电建筑工程概算定额》（2007 年版）（简称原概算定额）编制的附加量，经分析后确定，摊入相关定额消耗量中。明挖工程的施工超挖量和施工附加量直接采用原概算定额编制的附加量。洞挖工程的施工超挖量，根据《水工建筑物地下工程开挖施工技术规范》（DL/T 5099—2011）中 6.1.4 的规定，平洞开挖的超挖不大于 20cm，竖（斜）井超挖不大于 25cm。概算定额修订时的附加量直接采用原概算定额编制的附加量。

4.4 综合定额的组合方法

4.4.1 基础石方开挖定额

基础石方开挖定额由一般石方开挖、保护层（底部）石方开挖、基岩面整修等综合而成。鉴于《水工建筑物岩石基础开挖工程施工技术规范》（DL/T 5389—2007）规定保护层厚度由爆破试验确定，实际施工统计一般为 1.5～2.7m，个别为 0.5、3.5m。在预裂爆破的摊销量计算中，爆破经验数据统计，预裂爆破孔距一般为 80～100cm。在概算定额修订中，考虑基础石方开挖以溢洪道和坝基开挖作为分析标准对象，以潜孔钻、液压钻孔开挖为主的基础开挖的保护层、预裂爆破、基岩面整修工程量组合及摊销如下：

（1）开挖深度 7.5m 时，保护层厚 1.5m；保护层开挖比例为 17%～20%；预裂爆破摊销 0.052～0.061m/m³，基岩面整修摊销 0.13m²/m³。

（2）开挖深度 10m 时，保护层厚 2.0m；保护层开挖比例为 17%～20%；预裂爆破摊销 0.052～0.058m/m³，基岩面整修摊销 0.1m²/m³。

（3）开挖深度 15m 时，保护层厚 2m；保护层开挖比例为 10%～13%；预裂爆破摊销 0.052～0.053m/m³，基岩面整修摊销 0.07m²/m³。

（4）开挖深度 20m 时，保护层厚 2.5m；保护层开挖比例为 9%～12%；预裂爆破摊销 0.052～0.048m/m³，基岩面整修摊销 0.05m²/m³。

（5）开挖深度 30m 时，保护层厚 3.0m；保护层开挖比例为 5%～10%；预裂爆破摊销 0.052～0.041m/m³，基岩面整修摊销 0.03m²/m³。

4.4.2 基础坡面石方开挖定额

基础坡面石方开挖定额由坡面石方开挖、坡面保护层石方开挖、基岩面整修等综合而成，有关组合考虑参照基础石方开挖。

4.4.3 坑沟槽石方开挖定额

按预算定额中已包括底部保护层的开挖考虑，相应概算定额的相应子目只适当考虑施工附加量。

4.4.4　平（斜）洞石方开挖定额

平（斜）洞石方开挖，根据《水工建筑物地下工程开挖施工技术规范》（DL/T 5099—2011）中 6.3.1 的规定，中小断面洞室宜采用全断面开挖法，大断面及特大断面洞室宜采用分层分区开挖，故主要考虑全断面开挖法、特大断面台阶（分部）法开挖，可参照地下厂房开挖定额。

4.4.5　竖（斜）井石方开挖定额

分别按全断面作业和导井加扩挖综合两种情况编制。导井加扩挖综合的定额中，设计开挖工程量的组合方法为：开挖断面积中，竖（斜）井开挖的导井断面积为 5m²，其余为扩挖部分断面积。

4.4.6　地下厂房石方开挖定额

地下厂房石方开挖定额由顶拱石方开挖、岩壁吊车梁石方开挖、中下部石方开挖、底部石方开挖、基岩面整修等综合而成。

我国的绝大部分地下厂房采用圆拱直墙式，顶拱的矢跨比为 1/3.5～1/6，多数为 1/4～1/5，立式机组主厂房高宽比一般为 2.0～2.5。据 13 个大型工程的地下厂房统计数据，宽度大多为 20～30m，高宽比为 2.2～2.3。在施工组织设计中，施工分层开挖高度一般为 7～9m，岩壁吊车梁石方开挖保护层厚度为 2.5～5.0m。新概算定额设计开挖工程量的组合分析中，顶拱开挖高度为 8m，保护层厚度为 3m，高宽比为 2.2，矢跨比为 1/4，宽度为 20～30m，设计开挖工程量的组合及摊销如下：

（1）顶拱石方开挖占比为 15.3%～11.5%，建议取值 13.8%；

（2）岩壁吊车梁石方开挖占比为 5.6%～3.6%，建议取值 4.8%；

（3）中下部石方开挖占比为 72.0%～79.2%，建议取值 74.9%；

（4）底部石方开挖（保护层）占比为 7.1%～5.6%，建议取值 6.5%；

（5）基岩面整修摊销 0.024～0.019m²/m³，建议取值 0.022m²/m³。

4.4.7　地下开挖工程中的通风机械费用

通风机械费用不再列入定额，作为施工措施费用考虑。

4.5　有关说明

（1）石方开挖定额的"石渣运输"中，包括完成每定额单位有效实体所需增加的超挖量、施工附加量的数量。

（2）根据《水工建筑物地下工程开挖施工技术规范》（DL/T 5099—2011）中 6.4.4 的规定，竖（斜）井开挖的导井断面面积为 4～5m²，建议计算取 5m²。

（3）《水电建筑工程预算定额》基岩面整修为拦河坝、船闸、厂房等混凝土基础岩石面的最后修整，基础石方开挖、地下厂房开挖综合定额包括该内容。

（4）《水电建筑工程预算定额》底部保护层的开挖有分层开挖和一次爆破法开挖两种方式。《水工建筑物岩石基础开挖工程施工技术规范》（DL/T 5389—2007）7.0.4 的规定，紧邻水平建基面的开挖，宜优先采用预留保护层的开挖方法；经试验论证，也可采用特殊措施的深孔台阶一次爆破法。故对适用于可行性阶段的概算定额来说，基础开挖定额组合中，建议考虑采用分层开挖方式。

5 结语

基于上述思考分析，编制完成了水电建筑工程概算定额修订大纲，修订大纲通过了水电总院的评审，保证了定额编制工作的顺利开展，目前正在进行定额的编制工作。

作者简介

陈家才（1967—），男，高级工程师，主要从事水利水电工程造价工作。

布尔分布在辽宁省西部半干旱地区水文频率
分析中的应用

胡　辰[1]　夏　军[1,2]　佘敦先[1]　余江游[3]　王福东[4]　孙玉华[4]

（1　武汉大学 水资源与水电工程科学国家重点实验室

2　中国科学院地理科学与资源研究所 陆地水循环及地表过程院重点实验室

3　中国电建集团昆明勘测设计研究院有限公司

4　辽宁省水文局）

[摘　要]　在我国洪水频率分析计算中，一般选取 P-Ⅲ型分布曲线作为理论曲线，但 P-Ⅲ型曲线并非在任何自然条件下均适用。据此，采用 EB-Ⅻ分布，对辽宁省西部 17 个水文站点经一致性修正后的年最大日流量序列进行拟合，与包括 P-Ⅲ型曲线在内的 9 种曲线的拟合效果进行对比，找寻拟合效果最优的频率分布。结果表明：EB-Ⅻ分布在整体以及频率小于 50%、频率小于 25% 的上尾区间段的拟合效果均优于 P-Ⅲ型分布及其他 8 种分布，具有拟合效果好且稳定的特点，此外，根据 EB-Ⅻ分布曲线进行外延得到的设计值的大小比较适中。因此，推荐在辽宁省西部地区使用 EB-Ⅻ分布作为 P-Ⅲ型分布的替代曲线。

[关键词]　EB-Ⅻ分布　P-Ⅲ型分布　洪水频率分析　半干旱地区　设计洪峰值

1　引言

　　水文频率曲线是一种用于表达频率分布统计规律的模型，是水文频率分析中用于外延或内插水文变量设计值的重要工具。对于某一研究区域，水文频率曲线选择的合适与否直接决定了该区域水文资料序列拟合效果的好坏。因此，选择合适的水文频率曲线对该区域水利工程规划、设计、管理以及水资源利用等工作具有重要意义。

　　在我国《水利水电工程设计洪水计算规范》中规定：水文总体线型一般可采用皮尔逊Ⅲ型（pearson Ⅲ distribution，P-Ⅲ）分布曲线，特殊情况，经过分析论证也可采用其他线型。由此说明，在我国 P-Ⅲ型曲线不是在任何自然条件下均适用。因此，根据各个地区洪水系列的不同特征，对比 P-Ⅲ型曲线与其他曲线应用效果的优劣，选用适宜的频率曲线线型是非常必要的。因此，国内许多专家、学者将 P-Ⅲ型曲线与其他曲线在中国境内不同区域的适用结果进行了对比、分析，如张静怡等对比了 P-Ⅲ型分布与广义极值分布在江西、福建两省 88 个水文站点洪水频率分析中的效果；姚孝诚比较了 P-Ⅲ型分布与对数 P-Ⅲ型分布在四川省、江西省等地洪水频率分析中的应用效果；李松仕就 P-Ⅲ型分布、耿贝尔（gumbel distribution，GD）分布等 6 种频率分布在中国的应用效果进行了对比、分析。以上学者的研究均表明：P-Ⅲ型分布在我国湿润、半湿润地区能与水文资料序列之间取得较好的拟合效果。但 P-Ⅲ型分布也存在一定的局限性：在大部分干旱或半干旱地区的中小河流域应用效果并非十分理想，如田万荣等人在新疆应用 P-Ⅲ型分布进行频率计算时发现 P-Ⅲ型分布在部分站点的拟合效果不佳。

Burr 系列分布是 Burr I. W. 于 20 世纪 40 年代初提出的具有 12 种形式的分布函数，Burr 系列分布来源于如下微分方程的解：

$$F(x) = [e^{-\int g(x)dx} + 1]^{-1} \tag{1}$$

式中：$g(x)$ 为当 $-\infty < x < +\infty$ 时，使 $F(x)$ 从 0 到 1 逐渐递增的函数。Burr I. W. 根据式（1）给出了 $F(x)$ 的 12 种分布形式，其中 Burr-Ⅲ、Burr-Ⅹ 及 Burr-Ⅻ型分布运用较为广泛，Burr-Ⅲ 在中国、澳大利亚枯水频率分析中具有较好的应用效果。而 Burr-Ⅻ型分布被广泛运用在环境科学、精算数学、医学、电子信息学、经济科学等诸多领域，已经列为精算领域的八大分布之一。澳大利亚学者对三参数 Burr-Ⅻ型分布进行了系统研究及扩展，提出 EB-Ⅻ分布（extend three-parameter burr-Ⅻ distribution，EB-Ⅻ）模型并运用到了洪水频率分析当中。经多人实践验证，EB-Ⅻ分布在多地的暴雨、洪水频率分析中取得了较好的效果。

辽宁省西部地区为山地丘陵区，年平均降雨量在 450mm 左右，是典型的半干旱地区。基于 P-Ⅲ型频率分布曲线在辽宁省西部地区水文频率拟合效果不理想的情况，本研究选用 EB-Ⅻ分布，对辽宁省西部地区 17 个站点的年最大日流量序列进行适线分析，并与 P-Ⅲ分布、GD 分布、正态（normal distribution，ND）分布、对数正态（logarithmic normal distribution，LND）分布、广义正态（generalized normal distribution，GND）分布、广义极值（generalized extreme value distribution，GEV）分布、广义帕累托（generalized pareto distribution，GPD）分布、广义逻辑（generalized logistic distribution，GLD）分布、伽马（gamma distribution，gamma）分布的拟合结果进行对比、分析，以此检验 EB-Ⅻ分布曲线对辽宁省西部地区各水文站点年最大日流量序列的拟合效果。

2 资料选取及方法介绍

2.1 资料选取

本研究使用的数据是由辽宁省水文局提供的辽宁省西部地区 17 个水文测站的年最大日流量序列数据。17 个水文站点年最大日流量序列的长度均超过 30 年，各站点的基本概况见表 1。

表 1　　　　　　　　各站点基本概况及 Spearman 秩次相关检验结果

站点名	水系	东经（°）	北纬（°）	实测期	调查期	考证期	T 检验值		
							修正前	临界值	修正后
白庙子	柳河	121.85	42.7	1956～2013	—	—	−5.309	1.673	1.03
鼋神庙	青龙河	119.07	40.92	1958～1961、1963～1995	1938、1949、1962	230	−1.331	1.691	1.056
边沿口	小凌河	120.57	40.93	1972～2013	—	—	−0.852	1.683	0.989
德立吉	大凌河	120.12	41.49	1958～1961、1963～2013	1917、1949、1962	230	−2.031	1.674	0.212

站点名	水系	东经(°)	北纬(°)	实测期	调查期	考证期	T 检验值 修正前	T 检验值 临界值	T 检验值 修正后
东白城子	绕阳河	122.4	42.25	1939～1942、1951～2013	1930	230	−3.755	1.669	1.646
海州	辽河	123.38	42.93	1960～2013	1930、1959	208	−4.152	1.675	0.344
韩家杖子	绕阳河	122.12	42.43	1953～2013	1930	100	−3.565	1.671	0.428
六合成	牤牛河	121.07	42.12	1958～1992	1911、1949	128	−2.005	1.691	0.839
彭家堡	辽河	123.05	42.28	1951、1954～2013	—		−3.159	1.671	1.422
前白水	六股河	120.13	40.59	1959、1963～2013	1930、1949	165	−2.465	1.676	1.449
司屯	绕阳河	122.03	41.67	1970～2013	—		−1.709	1.682	0.24
团山子	小凌河	120.35	41.18	1922、1963、1978～2013	1872	214	−2.603	1.688	1.591
小荒地	辽河	122.92	42.1	1954～2013	—		−1.93	1.672	0.918
小五家	老哈河	119.7	41.97	1978～2010	—		0.864	1.696	−0.205
兴城	渤海岸	120.7	40.6	1956～2013	1930、1940、1949	84	−1.768	1.673	0.344
叶柏寿	大凌河	119.63	41.4	1930、1959～2013	1949	230	−6.234	1.674	1.155
赵家屯	绕阳河	121.85	41.42	1951～2008	1930	100	−2.388	1.674	0.699

注 调查期为实测期之前通过走访调查得到的历史洪水发生的时期，考证期为调查期之前通过文献考证得到的历史洪水发生的时期，本文中所用到的不同站点考证期和调查期洪水资料来源于辽宁省水文局。

2.2 理论频率曲线介绍

Burr-Ⅻ型分布存在两参数及三参数两种形式，其中三参数 Burr-Ⅻ型分布应用更为广泛，其分布函数的数学表达式如式（2）所示：

$$F_{BⅫ}(x) = 1 - \{1 + (x/b)^c\}^{-\beta} \quad (b, c, \beta > 0) \tag{2}$$

EB-Ⅻ分布在 Burr-Ⅻ型分布的基础上进行了一定的改变：在式（2）中，令 $k = -1/\beta$，$\lambda = b/\beta^{1/c}$，则 Burr-Ⅻ型分布函数可化为式（3）所示形式，即 EB-Ⅻ分布函数，其密度函数如式（4）所示：

$$F(x) = \begin{cases} 1 - \{1 - k\left(\dfrac{x}{\lambda}\right)^c\}^{\frac{1}{k}} & (k = 0) \\ 1 - e^{-(x/\lambda)^c} & (k = 0) \end{cases} \tag{3}$$

$$f(x) = \begin{cases} c\lambda^{-1}\left(\dfrac{x}{\lambda}\right)^{c-1}\{1 - k\left(\dfrac{x}{\lambda}\right)^c\}^{\frac{1}{k}-1} & (k \neq 0) \\ c\lambda^{-1}\left(\dfrac{x}{\lambda}\right)^{c-1}e^{-(x/\lambda)^c} & (k = 0) \end{cases} \tag{4}$$

式中 λ、c、k ——EB-Ⅻ分布尺度参数、形状参数和不等式参数。

当 $k \leqslant 0$ 时，$0 \leqslant x < \infty$；$k > 0$ 时，$0 \leqslant x \leqslant \lambda/k^{1/c}$。在洪水频率分析中，一般应满足上端无限。当把 EB-Ⅻ分布应用于洪水频率分析时，参数 k 应该满足约束 $k \leqslant 0$，其余 9 种频率分布的具体表达式详见 Tasker G，Hosking J R M 等人的研究。

本研究中，各分布函数中的各项参数均可采用极大似然法估计（MLE）估计得出。在拟定参数的过程中，始终保证 EB-Ⅻ 分布的参数 k 大于 0，P-Ⅲ 分布的 C_S/C_V 大于 2 以满足拟合频率曲线下限大于 0。本研究采用数学期望公式对连续水文系列计算经验频率，对于含有特大值的水文序列，本研究采用统一处理法计算经验频率。经验频率计算公式及统一处理法计算公式如式（5）、式（6）所示。式（6）为 a 个特大值组成的系列经验频率的计算公式。

$$P_m = \frac{m}{n+1} \tag{5}$$

式中　　n——水文序列长度；

　　　　m——连续系列中的序位；

　　　　P_m——第 m 项的经验频率。

$$\begin{cases} P_M = \dfrac{M}{N+1}, M=1,2,\cdots,a \\ P_m = \dfrac{a}{N+1} + \left(1 - \dfrac{a}{N+1}\right)\dfrac{m-l}{n-l+1}, m=l+1,\cdots,n \end{cases} \tag{6}$$

式中　　N——历史考证期；

　　　　a——特大系列值总个数；

　　　　M——特大系列值序位；

　　　　P_M——第 M 项特大系列的经验频率，下式为 $n-l$ 个连续值组成的序列的经验频率
　　　　　　　计算公式，其中，l 为从 n 项连续系列中抽出的特大系列个数。

为描述不同频率分布曲线对各个站点的拟合优劣情况，本研究采用经验点据与频率分布曲线之间的拟合度 R^2、均方根误差 $RMSE$、相对误差 R_e 作为各水文频率分布曲线拟合评价指标。在实际防洪工程的设计中，除了考虑频率曲线与经验点据的整体拟合效果，还应该考虑高水部分的拟合效果，这与曲线外延是否合理直接相关。基于此，本研究考虑了各频率曲线在频率小于 50% 和小于 25% 两个上尾区间段与经验点据之间的拟合度情况，分别用 $R^2 (<50\%)$ 和 $R^2 (<25\%)$ 表示。拟合度 R^2 评价指标计算公式如式（7）所示，均方根误差 $RMSE$ 的计算公式如式（8）所示，相对误差 R_e 的计算公式如式（9）所示。

$$R^2 = 1 - \frac{\sum\limits_{i=1}^{n}\left[x_o(i) - x_p(i)\right]^2}{\sum\limits_{i=1}^{n}\left[x_o(i) - \bar{X}\right]^2} \tag{7}$$

$$RMSE = \sqrt{\frac{1}{n}\sum_{i=1}^{n}\left[x_o(i) - x_p(i)\right]^2} \tag{8}$$

$$R_e = \frac{1}{n}\sum_{i=1}^{n}\left|\frac{x_p(i) - x_o(i)}{x_o(i)}\right| \tag{9}$$

式中　　$x_o(i)$——第 i 个经验序列值；

　　　　$\bar{X}$——所有经验序列值的平均值；

　　　　$x_p(i)$——对应的理论值。

3 应用结果及讨论

在频率计算前，为保证各站点序列的一致性。本研究首先采用了 Spearman 秩次相关检验法，计算该地区 17 个站点的年最大日流量序列对应的检验统计量 T，其初始检验结果以及对应的临界值（$\alpha = 0.05$）见表 1。其结果表明该区域大部分站点趋势变化显著，需要采取一致性修正措施。

目前，国内外常采用两类方法对单变量非一致性水文序列进行频率计算，分别为还原/还现方法和时变矩法。还原/还现方法主要包括三种方法，分别为变异点前后系列与某一参数的关系分析法、时间系列的分解合成法以及水文模型法。其中，选取降雨作为参数的关系分析法是通过建立变异点前后序列的降雨径流关系，根据所需年份的降雨量估计对应的径流量，实现水文序列的还原或者还现修正。而时间系列的分解合成法的基本原理为将任一非一致性序列分解为随机部分和确定性部分，通过建立确定性成分与时间之间的函数关系，以实现对原序列的还原修正。水文模型法则是建立下垫面条件与水文模型参数之间的相关关系，通过水文模型计算实现对原始序列的还原或者还现计算。

本研究采用的是基于趋势分析的一致性修正方法，该方法是一种对原始序列进行还原修正的方法。其基本假设为"发生趋势性变异的实测序列存在着理想化的平稳性状态，且该状态下的平均值为序列某分割点前后两实测样本系列平均值的线性组合"。基于该假定合理分割原始序列，以前后两段序列平均值的线性组合值作为一致性状态下的平均值以修正原始序列中的确定性成分，进而对原始序列进行一致性修正。对修正后的结果再进行趋势检验，其结果如表 1 中最后一列所示。可见，所有站点均通过了趋势检验。

在趋势检验后，本研究选用 EB-Ⅻ 分布及其他 9 种频率分布曲线线型，对辽宁省西部地区 17 个水文站点年最大日流量序列进行适线研究及结果对比。首先，本研究对比了 EB-Ⅻ 分布与其余 9 种分布的拟合效果，统计了 17 组年最大日流量序列各自拟合度最高、均方根误差及相对误差最低分布的频次，结果如图 1 所示。从图 1 中可以看出，对于频率曲线与经验点据的整体拟合度，EB-Ⅻ 分布在 13 组序列中拟合度最高，该数量明显高于 P-Ⅲ型分布，远远高于其他 8 种分布；对于频率小于 50% 这个上尾区间，EB-Ⅻ 分布在 12

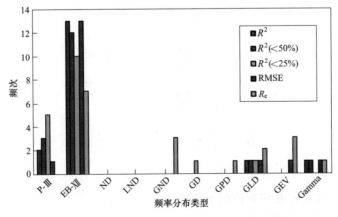

图 1 最优拟合曲线频次统计图

组序列中的拟合度最佳，略高于 P-Ⅲ 型分布，远远高于其他 8 种分布；对于频率小于 25％这个上尾区间，EB-Ⅻ 分布在 10 组序列中拟合度最优，远远高于包括 P-Ⅲ 型分布在内的 9 种分布；对于整体的相对误差，EB-Ⅻ 分布在 7 个站点中误差最低；对于整体的均方根误差，EB-Ⅻ 分布在 12 个站点中误差最低。由此可以看出，不论是整体的拟合度 R^2，频率小于 50％和频率小于 25％两个上尾区间段的拟合度 R^2（<50％）和 R^2（<25％）以及整体的均方根误差、整体的相对误差，EB-Ⅻ 分布为最优分布的频次均高于其余 9 种分布。

此后，本研究进一步对比了 EB-Ⅻ 分布与 P-Ⅲ 型分布与经验点据的拟合效果，表 2 为 EB-Ⅻ 分布与 P-Ⅲ 型分布与 17 组经验点据拟合度 R^2 的特征统计值。从表 2 中可以看出，对全部点据，EB-Ⅻ 分布拟合度的最大值为 0.995，最低值为 0.940，平均值为 0.977；而 P-Ⅲ 型分布拟合结果的最大值、最低值和平均值分别为 0.988、0.845、0.954，可以看出 EB-Ⅻ 分布拟合结果的各项指标均优于 P-Ⅲ 型分布，尤其是最小值、平均值这两项指标。而对于频率小于 50％区间段以及频率小于 25％区间段的经验点据，EB-Ⅻ 分布拟合结果的最大值、最小值、平均值均大于 P-Ⅲ 型分布，尤其是最小值和平均值。据此说明，不论是对全部点据的拟合效果，还是对两个上尾区间的拟合效果，EB-Ⅻ 分布均优于 P-Ⅲ 型分布而且拟合结果更加稳定。由此说明，EB-Ⅻ 分布的拟合效果在各方面均要优于 P-Ⅲ 型分布。

表 2　　P-Ⅲ 型分布与 EB-Ⅻ 分布对 22 组年最大日流量序列拟合结果的特征统计值

R^2	分　　布					
	整体		频率小于 50％区间段		频率小于 25％区间段	
	P-Ⅲ分布	EB-Ⅻ分布	P-Ⅲ分布	EXB-Ⅻ分布	P-Ⅲ分布	EXB-Ⅻ分布
最大值	0.988	0.995	0.986	0.993	0.980	0.989
最小值	0.845	0.940	0.812	0.916	0.764	0.890
平均值	0.954	0.977	0.948	0.969	0.931	0.960

为满足实际工程需求，需进一步比较各曲线的外延部分，据此，本研究比较了各频率曲线分布在各个站点的 100、1000 年一遇下设计值，在各个站点均得到了类似的结论。在此，本研究选取了边沿口站、德立吉站作为研究区域内的两个代表站。图 2 分别为 10 种频率分布在边沿口站和德立吉站的最优拟合效果图，图中黑色的粗线为 P-Ⅲ 型分布的拟合曲线，黑色的虚线为 EB-Ⅻ 分布的拟合曲线，从图 2 中可以看出，EB-Ⅻ 分布与经验点据的拟合效果均明显优于其余 9 分布，而且 EB-Ⅻ 分布 100、1000 年一遇的设计值相对比较适中。

为进一步说明各理论频率分布在边沿口、德立吉两个站的设计值差异，表 3 中统计了不同理论频率分布在边沿口、德立吉两个站点 100、1000 年一遇下设计值。

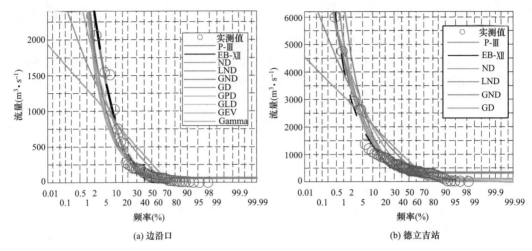

(a) 边沿口　　　　　　　　　　(b) 德立吉站

图 2　10 种频率分布边沿口站和德立吉站的拟合效果

表 3　　　　　　　不同理论分布在边沿口站、德立吉站不同重现期下的设计值

站点	重现期	设计值									
		P-Ⅲ	EBⅫ	ND	LND	GND	GD	GPD	GLD	GEV	Gamma
边沿口	100 年	3130.2	3279.77	1310.84	2874.64	2678.2	1675.51	2532.15	2437.85	2471.88	2152.25
	1000 年	6015.73	7324.17	1654.61	9243.48	7877.5	2485.05	9146.24	10294.12	10076.59	3693.71
德立吉	100 年	4479.25	4177.81	3121.89	6558.79	5178.16	3950.41	5073.16	5060.77	5107.17	4785.13
	1000 年	8357.19	12357.96	3902.93	17681.68	12622.72	5789.65	13787.83	17366.9	16569.51	7753.47

通过比较表 3 中各个频率分布在不同重现期下的设计值可以得出，随着重现期的增大，不同分布设计值之间差别逐渐增大。在重现期较小情况下，如 100 年一遇，边沿口站、德立吉站各分布设计值相差不大；而在重现期较大时，如 1000 年一遇情况下，各分布设计值之间的差异则较大。比较边沿口站、德立吉站各频率分布的 1000 年一遇的设计值，可以发现，当重现期为 1000 年时，P-Ⅲ型分布、正态分布、耿贝尔分布等频率分布的设计值相对偏小，对数正态分布、广义逻辑分布、广义极值分布等分布的设计值相对偏大，而 EB-Ⅻ分布的设计值则比较适中。在实际水利工程设计的过程中，更多关注的是频率曲线的上尾部分，即重现期较大的情况。如果设计值选择过小，将会严重影响工程安全，过大又会增大工程投资，影响工程的经济性。因此，需要根据需求选取适当的设计值，而 EB-Ⅻ分布在较大重现期下设计值比较适中这一特点在很多情况下能够满足工程的需求。

4　结论

本研究以辽宁省西部地区 17 个水文站点为研究对象，首先对 17 个站点的年最大日流量序列进行了一致性检验，其结果为大多数站点均不满足一致性条件。据此，本研究采用了基于趋势分析的一致性修正方法，对各个站点的年最大日流量序列进行一致性还原修正。随后，本研究分别采用 EB-Ⅻ分布及包括 P-III 型在内其他 9 种频率分布线型对一致性修正后的序列进行水文频率分析研究，并将 EB-Ⅻ分布与其余 9 种分布的拟合结果进行了对比、分析。

本研究表明，我国规范中推荐使用的 P-Ⅲ型频率曲线在辽宁省西部半干旱地区或部分站点的适用效果并不佳，与之相比，EB-Ⅻ频率曲线在辽宁省西部半干旱地区的拟合结果更佳而且更稳定这一特点。此外，通过 EB-Ⅻ频率曲线外延得到的洪水设计值与 P-Ⅲ型频率曲线的设计值相比更加适中。但由于本研究选取的水文站点有限，本研究采用的基于趋势分析的一致性修正方法无法解释导致水文序列非一致性的原因且存在一定的不确定性，尤其是在对未来的趋势变化预测方面。因此，EB-Ⅻ频率曲线在辽宁省其他地区的应用效果还有待进一步研究、验证。

参考文献

［1］ 詹道江，叶守泽．工程水文学［M］．北京：中国水利水电出版社，2000.

［2］ 郭生练，刘章君，熊立华．设计洪水计算方法研究进展与评价［J］．水利学报，2016，47（03）：302-314.

［3］ 张静怡，徐小明．极值分布和 P-Ⅲ型分布线性矩法在区域洪水频率分析中的检验［J］．水文，2002，22（06）：36-38.

［4］ 姚孝诚．对数 P-Ⅲ型分布曲线在年最大流量频率分析中的应用［J］．四川水利，1998，19（03）：7-12.

［5］ 李松仕．对数皮尔逊Ⅲ型频率分布统计特性分析［J］．水利学报，1985（09）：43-48.

［6］ 田万荣，朱健．几种频率分布线型对新疆天山北坡洪水适应性研究［J］．干旱区地理，2000，23（04）：353-357.

［7］ Shao Q. Notes on maximum likelihood estimation for the three-parameter Burr XII distribution［J］. Computational Statistics & Data Analysis，2004，45（3）：675-687.

［8］ 李诚，郭文娟，杜新忠．EB3Ⅲ分布在枯水频率分析中的应用［J］．交通科学与工程，2011，27（01）：64-68.

［9］ An extension of three-parameter Burr III distribution for low-flow frequency analysis［M］. Elsevier Science Publishers B. V. 2008.

［10］ Shao Quanxi，Wong Heung，Xia Jun，et al. Models for extremes using the extended three-parameter Burr XII system with application to flood frequency analysis［J］. Hydrological Sciences Journal，2004，49（4）：685-702.

［11］ 陈璐，何典灿，周建中，等．基于广义第二类 beta 分布的洪水频率分析．水文，2016，36（06）：1-6.

［12］ 胡乃发，金昌杰，关德新，等．浑太流域降水极值的统计分布特征．高原气象，2012，31（04）：1166-1172.

［13］ 王炳兴．Burr Type Ⅻ分布的统计推断［J］．数学物理学报，2008，28（6）：1103-1108.

［14］ TASKER G，HOSKING J R M，WALLIS JS Regional Frequency Analysis：An Approach Based on L-Moments［J］. Journal of the American Statistical Association，1998，93（443）：1233.

［15］ WATKINS A J. An algorithm for maximum likelihood estimation in the three parameter Burr XII distribution［J］. Computational Statistics & Data Analysis，1999，32（1）：19-27.

[16] 叶长青，陈晓宏，邵全喜，等．考虑高水影响的洪水频率分布线型对比研究［J］．水利学报，2013，44（06）：694-702.

[17] 金光炎．水文分析中的经验频率［J］．水文，1994（1）：1-9.

[18] 成静清．非一致性年径流序列频率分析计算［D］．陕西：西北农林科技大学，2010.

[19] 熊立华，江聪，杜涛，等．变化环境下非一致性水文频率分析研究综述［J］．水资源研究，2015，04（4）：310-319.

[20] 梁忠民，胡义明，王军．非一致性水文频率分析的研究进展［J］．水科学进展，2011，22（6）：864-871.

[21] 沈宏．天然径流还原计算方法初步探讨［J］．水利规划与设计，2003（3）：15-18.

[22] 谢平，陈广才，夏军．变化环境下非一致性年径流系列的水文频率计算原理［J］．武汉大学学报：工学版，2005，38（6）：6-9.

[23] 胡义明，梁忠民．基于跳跃分析的非一致性洪量系列的频率计算［J］．东北水利水电，2011（7）：38-40.

[24] 王国庆，张建云，刘九夫，等．气候变化和人类活动对河川径流影响的定量分析［J］．中国水利，2008（2）：55-58.

[25] 胡义明，梁忠民，杨好周，等．基于趋势分析的非一致性水文频率分析方法研究［J］．水力发电学报，2013，32（5）：21-25.

作者简介

胡辰（1996—）男，在读硕士生，主要从事水文水资源方面的研究。

夏军（1954—），男，教授、博士生导师，主要从事水文水资源方面的研究。

基于 Revit 二次开发的蜗壳及尾水管参数化设计

成　蕾　王　莹　汪诗奇　吴学明　赵　昕

（中国电建集团昆明勘测设计研究院有限公司）

[摘　要]　本文基于 Revit 2018 和 Revit 2018 SDK 进行二次开发，将蜗壳及其尾水管的建模根据不同工程需要的设计进行参数化定制，提供友好的插件界面，实现导入设计参数表格一键自动生成蜗壳及尾水管模型，并可灵活计算蜗壳排水体积，实现快速建立精准化、精细化的 BIM 模型。

[关键词]　Revit　二次开发　参数化　蜗壳　尾水管

1　引言

在 BIM 技术运用工程的设计、实施和使用阶段的趋势下，基于 BIM 对工程进行数字化、信息化和精准化的管理，增强设计阶段数据的利用，积累设计的可复用成果，从而对工程师和设计师对 BIM 模型建立的精准化、精细化标准提出越来越高的要求。

Revit 是我国建筑业 BIM 体系中使用最广泛的软件之一，并提供了应用 API（application programming interface），让工程师可以根据设计的需要自定义开发符合自己需求的插件，从而提高设计质量、设计速度。

蜗壳是蜗壳式引水室的简称，它的外形很像蜗牛壳，故通常简称蜗壳。尾水管是反击式水轮机的重要过电流部件。使用 Revit 进行蜗壳和尾水管的建模和设计，如果人工手动进行，需要进行大量复杂且重复的角度偏移计算、放样融合等工作。随着 BIM 应用对模型质量的高要求，手动建模不仅耗时长，容易出错，而且发现错误也不容易进行排查和改正，建模工程量巨大。传统的建模模式，设计师的建模工作量增加，不同项目的需求有差异，不利于设计果实的重复使用，工程师机械工作的重复也降低了工作相率。

本文基于 Revit 2018 和 Revit 2018 SDK，以 Microsoft Visual Studio Community 2017 作为开发平台，框架使用 . NET Framework 4. 6，在 Windows 10 版本系统下，使用 C♯语言进行二次开发，将蜗壳及其尾水管的建模根据不同工程需要的设计进行参数化定制，提供友好的插件界面，实现导入 Excel 一键生成蜗壳及尾水管模型，并可灵活计算蜗壳排水体积。

2　Revit 二次开发参数化建模框架

以水轮机蜗壳单线图为例，图 1 的蜗壳和尾水管进行建模，则至少需要 33 个截面的放样融合、旋转等建模过程的操作，过程繁复且耗费时间长，难以保证工程师的建模质量和速度。水轮机尾水管单线图如图 2 所示。

蜗壳断面尺寸表

断面	项目	φ	R_j	R_e	R_i	R_o
1		0	1077.1	2308.3	632.9	1675.4
2		15	1077.1	2308.3	632.9	1675.4
3		30	1077.1	2308.3	632.9	1675.4
4		45	1077.1	2308.3	632.9	1675.4
5		60	1077.1	2308.3	632.9	1675.4
6		75	1077.2	2297.5	627.6	1669.8
7		90	1077.3	2282.1	620.1	1662.0
8		105	1077.5	2263.8	611.1	1652.7
9		120	1077.7	2242.6	600.8	1641.9
10		135	1078.1	2218.1	588.6	1629.3
11		150	1078.6	2190.0	574.8	1615.0
12		165	1079.0	2158.1	559.3	1598.8
13		180	1079.6	2122.5	541.9	1580.6
14		195	1080.4	2082.8	522.5	1560.4
15		210	1081.5	2033.1	498.3	1535.0
16		225	1083.0	1970.1	467.6	1502.6
17		240	1085.2	1894.9	431.2	1463.7
18		255	1088.2	1807.9	389.5	1418.5
19		270	1092.8	1714.7	345.2	1369.5
20		285	1099.6	1616.2	299.4	1316.8
21		300	1111.5	1500.3	247.1	1253.2
22		315	1116.4	1392.0	210.0	1182.0

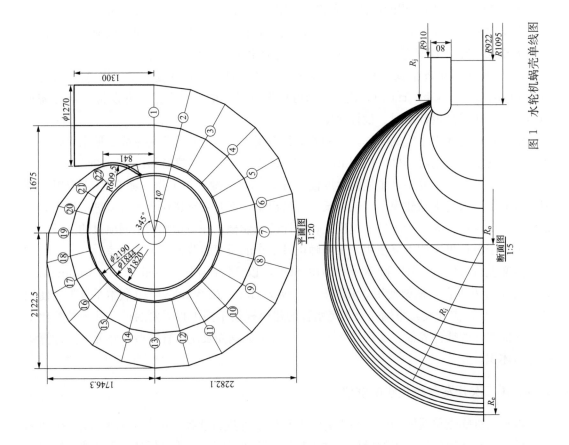

图 1 水轮机蜗壳单线图

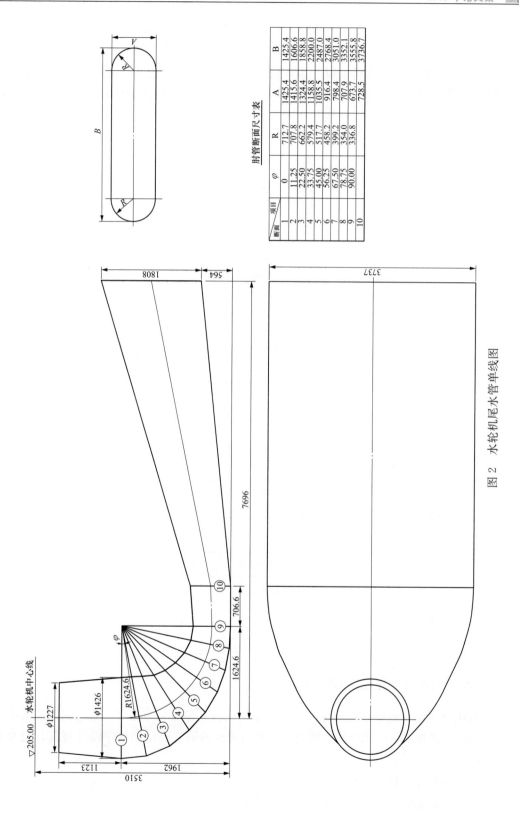

肘管断面尺寸表

断面\项目	φ	R	A	B
1	0	712.7	1425.4	1425.4
2	11.25	707.8	1415.6	1606.6
3	22.50	662.2	1324.4	1858.8
4	33.75	579.4	1158.8	2200.0
5	45.00	517.7	1035.5	2487.0
6	56.25	458.2	916.4	2768.4
7	67.50	399.2	798.4	3051.0
8	78.75	354.0	707.9	3352.1
9	90.00	336.8	673.7	3555.8
10			728.5	3736.7

图 2　水轮机尾水管单线图

本文提出以 Revit 二次开发为基础，对蜗壳、尾水管进行参数化建模设计，以 Revit API 提供的几何基元类、几何辅助类和几何集合类为数据结构支撑，充分结合计算集合的算法与应用，将蜗壳、尾水管的设计参数输入为 Excel 格式，通过自定义开发的插件可视化界面进行数据输入，通过数据处理功能模块将输入的参数通过计算转化为点、线、面等几何数据，然后通过逻辑功能模块转化为 Revit API 的建模逻辑指令，最后由建模功能模块在 Revit 2018 软件中生成参数化的可视化 BIM 模型。

Revit 二次开发参数化建模整体架构如图 3 所示。

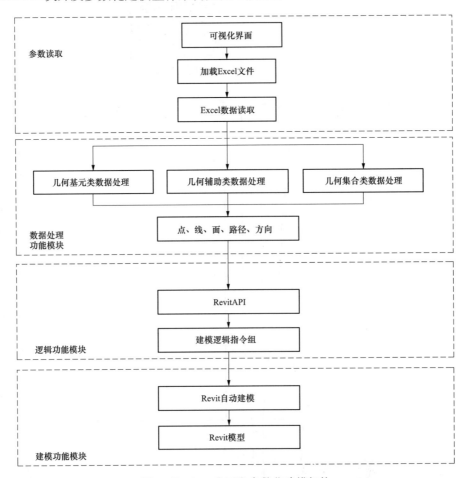

图 3　Revit 二次开发参数化建模架构

3　蜗壳及尾水管参数化建模程序设计

参数化建模设计的思路是相通的，只是不同构件的参数化方法和参数几何对应解析方法有所不同，遵循 Revit API 的应用流程，符合 C♯ 的语言使用和程序设计规范，对参数进行几何描述和建模。

参数化建模设计算法流程如下：

输入：存储蜗壳或尾水管参数的 Excel 表 DataTable。

输出：蜗壳或尾水管的 Revit 模型。

（1）以事务模式开始读取数据，将 DataTable 通过 Office 接口转为绘制截面所需要的 List<double>类型的点、角度、半径、方向等数据。

（2）根据转换的 List<double>数据使用 Revit API 提供的接口，生成建立模型所需要的几何基元类、几何辅助类、几何集合类数据，根据 List<double>计算生成所需要的 XYZ 点，创建放样融合路径所在的工作平面 SketchPlane。

（3）在路径所在的工作平面 SketchPlane 为基础，计算并创建生成蜗壳及尾水管的放样融合路径 Curve。

（4）根据读取的多个截面参数，结合所需要的偏移的角度等，生成绘制所需要的轮廓截面数据并装载到 List<SweepProfile>类型的数据结构 profiles 中。

（5）执行放样融合命令，输入工作平面 SketchPlane、放样融合路径 Curve、轮廓截面数据 profiles，生成多个 SweptBlend 类型数据结构的实体，并装载到 List<SweptBlend> sweptBlends 中。

（6）若只生成实心蜗壳模型，则将 sweptBlends 以实心属性输出；若只生成空心蜗壳模型，则将 sweptBlends 以空心属性输出；若是符合水利机械设计需要的精密蜗壳，则通过计算蜗壳的厚度，将实心、空心进行过剪切计算的蜗壳实体输出。尾水管模型则不需要选择，读取参数表后直接一键生成。

蜗壳的排水体积计算算法流程如下：

（1）将蜗壳实心模型加载到 Revit 的项目模板中放置，输入水位线的位置；

（2）根据水位线的数据，将蜗壳实心模型进行切割，分别计算输出上半部分和下半部分的水位体积；

（3）可以同时计算多个水位线的位置的体积数据，并输出为 Excel 保存，方便应用。

4 蜗壳及尾水管参数化设计的实现

4.1 蜗壳的参数化设计实现

以图 1 中的水轮机蜗壳单线图为例进行蜗壳的参数化建模，首先在 Revit 2018 的外部工具中加载已经写好的插件的 dll 文件。其次将设计好的蜗壳的参数转换为 Excel 文件。其中，截面序列号 NO、φ°、Rm、A、R、Rb、蝶形边锥角、入水口口段长度、入水口尾端变截面角度、座环外半径依次与图 1 中的设计数据对应。

蜗壳参数化建模插件可视化界面如图 4 所示。正如界面中所示，为方便建模和工程复用、排水计算等，提供创建实心蜗壳实体、创建空心蜗壳实体和有厚度的蜗壳。图 5 中依次是实心蜗壳模型、空心蜗壳模型和厚度为 20mm 的蜗壳模型。

4.2 尾水管的参数化设计实现

同样地，以图 2 中的水轮机尾水管单线图为例进行尾水管的参数化建模，首先在 Revit 2018 的外部工具中加载已经写好的插件的 dll 文件。其次将设计好的尾水管的参数转换为 Excel 文件。

尾水管参数化建模插件可视化界面如图 6 所示。尾水管参数化模型如图 7 所示。

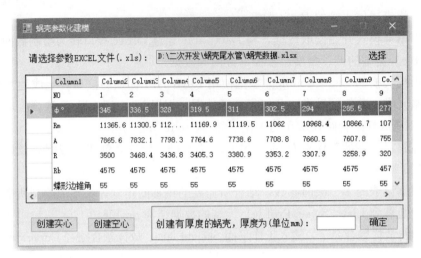

图 4　蜗壳参数化建模插件可视化界面

图 5　同一数据生成的三种不同形式蜗壳模型

尾水管参数化建模

请选择尾水管参数文件(.xls, .xlsx)：D:\二次开发\蜗壳尾水管\肘管尺寸.xlsx　　选择文件　　确定

Column1	Column2	Column3	Column4	Column5	Column6	Column7	Column8
rr	100	200	200	250	250	300	350
x1	-41.7	-124.56	-190.69	-245.6	-292.12	-331.94	-366.17
y1	569.45	542.45	512.72	479.77	444.7	408.13	370.44
x2	0	0	0	0	0	0	0
y2	0	0	0	0	0	0	
x3	0	-94.36	-94.36	-94.36	-94.36	-94.36	-94.36
y3	0	552.89	552.89	552.89	552.89	552.89	552.89
f	0	79.61	79.61	79.61	79.61	79.61	79.61
L	1350						
la	2014.74						
B	130.49	500	861.06	1000			
h	400						
OutL	2000						
angleTop	12						
angleBase	5						
offsetData	80						

图 6　尾水管参数化建模插件可视化界面

图 7　尾水管参数化模型

读取数据后，单击"确定"即可完成尾水管模型的自动建模。

4.3　蜗壳排水体积的计算

将 4.1 中生成的蜗壳载入到 Revit 2018 建筑模板的新建项目中，运行蜗壳的排水体积计算插件。运行时会提示选择要计算的蜗壳实体，选中实体后进入计算界面，如图 8 所示，并可输入多个水位 z 值，单击确定后进行水位的体积计算，并可选择"保存数据"将计算的数据保存为 Excel 表格。

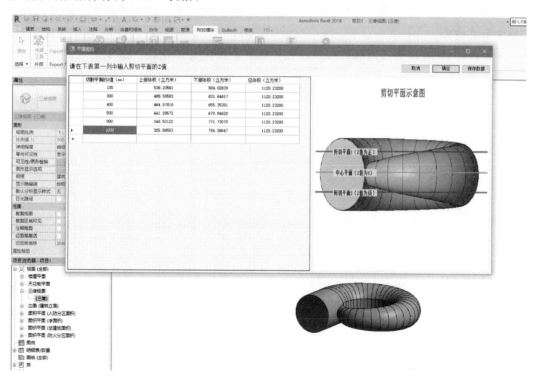

图 8　蜗壳排水体积的计算

5　结束语

本文使用 Revit 提供的 API 进行蜗壳及尾水管参数化建模的二次开发，以插件的形式，对工程师和设计师在 BIM 中使用的 Revit 软件进行功能扩展，辅助水利工程建设，提高工程师和设计师的工作效率和工作质量。BIM 的浪潮已经滚滚而来，经过本文的探索和尝试成功，参数化设计可以辅助工程师和设计师高效、高质的工作，提高工程设计成果的复用率，为工作提质增效，二次开发在更多的水利机械，甚至建筑、结构中也有更广阔的应用等待去尝试。

参考文献

[1] 杨春蕾，屈红磊，郑慧美. Revit 软件二次开发研究 [J]. 工程建设与设计，2017 (19).
[2] 赵啸冰，许洪元，王晓东，等. 水力机械蜗壳的研究进展 [J]. 农业机械学报 (2)：136-140.
[3] 伍鹤皋，马善定，秦继章. 大型水电站蜗壳结构设计理论与工程实践 [M]. 科学出版社，2009.

作者简介

成　蕾 (1993—)，女，助理工程师，主要从事 BIM 应用与软件开发工作。

王　莹 (1993—)，女，助理工程师，主要从事倾斜摄影测量、Lidar 点云处理工作。

汪诗奇 (1993—)，男，助理工程师，主要从事多波束数据采集及处理工作。

吴学明 (1971—)，男，高级工程师，主要从事工程地球物理方法技术、三维设计与应用方面的研究。

赵昕 (1984—)，男，高级工程师，主要从事企业信息化建设、基于平台的企业信息化技术研究。

基于土壤管理评估框架的云南坡耕地耕层土壤质量评价

陈正发[1,2]　史东梅[1]　金慧芳[1]　娄义宝[1]　何　伟[2]　夏建荣[2]

（1　西南大学资源环境学院

2　中国电建集团昆明勘测设计研究院有限公司）

[摘　要]　坡耕地作为云南地区耕地资源的重要组成部分，坡耕地耕层土壤质量评价和参数适宜范围确定是合理耕层构建的基础。基于土壤管理评估框架（soil management assessment framework，SMAF），构建坡耕地耕层土壤质量指数评价模型（cultivated-layer soil quality index，CLSQI），采用最小数据集（minimum data set，MDS）法筛选评价指标，对云南地区坡耕地耕层土壤质量进行评价，提出坡耕地合理耕层土壤参数适宜范围。结果表明：云南坡耕地耕层土壤质量评价最小数据集由 pH 值、全氮、总孔隙度、抗剪强度、田面坡度 5 个指标组成，基于 MDS 的坡耕地耕层土壤质量评价精度较高。在初选指标体系中，土壤容重、总孔隙度、毛管孔隙度、抗剪强度、田面坡度 5 个指标的权重较大，而在 MDS 指标体系中，田面坡度、全氮含量的权重较大。坡耕地耕层土壤质量指数（CLSQI）分布在 0.39～0.84 之间，均值为 0.59±0.11，变异系数为 0.19，坡耕地耕层土壤质量总体处于"中等"偏上水平。不同采样区坡耕地 CLSQI 差异显著（$P<0.05$），其大小关系为楚雄＞双柏＞宣威＞宁洱＞马龙＞石林。0～20cm 采样深度坡耕地 CLSQI（均值为 0.59）大于 20cm 以上采样深度坡耕地 GLSQI（均值为 0.56），紫色土坡耕地 CLSQI（均值为 0.61）大于红壤耕地 GLSQI（均值为 0.54）（$P<0.05$），垄作和等高耕作模式坡耕地 CLSQI 大于顺坡耕作模式坡耕地 GLSQI，旋耕方式下的坡耕地 CLSQI 大于翻耕方式下的坡耕地 GLSQI，不同农业分区坡耕地 CLSQI 的大小顺序为：滇东北山原区＞滇中高原湖盆区＞滇西南中山宽谷区。坡耕地合理耕层 MDS 土壤指标适宜范围为：pH 值 5.58～7.82，全氮不小于 1.37g/kg，总孔隙度不小于 52.28%，抗剪强度不小于 5.19kPa，田面坡度不大于 11.79°。研究可为坡耕地耕层土壤质量评价及合理耕层构建提供理论依据和参数支持。

[关键词]　耕层土壤质量　土壤管理评估框架　最小数据集　坡耕地　参数适宜范围

1　引　言

坡耕地是中国耕地资源的重要组成部分，现有坡耕地 $3513×10^4 hm^2$，约占耕地总面积的 17.5%。作为耕地的重要组成部分，坡耕地的数量、质量与国家的粮食安全密切相关。土壤质量是土壤供养、维持作物生长的能力，良好的土壤质量不仅具有较高的生产力，而且对区域水土生态环境的改善具有重要的意义。坡耕地耕层土壤质量反映坡耕地耕层土壤供养、维持作物生长的能力，准确评价坡耕地耕层土壤质量特征，是合理耕层构建的基础。

国内外土壤质量研究主要集中在土壤质量评价方面。徐梦洁等提出了涵盖生态、经济和社会 3 个层面的耕地可持续利用评价指标体系。孔祥斌等从农户土地利用变化理论的角度，分析"压力-状态-效应-响应"（PSR）特征，提出了耕地质量评价指标体系。刘占锋等在分析土壤质量指标及其评价方法的基础上，提出了耕地土壤质量研究的发展趋势。路鹏等提出了结合 3S 和空间分析模型等新的分析理论和技术。李桂林等探讨了土壤质量评价最小数据集的确定方法。Pierce、Mulengera 等对土壤生产力指数模型（PI）做了进一步的发展和完善。段兴武等将土壤有机质指标引入 PI 模型，建立土壤生产力指数模型（MPI）。近年来，国内外学者对土壤质量指数模型（SQI）进行了大量研究，也有学者采用系统分析方法，对土壤质量评价进行了研究。土壤质量评价中往往需要对评价指标进行筛选，国内外学者多采用主成分分析法（PCA）、最小数据集（MDS）等方法对指标进行重叠信息过滤。刘士梁等对综合土壤质量指数法（QI）与土壤退化指数法（DO）两种定量方法进行了比较，表明这两种方法都能有效地评价土壤质量。金慧芳等比较了基于主成分分析法（PCA）和聚类分析法（CA）建立坡耕地耕层土壤质量评价的最小数据集。近年来，美国农业部提出了土壤质量评价的土壤管理评估框架（SMAF），该方法强调土壤管理措施对土壤质量的影响，将土壤质量与土壤管理目标、气候、土壤类型等结合起来，使土壤质量评估和土壤质量管理结合更加紧密，具有很强的综合性，在国外研究中得到了关注。

随着坡耕地作为耕地重要组成部分的认识不断深化，针对坡耕地土壤质量的研究得到了重视。王道杰研究了长江上游坡耕地土壤侵蚀对土壤质量的影响。李强等采用土壤质量指数对黄土高原坡耕地沟蚀土壤质量进行了评价。马芊红等对中国水蚀区坡耕地土壤质量进行了评价，认为水蚀区坡耕地土壤质量整体状况良好。丁文斌等研究了紫色土坡耕地土壤属性差异对耕层土壤质量的影响。

从研究方法来看，国内外采用土壤质量指数模型（SQI）开展土壤质量评价方面的研究较多，近年来基于 SMAF 的土壤质量评价研究在国外得到了重视，而国内目前还未见相关研究报道。从研究对象来看，针对耕地土壤质量的研究较多，而针对坡耕地土壤质量方面的研究报道较少，目前还未见云南地区坡耕地耕层土壤质量评价方面的研究报道。因此，本文基于土壤管理评估框架（SMAF），以云南坡耕地耕层土壤质量作为研究对象，构建坡耕地耕层土壤质量指数评价模型（CLSQI），采用最小数据集（MDS）法筛选评价指标，对云南地区坡耕地耕层土壤质量进行评价，提出坡耕地合理耕层土壤参数适宜范围。研究可为坡耕地合理耕层诊断及调控提供理论及参数支持。

2 材料与方法

2.1 研究区概况

云南地处中国西南边陲，位于 $97°31'\sim106°12''E$，$21°08'\sim29°15'N$ 之间。东西宽 865km，南北长 990km，东邻广西壮族自治区和贵州省，北部及西北与四川和西藏相连，西部、西南部及南部与缅甸、越南、老挝毗邻，国土面积 38.32 万 km^2。云南为山地高原区，山地面积占总面积的 94%，河谷盆地仅占 6%。云南属于低纬高原季风气候区，年温差小，日温差大，干湿季分明，年平均气温 17.2 ℃，大部分地区年降水量在 1 000mm 以上，但季节和地域上的分配极不均匀。土壤分布以红壤、赤红壤、紫色土为主。云南坡耕地面积为 412.93 万 hm²，占总耕地面积的 64.31%，坡耕地占耕地面积的比例大、坡度陡，坡耕地土壤侵蚀较为严重，坡耕地土壤侵蚀是江河泥沙的主要来源。云南地区坡耕地种植的主要作物有玉米、马铃薯、冬小麦等。本研究样品采集及分析于 2015 年 7 月－2017 年 12 月期间进行。采样区位于云南红壤和紫色土典型分布的 6 个采样区域（石林、宁洱、马龙、宣威为红壤坡耕地采样区，楚雄、双柏为紫色土坡耕地采样区）。为提高采样精度，在当地农业部门有经验的人员协助下，考虑不同区域、不同种植模式、不同耕作方式以及典型土壤类型的差异性，每个采样均沿着调查路线选择代表性区域、耕作模式、耕作方式进行采样，共设采样点 31 个，采集土壤样品 62 份。表 1 为采样区坡耕地利用特征参数及所属综合农业区划范围。

表 1 采样区坡耕地利用特征参数及所属综合农业区划范围

采样区域编号	采样点位置	农业区划类型	海拔(m)	土壤类型	种植模式	耕作模式	耕作方式	坡位	样点数
SL	石林县布宜村	滇中高原湖盆区	1922	红壤	玉米单作	顺坡耕作	翻耕	坡中	2
NE-1	宁洱县新平村	滇西南中山宽谷区	1339	红壤	玉米单作	顺坡耕作	翻耕	坡中、坡下	2
NE-2	宁洱县德化乡		1359	红壤	玉米单作	顺坡耕作	翻耕		2
ML-1	马龙县高堡村	滇中高原湖盆区	1961~1974	红壤	玉米单作	垄作	旋耕	坡上、坡中	2
ML-2	马龙县龙海村	滇中高原湖盆区	1970	红壤	玉米单作	顺坡耕作、等高耕作	翻耕	坡中	6
XW	宣威市施述村	滇东北山原区	2071	红壤	玉米单作	等高耕作	旋耕	坡中	2
CX-1	楚雄市冷水村	滇中高原湖盆区	1924	紫色土	玉米、烟草单作	垄作	旋耕	坡中、坡下	2
CX-2	楚雄市包头王村	滇中高原湖盆区	1937	紫色土	烟草单作	垄作	旋耕	坡上、坡中	2
SB	双柏县说全村	滇中高原湖盆区	1533	紫色土	玉米、小麦等单作	顺坡耕作、等高耕作、垄作	旋耕	坡上、坡中、坡下	15

2.2 采样方法与土壤理化性质测试

在每个采样区域选择典型坡耕地地块，按照不同坡位布设样点，选择样点的中间点挖掘土壤剖面，按照 0~20cm、>20cm 深度分层进行垂直采样。每个采样区域重复多次采样，取平均值。在垄作模式地块采样时，因采样区作物主要种植在垄上，因此采样主要在垄上部位进行。采样时，按照 1m×1m×0.6m（长×宽×高）的规格挖取耕层剖面，并采集土样。现场测定土壤紧实度、抗剪强度、贯入阻力值（重复 5 次）。土壤容重、孔隙度样品均用 100cm³ 环刀分层采集，并采取室内环刀法测定。同时，每层采集 2kg 混合样品带回室内风干，用于测定土壤物理性质、养分特性参数。土壤化学性质测定方法如下：测定土层深度为 0~40cm，每 20cm 分层取样；风干后的土样过 1mm 和 0.5mm 筛；测定指标包括土壤有机质、全氮、碱解氮、全磷、速效磷、全钾和速效钾含量，具体测定方法依照土壤农化分析标准。

2.3 坡耕地耕层土壤质量评价方法

（1）耕层土壤质量评价模型的建立。随着人为耕作条件下土壤退化问题日益得到重视，基于土壤质量动态评价的耕层土壤管理成为国内外研究的热点问题。近年来，美国农业部发展了土壤管理评估框架（SMAF）。该模型在借鉴现有土壤质量评价研究成果基础上，将土壤质量评估和土壤质量管理紧密结合起来，实现"评价指标筛选-土壤质量评价-耕层土壤管理"全过程整合。该框架模型不仅可较好地反映土壤质量变化特征，也可从不同时点土壤耕作活动导致土壤质量参数动态变化的角度，识别土壤质量变化过程及主导因素，为开展土壤质量管理和合理耕层构建提供决策依据。本研究基于土壤管理评估框架（SMAF），采用最小数据集法，建立耕层土壤质量评价模型，对坡耕地耕层土壤质量进行定量评价，将土壤质量评价与土壤管理紧密结合起来，探讨坡耕地耕作模式、耕作方式等土地利用过程对耕层土壤质量的影响，提出坡耕地合理耕层诊断的参数适宜范围。

参照土壤质量指数（SQI）模型，建立加权和法的耕层土壤质量指数（cultivated-layer soil quality index，CLSQI）计算模型：

$$CLSQI = \sum_{i=1}^{n} (K_i \cdot C_i) \tag{1}$$

式中 CLSQI——耕层土壤质量指数，数值范围为 0~1；

K_i——第 i 个评价指标的隶属度值；

C_i——第 i 个评价指标的权重；

n——评价指标的个数。

全部初选指标计算得到的耕层土壤质量指数用 AL-CLSQI（代表实测值）表示，最小数据集（MDS）指标计算得到的耕层土壤质量指数用 MDS-CLSQI（代表模拟值）表示。根据坡耕地耕层土壤质量指数大小，将坡耕地耕层土壤质量指数等距划分为 5 个等级，划分等级和标准详见表 2。

表2 坡耕地耕层土壤质量评价等级划分

评价等级	低	较低	中等	较高	高
耕层土壤质量指数	0~0.2	0.2~0.4	0.4~0.6	0.6~0.8	0.8~1.0

（2）评价指标体系、隶属函数选择和权重计算。参考国内外土壤质量指标体系研究成果，同时考虑坡耕地利用特征，建立坡耕地耕层土壤质量评价的初选指标体系。初选指标体系包含土壤属性指标、剖面特征指标、立地条件指标 3 个维度，共 12 个二级指标（见表 3）。根据评价指标与耕层土壤质量的相关情况，可将隶属函数划分为 S 型隶属度函数、反 S 型隶属度函数和抛物线型 3 种类型。依据各指标变化对耕层土壤质量的正负效应，有机质、全氮、有效磷、速效钾、总孔隙度、毛管孔隙度、耕层厚度、抗剪强度选择 S 型隶属函数；容重、田面坡度选择反 S 型隶属函数；pH 值、贯入阻力选择抛物线型隶属函数，隶属函数表达式及构建方式参见文献[17]，评价指标隶属函数类型及参数取值见表 4 和表 5。主成分分析中，公因子方差反映某一指标对整体方差的贡献程度和差异性，公因

子方差越大，对整体的贡献也越大。本研究采用主成分分析法确定每个评价指标的公因子方差，以各指标公因子方差在总体方差的比例作为指标的权重。

表3　　　　　　　　　耕层土壤质量评价指标体系及权重分布

序号	指标类别	指标	指标代码	公因子方差	因子权重	指标类别权重
1		pH 值	X1	0.696	0.078	
2		有机质 (g·kg⁻¹)	X2	0.656	0.073	
3	土壤属性指标	全氮 (g·kg⁻¹)	X3	0.585	0.065	0.446 4
4		有效磷 (mg·kg⁻¹)	X4	0.562	0.063	
5		速效钾 (mg·kg⁻¹)	X5	0.582	0.065	
6		容重 (g·cm⁻³)	X6	0.919	0.103	
7		总孔隙度 (%)	X7	0.92	0.103	
8		毛管孔隙度 (%)	X8	0.861	0.096	
9	土壤剖面特征指标	耕层厚度 (cm)	X9	0.759	0.085	0.463 1
10		抗剪强度 (kPa)	X10	0.833	0.093	
11		贯入阻力 (MPa)	X11	0.777	0.087	
12	立地条件特征指标	田面坡度 (°)	X12	0.811	0.091	0.0905

（3）最小数据集（MDS）指标筛选方法。由12个参数组成的初选评价指标体系，但该指标体系包含的评价指标过多，增加了评价工作量。另外，由于各指标之间可能包含重叠信息，需分析并减小信息重叠干扰。MDS法的思路是：从总的评价数据集中，通过建立最小数据集，来减少指标众多带来的巨大费用。具体方法如下：计算各土壤指标在所有特征值不小于1的主成分（PC）上的载荷，据此将在同一PC上载荷不小于0.5的土壤指标分为1组，若某土壤参数同时在2个PC上的载荷高于0.5，则该参数应归并到与其他参数相关性较低的那一组；分别计算各组指标的Norm值，选取每组中Norm值在该组最大Norm值的10%范围内的指标，进一步分析每组中所选指标间的相关性，若高度相关（m＞0.5），则确定分值最高的指标进入MDS，从而获得最终的MDS。其中，Norm值越大则表明其解释综合信息的能力就越强。

评价指标的Norm值计算方法如下：

$$N_{ik} = \sqrt{\sum_1^k (U_{ik}^2 \cdot \lambda_k)} \qquad (2)$$

式中　N_{ik}——第i个变量在特征值不小于1的前k个主成分上的综合载荷；

　　　U_{ik}——第i个变量在第k个主成分上的载荷；

　　　λ_k——第k个主成分的特征值。

（4）耕层土壤质量评价精度验证。为验证MDS指标体系评价耕层土壤质量结果的精度，本研究采用Nash和Sutcliffe于1970年提出的模型有效系数（E_f）和相对偏差系数（E_r）来评价模型的精度。有效系数（E_f）越接近于1，表示MDS法计算结果与基准值越接近，计算精度较高。相对偏差系数（E_r）越接近于0，表明MDS法计算值相对于基准

值的偏差越小，结果越精确。

2.4 数据处理

数据统计采用 Microsoft Excel 2010 和 SPSS19.0 进行分析，应用 SPSS19.0 软件对数据进行配对样本 t 检验、主成分分析、相关性分析和方差分析。

表4 S型和反S型隶属函数及参数

序号	指标	隶属函数类型	隶属函数	隶属函数参数	
				a（下限）	b（上限）
1	有机质（g·kg^{-1}）			3.54	59.48
2	全氮（g·kg^{-1}）			0.30	2.08
3	有效磷（mg·kg^{-1}）		$\mu(x)=\begin{cases}1, x\geqslant b\\\dfrac{x-a}{b-a}, a<x<b\\0, x\leqslant a\end{cases}$	1.83	80.05
4	速效钾（mg·kg^{-1}）	S型隶属函数		42.50	252.50
5	总孔隙度（%）			32.85	65.37
6	毛管孔隙度（%）			25.57	61.94
7	耕层厚度（cm）			14.00	30.00
8	抗剪强度（kPa）			1.23	7.83
9	容重（g·cm^{-1}）	反S型隶属函	$\mu(x)=\begin{cases}1, x\leqslant a\\\dfrac{x-b}{a-b}, a<x<b\\0, x\geqslant b\end{cases}$	0.92	1.78
10	田面坡度（°）			3.00	25.00

注 $\mu(x)$ 为隶属函数，x 为评价指标实测值，a、b 分别表示指标临界值的下限和上限，本研究分别取实测的最小值和最大值，下同。

表5 抛物线型隶属函数类型及参数

序号	指标	隶属函数类型	隶属函数	隶属函数参数			
				a_1	b_1	b_2	a_2
1	pH值	抛物线型隶属函数	$\mu(x)=\begin{cases}1, b_2\geqslant x\geqslant b_1\\\dfrac{x-a_1}{b_1-a_1}, a_1<x<b_1\\\dfrac{x-a_2}{b_2-a_2}, a_2>x>b_2\\0, x\leqslant a_1 或 x\geqslant a_2\end{cases}$	4.2	6.5	7.5	8.3
2	贯入阻力（MPa）			1.8	13.5	25.2	36.9

注 a_1、a_2 分别表示指标临界值的下限和上限，本研究分别取实测的最小值和最大值；b_1、b_2 为最适值的上下界点，其值根据研究区域实测结果综合对比确定。

3 结果与分析

3.1 坡耕地耕层土壤质量评价的最小数据集

3.1.1 建立最小数据集

为减少评价指标数量，消除各评价指标间交互作用导致的信息重叠，针对12项初选指标进行主成分分析，选择特征值大于1的主成分。在进行主成分分析过程中，提取到第

324

6 个主成分 PC6 时，方差的累积贡献率达到 86.83%，表明 6 个主成分对总体方差的解释能力较强。因 PC5、PC6 的特征值均小于 1，故根据最小数据集法的主成分提取原则，仅提取 PC1～PC4 作为本研究分析的主成分。表 6 为提取的主成分分析结果及因子载荷矩阵。从表中可看出，通过主成分分析，共提取出 4 个主成分，4 个主成分的累积解释总方差达到了 74.67%，说明 PC1～PC4 共 4 个主成分对总体方差的解释能力已相对较强。从主成分的信息贡献率来看，PC1～PC4 的主成分的贡献率分别为：39.56%、15.43%、10.65%、9.03%，贡献率逐步减小，后续主成分解释方差的贡献率已十分有限。

从表 6 可看出 PC1～PC4 的因子载荷矩阵，4 个主成分对应指标的载荷差异较大，这也体现出不同主成分指标对总体方差解释能力的差异性。在 PC1 中，初选指标 pH 值、有机质（g/kg）、有效磷（mg/kg）、容重（g/cm³）、总孔隙度（%）、耕层厚度（cm）、抗剪强度（kPa）、贯入阻力（MPa）共 8 个指标载荷绝对值大于 0.5，说明这些指标在 PC1 中的贡献率较高。在 PC2 中，初选指标 pH 值、全氮（g/kg）、速效钾（mg/kg）共 3 个指标载荷绝对值大于 0.5，这些指标在 PC2 中的贡献率最高。在 PC3 中，仅有田面坡度（°）1 个指标载荷的绝对值大于 0.5，表明该指标在 PC3 中的贡献率最高。在 PC4 中，只有抗剪强度（kPa）、毛管孔隙度（%）2 个指标载荷的绝对值大于 0.5，这些指标在 PC4 中的贡献率最高。坡耕地耕层土壤质量评价初选指标相关系数矩阵见表 7。

表 6 主成分分析结果及因子载荷矩阵

指标代码	指标	分组	主成分				
			PC1	PC2	PC3	PC4	Norm 值
X2	有机质	1	0.726	0.316	0.089	0.145	1.649 3
X4	有效磷	1	0.517	0.401	0.221	−0.292	1.312 0
X6	容重	1	−0.944	0.076	0.122	−0.081	2.065 8
X7	总孔隙度	1	0.944	−0.079	−0.122	0.082	2.066 1
X9	耕层厚度	1	0.545	−0.474	0.485	−0.046	1.459 1
X11	贯入阻力	1	−0.82	0.191	0.255	0.056	1.829 3
X1	pH 值	2	−0.534	0.627	−0.121	0.057	1.450 5
X3	全氮	2	0.47	0.593	−0.11	−0.003	1.309 7
X5	速效钾	2	−0.012	0.688	0.193	−0.266	1.000 6
X12	田面坡度	3	−0.327	−0.131	−0.826	−0.059	1.189 6
X10	抗剪强度	4	−0.647	−0.046	0.356	0.535	1.569 5
X8	毛管孔隙度	4	0.412	0.282	−0.131	0.771	1.272 3
	主成分特征值		4.75	1.85	1.28	1.08	
	主成分方差贡献率（%）		39.56	15.43	10.65	9.03	
	主成分累积贡献率（%）		39.56	54.99	65.64	74.67	

表7 坡耕地耕层土壤质量评价初选指标相关系数矩阵

指标代码	X1	X2	X3	X4	X5	X6	X7	X8	X9	X10	X11	X12
X1	1											
X2	−0.189	1										
X3	0.021	0.484**	1									
X4	−0.117	0.552**	0.358**	1								
X5	0.387**	0.027	0.242	0.157	1							
X6	0.469**	−0.583**	−0.363**	−0.351**	0.018	1						
X7	−0.471**	0.583**	0.363**	0.351**	−0.023	−1.000**	1					
X8	−0.029	0.397**	0.266*	0.136	0.029	−0.430**	0.429**	1				
X9	−0.523**	0.268*	−0.057	0.174	−0.149	−0.502**	0.503**	0.005	1			
X10	0.303*	−0.350**	−0.307*	−0.400**	−0.082	0.579**	−0.578**	−0.013	−0.165	1		
X11	0.449**	−0.462**	−0.271*	−0.183	0.079	0.822**	−0.823**	−0.23	−0.390**	0.586**	1	
X12	0.182	−0.285*	−0.16	−0.261	−0.206	0.211	−0.211	−0.102	−0.379**	−0.031	0.108	1

注 指标代码 X1~X12 的含义见表6，＊＊代表相关程度在 $P<0.01$ 显著性水平，＊代表相关程度在 $P<0.05$ 显著性水平。

根据因子载荷矩阵显示的各指标在所有特征值不小于1的主成分（PC）上的载荷，将在同一 PC 上载荷不小于0.5的土壤指标分为1组，若某指标同时在2个 PC 上的载荷高于0.5，则该参数应归并到与其他参数相关性较低的一组。其中，pH 值在 PC1、PC2 均满足载荷不小于0.5，因 pH 值与第1组指标间的相关系数分布在−0.189~−0.523之间，与第2组指标间的相关系数分别为0.021、0.387，总体上与第2组指标间的相关性最小，因此将其归入到第2组中。抗剪强度在 PC1、PC4 均满足载荷不小于0.5，因抗剪强度与第1组指标间的相关系数绝对值均大于0.3，而与第4组指标间的相关系数为−0.013，因此将其归入第4组中。各指标分组结果见表6。按照最小数据（MDS）指标筛选原则，对比各分组的 Norm 值，选取每组中 Norm 值在最高总分值10%范围内的指标。据此，初步入选的指标包括：pH 值、全氮、容重、总孔隙度、抗剪强度、田面坡度等6个指标。在此基础上，对初步入选的指标间进行相关性分析，相关分析结果见表7。比较同一分组内两个指标的相关性，如同一组内两个指标显著相关（相关系数大于0.5），则 Norm 值较大的指标入选。最终进入最小数据集（MDS）的指标为：pH 值、全氮、总孔隙度、抗剪强度、田面坡度共5个指标。本研究初选指标共12个，最小数据集共包含5个指标，指标筛选过滤率达到58.33%，较为显著地简化了评价指标体系，最大程度消除了指标间重叠信息对评价结果的影响。

3.1.2 耕层土壤质量指标的贡献率分析

采用主成分分析法获得全量初选指标体系和最小数据集（MDS）指标体系的公因子方差，并进一步计算全部初选指标体系的权重（见表3）和最小数据集（MDS）的权重（见表8）。从表3可看出，初选指标的土壤属性指标、土壤剖面特征指标、立地条件特征指标对应的类别权重分别为 0.446 4、0.463 1、0.090 5，土壤属性指标所占权重最高，说明土壤属性指标对耕层土壤质量的贡献率最大，是土壤质量评价中的关键性指标。土壤剖面特征指标所占权重仅次于土壤质量指标，是影响坡耕地耕层土壤质量特征的重要指标。指标权重最小的是立地条件特征指标，权重小于 0.100 0，说明这一类指标对耕层土壤质量的贡献率相对较小。初选指标中，土壤容重、总孔隙度、毛管孔隙度、抗剪强度、田面坡度的权重较大，这些指标的权重均大于 0.090 0，其余指标的权重相对较小。

表 8 为最小数据集（MDS）指标及其权重。从表中可看出，进入最小数据集的 5 个指标包括土壤属性指标、土壤剖面特征指标和立地条件指标。土壤属性指标、土壤剖面特征指标各入选了 2 个指标，土壤立地条件指标入选 1 个指标。入选 MDS 的 5 个指标是开展坡耕地耕层土壤质量评价时需重点考虑的核心指标。从入选的指标权重来看，田面坡度的指标权重最大，达到 0.223 2，说明坡度对耕层土壤质量贡献率最大；全氮含量指标权重仅次于田面坡度，权重达到 0.206 4，表明耕层土壤全氮含量能显著影响坡耕地耕层土壤质量特征；此外，pH 值、总孔隙度、抗剪强度 3 个指标的权重值也超过了 0.180 0，说明上述 3 个指标对耕层土壤质量的贡献率也较大。

表 8   **最小数据集指标及其权重**

序号	指标	指标代码	指标类别	隶属函数类型	公因子方差	权重
1	pH	X1	土壤质量指标	抛物线型	0.829 0	0.198 6
2	全氮（g·kg⁻¹）	X3	土壤质量指标	S 型	0.861 7	0.206 4
3	总孔隙度（%）	X7	土壤剖面指标	S 型	0.784 1	0.187 8
4	抗剪强度（kPa）	X10	土壤剖面指标	S 型	0.767 8	0.183 9
5	田面坡度（°）	X12	立地条件指标	反 S 型	0.932 0	0.223 2

3.1.3 最小数据集指标评价的精度验证

采用最小数据集（MDS）指标评价坡耕地耕层土壤质量特征时，需对评价结果的精度进行验证，以确保评价的准确性。为验证最小数据集指标体系评价的精度，以 2015 年采样数据为基础，计算全部初选指标计算的耕层土壤质量指数（AL-CLSQI）和最小数据集指标计算的耕层土壤质量指数（MDS-CLSQI），

比较二者的一致性。从计算结果来看，MDS-CLSQI 均值为 0.60±0.12，变异系数 C_v 为 0.21；AL-CLSQI 均值为 0.58±0.10，变异系数为 0.17，说明 MDS-CLSQI 波动幅度相对较大（$C_v > 20\%$），AL-CLSQI 波动幅度相对较小（$C_v < 20\%$），但 MDS-CLSQI 和 AL-CLSQI 均值差异较小，且二者相关性较高（$m = 0.980$，$n = 20$）。1∶1 线能较好地反映两个比较对象的一致性。图 1 为 AL-CLSQI 和 MDS-CLSQI 结果 1∶1 线。从图中可看出，MDS-CLSQI 和 AL-CLSQI 较均匀地分布在 1∶1

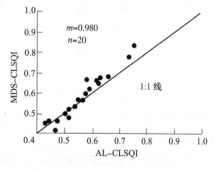

图 1   AL-CLSQI（所有指标计算值）和 MDS-CLSQI（MDS 计算值）结果 1∶1 线比较

线两侧，且距 1∶1 线非常接近，数据点在 1∶1 线两侧波动相对较小，说明 MDS-CLSQI 和 AL-CLSQI 具有较好的对应关系，MDS 计算评价的结果精度较高。进一步计算 MDS-CLSQI（MDS 计算值）与 AL-CLSQI（所有指标计算值）之间的确定性系数（E_f）和相对偏差系数（E_r），确定性系数为 0.916，相对偏差系数为 0.027，说明 MDS 计算的耕层土壤质量指数与所有指标计算值较为接近，且相对偏差十分微小，评价精度较高，基于 MDS 计算的耕层土壤质量指数可用于云南地区坡耕地耕层土壤质量评价。

3.2 坡耕地耕层土壤质量变化特征

采用最小数据集（MDS）指标计算云南坡耕地耕层土壤质量指数（CLSQI），据此分析云南坡耕地耕层土壤质量特征。研究区 6 个采样区域代表了云南不同地区典型红壤、紫色土坡耕地利用的情景模式，可相对完整地反映坡耕地耕层土壤质量变化特征。

经计算，6 个采样区域 0～20、>20cm 采样深度坡耕地耕层土壤质量指数分布在 0.39～0.84 之间，均值为 0.59±0.11，变异系数 C_v 为 0.19，不同采样点坡耕地耕层土壤质量指数存在显著差异（$P<0.05$），总体上处于"中等"水平。图 2 为不同采样区域和采样深度土壤质量指数变化。不同采样区域坡耕地耕层土壤质量指数存在显著差异（$P<0.05$），楚雄采样区域的坡耕地耕层土壤质量指数（均值为 0.74）显著大于其他 6 个采样区域，石林采样区域的坡耕地耕层土壤质量最小，不同采样区域坡耕地耕层土壤质量指数大小关系为 CX>SB>XW>NE>ML>SL（SL 代表石林采样点，NE 代表宁洱采样点，CX 代表楚雄采样点，ML 代表马龙采样点，XW 代表宣威采样点，SB 代表双柏采样点）。坡耕地耕层土壤质量处于"中等"（0.4<CLSQI<0.6）等级的样点比例为 42.86%，处于"较高"（CLSQI>0.6）等级以上的样点比例为 53.57%，其中，处于"高"等级的站点数仅占 3.57%，云南地区不同采样区坡耕地耕层土壤质量等级以"中等""较高"为主，"高"耕层土壤质量等级占比较少，坡耕地耕层土壤质量总体偏低。耕层土壤质量等级低的坡耕地表现为在障碍因素作用下，坡耕地整体生产力水平较低，需在精准识别坡耕地耕层障碍因子的基础上，实施有针对性的耕层土壤质量调控措施，以提高坡耕地耕层的土壤质量，最终提升坡耕地土地生产力。

从图 2 也可看出，不同采样区域 0～20、>20cm 采样深度耕层土壤质量指数存在一定的差异性，整体表现为 0～20cm 采样深度坡耕地耕层土壤质量指数（均值为 0.59）均大于>20cm（均值为 0.56）。0～20cm 耕层范围是坡耕地上作物根系生长主要部分，0～20cm 耕层土壤质量指数越高，越有利于提高坡耕地的耕作性能，提高坡耕地作物生产能力。此外，0～20cm 耕层受到人为耕作活动影响最为显著，0～20cm 耕层土壤质量指数大于 20cm 以上土层，说明在耕作措施影响下，0～20cm 深度耕层土壤理化性质、土壤剖面特征等指标相对于>20cm 土层得到了改良，合理的耕作措施能有效提高坡耕地耕层土壤质量。

从不同土壤类型坡耕地耕层土壤质量指数来看，紫色土坡耕地耕层土壤质量指数均值为 0.61，红壤坡耕地耕层土壤质量指数均值为 0.54，二者差异显著（$P<0.05$），紫色土坡耕地耕层土壤质量指数大于红壤坡耕地。云南坡耕地土壤分布以红壤为主，而红壤坡耕地耕层土壤质量指数远小于紫色土坡耕地，总体耕层土壤质量等级上仅处于"中等"水

平，因此应重点关注红壤坡耕地耕层土壤质量的提升问题。

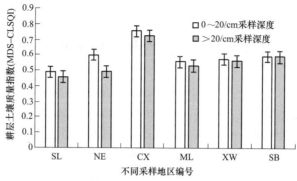

图 2　不同采样区域耕层土壤质量指数（CLSQI）变化

图 3 为不同耕作模式和耕作方式下坡耕地耕层土壤质量指数变化。从图 3（a）可看出，不同耕作模式坡耕地耕层土壤质量指数差异不显著，但 0～20、>20cm 采样深度坡耕地耕层土壤质量指数均表现为垄作>等高耕作>顺坡耕作，不同耕层厚度土壤质量指数均表现为顺坡耕作模式的耕层土壤质量指数最小，说明顺坡耕作不利于耕层土壤质量的保持和提升，而垄作、等高耕作则能有效提升坡耕地耕层土壤质量。此外，除垄作模式外，0～20cm 采样深度坡耕地耕层土壤质量指数均大于 20cm以上采样深度坡耕地耕层土壤质量指数。本研究垄作模式的采样点分布在垄上，而垄作模式下>20cm 采样深度耕层土壤质量指数较高，说明垄作模式更有利于改良下层土壤结构性，提升下层土壤的 CLSQI。从图 3（b）可看出，不同耕作方式坡耕地

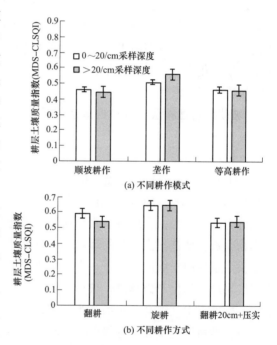

图 3　不同耕作模式和耕作方式
坡耕地耕层土壤质量指数变化

耕层土壤质量指数存在差异，但差异不显著，总体表现为旋耕方式下的坡耕地耕层土壤质量指数大于翻耕。从不同采样深度 CLSQI 变化来看，翻耕和旋耕方式下 0～20、>20cm采样深度 CLSQI 变化存在差异，旋耕方式下不同采样深度 CLSQI 差异较小，而翻耕方式下 0～20cm 采样深度耕层土壤质量指数大于 20cm（以上采样深度耕层土壤质量指数）（P<0.05）。此外，不同翻耕处理对不同采样深度坡耕地耕层土壤质量指数的影响不同，翻耕 20cm＋压实处理条件下 0～20、>20cm 采样深度耕层土壤质量指数差异不显著，而翻耕（未压实）条件下，0～20cm 采样深度耕层土壤质量显著大于 20cm 以上采样深度耕层

土壤质量（$P<0.05$）。

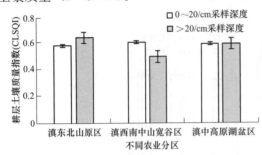

图 4　不同农业分区耕层土壤质量指数变化

图 4 为不同农业分区耕层土壤质量变化。从图中可看出，不同分区 0～20、>20cm 采样深度坡耕地耕层土壤质量指数变化存在差异。不同分区 0～20cm 采样深度耕层土壤质量差异较小，CLSQI 分布在 0.58～0.60 之间；而不同分区 >20cm 采样深度耕层土壤质量差异相对较大，CLSQI 分布在 0.49～0.64 之间；表现为滇东北山原区（CLSQI = 0.64）>滇中高原湖盆区

（CLSQI＝0.59）>滇西南中山宽谷区（CLSQI＝0.49），各分区坡耕地耕层土壤质量指数均在 0.49 以上，均处于"中等"以上等级；其中，滇东北山原区的坡耕地耕层土壤质量总体最高，总体等级达到了"较高"等级，滇中高原湖盆区坡耕地耕层土壤质量指数仅次于滇东北山原区，滇西南中山宽谷区坡耕地耕层土壤质量指数最低。从不同采样深度耕层土壤质量变化来看，除滇东北山原区外，0～20cm 耕层土壤质量指数均大于 20cm 以上耕层土壤质量指数。

3.3　坡耕地合理耕层土壤参数适宜范围

坡耕地耕层土壤质量的高低与坡耕地生产力水平的高低密切相关，耕层土壤质量指数越大，坡耕地生产力水平越高。云南地区坡耕地耕层土壤质量评价的最小数据集（MDS）包括 pH 值、全氮、总孔隙度、抗剪强度、田面坡度 5 个指标，坡耕地耕层土壤质量指数分布在 0.39～0.84 之间，均值为 0.59±0.11。按照等距划分法，可将坡耕地耕层土壤质量划分为 5 个等级。合理耕层表征耕层最大限度蓄纳并协调耕层中水、肥、气、热状况，为作物生长及增产提供良好的环境和条件的能力。合理耕层与耕层土壤质量指数的高低紧密相关，是耕层土壤质量处于一定质量水平的综合体现。坡耕地耕层土壤质量等级越高，表明坡耕地作物生产力越高，坡耕地耕层也越接近合理水平。学术界还没有形成合理耕层的统一标准。本文综合分析后认为，根据耕层土壤质量与作物生产力、隶属函数的对应关系，坡耕地耕层土壤质量等级处于"较好"及以上等级（CLSQI≥0.6）时耕层处于相对合理状态。评价指标的隶属函数表示该指标与土壤质量指数之间的近似一元函数关系，因此当 CLSQI≥0.6 时，对应于隶属函数值 K≥0.6，从而可依据隶属函数 $\mu(x)$ 反推计算对应评价指标的适宜范围临界值。在合理耕层构建过程中，对于隶属函数为 S 型的耕层土壤质量指标，$K=0.6$ 对应的耕层土壤指标数值可作为适宜范围下限，指标数值越大，对耕层土壤质量提升的贡献率也越大；对于隶属函数为反 S 型的耕层土壤质量指标，隶属度 $K=0.6$ 对应的指标数值可作为适宜范围上限，指标数值越大，对耕层土壤质量提升的贡献率越小；对于隶属函数为抛物线型的耕层土壤质量指标，隶属度 $K=0.6$ 对应的参数值包括适宜范围下限和适宜范围上限，下限和上限区间（闭区间）构成土壤参数的适宜范围。

根据本研究分析得到的云南地区坡耕地耕层土壤质量参数的隶属函数，以"较好"等

级以上耕层土壤质量作为合理耕层的诊断标准，按照上述评价指标适宜范围的确定方法，可计算 MDS 指标的适宜范围，计算结果详见表 9。从表中可看出，云南坡耕地合理耕层最小数据集参数适宜范围为：pH 值 5.58～7.82，全氮不小于 1.37g/kg，总孔隙度不小于 52.28%，抗剪强度不小于 5.19kPa，田面坡度不大于 11.79°。上述耕层土壤参数适宜范围可作为云南地区坡耕地耕层合理耕层诊断的标准，坡耕地合理耕层构建的目的即为通过各种调控措施，使耕层土壤质量的核心指标处于参数适宜范围，从而提高耕层质量指数，充分发挥坡耕地的生产力水平。

表 9　　　　　　　　　　　　合理耕层 MDS 土壤指标阈值及适宜范围

序号	指标	指标类别	隶属函数类型	隶属函数	隶属度 $K=0.6$ 对应的参数适宜范围临界值	适宜范围
1	pH 值	土壤属性指标	抛物线型	$\mu(x)=0.434\,8x-1.826\,1$ $(4.2<x<6.5)$ $\mu(x)=-1.25x+10.375$ $(7.5<x<8.3)$	5.58（下限） 7.82（上限）	5.58～ 7.82
2	全氮($g\cdot kg^{-1}$)	土壤属性指标	S 型	$\mu(x)=0.561\,8x-0.168\,5$	1.37	≥1.37
3	总孔隙度(%)	土壤剖面指标	S 型	$\mu(x)=0.030\,8x-1.010\,1$	52.28	≥52.28
4	抗剪强度(kPa)	土壤剖面指标	S 型	$\mu(x)=0.151\,5x-0.186\,4$	5.19	≥5.19
5	田面坡度(°)	立地条件指标	反 S 型	$\mu(x)=-0.045\,5x+1.136\,4$	11.79	≤11.79

4　讨论

4.1　基于土壤管理评估框架的耕层质量评价

国内外学者针对土壤质量评价提出了众多方法，包括土壤生产力指数模型（PI）、土壤质量指数模型（SQI）、主成分分析法（PCA）、最小数据集（MDS）等方法。这些方法虽然从土壤属性指标对土壤生产力提升的角度，能较好地对耕地土壤质量特征进行定性描述或定量计算，但评价结果往往是静态的。土壤管理评估框架（SMAF）则强调土壤管理措施对土壤质量的影响，该模型具有综合性和系统性。在该框架模型下，不仅能反映土壤质量的内在属性，也可从不同时点土壤管理活动导致的土壤指标动态变化的角度，识别土壤质量变化过程及主导因素，为开展土壤质量管理、提升耕地生产力提供依据。SMAF 具有构架灵活、土壤属性指标可根据实际选择等优点，但土壤质量指标数众多，需要对指标进行动态监测。从本研究来看，SMAF 模型能较好地运用于云南地区坡耕地耕层土壤质量评价。本研究对象为云南地区红壤和紫色土坡耕地耕层土壤质量，由于受各方面客观条件的限制，坡耕地耕层土壤采样点数相对较少，这会对评价结果的精度造成一定影响。此外，从研究时点来看，本研究仅做了一个时点上的坡耕地耕层土壤质量评价，未实现对坡耕地耕层土壤质量的动态监测。而 SMAF 模型的优势在于可通过动态评价，反映不同时点上坡耕地耕层质量变化过程及影响因素，这方面在下一步研究中应予以加强。

4.2　坡耕地耕层土壤质量评价指标比较

本研究初选指标共 12 个，经 MDS 法筛选后的指标包含 pH 值、全氮、总孔隙度、抗剪强度、田面坡度 5 个指标。通过筛选，指标筛选过滤率达到 58.33%，极大地简化了评价指标。根据国内外基于 MDS 建立的土壤质量评价指标体系的研究成果，入选 MDS 频率较高的评价指标主要包括土壤容重、黏粒含量、pH 值、全氮、团聚体平均质量直径（MWD）、粉粒含量、砂粒含量、有机质和孔隙度、有效磷。从本研究看，pH 值、全氮、总孔隙度这 3 个指标进入 MDS，这与大多数国内外研究结果一致。国内外研究中入选频率较高的土壤容重值未进入 MDS，这是由于本研究在 MDS 指标筛选过程中，总孔隙度与容重进入同一组，且二者高度相关（$m = -1.000$，$n = 31$），且总孔隙度的 Norm 值大于容重，因此总孔隙度入选 MDS。此外，田面坡度入选 MDS，说明对于坡耕地而言，田面坡度的大小对耕层土壤质量的影响作用十分显著，这也是坡耕地区别于其他耕地类型的本质特征。开展坡耕地合理耕层构建及调控过程中，上述入选 MDS 的 5 个指标应成为调控的重点关注指标。

4.3　耕作模式对坡耕地耕层土壤质量的影响

耕作模式（等高耕作、垄作、顺坡耕作）对耕层土壤质量的影响本质为人类耕作活动对耕层土壤质量的影响。从本文研究来看，垄作、等高耕作等耕作模式的耕层土壤质量指数总体较高，而顺坡耕作模式的耕层土壤质量指数较低。这主要是由于垄作、等高耕作可通过改变坡面微地貌结构，产生明显的抗侵蚀效应，保持良好的土壤持水性能，从而提升坡耕地耕层土壤质量。而顺坡耕作则有利于坡面径流的汇集，并沿程增加径流流速，增强坡面侵蚀效应，也不利于坡面保土蓄水，从而降低耕层土壤质量。除本文研究涉及的等高耕作、顺坡耕作、垄作模式外，近年来等高反坡阶耕作、反坡水平阶耕作模式在云南地区得到了广泛研究。李秋芳等在云南红壤坡耕地上的研究表明，等高反坡阶减水和减沙效应分别达到了 61.9%、72.2%，同时具有显著降低坡面养分流失的作用。王萍等在云南坡耕地上的研究表明，反坡水平阶对研究区地表径流调控率为 49.5%～87.7%，产沙调控率为 56.7%～96.1%，平均可削减地表径流为 65.3%、减少泥沙流失为 80.7%。合理的耕作模式能有效改善土壤结构性能，增加土壤有机碳、养分含量，促进作物根系生长。云南地区坡耕地土壤分布以红壤和紫色土为主，坡耕地利用过程中应推广等高耕作、垄作模式，以改善耕层土壤结构性，降低坡耕地坡面土壤侵蚀，提高坡耕地耕层土壤质量。

5　结论

（1）采用最小数据集（MDS）分析方法，从 12 个指标中，筛选出 pH 值、全氮、总孔隙度、抗剪强度、田面坡度 5 个指标构成的云南地区坡耕地耕层土壤质量评价最小数据集，且 MDS 指标体系计算的耕层土壤质量指数精度较高。

（2）在初选指标中，土壤容重、总孔隙度、毛管孔隙度、抗剪强度、田面坡度的权重较大，权重均大于 0.090 0，其余指标的权重相对较小；在 MDS 指标中，田面坡度的指标权重最大，权重为 0.223 2，全氮含量指标权重仅次于田面坡度，权重为 0.206 4，其他指标的权重均大于 0.180 0。

（3）坡耕地耕层土壤质量指数分布在 0.39～0.84 之间，均值为 0.59±0.11，变异系数为 0.19，耕层土壤质量等级总体上处于"中等"偏上水平，耕层土壤质量总体较低。

不同采样区域坡耕地耕层土壤质量指数大小关系为：CX＞SB＞XW＞NE＞ML＞SL，0～20cm 采用深度耕层土壤质量指数（均值 0.59）大于 20cm 以上采用深度耕层土壤质量指数（均值 0.56），紫色土坡耕地耕层土壤质量指数（均值 0.61）大于红壤坡耕地（均值 0.54），垄作和等高耕作坡耕地耕层土壤质量指数大于顺坡耕作，旋耕方式下的坡耕地耕层土壤质量指数大于翻耕，不同分区坡耕地耕层土壤质量指数的大小顺序为滇东北山原区＞滇中高原湖盆区＞滇西南中山宽谷区。

（4）云南坡耕地合理耕层土壤参数适宜范围分别为：pH 值 5.58～7.82，全氮不小于 1.37g/kg，总孔隙度不小于 52.28％，抗剪强度不小于 5.19kPa，田面坡度不大于 11.79°。

参考文献

[1] 肖继兵，孙占祥，刘志，等．降雨侵蚀因子和植被类型及覆盖度对坡耕地土壤侵蚀的影响 [J]．农业工程学报，2017，33（22）：159-166.

[2] 赵永华，刘晓静，奥勇．陕西省耕地资源变化及耕地压力指数分析与预测 [J]．农业工程学报，2013，29（11）：217-223.

[3] Power J F, Myers R J K. The maintenance or improvement of farming systems in North America and Australia [C] // Soil Quality in Semi-arid Agriculture. Saskatoon, Saskatchewan, Canada, 1989：273-292.

[4] 赵其国，吴志东．深入开展"土壤与环境"问题的研究 [J]．土壤与环境，1999，8（1）：1-4.

[5] 徐梦洁，葛向东，张永勤，等．耕地可持续利用评价指标体系及评价 [J]．土壤学报，2001，38（3）：275-284.

[6] 孔祥斌，刘灵伟，秦静．基于农户土地利用行为的北京大兴区耕地质量评价 [J]．地理学报，2008，63（8）：856-868.

[7] 刘占锋，傅伯杰，刘国华，等．土壤质量与土壤质量指标及其评价 [J]．生态学报，2006，26（3）：901-913.

[8] 路鹏，苏以荣，牛铮，等．土壤质量评价指标及其时空变异 [J]．中国生态农业学报，2007，15（4）：190-194.

[9] 李桂林，陈杰，孙志英，等．基于土壤特征和土地利用变化的土壤质量评价最小数据集确定 [J]．生态学报，2007，27（7）：2715-2724.

[10] PIERCE F J, LARSON W E, DOWDY R H, et al. Productivity of soils：assessing long term changes due to erosion's long term effects [J]. Soil water conserve, 1983, 38（1）：39-44.

[11] MULENGERA M K, PAYTON R W. Modification of the productivity index model [J]. Soil and Tillage Research, 1999, 52（1/2）：11-19.

[12] 段兴武，谢云，张玉平，等．PI 模型在东北松嫩黑土区土壤生产力评价中的应用 [J]．中国农学通报，2010，26（8）：179-188.

[13] NAKAJIMA T, LAL R, JIANG S G. Soil quality index of a crosby silt loam in central Ohio [J]. Soil&Tillage Research, 2015, 146（3）：323-328.

[14] BHADURI D, PURAKAYASTHA T J. Long-term tillage, water and nutrient management in rice-wheat cropping system：Assessment and response of soil quality [J]. Soil & Tillage Research, 2014,

144 (12)：83-95.

[15] ROJAS J M, PRAUSE J, SANZANO G A, et al. Soil quality indicators selection by mixed models and multivariate techniques in deforested areas for agricultural use in NW of Chaco, Argentina [J]. Soil & Tillage Research, 2015, 155 (1)：250-262.

[16] GLOVER J D, REGANOLD J P, ANDREWS P K. Systematic method for rating soil quality of conventional, organic, and integrated apple orchards in Washington State [J]. Agriculture Ecosystems and Environment, 2000, 80 (1)：29-45.

[17] 许明祥. 黄土丘陵区生态恢复过程中土壤质量演变及调控 [D]. 杨凌：西北农林科技大学, 2003.

[18] YEMEFACK M, JETTEN V G, ROSSITER D G. Developing a minimum data set for characterizing soil dynamics in shifting cultivation systems [J]. Soil & Tillage Research, 2006, 86 (1)：84-98.

[19] REZAEI S A, GILKES R J, ANDREWS S S. minimum data set for assessing soil quality in rangelands [J]. Geoderma, 2006, 136 (1)：229-234.

[20] 邓绍欢, 曾令涛, 关强, 等. 基于最小数据集的南方地区冷浸田土壤质量评价 [J]. 土壤学报, 2016, 53 (5)：1326-1333.

[21] 刘世梁, 傅伯杰, 陈利顶, 等. 两种土壤质量变化的定量评价方法比较 [J]. 长江流域资源与环境, 2003, 12 (5)：422-426.

[22] 金慧芳, 史东梅, 陈正发, 等. 基于聚类及 PCA 分析的红壤坡耕地耕层土壤质量评价指标 [J]. 农业工程学报, 2018, 34 (7)：155-164.

[23] ANDREWS S S, KARLEN D L, CAMBARDELLA C A. The soil management assessment framework：a quantitative soil quality evaluation method [J]. Soil Science Society of America Journal, 2004, 68 (6)：1945-1962.

[24] WIENHOLD BJ, KARLEN D L, ANDREWS S S, etal. Protocol for indicator scoring in the soil management assessment framework (SMAF) [J]. Renewable Agriculture and Food Systems, 2009, 24 (4)：260-266.

[25] CHERUBIN M R, KARLEN D L, FRANCO A L C, et al. A soil management assessment framework (SMAF) evaluation of Brazilian sugarcane expansion on soil quality. [J]. Soil Science Society of America Journal, 2016, 80 (1)：215-226.

[26] IVEZIĆ V, SINGH B R, GVOZDIĆ V, et al. Trace metal availability and soil quality index relationships under different land uses [J]. Soil Science Society of America Journal, 2015, 79 (6)：1629-163.

[27] 王道杰. 长江上游坡耕地土壤侵蚀及其对土壤质量的影响 [D]. 成都：中国科学院水利部成都山地灾害与环境研究所, 2009.

[28] 李强, 许明祥, 赵允格, 等. 黄土高原坡耕地沟蚀土壤质量评价 [J]. 自然资源学报, 2012, 27 (6)：1001-1012.

[29] 马芋红, 张光辉, 耿韧, 等. 我国东部水蚀区坡耕地土壤质量现状分析 [J]. 中国水土保持科学, 2017, 15 (3)：36-42.

[30] 丁文斌, 蒋光毅, 史东梅, 等. 紫色土坡耕地土壤属性差异对耕层土壤质量的影响 [J]. 生态学报, 2017, 37 (19)：6480-6493.

[31] 鲁耀, 胡万里, 雷宝坤, 等. 云南坡耕地红壤地表径流氮磷流失特征定位监测 [J]. 农业环境科学

学报，2012，31（8）：1544-1553.

[32] NASH J E，SUTCLIFFE J V. River flow forecasting through conceptual models part 1：a discussion of principles [J]. Journal of Hydrology，1970，10（3）：282-290.

[33] 郑洪兵，齐华，刘武仁，等 . 玉米农田耕层现状、存在问题及合理耕层构建探讨 [J]. 耕作与栽培，2014（5）：39-42.

[34] 贡璐，张雪妮，冉启洋 . 基于最小数据集的塔里木河上游绿洲土壤质量评价 [J]. 土壤学报，2015，52（3）：682-689.

[35] 吴春生，刘高焕，黄翀，等 . 基于 MDS 和模糊逻辑的黄河三角洲土壤质量评估 [J]. 资源科学，2016，38（7）：1275-1286.

[36] 赵龙山，侯瑞，吴发启，等 . 不同农业耕作措施下坡耕地填洼量特征与变化 [J]. 农业工程学报，2017，33（12）：249-254.

[37] 林静，刘艳芬，李宝筏，等 . 东北地区垄作免耕覆盖模式对土壤理化特性的影响 [J]. 农业工程学报，2014，30（23）：58-64.

[38] 陈晓安，杨洁，郑太辉，等 . 赣北第四纪红壤坡耕地水土及氮磷流失特征 [J]. 农业工程学报，2015，31（17）：162-167.

[39] 李秋芳，王克勤，王帅兵，等 . 不同治理措施在红壤坡耕地的水土保持效益 [J]. 水土保持通报，2012，32（6）：196-200.

[40] 王萍，王克勤，李太兴，等 . 反坡水平阶对坡耕地径流和泥沙的调控作用 [J]. 应用生态学报，2011，22（5）：1261-1267.

作者简介

陈正发，博士，主要从事水土生态工程方面的研究。

史东梅，博士、教授、博士生导生，主要从事水土生态工程、土壤侵蚀与水土保持研究。

基于 SWAT 模型的枣阳市滚河流域非点源模拟与控制研究

徐 畅[1] 彭 虹[2] 夏晶晶[3]

(1 中国电建集团昆明勘测设计研究院有限公司

2 武汉大学 水资源与水电工程科学国家重点实验室

3 武汉大学 资源与环境科学学院)

[摘 要] 枣阳市滚河流域畜禽养殖污粪和生活污水散乱排放,非点源污染严重,琚湾控制断面水质严重超标。基于实测水文水质数据,通过污染源计算和水质现状评价确定了流域水环境问题,以 SWAT 模型为基础,构建了枣阳滚河流域非点源污染模型,并对其进行参数率定与模型验证,模拟了 2013—2015 年流域 COD 和 NH_3-N 负荷以及琚湾断面的水质变化情况。结果表明,2015 年枣阳市 COD 和 NH_3-N 负荷分别为 49 842.92t 和 6681.08t,研究区以非点源污染负荷为主,其中,畜禽养殖污染所占比例最大,COD 和 NH_3-N 对流域总负荷的贡献率为 45.62％和 35.68％,城镇和农村生活污水其次,种植业污染负荷较低。为此,提出了以非点源污染控制为主的流域水体污染物排放总量控制措施和负荷削减方案,并对各削减方案实施效果进行了模拟。

[关键词] SWAT 模型 总量控制 负荷削减 滚河流域

1 研究背景

《第一次全国污染源普查公报》指出,在我国大部分流域非点源污染已超过点源污染,成为地表水体主要的污染源。2016 年,国务院印发了《“十三五”生态环境保护规划》,强调加快水污染防治,实施流域环境综合治理,同时要求到 2020 年,COD 和 NH_3-N 排放总量要削减 10％以上。对于水环境问题较为严重的区域,亟须制定合理有效的负荷削减方案,严格执行总量控制目标,确保水质达标。作为鄂西北乃至中部地区的畜禽养殖主要产区,枣阳市随着社会经济与人口的增长,城镇化、工业化加速推进,非点源负荷不断增加,污染治理设施相对落后、法律法规和相关政策不够完善,流域水环境严重恶化。因此,对滚河流域开展以非点源污染为主的污染负荷模拟与控制研究意义重大。

目前,还未有学者针对枣阳滚河流域进行非点源污染研究,该区域相关研究多以汉江中上游流域为对象,流域尺度较大,对于中小河流的针对性不强。本文对枣阳市滚河流域的研究为鄂西北和中部缺水地区的中小河流流域非点源污染研究提供借鉴。

由美国农业部水土保持局研发 SWAT(soil and water assessment tool)模型对流域非点源污染负荷的模拟起到重要支撑作用。近年来,SWAT 模型被广泛应用于非点源污染负荷计算和流域管理措施对水环境影响等方面研究。国外学者将 SWAT 模型应用于加拿大寒冷草原气候地区的 Assiniboine River 流域，模拟了各类水土流失防治措施对于流域出口沉积物和营养物质输出的影响；另外，应用 SWAT 模型模拟了北美五大湖（the Great Lakes）流域的面源污染，同时对多种解决湖泊富营养化问题的投资措施所带来的环境影响进行了评估。在国内，运用 SWAT 模型模拟分析了小清河流域总氮负荷的时空分布特征，针对污染源甄别结果，提出了污染物总量控制措施；另外在漳卫南运河流域应用 SWAT 模型对不同流域最佳管理措施（BMPs）进行了模拟，核算了各种 BMPs 对流域内优先控制子流域的有机氮、有机磷等污染物的控制效果；以不同污染源类型和土地利用类型对出口断面水质的影响为依据，结合流域水体污染物总量控制目标，采用 SWAT 模型对各类水质控制方案的实施效果进行了模拟预测。大量研究表明，SWAT 模型能准确模拟流域非点源污染的产生和迁移转化过程，同时也能应用于各类管理措施对流域非点源污染负荷削减、水质改善和水环境保护措施的实施效果模拟预测研究。

2 研究区域概况

2.1 流域概况

枣阳市地处湖北省西北部，全市面积为 3277km²，下辖 12 个乡镇和两个街道，全市多年平均降雨量约为 723.1mm，年最大降雨量为 1255mm，雨期集中在 4～9 月，其中 6～8 月降雨最为集中，占全年的 47.8%；年平均蒸发量为 1751.0mm，年平均相对湿度为 72%，平均气温为 15.4℃。滚河流域位于大洪山与桐柏山之间的马鞍形区域，东西横跨随州、枣阳和襄阳区 3 个县域级行政区。滚河是枣阳市境内最大的河流，流域总面积为 2824km²，总体呈扇形。滚河较大的支流有沙河、优良河和熊河等，流域内分布着南城街道、环城街道和王城、琚湾等十余个乡镇。滚河干流在枣阳市境内全长 146km，流域面积为 2317km²，占全市总面积的 70%，琚湾断面多年平均流量为 16.09m³/s，年均径流量约为 5.08 亿 m³。

枣阳滚河流域地处十堰市—武汉市汽车工业走廊的中心地带，是湖北省经济发展"金三角"黄金地带和重点发展地区之一，2016 年，全市总人口 114.07 万人，地区生产总值 562.4 亿元。流域内工业以食品加工、汽车配件、建筑材料和轻工纺织为主；同时，枣阳市也是我国重要的粮、棉、油生产大市，畜禽养殖业是枣阳市的一大支柱产业。2015 年以来，受到工、农业等人类生产活动的影响，滚河流域水环境污染严重，主要污染物 COD 和 NH_3-N 严重超标。

2.2 控制断面水质分析

依照《湖北省地表水环境功能区类别》和《襄樊市水功能区划》，确定研究区域内枣阳市滚河水系即琚湾出境断面上游滚河水系属于滚河枣阳—襄阳保留区，水质目标为Ⅲ类。根据枣阳市环保局提供的水质（COD、NH_3-N 和总磷）资料，采用单因子评价法对滚河琚湾断面 2013—2016 年水质资料按地表水Ⅲ类标准进行评价，评价结果见表 1。

表1 2013—2016年滚河琚湾断面全年水质评价一览表

水质指标	参数	2013年	2014年	2015年	2016年
COD	年平均浓度（mg/L）	17.83	19.42	34.87	23.05
	超标率（%）	8	8	67	42
NH_3-N	年平均浓度（mg/L）	0.65	1.15	2.04	1.70
	超标率（%）	0	17	58	33
总磷	年平均浓度（mg/L）	0.14	0.17	0.24	0.19
	超标率（%）	0	8	25	17
评价结果	水质类别	Ⅲ类	Ⅳ类	劣Ⅴ类	Ⅴ类

　　根据表1中滚河琚湾断面2013—2016年水质评价结果，琚湾断面水质在2013年水质为Ⅲ类，符合考核标准，自2014年起水质呈现逐步恶化趋势，年均水质达到Ⅳ类水质，2015年水质恶化严重突破劣Ⅴ类，2016年水质有所好转，全年平均水质为Ⅳ类。滚河琚湾断面的主要超标因子为COD和NH_3-N，总磷水质情况相对较好，超标率较低。

2.3　污染源调查与计算

　　根据襄阳市污染源普查资料和枣阳市环保局提供的基础数据，按照污染物入河量计算方法，分点源和非点源统计和核算2015年研究区域污染物负荷。其中点源污染包括流域内所有的工业排污口和城区唯一的污水处理厂，该污水处理厂主要收集处理枣阳市城区两个街道的生活污水；非点源污染主要分为城镇生活污水、农村生活污水、畜禽养殖污染物和种植业非点源污染。研究区域各乡镇（街道）各类污染物入河量计算结果见表2和表3。

表2　2015年研究区域点源污染源污染负荷　　t/a

乡镇	工业污水		污水处理厂	
	COD	NH_3-N	COD	NH_3-N
南城街道	205.8	25.6	1300	170
环城街道	399.5	49.8	—	—
兴隆镇	47.8	5.3	—	—
吴店镇	8.4	0.9	—	—
总计	661.4	81.6	1300	170

表3　2015年研究区域非点源污染源污染负荷　　t/a

乡镇	城镇生活		农村生活		畜禽养殖		种植业	
	COD	NH_3-N	COD	NH_3-N	COD	NH_3-N	COD	NH_3-N
南城街道	398.4	44.7	831.9	112.8	75	7.9	150.6	36.6
环城街道	352.6	39.6	736.2	99.8	4976.4	521.7	184.1	43.8
琚湾镇	1315.9	147.6	824.4	111.8	835.4	87.6	263.1	65.8
七方镇	1603.3	179.8	1004.4	136.2	4043.4	423.9	430.9	95.8
杨垱镇	1163.2	130.5	728.7	98.8	921.5	96.6	217.6	58.8
太平镇	1573.1	176.4	985.4	133.6	1535.5	161	279.9	72
新市镇	877.3	98.4	549.6	74.5	1039	108.9	132.1	36.7
鹿头镇	1075.4	120.6	673.7	91.4	1727.7	181.1	166.6	40.6

续表

乡镇	城镇生活		农村生活		畜禽养殖		种植业	
	COD	NH$_3$-N	COD	NH$_3$-N	COD	NH$_3$-N	COD	NH$_3$-N
刘升镇	574.8	64.5	360.1	48.8	1347.3	141.2	155.6	37.5
兴隆镇	937.8	105.2	587.5	79.7	1624.2	170.3	200.6	47.8
王城镇	754.8	84.7	472.8	64.1	981.9	102.9	157.8	40.5
吴店镇	1467.2	164.6	919.1	124.6	928.2	97.3	251.7	63.9
熊集镇	756.3	84.8	473.8	64.2	1906.8	199.9	169	43.7
平林镇	468.9	52.6	293.7	39.8	871.6	91.4	100.1	27.8
总计	13 318.9	1493.9	9441.3	1280.2	22 813.9	2391.5	2859.7	711.1

2015 年枣阳市 COD 和 NH$_3$-N 负荷排放量分别为 49 842.92t 和 6681.08t，区域内污染负荷以非点源污染为主，点源排放仅占 4% 左右；非点源污染负荷中，畜禽养殖污染所占比例最大，COD 和 NH$_3$-N 分别占 45.3% 和 39%，城镇和农村生活污水合计 COD 和 NH$_3$-N 贡献率分别为 47.31% 和 42.90%，种植业污染负荷较低。

3 流域非点源污染模型

3.1 模型构建

以 SWAT 模型为基础构建枣阳滚河流域非点源污染模型，模型数据库由空间数据：字高程模型 DEM 数据（见图 1）、土地利用类型图（见图 2）和土壤类型图（见图 3），枣阳滚河流域子流域划分图（见图 4）以及属性数据：气象数据、土地利用属性数据、土壤

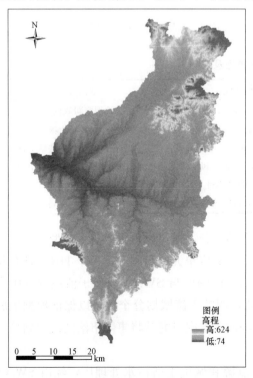

图 1 研究区 DEM 影像图　　　　图 2 研究区土地利用类型空间分布图

属性数据、点源数据和附加非点源数据。同时实测水文和水质数据主要用于模型率定验证。研究区域各类型数据参数见表4。

图3　研究区土壤种类空间分布图　　　　　图4　枣阳滚河流域子流域划分图

表4　　　　　　　　　　　　　　模型数据库数据类型及说明

数据层名称	类型	数据说明	数据来源
DEM	栅格（raster）	30m×30m、高程、坡度	地理空间数据云
土壤类型图	栅格（raster）	1∶100万、土壤类型和分布	中国科学院南京土壤研究所
土地利用图	栅格（raster）	1∶50万、土地种类、空间分布	地球系统科学数据共享平台
气象数据	DBF/txt	气象站点降雨、气温、风速等	中国气象科学数据共享中心
水文水质数据	属性数据	逐日径流、月COD和NH_3-N浓度	枣阳市环保局
点源/附加非点源	属性数据	污水、COD和NH_3-N排放量	枣阳市环保局

　　SWAT模型中，子流域由流域DEM数据自动划分，通过设置土地利用类型、土壤类型、坡度的阈值，子流域进一步划分为更小的水文响应单元（HRU），每个HRU具有相同的植被类型、土壤条件和坡度。将滚河流域水系图图层与SWAT模型子流域划分中生成的子流域（subbasin）图层中的河网叠加对比，调整子流域划分个数，以保证模型生成河网与实际水系密度基本一致，真实河网水系特征，本次研究共将枣阳市滚河流域划分为43个子流域和282个HRU。

　　枣阳市滚河流域的点源污染主要包括工业点源和城镇生活污水处理厂，经由SWAT模型"piont source discharge"界面添加，包括点源污染的排放模式、污水量、COD、

NH₃-N 等各类污染物排放量。

附加非点源主要来源城镇和农村生活污水排放、分散畜禽养殖污水排放及农业化肥。SWAT 模型中子流域依照流域地形坡度自然划分，非点源负荷数据以乡镇行政区为基本单元统计和计算，附加非点源输入模型时，需要将以乡镇行政区为单元计算的非点源负荷与模型内子流域（subbasin）和水文响应单元（HRU）进行耦合，进行权重分配后，得出各子流域和 HUR 非点源负荷。

3.2　模型适用性评价

采用 LH-OAT 方法，分别以日和月为尺度，对与径流和非点源污染有关的参数进行敏感性分析。选择 SWAT-CUP 软件以及连续不确定性匹配算法 SUFI-2 对上述敏感性参数进行率定及验证。结果显示，对径流量的敏感性参数包括 CN2（径流曲线系数）、ALPHA_BF（基流 α 系数）、GW_DELAY（地下水滞后系数）、ESCO（土壤蒸发补偿系数）、GW_REVAP（浅层地下水再蒸发系数）等，对氮负荷的敏感性参数包括 RCN（雨水中硝酸盐含量）、SOL_ORGN（土壤中有机氮的初始浓度）、SHALLST_N（浅层含水层中的硝酸盐含量）和 CDN（反硝化作用速率系数）等。

选取滚河琚湾站作为控制断面进行模型校准，径流量的率定期为 2005—2011 年，验证期为 2012—2015 年；水质的率定期为 2013—2014 年，验证期为 2015 年。由于缺乏泥沙实测数据，故无泥沙校准。选择确定性系数 R^2 和 Nash-Suttcliffe 效率系数 E_{ns} 评价模型率定和验证的精度。确定性系数是模拟值与实测值之间关系变化程度密切的反应，R^2 越接近 1，实测值与模拟值之间的吻合程度越高；Nash 效率系数是模型模拟值与实测值之间拟合程度的反应，当 E_{ns} 大于 0.5 表明模拟结果在可接受范围内。

模型对径流量和水质的模拟效果如图 5~图 7 所示，模型对径流量的模拟效果较好，率定期和验证期的 R^2 和 E_{ns} 均大于 0.65；模拟水质浓度与实测水质资料吻合情况相对较好，在年际变化趋势和个别峰值上与实测资料基本符合，可用于流域污染负荷的模拟应用，滚河琚湾站日径流量和水质率定验证结果见表 5。

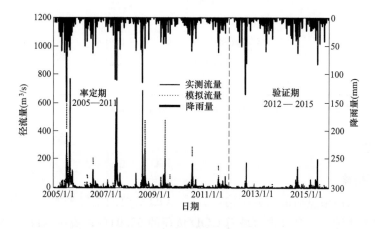

图 5　滚河琚湾站径流量实测值与模拟值对照

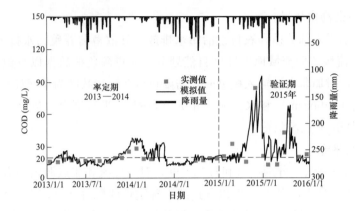

图6 滚河琚湾站 COD 实测值与模拟值对照

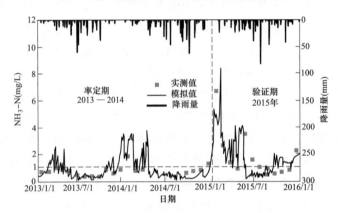

图7 滚河琚湾站 NH₃-N 实测值与模拟值对照

表5   滚河琚湾站日径流量和水质率定验证结果

指标	时期	R^2	E_{ns}
径流量	2005—2011 年（率定期）	0.69	0.67
	2012—2015 年（验证期）	0.67	0.65
COD	2013—2014 年（率定期）	0.64	0.63
	2015 年（验证期）	0.61	0.59
NH₃-N	2013—2014 年（率定期）	0.61	0.59
	2015 年（验证期）	0.58	0.56

注 2014 年 4～8 月滚河琚湾断面长时间断流，故无水文、水质监测数据。

4 结果与讨论

4.1 总量控制措施

针对研究区域污染负荷的组成结构，流域 COD 负荷的主要来源是畜禽养殖业以及城镇生活和农村生活污水，合计占流域总 COD 负荷的 92.94％；流域 NH₃-N 负荷的主要来源是畜禽养殖业、城镇生活和农村生活污水以及种植业，共占流域总 NH₃-N 负荷的

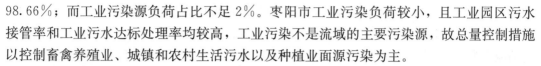

98.66%；而工业污染源负荷占比不足 2%。枣阳市工业污染负荷较小，且工业园区污水接管率和工业污水达标处理率均较高，工业污染不是流域的主要污染源，故总量控制措施以控制畜禽养殖业、城镇和农村生活污水以及种植业面源污染为主。

主要控制措施如下：

（1）新建乡镇污水处理厂和已有污水处理厂的提标改造，同时扩建污水收集配套管网，提升生活污水收集处理能力。对枣阳市城区王湾污水处理厂进行提标改造，扩建污水收集管网，将污水收集率提升至 95% 以上，污水排放标准提升至《城镇污水处理厂污染物排放标准》（GB 18918—2002）一级 A 标准；新建 7 个乡镇污水处理厂，设计处理规模共 64 000m³/d，合计配套管网 160.2km。

（2）沿河道划分沙河、滚河河道两岸 1000m 范围内为禁养区，在滚河、沙河两岸 1000～3000m 范围内为限养区，主要交通要道两侧 500m 和人口聚集区域周边 1000m 为禁养区河道沿岸和主要道路两侧以及居民聚集区周边划定"限养区"和"禁养区"，根据划分的禁养区和限养区，全市共关闭或整改养殖场（小区）195 家。引导畜禽养殖场合理规划，因地制宜，推进养殖场粪污处理，完成治污设施建设。

（3）开展滚河和沙河水系河道整治与生态修复工程，对河岸沿线的植被土壤进行生态修复。在沙河城区段及上游的梯级水坝区域、污水处理厂排水口—彩虹桥河段、枣阳市乡镇范围的乡镇排污沟、滚河和沙河交汇处—滚河观音寺断面等区域，开展生态治理工程。

同时推进工业集聚区污染集中治理，城镇生活垃圾收运及处置，测土配方施肥、减少化肥投入，推行精准对靶、实现农药减量、减污等协同措施。

4.2　负荷削减方案模拟

根据污染负荷计算结果和三类总量控制措施，制定枣阳市滚河流域的负荷削减方案，主要内容如下：

方案 1：只控制生活污染。具体措施为对现有污水处理厂进行提标扩建，同时在琚湾镇、鹿头镇等 6 个乡镇建设污水处理厂与配套管网，提升生活污水的集中处理率。

方案 2：只控制畜禽养殖污染。具体措施为在划定的限养区和禁养区内关闭和整改相关畜禽养殖场，实施雨污分流、粪便污水资源化利用，同时提升全市所有畜禽养殖场（小区）粪便利用率，完善配套粪污贮存设施。

方案 3：只开展滚河流域生态修复工程。具体措施为在沙河枣阳城区河段进行河道整治以及坡岸景观改造，在各乡镇主要排污沟两侧建设生态廊道和曝气稳定塘，在沙河和滚河交汇处及下游 3km 河道范围内进行河道整治，建设生态湿地。

方案 4：同时实施方案 1 和方案 2。

方案 5：同时实施方案 1 和方案 3。

方案 6：同时实施方案 2 和方案 3。

方案 7：同时实施方案 1、2 和方案 3。

方案 8：以 2015 年全年模拟水质达到地表水质Ⅲ类标准为前提，倒逼方案 1、2、3 的实施程度和污染物削减比例。

根据《枣阳市水污染防治行动计划》，以 2016 年 12 月底为截止日期，污水处理厂及配套管道建设和畜禽养殖业污染治理的实际进度来模拟负荷削减的效果。经过与 2.3 相同的污染源负荷计算,方案 1 对于流域内生活面源的削减率为 47.56%,削减城镇生活面源的削减率为 54.28%,削减农村生活面源的削减率为 35.67%;对于流域内面源负荷的 COD 削减比例为 23.88%,对 $NH_3\text{-}N$ 的削减比例为 22.56%。方案 2 对于流域内畜禽养殖面源污染的削减率为 36.60%,对于流域内面源负荷的 COD 削减比例为 17.71%,对 $NH_3\text{-}N$ 的削减比例为 14.44%。方案 3 对于流域面源污染的削减与方案 1 和方案 2 不同,并不是从产生面源污染的源头上去控制,而是通过对于河道和坡岸环境的改造来削减面源污染的入河量,从而降低面源污染对水质的影响。对于方案 3,本研究中采用 SWAT 模型中的过滤带宽度参数(FILTERW)来模拟河道生态修复对面源污染的削减作用,过滤带可减少水土流失(污染物多随泥沙迁移进入水体,过滤带能拦截土壤中本底氮磷养分的流失),植被过滤带的宽度越大,污染物去除率越高。SWAT 模型中的过滤带算法只拦截泥沙、杀虫剂和营养物质,不改变地表径流量,同时模型中过滤带不考虑植物配置、形状等因素,过滤带坡度由 DEM 计算,长度根据河道边农田尺寸决定,因此模型设置只考虑过滤带宽度参数(FILTERW)。根据滚河水系的实际情况,综合考虑污染物削减效果与经济效益,确定过滤带宽度为 5m。

各污染物削减方案模拟结果如图 8~图 13 所示,模拟结果汇总见表 6。

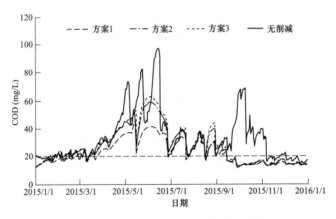

图 8　方案 1、2、3 COD 削减效果模拟

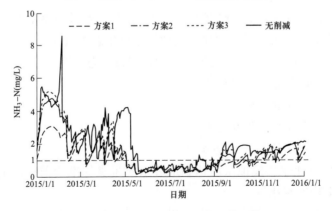

图 9　方案 1、2、3 $NH_3\text{-}N$ 削减效果模拟

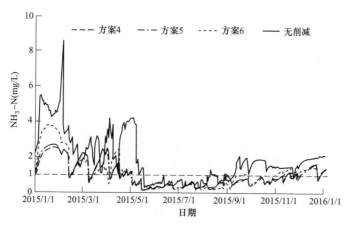

图 10　方案 4、5、6 COD 削减效果模拟

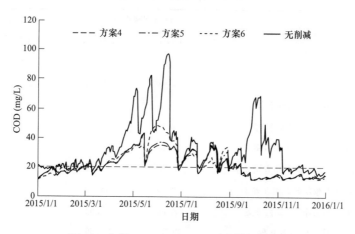

图 11　方案 4、5、6 NH₃-N 削减效果模拟

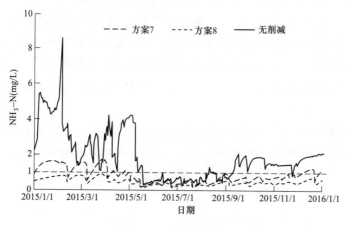

图 12　方案 7、8 COD 削减效果模拟

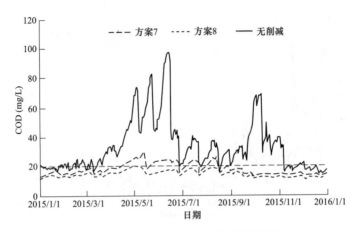

图 13 方案 7、8 NH$_3$-N 削减效果模拟

表 6　　　　　　　　　　　　　各负荷削减方案模拟结果

方案	控制措施	负荷削减率（%）		2015 年水质达标率（%）	
		COD	NH$_3$-N	COD	NH$_3$-N
0	无	—	—	32.88	32.32
1	只控制生活污染	23.88	22.56	43.41	46.16
2	只控制畜禽养殖污染	17.71	14.44	41.92	43.29
3	只进行流域生态修复工程	29.39	29.39	47.64	51.19
4	同时实施方案 1 和方案 2	41.89	37.01	52.88	62.19
5	同时实施方案 1 和方案 3	46.25	45.32	58.90	63.82
6	同时实施方案 2 和方案 3	41.90	35.59	53.97	61.77
7	同时实施方案 1、2 和方案 3	58.76	55.52	70.68	67.67
8	水质达标倒逼方案	82.39	75.69	100.00	100.00

方案 8 中的方案 1 设定为污水处理设施全部建设完毕，对流域生活面源的削减率 COD 为 77.55%，NH$_3$-N 为 76.16%；对方案 2 中完成无污染改造的养殖的比例进行调整，由 30% 到 85% 依此增大，经过多次调整，全市无污染改造的养殖场比率达到 72% 时，新方案削减措施控制下，可维持滚河琚湾出境断面全年水质达标。此时方案 2 对于畜禽养殖污染负荷的削减比例为 74.64%，方案 8 整体对流域面源负荷的削减率 COD 为 82.39%，NH$_3$-N 为 75.69%。

对照 2016 年和 2017 年《襄阳市环境状况公报》，在各项污染控制措施施行后，滚河琚湾断面水质从 2016 年 4 月开始逐步好转，自 2016 年 7 月起稳定达到 Ⅲ 类，与本研究模拟结果相符。

5　结论

（1）2015 年枣阳市 COD 负荷量为 49 842.92t、NH$_3$-N 负荷量为 6681.08t，其中畜禽养殖污染物和生活污水是流域内的主要污染来源。

（2）提出了枣阳市滚河流域污染物排放总量控制的主要措施，包括对原有城镇污水处理系统进行升级改造，同时新建多个乡镇污水处理厂，实现对生活污水的集中处理，污水处理厂全部执行《城镇污水处理厂污染物排放标准》（GB 18918—2002）一级 A 标，对流域生活面源的削减率达到 76.16％以上；划定禁养区与限养区，对区域内养殖场进行关闭和整改，同时对所有养殖场实行粪污集中收集处理和利用，85％以上畜禽养殖场实现无污染改造，对流域畜禽养殖污染的削减率可达到 86.41％；开展滚河流域水生态系统修复工程，对主要河道进行清淤，改善坡岸环境，在沙河和滚河交汇处及下游区域建设生态湿地，可削减 29.39％的流域内非点源负荷入河量。

（3）对各类负荷削减措施进行了模拟，当全市污水处理系统全部建设完毕且对养殖场的无污染改造比例达到 72％以上时，对流域非点源负荷的削减率分别为 COD 82.39％，NH_3-N 75.69％，滚河琚湾断面水质全年可达到地表水Ⅲ类水质标准。

总体来说，流域内散乱排放的生活污水和未经处理的畜禽养殖污染物造成了滚河琚湾断面水质严重超标，对流域生态环境造成了严重的影响。本研究中对于流域总量控制措施和负荷削减方案的研究与后续工程措施实际情况相吻合，将为枣阳滚河流域今后的污染防治工作提供依据和支撑。同时水环境容量及污染物排放总量控制是一个理论研究与实际工作结合紧密的问题，在后续水环境管理工作的实践中，需要加强监测，对研究成果不断检验和完善。

参考文献

［1］张中旺，周萍．基于主成分分析的襄阳市水资源短缺风险评价［J］.中国农学通报，2016，32（2）：92-98.

［2］袁媛，雷晓辉，蒋云钟，等．基于 SWAT 模型的西江流域径流模拟研究［J］.中国农村水利水电，2015（3）：14-17.

［3］陈肖敏，郭平，彭虹，等．子流域划分对 SWAT 模型模拟结果的影响研究［J］.人民长江，2016，47（23）：44-49.

［4］SHI Y, XU G, WANG Y, et al. Modelling hydrology and water quality processes in the Pengxi River basin of the Three Gorges Reservoir using the soil and water assessment tool［J］. Agricultural Water Management，2017，182：24-38.

［5］夏军，曾思栋．高强度人类活动影响下永定河北京段水质水量模拟［J］.水文，33（5）：1-6.

［6］WANG Y, ZHANG W, ENGEL B A, et al. 2015. A fast mobile early warning system for water quality emergency risk in ungauged river basins［J］. Environmental Modelling & Software，73：76-89.

［7］YASARER L M W, SINNATHAMBY S, STURM B S M. Impacts of biofuel-based land-use change on water quality and sustainability in a kansas watershed［J］. Agricultural Water Management，175：4-14.

［8］夏函，李斗果，王永桂，等．2016.社会经济发展对三峡澎溪河流域氮磷负荷的影响［J］.人民长江，47（22）：26-31.

［9］赵佳婧，张万顺，王永桂，等．2017.基于较高精度土壤库的三峡水库汇水区径流模拟［J］.水土保持研究，24（3）.

［10］MEKONNEN B A, MAZUREK K A, PUTZ G. Modeling of nutrient export and effects of management practices in a cold-climate prairie watershed：Assiniboine River watershed，Canada ［J］. Agricultural Water Management，2016，235－251.

［11］ KERR J M，DEPINTO J V，MACGRATH D，et al. Sustainable management of Great Lakes watersheds dominated by agricultural land use ［J］. Journal of Great Lakes Research，2016，42（6）.

［12］ 姜德娟，王琼，李瑞泽，等. 基于 SWAT 模型的小清河流域总氮输出模拟研究 ［J］. 水资源与水工程学报，2017（6）：1-7.

［13］ 徐华山，徐宗学，刘品. 漳卫南运河流域非点源污染负荷估算及最佳管理措施优选 ［J］. 环境科学，2013，34（3）：882-891.

［14］ 石雯倩. 汤浦水库流域水质变化及污染物总量控制模拟 ［D］. 浙江大学，2014.

［15］ 付意成，臧文斌，董飞，等. 基于 SWAT 模型的浑太河流域农业面源污染物产生量估算 ［J］. 农业工程学报，2016，32（8）：1-8.

［16］ 陈学凯，刘晓波，彭文启，等. 程海流域非点源污染负荷估算及其控制对策 ［J］. 环境科学，2018（1）：77-88.

［17］ GREEN C H，GRIENSVEN A V. Autocalibration in hydrologic modeling：Using SWAT2005 in small-scale watersheds ［J］. Environmental Modelling & Software，2008，23（4）：422-434.

［18］ 姜德娟，王琼，李瑞泽，等. 基于 SWAT 模型的小清河流域总氮输出模拟研究 ［J］. 水资源与水工程学报，2017（6）：1-7.

［19］ 李家科，杨静媛，李怀恩，等. 基于 SWAT 模型的陕西沣河流域非点源污染模拟 ［J］. 水资源与水工程学报，2012，23（4）：11-17.

［20］ 马放，姜晓峰，王立，等. 基于 SWAT 模型的阿什河流域非点源污染控制措施 ［J］. 中国环境科学，2016，36（2）：610-618.

［21］ 高正，黄介生，曾文治，等. 基于 SWAT 模型的清江长阳段非点源污染及其控制方案研究 ［J］. 中国农村水利水电，2016（9）：174-177.

作者简介

徐畅（1994—），男，硕士、助理工程师，主要从事流域水环境规划管理研究。

彭虹（1966—），女，博士、教授，主要从事水生态环境保护、水环境管理和水资源优化配置等方面研究。